"十四五"普通高等教育本科系列教材

 中国电力教育协会高校电气类

电力系统微机继电保护

高亮 编

张举 主审

中国电力出版社
CHINA ELECTRIC POWER PRESS

内 容 提 要

本书为"十四五"普通高等教育本科规划教材。

全书共分八章,主要内容包括微机继电保护装置硬件原理、微机继电保护装置软件原理、中低压线路微机继电保护原理、高压输电线路微机继电保护原理、超高压输电线路快速纵联保护、电力变压器微机继电保护原理、微机母线及电容器保护原理和智能变电站保护控制。本书将继电保护原理与微机的实现方法相结合,具有理论联系实际的特点。同时,本书还注意基本工作原理的介绍,由浅入深,逐步展开,力求从基本概念上阐明问题,使本书更具有可读性和适用性。

本书主要作为普通高等学校电气工程及其自动化专业、电力系统及其自动化方向及相关专业的本科教材,也可作为高职高专及函授教材和工程技术人员的参考用书。

图书在版编目(CIP)数据

电力系统微机继电保护/高亮编.—3 版.—北京:中国电力出版社,2020.12(2023.11 重印)
"十四五"普通高等教育本科规划教材
ISBN 978 - 7 - 5198 - 5014 - 2

Ⅰ.①电… Ⅱ.①高… Ⅲ.①微型计算机-计算机应用-电力系统-继电保护-高等学校-教材 Ⅳ.①TM77

中国版本图书馆 CIP 数据核字(2020)第 186356 号

出版发行:中国电力出版社
地　　址:北京市东城区北京站西街 19 号(邮政编码 100005)
网　　址:http://www.cepp.sgcc.com.cn
责任编辑:牛梦洁(mengjie - niu@sgcc.com.cn)
责任校对:黄　蓓　王小鹏
装帧设计:郝晓燕
责任印制:吴　迪

印　　刷:北京天泽润科贸有限公司
版　　次:2007 年 11 月第一版　2020 年 12 月第三版
印　　次:2023 年 11 月北京第二十五次印刷
开　　本:787 毫米×1092 毫米　16 开本
印　　张:17.5
字　　数:429 千字
定　　价:49.00 元

前　言

本书比较全面地介绍了微机继电保护原理及其应用，自 2007 年第一版出版以来已连续重印余 20 次，受到了广大师生和读者的欢迎，为电气工程专业学生应用能力的培养发挥了积极作用。2018 年修订出版的第二版，调整了第八章智能变电站保护控制的内容，以满足智能电网技术发展对应用型人才培养的需要。

随着网络技术的快速发展，利用网络资源开展线上教学已成为新的教学形态。本次修订增加了电力系统继电保护原理数字化教学资源，见相应章节后"［知识点回顾］"，本书数字化教学资源与教学内容结合，针对继电保护原理示图中抽象的原理特性、动作回路、逻辑及时序配套对应的数字化教学资源。通过形象的动画来说明抽象的继电保护原理及动作时序，以便学生深入理解继电保护的基本原理。本书利用网络技术以嵌入二维码的方式链接这些数字化教学资源，将教材、课堂、数字资源相融合，配合线上线下相结合的新形态教学。

书中内容包含微机继电保护装置硬件原理、微机继电保护装置软件原理、中低压线路微机继电保护原理、高压输电线路微机继电保护原理、超高压输电线路快速纵联保护、电力变压器微机继电保护原理、微机母线及电容器保护原理、智能变电站保护控制等内容。

本书可作为电气工程及其自动化、电力系统及其自动化等相关专业高年级教材使用，也可作为成人函授、高职高专教育的教学用书，还适合从事电力系统继电保护运行、检修的专业人员培训使用。应用本教材应具有"电力系统分析""电力系统继电保护原理"等相关课程的基础。

在编写本书的过程中，编者参阅了许多正式出版的教材和相关单位的技术说明书，在此谨向这些材料的提供者表示衷心感谢。由于编者水平有限，书中难免存在不妥和疏漏之处，恳切希望广大师生和读者批评指正。

作者

2020 年 4 月于上海

第一版前言

为贯彻落实教育部《关于进一步加强高等学校本科教学工作的若干意见》和《教育部关于以就业为导向深化高等职业教育改革的若干意见》的精神，加强教材建设，确保教材质量，中国电力教育协会组织制订了普遍高等教育"十一五"教材规划。该规划强调适应不同层次、不同类型院校，满足学科发展和人才培养的需求，坚持专业基础课教材与教学急需的专业教材并重、新编与修订相结合。本书为新编教材。

微机继电保护装置在电力系统中已获得广泛的应用，随着计算机通信技术、超大规模集成电路技术的飞速发展，微机继电保护装置在原理和技术上都有很大的提高。各生产厂家的微机保护硬件与软件都在不断地更新换代，新原理、新技术也不断地获得应用。

近年来，国内关于微机继电保护方面已经陆续出版了一些很好的书籍，并在教学、科研和生产实践中发挥了重要的作用。但既结合生产实际中广泛应用的继电保护装置，又以继电保护原理讲授为主的微机保护教材并不多。作者结合多年从事微机保护教学、培训与工程实践的经验，编写了这本有关微机继电保护原理及实验方面的教材，具有内容新颖、实用性强的特点。

鉴于微机保护的硬件与软件都在不断更新换代，因此本书对微机保护的硬件和软件部分只做一般原理介绍。本书主要以近年来在电力系统中获得广泛应用的微机保护装置实现原理、保护动作逻辑和试验方法为主，详细介绍了微机继电保护实现的基本原理，并结合典型的保护装置介绍微机保护实验和测试方法。本书将继电保护原理与微处理机的实现方法相结合，具有理论联系实际的特点。同时，在编写过程中，还注重基本工作原理的介绍，由浅入深，逐步展开，力求从基本概念上阐明问题，具有可读性和适用性。

全书共八章，依次为微机继电保护装置硬件原理、微机继电保护装置软件原理、中低压线路微机断电保护原理、高压输电线路微机断电保护原理、超高压输电线路快速纵联保护、电力变压器微机断电保护原理、微机母线及电容器保护、微机继电保护装置及实验。本教材是电力系统继电保护原理的后续教材，可作为电气工程及其自动化、电力系统及其自动化等相关专业高年级教材使用，也可作为成人函授、高职高专教育的教学用书，也适合从事电力系统运行、管理的工程技术人员培训使用。应用本教材应具有"继电保护原理""微机原理""数字信号处理"等相关课程的基础。

在本书编写过程中，我们参阅了许多正式出版的参考文献和相关单位的技术资料；华北电力大学张举教授审阅了全稿，并提出了宝贵的意见和建议，在此谨向所有给予我们帮助的人表示由衷的感谢。

限于编者水平，书中难免存在不妥之处，恳切希望广大师生和读者批评指正。

编者
2007 年 7 月于上海

第二版前言

　　本书第一版自 2007 年出版以来，受到了广大读者的肯定和欢迎，重印已超过 15 次。随着新型数字通信技术、IEC 61850 网络标准的发展，电力系统微机继电保护装置的硬件与软件都有了新的变化和发展，目前以微机保护为基础的数字化、智能化变电站技术正在不断推广应用。同时，根据多年来的使用情况及教学的需要，第一版中第八章微机继电保护装置及实验的内容已独立出版《微机继电保护装置实验指导》作为实验指导用书。因此，本次修订在原体系基本不变的基础上，重新编写了第八章智能变电站保护控制的内容，可作为当前电力系统微机继电保护课程的内容讲授，以满足现代电力技术发展对应用型人才培养的需要。

　　本书共八章，依次为微机继电保护装置硬件原理、微机继电保护装置软件原理、中低压线路微机继电保护原理、高压输电线路微机继电保护原理、超高压输电线路快速纵联保护、电力变压器微机断电保护原理、微机母线及电容器保护原理、智能变电站保护控制。本书是电力系统继电保护原理的后续教材，可作为电气工程及其自动化、电力系统及其自动化等相关专业高年级教材使用，也可作为成人函授、高职高专教育的教学用书，还适合从事电力系统继电保护运行、检修的专业人员培训使用。应用本教材应具有"继电保护原理""网络通信基础"等相关课程的基础。

　　在本书编写过程中，编者参阅了许多单位的技术资料和使用说明书，在此谨向这些材料的提供者表示衷心感谢。由于编者水平所限，书中难免存在不妥和错误之处，恳切希望广大师生和读者批评指正。

编者

2017 年 8 月于上海

目　　录

绪　　论

一、微机继电保护的发展

基于数字计算机和实时数字信号处理技术实现的电力系统继电保护被称为数字式继电保护。在电力系统继电保护的学术界和工程技术界，数字式继电保护又常被称作计算机继电保护、微型机继电保护、微机继电保护等。本书采用微机继电保护这个名称，也简称微机保护。

微机继电保护的产生与发展是从 20 世纪 60 年代开始的。1965 年开始有人倡议用计算机构成继电保护装置，20 世纪 70 年代，微机保护的研究工作主要是在理论探索阶段，着重于算法的研究、数字滤波的研究及实验室样机试验，为计算机继电保护的发展奠定了比较完整和牢固的基础。经过不断的努力，现在计算机继电保护的算法已经比较完善和成熟。在 20 世纪 70 年代中期，计算机硬件出现了重大突破，大规模集成电路技术飞速发展，微型计算机和微处理器进入了实用阶段，而且价格大幅度下降，可靠性、运算速度大幅度提高，这使得微机继电保护的研究出现了热潮。20 世纪 70 年代后期国外已经有少数微机继电保护样机在电力系统中试运行。

电力系统的发展对继电保护不断提出新的要求，而微电子技术、计算机技术与通信技术的飞速发展又为继电保护技术的发展不断地注入新的活力。20 世纪 90 年代微处理器、计算机网络的重大发展不仅仅是在硬件上集成度更高、运算速度更快、存储容量更大，而且在通信、结构、可靠性等整体性能上发生了质的变化，保护越来越向智能化、网络化、信息化方向发展。

我国从 20 世纪 70 年代末开始了计算机继电保护的研究，高等院校和科研院所起着先导的作用。华北电力大学杨奇逊院士在微机保护的研究方面率先取得了实质性突破，之后一大批高等院校、科研院所都相继取得了进展。20 世纪 90 年代中期，国内几大继电保护生产厂家相继开发出了高压线路微机保护装置的系列产品，满足了电力系统的运行要求，为我国电力系统的安全稳定运行做出了贡献。

国内微机保护的发展大致经历了三个阶段，第一阶段至第三阶段微机保护的硬件设计重点是如何使总线系统更隐蔽，以提高抗干扰水平。第一阶段微机保护装置是单 CPU 结构，几块印制电路板由总线相连组成一个完整的计算机系统，总线暴露在印制电路板之外。第二阶段微机保护装置是多 CPU 结构，每块印制电路板上以 CPU 为中心组成一个计算机系统，因此实现了"总线不出插件"。第三阶段微机保护技术创新的关键之处是利用了一种特殊单片机，将总线系统与 CPU 一起封装在一个集成电路块中，因此具有极强的抗干扰能力，即所谓的"总线不出芯片"原则。当今，数字信号处理器（DSP）在微机保护硬件系统中得到广泛应用，DSP 先进的内核结构、高速运算能力及与实时信号处理相适应的寻址方式等许多优良特性，使许多由于 CPU 性能等因素而无法实现的继电保护算法可以通过 DSP 来轻松完成。以 DSP 为核心的微机保护装置已经是当今的主流产品。此外，在微机保护硬件发展的同时，各种保护原理方案和各种算法的微机线路保护和微机主设备保护相继问世，为电力系统提供了一批性能优良、功能齐全、工作可靠的微机继电保护装置，同时积累了丰富的运行经验。随着微机保护装置的深入研究，在微机保护软件、算法等方面也取得了很多理论成果。

智能电网是当今世界电力系统发展的新方向，随着信息及通信技术的发展，变电站自动化与继电保护的形态也在发生相应的变化，体现在采集方式由传统的模拟量向数字化发展，控制方式由集中式向分散分布发展，传输介质由电缆和串行向网络和并行发展，功能由常规向智能化发展。智能电网的建设过程中新技术和新设备的应用将给继电保护专业领域带来革命性的变化，继电保护必然向主动化、智能化、网络化方向高速发展。

二、微机继电保护的特点

微机继电保护区别于传统模拟式保护的本质特征在于它是建立在数字技术基础上的。在微机保护装置中，各种类型的输入信号（通常包括模拟量、开关量、脉冲量等类型的信号）首先将被转化为数字信号，然后通过对这些数字信号的处理来实现继电保护功能。与常规的保护装置相比较，微机继电保护具有以下显著特点：

（1）由于采用了微机技术和软件编程方法，大大提高了继电保护的性能指标。

1）利用计算机强大的计算功能实现常规继电保护难以实现的复杂动作特性和功能。

2）由于采用全数字处理技术，动作特性和保护定值不需要定期检验。

3）由于采用数字滤波技术及优化的计算方法，使测量精度大大提高。

4）利用计算机强大的记忆功能，可方便地实现故障分量保护等。

5）可引进自动控制、新的数学理论和技术改善保护性能，如自适应算法、状态预测、模糊控制、人工智能及小波算法等。

6）易获得多种附加功能，如负载检测、事件记录、故障录波、测距等。

（2）由于很多功能集成到一个微机保护装置中，使保护装置的硬件设计简洁。

（3）由于集成了完善的自检功能，减少了维护、运行的工作量，带来较高的可用性。

（4）由软件实现的动作特性和保护逻辑功能不受温度变化、电源波动、使用年限的影响。

（5）硬件较通用，装置体积较小，盘位数量较少，装置功耗低。

（6）更加人性化的人机交互，就地的键盘操作及显示。

（7）简洁可靠地获取信息，通过串行口同 PC 通信就地或远方控制。

（8）采用标准的通信协议（开放的通信体系），使装置能够同上位机系统通信。

微机保护装置不仅能够实现其他类型保护装置难以实现的复杂保护原理、提高继电保护的性能，而且能提供诸如简化调试及整定、自身工作状态监视、事故记录及分析等高级辅助功能，还可以完成电力系统自动化要求的各种智能化测量、控制、通信及管理等任务，同时也具有优良的性价比。其普遍特点可归纳为维护调试方便，具有自动检测功能；可靠性高，具有极强的综合分析和判断能力，可实现常规模拟保护很难做到的自动纠错，即自动识别和排除干扰，防止由于干扰而造成的误动作，并具有自诊断能力，可自动检测出保护装置本身硬件系统的异常部分，配合多重化配置可有效地防止拒动；保护装置自身的经济性；可扩展性强，易于获得附加功能；保护装置本身的灵活性大，可灵活地适应于电力系统运行方式的变化；保护装置的性能得到很好的改善，具有较高的运算和大容量的存储能力等。这些特点在很大程度上反映了保护软件设计的重要性和灵活性特征。一方面，新型保护软件的设计强调保护系统多重原理的实现以及保护数据处理流程的透明性（即在一定条件下，配备相应的保护测试软件，继电保护对于用户是开放的）。另一方面，保护将具有多功能特性、增强的网络功能及用户界面友好等特点。

 知识点回顾 （数字化教学资源）

1. 继电保护的构成及工作回路

继电保护必须通过可靠的工作回路，并借助断路器断开故障元件，才能完成继电保护的任务，保护装置的原理构成及工作（二次）回路如图 0-1 所示。工作回路中通过电流互感器（及电压互感器）获取高压设备故障的电气量，经二次电缆送入到保护装置；通过继电保护装置判断是否应动作，动作结果的出口跳闸命令经电缆送到断路器跳闸线圈，跳闸线圈控制断路器断开故障元件，故障消除保护返回。

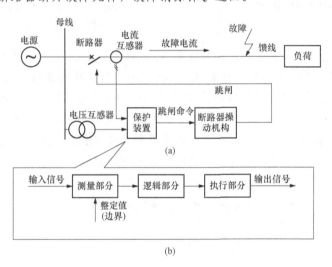

图 0-1　保护装置的原理构成及工作（二次）回路
（a）保护二次回路及动作过程；（b）保护装置构成逻辑框图

资源 0-1　继电保护工作、回路及装置的构成

其中继电保护装置由测量、逻辑、执行三部分组成。测量比较元件测量通过被保护的电力元件的物理参量，并与给定的值进行比较，根据比较判断保护装置是否应该启动，如最简单的过电流保护通过电流是否越限判断故障。

为确保故障元件能够从电力系统中切除，每个电力元件均要配备保护，重要元件必须配备至少两套保护（主、后备保护）。每套保护都有预先划定的保护范围（保护区），保护区必须重叠，即不能有遗漏，保护区的重叠通过相互交叉选取电流互感器来实现。电力系统保护区的划分原则如图 0-2 所示。

2. 继电保护的选择性

继电保护的选择性是指保护装置动作时，在可能最小的区间内将故障从电力系统中断开，最大限度地保证系统中无故障部分仍能继续安全运行，既能隔离故障，又能使停电范围最小。

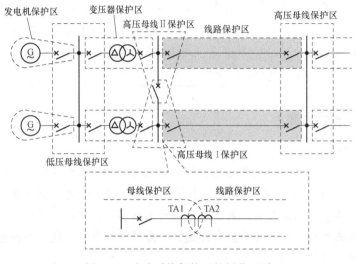

图 0-2　电力系统保护区的划分原则　　　　　　　　资源 0-2　继电保护的
　　　　　　　　　　　　　　　　　　　　　　　　　　　　范围和配合关系

　　如图 0-3 所示，当线路 A-B 上 k1 点短路时，应由线路 A-B 的保护 1、2 动作跳开断路器 QF1 和 QF2 切除故障，全部用户不停电。当线路 B-C 上 k2 点短路时，应由线路 B-C 的保护 5 动作跳开断路器 QF5 切除故障，B 母线不停电。线路 C-D 上 k3 点短路时，应由线路 C-D 的保护 6 动作跳开断路器 QF6，只有变电站 D 停电。如果 k3 点故障时，由于某种原因造成断路器 QF6 跳不开（拒动），由相邻线路的保护 5 动作跳开断路器 QF5，变电站 C、D 停电，相邻线路的保护 5 起到了远后备作用，这种保护的动作也是有选择性的。

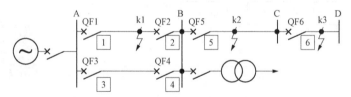

图 0-3　保护选择性说明图

资源 0-3　继电保护的　　　　资源 0-4　继电保护的　　　　资源 0-5　继电保护的
　选择性说明 k1　　　　　　　　选择性说明 k2　　　　　　　　选择性说明 k3

第一章　微机继电保护装置硬件原理

第一节　微机继电保护装置的基本硬件构成

一、微机继电保护装置硬件系统构成

微机继电保护装置硬件主要包括数据采集部分（包括电流、电压等模拟量输入变换、低通滤波回路、模/数转换等），数据处理、逻辑判断及保护算法的数字核心部件（包括CPU、存储器、实时时钟、WATCHDOG等），开关量输入/输出通道以及人机接口（键盘、液晶显示器）。从功能上可分为6个组成部分：数据采集系统（也称模拟量输入系统），数字处理系统（CPU主系统），开关量输入/输出回路，人机接口，通信接口，电源回路。典型微机继电保护装置的硬件系统结构如图1-1所示。

1. 数据采集系统

微机继电保护数据采集系统包括隔离与电压形成、低通滤波回路、多路开关及模/数变换，其主要功能是采集由被保护设备的电流、电压互感器输入的模拟信号，并将此信号经过适当的预处理，然后转换为所需的数字量。

根据模/数转换的原理不同，微机保护装置中模拟量输入回路有两种方式，一是基于逐次逼近型模/数转换的方式，二是利用电压/频率变换（VFC）原理进行模/数转换的方式。前者包括电压形成回路、模拟低通滤波器（ALF）、采样保持回路（S/H）、多路转换开关（MPX）及模/数（A/D）转换器等功能块；后者主要包括电压形成回路、VFC回路、计数器等环节，如图1-2所示。

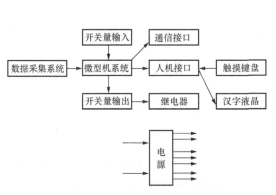

图1-1　典型微机继电保护装置硬件系统结构

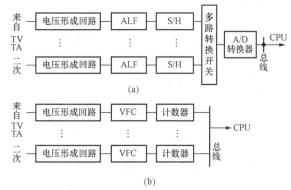

图1-2　模拟量输入回路框图
(a) 逐次逼近A/D转换方式；(b) VFC原理的A/D转换方式

2. 数字处理系统（CPU主系统）

微机继电保护装置是以中央处理器CPU为核心，根据数据采集系统采集到的电力系统的实时数据，按照给定算法来检测电力系统是否发生故障以及故障性质、范围等，并由此做出是否需要跳闸或报警等判断的一种自动装置。微机保护原理由计算程序来实现，CPU是

计算机系统自动工作的指挥中枢，计算机程序的运行依赖于 CPU 来实现。因此，CPU 的性能好坏在很大程度上决定了计算机系统性能的优劣。

（1）微处理器 CPU。微处理器采用数据总线为 8、16、32 位等的单片机、工控机以及 DSP 系统。单片机通过大规模集成电路技术将 CPU、ROM、RAM 和 I/O 接口电路封装在一块芯片中，因此具有可靠性高、接口设计简易、运行速度快、功耗低、性能价格比高的优点。使用单片机的微机保护具有较强的针对性，系统结构紧凑，整体性能和可靠性高，但通用性、可扩展性相对较差。DSP 的突出特点是计算能力强、精度高、总线速度快、吞吐量大，尤其是采用专用硬件实现定点和浮点加乘（矩阵）运算，速度非常快。将数字信号处理器应用于微机继电保护，极大地缩短了数字滤波、滤序和傅里叶变换算法的计算时间，不但可以完成数据采集、信号处理的功能，还可以完成以往主要由 CPU 完成的运算功能，甚至可以完成独立的继电保护功能。

（2）存储器。它包括电擦除可编程只读存储器 EEPROM、紫外线擦除可编程只读存储 EPROM、非易失性随机存储器 NVRAM、静态存储器 SRAM、闪速存储器 FLASH 等。其中，EEPROM 存放定值，EPROM、FLASH 存放程序，NVRAM 存放故障报文、采样数据，计算过程中的中间结果、各种报告存放于 SRAM 中。

3. 开关量输入/输出回路

开关量输入/输出回路一般采用固态继电器、光电隔离器、PHTOMOS 继电器等器件组成，以完成各种保护的出口跳闸、信号报警及外部接点输入等工作，实现与 5V 系统接口。一般而言，柜内开关量输入信号采用 24V 电源，柜间开关量输入信号采用 220V 或 110V 电源。计算机系统输出回路经光隔器件转换为 24V 信号，驱动继电器实现操作。国外也有通过 5V 电源驱动继电器的。

4. 人机接口

人机交互系统包括显示器、键盘、各种面板开关、实时时钟、打印电路等，其主要功能用于人机对话，如调试、定值调整及对机器工作状态的干预等。现在一般采用液晶显示器和流行的 6 键操作键。人机交互面板一般应包括：

（1）可以由用户自定义画面的大液晶屏人机界面。

（2）可以由用户自定义的报警信号显示灯 LED。

（3）可以由用户自定义用途的 F 功能键。

（4）光隔离的串行接口。

（5）就地、远方选择按钮。

（6）就地操作键。

5. 通信接口

微机继电保护装置的通信接口包括维护口、监控系统接口、录波系统接口等。一般可采用 RS485 总线、Profibus 网、CAN 网、LON 网、以太网及双网光纤通信模式，以满足各种变电站对通信的要求，满足各种通信规约：IEC 61870-5-103、PROFIBUS-FMS/DP、MODBUS RTU、DNP 3.0、IEC 61850 以太网等。

微机继电保护对通信系统的要求是快速，支持点对点平等通信，突发方式的信息传输，物理结构采用星形、环形、总线形，支持多主机等。

6. 电源回路

电源回路可以采用开关稳压电源或 DC/DC 电源模块，提供数字系统 5、24、±15V 电源，也有的系统采用多组 24V 电源。+5V 电源用于计算机系统主控电源；±15V 电源用于数据采集系统、通信系统；+24V 电源用于开关量输入、输出、继电器逻辑电源。

二、微机继电保护装置的几种典型结构

在实际应用中，微机继电保护装置分为单 CPU 和多 CPU 的结构方式。在中低压保护中多采用单 CPU 结构方式，而高压及超高压复杂保护装置广泛采用多 CPU 的结构方式。

1. 单 CPU 微机继电保护装置的结构

单 CPU 微机继电保护装置是指整套微机继电保护共用一个单片微机，无论是数据采集处理，还是开关量采集、出口信号及通信等均由一个单片微机控制。但目前人机接口一般另外采用独立的 CPU。模拟量输入回路、单片微机系统（包括 CPU、EPROM、RAM、EEP-ROM 等）、开关量输入输出各部分均通过总线（BUS）联系在一起，由 CPU 通过 BUS 实现信息数据传输和控制。

单 CPU 结构的微机继电保护虽然结构简单，但容错能力不高，一旦 CPU 或其中某个插件工作不正常就影响到整套保护装置。由于后备保护与主保护共用同一个 CPU，因此主保护不能正常工作时往往也影响到后备保护，其可靠性必然下降。

2. 多 CPU 微机继电保护装置的结构

为了提高微机继电保护的可靠性，高压及超高压变电站微机继电保护都已采用多 CPU 的结构方式。所谓多 CPU 的结构方式就是在一套微机保护装置中，按功能配置多个 CPU 模块，分别完成不同保护原理的多重主保护和后备保护及人机接口等功能。显然这种多 CPU 结构方式的保护装置中，如有任何一个模块损坏均不影响其他模块保护的正常工作，有效地提高了保护装置的容错水平，防止了一般性硬件损坏而闭锁整套保护。

多 CPU 结构的保护装置还提供了采用三取二保护启动方式的可能性，大大提高了保护装置启动的可靠性。多 CPU 结构的微机继电保护装置硬件框图如图 1-3 所示，这是我国 11 型微机保护装置的典型结构框图。

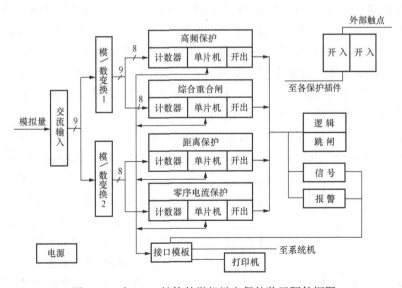

图 1-3　多 CPU 结构的微机继电保护装置硬件框图

该保护装置由 4 个硬件完全相同的保护 CPU 模块构成，分别完成高频保护、距离保护、零序电流保护以及综合重合闸等功能。另外还配置了一块带 CPU 的接口模板（MONITOR），完成对保护（CPU）模块巡检、人机对话和与监控系统通信联络等功能。由图 1-3 可见，整套保护装置仍然由模拟量输入、单片微机系统、人机接口及开入开出回路、电源等组成。模拟量输入回路包括交流输入、模/数变换 1、模/数变换 2；单片微机系统即保护 CPU 模块由高频、距离、零序电流保护和综合重合闸组成；人机接口模块由带 CPU 的接口模板和打印机等构成；开关量输入、开关量输出通道包括逻辑、跳闸、信号、报警电路。此外还有逆变电源部分。

单片微机保护部分由 4 个独立的保护 CPU 模块组成，其中高频保护和综合重合闸共用一块模/数变换插件，距离保护和零序电流保护共用另一块模/数变换插件。这样的接线方式增加了保护的冗余量，从而进一步提高了保护的可靠性，但相对增加了保护的复杂性。

多 CPU 结构的保护装置中，每个保护 CPU 插件都可以独立工作。各保护之间不存在依赖关系。例如高频保护是由高频距离和高频零序方向两个主保护组成，其中距离元件和零序方向元件都是独立的，不依赖于距离保护 CPU 和零序保护 CPU 插件中的距离元件及零序方向元件。保护 CPU 的完整性和独立性又大大提高了保护可靠性。

多 CPU 结构的保护装置实质上是主从分布式的微机工控系统，人机接口部分是主机，完成集中管理及人机对话的任务。而单片机保护部分是 4 个从机，它们分别独立完成各种保护任务。4 种保护综合完成一条高压输电线路的全部保护，即输电线路各类相间和接地故障的主保护和后备保护，并能完成综合重合闸功能。

3. 采用 DSP 的微机继电保护装置的结构

数字信号处理器（Digital Signal Processor，DSP）是进行数字信号处理的专用芯片，它是综合了微电子学、数字信号处理技术、计算技术的新器件。由于它特殊的设计，可以把数字信号处理中的一些理论和算法予以实时实现，并逐步进入控制器领域，因而在计算机应用领域中得到广泛的使用。

大多数 DSP 采用了哈佛结构，将存储器空间划分成两个，分别存储程序和数据。它们有两组总线连接到处理器核，允许同时对它们进行访问。这种安排将处理器和存储器的带宽加倍，更重要的是同时为处理器核提供数据与指令。在这种布局下，DSP 得以实现单周期的 MAC 指令。DSP 速度的最佳化是通过硬件功能予以实现的，每秒能够执行 1000 万条以上的指令；同时，采用循环寻址方式，实现了零开销的循环，大大增进了如卷积、相关、矩阵运算、FIR 等算法的实现速度。另外，DSP 指令集能够使处理器在每个指令周期内完成多个操作，从而提高每个指令周期的计算效率。

由于 DSP 技术有着强大、快速的数据处理能力和定点、浮点的运算功能，因此将 DSP 技术融合到微机继电保护的硬件设计中，将极大地提高微机继电保护对原始采样数据的预处理和计算的能力，提高运算速度，更容易做到实时测量和计算。例如，在保护中可以由 DSP 在每个采样间隔内完成全部的相间和接地阻抗计算，完成电压、电流测量值的计算，并进行相应的滤波处理。

采用 DSP 的微机线路保护装置硬件框图如图 1-4 所示。采用单片机加 DSP（数字信号处理器）的结构，将主、后备

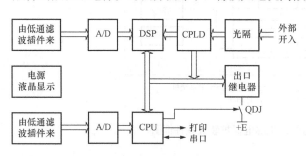

图 1-4 采用 DSP 的微机线路保护装置硬件框图

保护集成在一块 CPU 板上，DSP 和单片机各自独立采样，由 DSP 完成所有的数字滤波、保护算法和出口逻辑，由 CPU 完成装置的总启动和人机界面、后台通信及打印功能。图 1-4 中，QDJ 为保护装置的启动继电器。人机接口显示面板单设一个单片机（图中未画出），专门负责汉字液晶显示、键盘处理，显示面板通过串口与主 CPU 交换数据。显示面板还提供一个与 PC 通信的接口。

整个保护装置设计由多个插件模块组成，包括直流插件（DC）、交流插件（AC）、低通滤波插件（LFP）、CPU 插件（CPU）、通信插件（COM）、24V 光耦插件（OPT1）、高压光耦插件（OPT2）、信号插件（SIG）、跳闸出口插件（OUT1、OUT2）和显示面板（LCD）。

其中，CPU 插件是装置核心部分。装置采样率为每周期 24 点，在每个采样间隔内对所有保护算法和逻辑运算进行实时计算，使得装置具有很高的可靠性及安全性。

启动 CPU 内设总启动元件，启动后开放出口继电器的正电源，同时完成事件记录及打印、保护部分的后台通信及与面板通信；另外还具有完整的故障录波功能，录波格式与 COMTRADE 格式兼容，录波数据可单独从串口输出或打印输出。

交流输入变换插件（AC）用于三相电流（I_A、I_B、I_C）、零序电流（I_0）、三相电压（U_A、U_B、U_C）及线路抽取电压（U_x）的输入。通信插件的功能是完成与监控计算机或 RTU 的通信连接，有 RS485、光纤和以太网接口可供选择。

4. 网络化微机继电保护装置的结构

网络化微机继电保护装置典型硬件框图如图 1-5 所示，与保护功能和逻辑有关的标准模块插件仅有三种，即 CPU 插件、开入（DI）插件和开出（DO）插件。在图 1-5 中 CPU 插件包含了微机主系统和大部分的数据采集系统电路；开入（DI）、开出（DO）插件的设计，使 CPU 构成了智能化 I/O 插件；通信网络采用 CAN 总线方式，利用 CAN 总线的可靠性和非破坏性总线仲裁等技术，合理安排传输信号的优先级，完全可以保证硬件电路和跳闸命令、开入信号传输的可靠性、及时性。另外，已有许多 CPU 中集成了 CAN 总线的接口电路，使得网络化的成本较低。

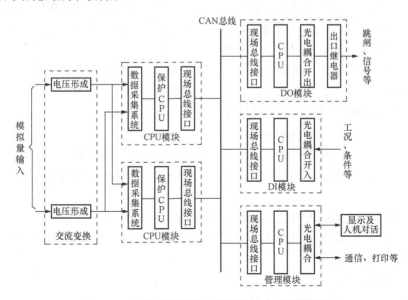

图 1-5　网络化微机继电保护装置典型硬件框图

由于将网络作为各模块间的连接纽带，所以，每个模块仅相当于网络中的一个节点，不仅可以很方便地实现模块的增加或减少，满足各种各样的功能配置要求，构成积木式结构，而且每个模块可以分别升级。无论模块升级与否，对于网络来说，模块仍然为网络的一个节点，唯一要遵循的是要求采用同一个规约。网络化后，用 CAN 网络代替一对一的物理导线连接，各插件之间的连接只有两条网络导线和相应的电源线，极大地简化了 CPU 与开入、开出之间的连线。当然，如果需要的话，也可以采用双 CAN 网的方式。

现场总线接口部分，对于编程来说，操作过程相当于对串行接口的操作，至于传输协议、仲裁、检测、重发等功能和机制均集成在接口电路内。其余的电路构成、工作原理等均与单 CPU 是一样的，如 DO 模块是由 CPU、光电耦合开出、出口继电器等部分组成的电路。但为了提高可靠性，DO 模块中的启动继电器应由保护或启动 CPU 模块来控制。网络化硬件结构的优点有以下几个方面：

（1）模块之间的连接简单、方便。仅通过一对双绞线，就可完成一条现场总线的连接，既可以传递信息，又可以发送控制命令，还可以避免了插件端子数量的限制。

（2）可靠性高、抗干扰能力强。CAN 总线的特点是高可靠性和高抗干扰能力，同时，CAN 总线设置于装置内部，又极大地减少了受干扰的次数和程度。

（3）扩展性好。由于每个模块接入网络时，仅相当于接入一个节点，所以方便了各种模块的组合，实现积木式的结构，即插即用，满足不同硬件配置的要求。如一个 DO 模块不够用时，可以在不改变装置内部电路和结构的情况下加入另一个 DO 模块。

（4）升级方便。如微型机模块升级，只改变了节点内部的电路和结构，对 CAN 总线而言，升级后的微型机模块仍然是总线上的一个节点，因此，开入、开出模块可以保持不变，保护对外的接口、连接电缆基本不用更改。

（5）便于实现出口逻辑的灵活配置。在变压器、发电机保护中，根据不同容量、不同主接线等情况，保护的一个动作逻辑有可能组合成多个出口对象，因此，出口逻辑的灵活配置完全满足了这种要求。由于每个模块均设置了微型机或微控制器，所以有两种方式可以实现出口逻辑的灵活配置：①在 DO 模块中实现出口逻辑的灵活配置；②在保护微型机模块中实现出口逻辑的灵活配置。从出口功能来看，后一种方式中的 DO 模块仅仅执行命令，更适合于 DO 模块的通用化，适应不同保护的需要。

（6）降低了对微型机或微控制器并行口的数量要求。对于非网络化硬件结构，因为出口继电器由并行口控制，所以不同出口对象的继电器数量完全取决于并行口的数量。

三、现代数字继电保护装置的基本特征

（1）采用 32 位 CPU 提高保护系统的性能。

（2）采用 14～16 位模/数转换器（A/D）提高数据采集系统的精度。

（3）采用高级语言编程，实现软件标准化、模块化、可编程，并且尽可能地采用实时多任务操作系统。

（4）采用液晶或场效应型平面显示器件实现人机接口。

（5）采用 LAN 及 GPS 构成强大、可靠的通信网络。通信网络满足以下要求：

1）良好的电磁兼容。

2）良好的系统扩展。

3）高速、大容量数据传输。

4）采样数据的同步。

5）增强的系统自检功能。

6）丰富的系统分析工具。

7）系统具有较高的可靠性及较好的升级、扩展能力。

基于现场总线的多 CPU 分布式保护系统结构代表了我国微机继电保护装置的发展方向，也是现今比较流行的硬件平台。CPU 采用了 32 位带浮点运算的 DSP，保证保护系统更可靠。其中各 CPU 分别为独立的单片机系统，完成各个保护功能及录波。各 CPU 采用单片机，如 M77、Intel 80196 等。多 CPU 系统可共享数据采集系统数据，简单的通信网络构成了性能价格比优良且可靠的体系结构，系统针对性较强、结构紧凑、整体性能和可靠性较高。同时，由于采用 16 位高性能的单片机，总线不出芯片，构成的独立子系统抗干扰能力强。在我国，90％以上的微机继电保护装置沿用这种模式。但这种模式的硬件系统在通用性、可扩展性以及系统升级等方面比较困难。此外，单片机的硬件资源十分有限，一些高级应用程序难以实施。

微机继电保护装置使用的处理器、数据采集系统、数字通信方式对其工作性能影响很大，因此，在保证硬件结构相对稳定的情况下，应尽可能地采用新型高性能硬件芯片。

微机继电保护硬件系统设计要考虑以下因素：

（1）必须实现高速数据采集，以便详细地记录故障突变过程。

（2）必须解决由于高速数据采集所带来的对数据的实时处理及存储。

（3）必须确保保护系统数据处理各环节的高可靠性，并考虑对系统数据处理同步性的要求。

（4）具备良好的人机接口。

（5）具有增强的系统自检功能和灵活多样的分析与检测手段。

（6）保护系统在软硬件方面应有较高的可靠性和升级、扩展能力等。只有硬件平台资源丰富，才能实现各种软件功能。

此外，在硬件设计时，以下几个方面要着重考虑：

（1）继电保护装置最重要的指标是鲁棒性好，简单而可靠。

（2）采用新的保护原理而必须大幅度提高对硬件复杂性的要求时，要很好地权衡得失。

（3）算法要求快时，硬件应按快的要求设计；如果允许慢一些时，硬件设计可简化。

（4）灵敏度必须保证，但也不需要太灵敏，在合理范围即可。

（5）元器件可靠性的提高及完善的自检引起的对可靠性设计观念的变化。

第二节 逐次逼近原理 A/D 芯片构成的数据采集系统

逐次逼近原理的 A/D 转换器在许多保护特别是元件保护中得到了广泛的应用。在要求真实反映输入信号中的高频分量的场合下，逐次逼近原理的 A/D 转换器应该是首选。当今各种逐次逼近式的 A/D 器件不断推出，且价格适中，如带有同步采样器，具有并行/串行输出接口的快速 14 位、16 位 A/D 器件，它们可以满足各种保护装置的要求，是今后的发展趋势。

电力系统中的电量信号都是在时间和数值上连续变化的信号，因此，都属于模拟信号。而微机继电保护装置是对数字信号进行处理，所以必须把模拟信号转变为计算机能够处理的数字信号。

数字信号是在时间上离散、在数值上量化的一种信号，为了把模拟信号变换为数字信号，首先要对模拟信号进行预处理。这包括信号幅度的变换、利用模拟低通滤波器滤除信号中频率大于采样频率一半的信号、采样/保持等环节。经过预处理的信号才可以输入到 A/D 转换芯片，进行模拟信号到数字信号的变换。

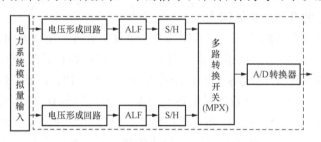

图 1-6　逐次逼近原理 A/D 数据采集系统构成框图

对于一个采用逐次逼近原理 A/D 芯片构成的典型数据采集系统，其框图如图 1-6 所示。它包括电压形成回路、模拟低通滤波器（ALF）、采样保持电路（S/H）、多路转换开关（MPX）及 A/D 转换器五部分，现分别介绍其基本工作原理及作用。

一、电压形成回路

同传统保护一样，微机继电保护的输入信号来自被保护线路或设备的电流互感器、电压互感器的二次侧。这些互感器的二次电流或电压一般数值较大，变化范围也较大，不适应模/数转换器的工作要求，故需对它进行变换。一般采用各种中间变换器来实现这种变换，如电流变换器（TA_m）、电压变换器（TV_m）和电抗变换器（TX_m）等，其实现方法如图 1-7 所示。将电流互感器（TA）、电压互感器（TV）的二次电流、电压输出转化为计算机能够识别的弱电信号，一般输出信号为 ±5V 或 ±10V，具体决定于 A/D 芯片的型号，由此可以决定上述各种中间变换器的变比。对于电流的变换，一般采用电流变换器，并在其二次侧并联电阻以取得所需电压，改变电阻值可以改变输出范围的大小；也可以采用电抗变换器，两者各有优缺点。电流变换器最大的优点是只要铁芯不饱和，其二次电流及并联电阻上电压的波形基本保持与一次电流波形相同且同相，即它的变换可使原信息不失真。但是，电流变换器在非周期分量的作用下容易饱和，线性度较差，动态范围小。电抗变换器的优点是由于铁芯带气隙而不易饱和，线性范围大，同时有移相作用；其缺点是会抑制直流分量，放大高频分量。因此当一次流过非正弦电流时，其二次电压波形将发生畸变，其抑制非周期分量作用在某些应用场合也可能成为优点。

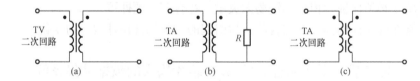

图 1-7　输入变换及电压形成回路的原理图
（a）电压输入变换；（b）电流变换器形成电压；（c）电抗变换器形成电压

电压形成回路除了上面所述的电量变换作用外，还起着屏蔽和隔离的作用，使得微机电路在电气上与强电部分隔离，从而阻止来自强电系统的干扰。在设计辅助变换器时可在一次、二次绕组之间加入屏蔽层并可靠接地。

图 1-8 所示为典型的微机继电保护电压形成回路接线，用于三相电流（I_A、I_B、I_C）、零序电流（I_0）、三相电压（U_A、U_B、U_C）及线路电压（U_x）的输入。需要说明的是，虽然保护

中零序方向、零序过电流元件均采用自产的零序电流计算，但是零序电流启动元件仍由外部的输入零序电流计算，因此如果零序电流不接，则所有与零序电流相关的保护均不能动作，如纵联零序方向、零序过电流等。输入电流变换器的线性工作范围为 $30I_n$。U_x 为重合闸中检无压、检同期元件用的线路侧电压输入。如重合闸不投或无同期问题时，该电压可以不接。

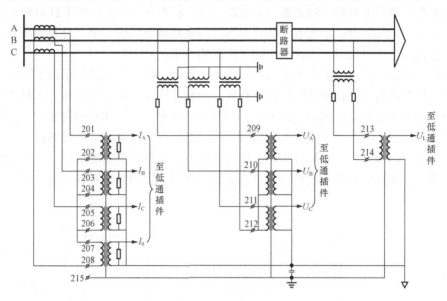

图 1-8　典型的微机继电保护电压形成回路接线

　　根据采样回路的精确工作范围及误差要求，中压保护电流、电压回路的精确工作范围达 $0.08I_n \sim 20I_n$（动态范围为 $0.4 \sim 100\text{A}$）。高压、超高压回路电流范围更大，如 $0.05I_n \sim 30I_n$（动态范围为 $0.25 \sim 150\text{A}$），要保证足够的精度。

二、模拟低通滤波器

　　采样频率的选择是微机继电保护数据采集系统中硬件设计的重要内容。需要综合考虑多种因素。首先，采样频率的选择必须满足采样定理的要求，即采样频率必须大于原始信号中最高频率的二倍，否则将造成频率混叠现象，采样后的信号不能真实代表原始信号。其次，采样频率的高限受到 CPU 的速度、被采集的模拟信号的路数、A/D 转换后的数据与存储器的数据传送方式的制约。如果采样频率太高，而被采集的模拟信号又特别多，则在一个采样间隔内难以完成对所有采样信号的处理，就会造成数据的积压。微机系统无法正常工作。

　　在电力系统发生故障时，故障初瞬电压、电流中往往含有频率很高的分量，为了防止频率混叠，必须选择很高的采样频率，这就会对硬件提出相当高的要求，而目前绝大多数微机继电保护的原理是基于反映工频信号的，因此为了降低采样频率，可在采样前先用一个模拟低通滤波器将频率高于采样频率一半的信号滤掉。例如选择采样频率为 600Hz，则模拟低通滤波器应将 300Hz 及以上频率的信号滤除（5 次以上谐波）。

　　采样频率的选择与保护原理和采用的算法有关。例如在变压器保护中为防止过励磁时变压器差动保护误动，应采取 5 次谐波闭锁方式，为此必须能从信号中提取 5 次谐波，则采样频率至少应大于 500Hz。另外在微机继电保护中大多采用傅氏算法，如果选择采样频率为 600Hz，采用傅氏算法时的滤波系数就变得十分简单。

采用模拟低通滤波器使数据采集系统满足采样定律，限制输入信号中的高频信号进入系统。模拟低通滤波器包括无源滤波和有源滤波两种。无源滤波器一般为一阶或二阶的 RC 阻容滤波器，如图 1-9（a）所示。这种滤波器的频率特性是单调衰减的，不能做到通带平坦和过渡带陡峭。它可用于反应基波分量的保护，而对于反应谐波分量的保护，这种 RC 阻容滤波器对本来在数值上就较小的谐波分量衰减过大，将对保护性能产生不良影响。其幅频特性如图 1-9（b）中的特性 1。但由于 RC 阻容滤波电路具有结构简单、可靠性高、能承受较大的过载和浪涌冲击等优点，因此也得到了广泛的应用。

常用的二阶有源低通滤波器的结构如图 1-10 所示。有源滤波器是指由 RC 网络与运算放大器构成的滤波电路。这种滤波电路具有良好的滤波性能，且阶数越高，它的频率响应就越具有十分平坦的通带和陡峭的过渡带，其幅频特性如图 1-9（b）的特性 2。它会增加装置的复杂性和延时，故滤波器阶数不宜过高。由于电压互感器和电流互感器及电流、电压变换器对高频分量已有相当大的抑制作用，因此往往不要求模拟低通滤波器具有理想的衰减特性，否则高阶的模拟低通滤波器将带来过长的过渡过程，影响保护系统的快速动作。

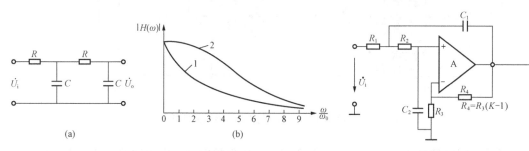

图 1-9　无源滤波器的结构及幅频特性　　　　　图 1-10　常用的二阶有源低通
（a）结构图；（b）幅频特性　　　　　　　　　　滤波器的结构

三、采样保持电路

微机处理的都是数字信号，要用微机实现保护的功能，必须将输入的模拟信号变成数字信号。为达到这一目的，首先要对模拟量进行采样。采样是将一个连续的时间信号（正弦波信号）变成离散的时间信号（采样信号）。理想采样是抽取模拟信号的瞬时函数值，抽取的时间间隔由采样脉冲来控制。把连续的时间信号变成采样信号的过程称为采样或离散化。采样信号仅对时间是离散的，其幅值依然连续，因此这里的采样信号是离散时间的模拟量，它在各个采样点上（0、T_s、$2T_s$、…）的幅值与输入的连续信号的幅值是相同的，如图 1-11（b）所示。在微机继电保护中采样的间隔是均匀的，把采样间隔 T_s 称为采样周期，定义 $f_s=1/T_s$ 为采样频率，这是采样过程中十分重要的参数。

采样保持电路又称 S/H（Sample/Hold）电路，其作用是在一个极短的时间内测量模拟输入量在该时刻的瞬时值，并在模/数转换器进行转换的期间内保持其输出不变。利用采样保持电路后，可以方便地对多个模拟量实现同时采样。采样保持电路的工作原理可用图 1-11（a）来说明，它由一个电子模拟开关 AS、保持电容器 C_h 以及两个阻抗变换器组成。模拟开关 AS 受逻辑输入端的电平控制，该逻辑输入就是采样脉冲信号。

在逻辑输入为高电平时 AS 闭合，此时电路处于采样状态。C_h 迅速充电或放电到 u_{sr} 在采样时刻的电压值。AS 的闭合时间应满足使 C_h 有足够的充电或放电时间，即采样时间，显然希望采样时间越短越好。这里，应用阻抗变换器 I 的目的是它在输入端呈现高阻抗，对输入回路的影响很小；而输出阻抗很低，使充放电回路的时间常数很小，保证 C_h 的电压能迅速跟踪到在采样时刻的瞬时值 u_{sr}。

AS 打开时，电容器 C_h 上保持住 AS 闭合时刻的电压，电路处于保持状态。为了提高保持能力，电路中应用了另一个阻抗变换器Ⅱ，它在 C_h 侧呈现高阻抗，使 C_h 对应充放电回路的时间常数很大，而输出阻抗很低，以增强带负载能力。阻抗变换器Ⅰ和Ⅱ可由运算放大器构成。

采样保持过程示意图如图 1-11（b）所示。图中，T_c 称为采样脉冲宽度，T_s 称为采样间隔（或称采样周期）。由微型机控制内部的定时器产生一个等间隔的采样脉冲，如图 1-11（b）中的"采样脉冲"，用于对"信号"（模拟量）进行定时采样，从而得到反映输入信号在采样时刻的信息，即图中的"采样信号"，随后，在一定时间内保持采样信号处于不变的状态，如图 1-11（b）中的"采样和保持信号"。这样，在保持阶段，无论何时进行模/数转换，其转换的结果都反映了采样时刻的信息。

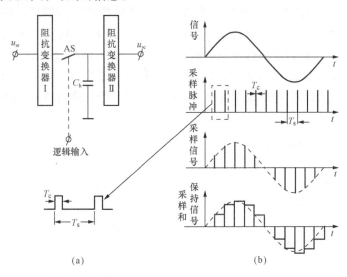

图 1-11　采样保持电路工作原理图及其采样保持过程示意图
(a) 采样保持电路工作原理图；(b) 采样保持过程示意图

四、多路转换开关

多路转换开关是将多个 S/H 后的信号逐一与 A/D 芯片接通的控制电路。它一般有多个输入端、一个输出端和几个控制端。例如，AD7506 有 16 个输入端、1 个输出端和 4 个控制端。根据控制端的二进制编码决定哪一个输入端与输出端接通。在多个采样保持电路公用一片 A/D 芯片的系统中必须设有多路开关。

五、模/数转换器

1. 模/数转换的一般原理

在微机继电保护中，计算机只能对数字量和逻辑量进行处理。因此必须将模拟信号转换成数字信号。

模/数转换器可以认为是一种编码电路。它可以实现将模拟的输入量 U_A 相对于参考电压 U_R 经过一个编码电路转换成数字量 D。用二进制数表示为

$$D = B_1 \times 2^{-1} + B_2 \times 2^{-2} + \cdots + B_n \times 2^{-n}$$

式中：$B_1 \sim B_n$ 为二进制数的 0 或 1。

D 是一个小于 1 的数，$D = U_A / U_R$。从而，模拟信号可表示为

$$U_A = U_R D$$

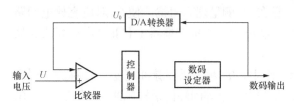

图 1-12　逐次逼近式 A/D 转换原理框图

逐次逼近式 A/D 转换原理框图如图 1-12所示。其模/数转换方法是转换开始，首先设定一个数字量，这个数字量的最高位设为"1"，其余位设为"0"，将该数字量经过一个 D/A 转换器变为与其对应的模拟量 U_0，再将该模拟量与输入的模拟量进行比较，由比较的结果修改设定的数字量。

如果设定的数字量经 D/A 转换后的模拟量小于待转换的模拟信号，则保留设定的数字量的最高位"1"，否则置"0"。再将次高位设为"1"，经 D/A 转换后再与待转换的模拟信号比较，如果设定的数字量经 D/A 转换后的模拟量大于待转换的模拟信号，则将设定的该位数字量置为"0"，否则保留"1"。再将下一位设为"1"，经 D/A 转换后再与待转换的模拟信号比较……重复这一过程直至将数字量的所有位确定下来，转换过程结束。

例如，对于一个 4 位的 A/D 芯片，其逼近的过程可用图 1-13 表示。设 U_A 为待转换的模拟信号，U_0 为与设定数码对应的模拟输出。可见，对于一个 4 位的 A/D 芯片，经过 4 次逼近即可完成模/数转换。

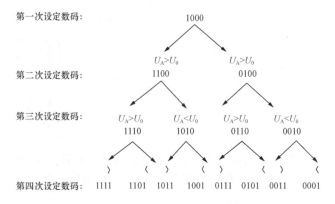

图 1-13　4 位 A/D 转换的逼近过程示意图

在实现模/数转换的过程中要用到数/模（D/A）转换器。为此，必须了解数/模转换的工作原理。数/模转换的作用是将一个数字量经过一个解码电路变换成模拟信号输出。数字量的大小按二进制数码的位权组合表示。其中数字量为 1 的每一位的大小为该位的权重。将所有为 1 的位按权重相加就代表了这个数字量的大小。图 1-14 所示为一个 4 位的数/模转换器原理图举例。

图 1-14 中的电子开关分别受 4 位数字量控制。当某一位的数字量为 1 时，其对应的开关倒向左侧，即与运算放大器的

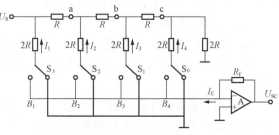

图 1-14　4 位的数/模转换器原理图

负端接通，当某位的数字量为 0 时，其对应的开关倒向右侧，即与运算放大器的接地端接通。由图可见，当电子开关倒向左侧时，经过电阻网络的电流 I_Σ 流过运算放大器的反相输入端，该电流经反馈电阻 R_F 变换为模拟电压输出 U_{SC}。所以输出电压的大小反映了数字量的大小。

运算放大器的反相输入端的电位实际上与地电位相等，称为虚地。因此，无论电子开关倒向哪一侧，图中电阻网络的电流分配都是不变的。这种电阻网络的特点是从 $-U_R$、a、b、c 各点看，等值电阻均为 R，因而 a 点电位是 $U_R/2$，b 点电位则是 $U_R/4$，c 点电位是 $U_R/8$。相应各电流的关系为

$$I_1 = U_R/2R, I_2 = I_1/2, I_3 = I_1/4, I_4 = I_1/8$$

各电流之间的关系是二进制数每一位之间的权的关系，因而，图 1-14 中，总电流 I_Σ 必然正比于数字量 D。前面已给出数字量 D 可表示为

$$D = B_1 \times 2^{-1} + B_2 \times 2^{-2} + \cdots + B_n \times 2^{-n}$$

由图 1-14 得

$$
\begin{aligned}
I_\Sigma &= B_1 I_1 + B_2 I_2 + B_3 I_3 + B_4 I_4 \\
&= U_R/R \times (B_1 \times 2^{-1} + B_2 \times 2^{-2} + B_3 \times 2^{-3} + B_4 \times 2^{-4}) \\
&= \frac{U_R}{R} D
\end{aligned}
$$

而输出电压为

$$U_{SC} = I_\Sigma R_F = \frac{U_R R_F}{R} D$$

可见，输出电压正比于数字量 D，比例系数为 $U_R R_F/R$。

A/D 转换的芯片有很多种。按输出数据的格式分为并行和串行两种；并行方式下按输出数字量的位数分有 8、10、12、14 位和 16 位等的芯片。由于 A/D 芯片的位数总是有限的，而模拟信号的值是一个无限连续量，因而用有限的数字代表无限连续的模拟信号总会产生误差。数字量的最高位通常用 MSB 表示，最低位用 LSB 表示，在进行模/数转换时，比最低位更小的量将被舍去，称为量化误差。若 A/D 转换器的量程（满刻度值）为 FSR，定义基本量化单位为

$$Q = \text{FSR}/2^n$$

式中：n 为 A/D 转换器的位数，也叫作分辨率，量化误差为 $\pm Q/2$。显然，位数越多，Q 越小，量化误差越小，即 A/D 转换的分辨率越高。

在微机继电保护装置中，目前大多数产品均选择并行接口的 12 位或 12 位以上的 A/D 芯片。A/D 转换器的量程一般为 10V，当 $n=12$ 时，$Q=10/2^n=2.44\text{mV}$，即量化误差为 2.44mV。对交流双极性输入，最高位为符号位，只有 11 位的精度，量化误差为 4.88mV，满量程误差约为 0.5‰。考虑保护要求有 100 倍的动态范围，即在最小值时的误差已近 5%。因此，微机继电保护的 A/D 转换器一般不能低于 12 位。除分辨率外，A/D 转换器的另一主要指标是转换速度。它应根据输入路数的多少及采样周期来选择，一般为微秒级。

2. A/D 转换的溢出和极性

从 A/D 转换的工作原理可以看出，对于 4 位的 A/D 转换器而言，数字量 D 的最大输出值 1111，这个最大值经 D/A 转换后得到一个 U_{Dmax}，通常不超过标准电压 U_R（一般为 10V）。

对于输入的模拟电压 $u(t)$，要求不超过最大值 U_{Dmax}，如果出现 $u(t) > U_{Dmax}$，则 A/D 转换的结果将保持为全 1，从而造成平顶波，这种现象称为溢出。

　　逐次逼近原理原则上只适用于单极性输入电压，即输入电压必须是正的，这就是单极性。如果为负，$u(t)$ 总小于 0，则不论负值多大，比较器输出都是 0，实际上，继电保护所反应的电流和电压都是双极性的，为实现对双极性模拟量的模/数变换，需设置一个直流偏移量，其值为最大允许输入量的 1/2。将此偏移直流量 $U_偏$ 同交变的输入量相加变成单极性模拟量后再接至比较器，接法如图 1-15（a）所示。显然，双极性接法允许的最大输入电压幅值将比单极性时缩小 1/2。如单极性时电压范围为 0～10V，接成双极性时偏置电压取 +5V，而输入双极性电压的最大允许范围为 ±5V，如图 1-15（b）所示的波形。必须指出的是，采用了偏置电压之后，相当于纵坐标平移最大值（满度电压）的 1/2，但不改变分辨率和基本量化单位 Q 或 LSB。

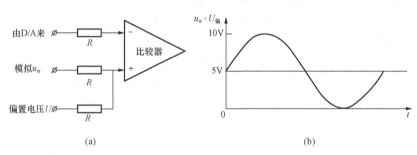

图 1-15　A/D 转换器双极性模拟量输入
（a）双极性输入连接图；（b）加偏置电压后输入波形图

　　加偏置电压后，A/D 转换器输出的数字量实际反映的是 U_A 和 $U_偏$ 之和。由于模拟量偏移了 1/2，所以这种输出的代码称为偏移二进制码。只要减去同 $U_偏$ 相当的数字量就能还原成用补码形式表示的与双极性输入对应的数字量输出。以 8 位的转换器为例，如果 10V 相当于单极性最大输出 11111111，则 +5V 偏置相当于 10000000，如图 1-16 所示。任何 8 位二进制数减去 10000000，相当于把最高位求反（"1" 变 "0" 或 "0" 变 "1"）。上述的减法工作可以由 CPU 用软件进行，也可以由硬件来完成，用硬件时只要在 A/D 输出的最高位处加一个反相器即可。

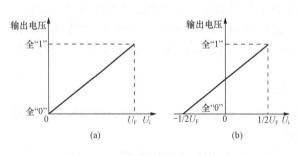

图 1-16　模/数转换输入输出关系
（a）单极性；（b）双极性

第三节　采用电压/频率变换（VFC）原理的数据采集系统

　　微机继电保护装置的模/数转换系统一般采用逐次逼近式 A/D 或 VFC 式两种。VFC 具有抗干扰能力强，同 CPU 接口简单而容易实现多 CPU 共享 VFC 等优点，在我国的微机继电保护领域得到广泛应用。VFC 适用于涉及工频量保护原理的保护装置。

一、VFC 转换器的基本原理

积分型 A/D 转换方式又称为计数式 A/D 转换方式。设有一个计数器，输入计数器的脉冲信号的频率为 f，计数的时间间隔为 Δt，则在 Δt 时间内，加入计数器的脉冲数为 N，则有

$$N = f \times \Delta t$$

由此可看出，在计数式 A/D 转换方式中，可用两种方法实现。其一是用待转换的电压 U 控制时间间隔 Δt，使 Δt 正比于输入电压 U，而计数脉冲频率不变，在 Δt 时间间隔内，计数脉冲的数字代表了输入电压的大小；其二是用待转换的电压 U 控制计数脉冲的频率，使脉冲频率正比于电压 U，而计数间隔不变，则计数结果也代表输入电压的大小。根据以上方法，积分型 A/D 转换原理有电压—时间型（$V-\Delta t$ 型）和电压—频率型（$V-F$ 型）两种方案。

由于电压时间型 A/D 变换芯片转换速度慢，且转换时间随输入电压变化，因此不适宜在微机继电保护系统中采用。在目前微机继电保护装置中，采用的计数式 A/D 转换电路是电压—频率变换式。以下介绍电压—频率变换式数据采集系统的原理。

一般来说，采用逐次逼近式 A/D 方式的变换过程中，CPU 要使 S/H、MPX、A/D 三个芯片之间控制协调好，而且 A/D 芯片结构较复杂，不适于多 CPU 数据共享。模/数变换也可以使用 VFC 型的变换方式，VFC 型的模/数变换是将电压模拟量变换为一串，脉冲信号的频率正比于模拟信号在一段时间内的面积。然后由计数器对数字脉冲计数，供 CPU 读入。VFC 型数据采集系统示意图如图1-17所示。

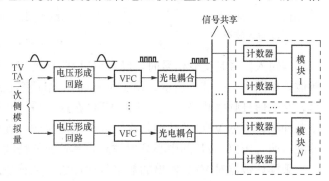

电压互感器二次电压或电流互感器的二次电流经变换器隔离变换后输入。经电压频率转换器，再经光电隔离后进入计数器进行计数。通常在电压/频率转换器前还增设有浪涌吸收器吸收高频干扰信号。电压频率变换

图 1-17　VFC 型数据采集系统示意图

器由电荷平衡式 VFC 芯片实现电压到频率的转换，将模拟信号变为数字信号。光电隔离芯片实现模拟系统与数字系统的电隔离，具有抗干扰的作用。可编程的计数器芯片完成计数。通常采用 16 位计数器，在单片机的控制下，在每次采样中断时，读取计数器的计数值。并将前 m 个采样中断的计数值与当前的计数值相减，其结果与 $m \times T_s$ 的输入信号的面积对应，也与 $m \times T_s$ 区间中心处交流信号的瞬时值具有对应关系。

二、利用 VFC 进行 A/D 转换

VFC 可采用电压/频率变换 AD654 芯片，计数器可采用 CPU 内部计数器，也可采用可编程计数器 8253。CPU 每隔一个采样间隔时间 T_s，读取计数器的脉冲计数值，并根据比例关系算出输入电压 u_{in} 对应的数字量，从而完成了模/数变换。

AD654 芯片对 10V 的输入，满刻度输出频率为 500kHz。由于输入信号最大值为 5V 的交流信号，而 AD654 只能转换单方向的信号，所以必须加入一个偏置信号。根据最大输入信号，加入 -5V 的偏置电压，叠加偏置电压后的综合信号为 $-10 \sim 0$V，电压信号为负端输入方式。由于输入电压与输出频率呈线性关系，故加偏置后的输入 -5V 对应最大输出频率的 1/2，即 250kHz（中心频率），电压为 -10V 对应最大输出频率为 500kHz。脉冲频率输

出经光电隔离芯片接可编程计数器的计数脉冲输入端。采用负极性接法的 VFC 变换电路，设置－5V 偏置电压。偏置后使输入电压的测量范围控制在±5V 峰值，AD654 芯片加偏置后的输入波形如图 1-18 所示。

当输入电压 $u_{in}＝0$ 时，对应输出信号是频率为 250kHz 的等幅等宽的脉冲波，如图 1-19（a）所示。

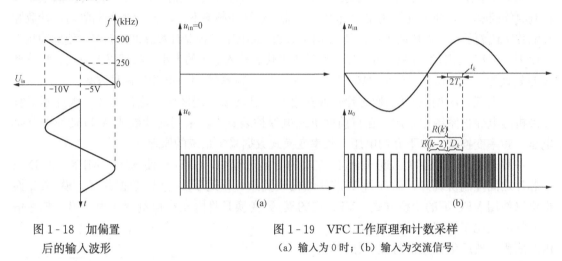

图 1-18　加偏置
后的输入波形

图 1-19　VFC 工作原理和计数采样
（a）输入为 0 时；（b）输入为交流信号

当输入信号是交变信号时，经 VFC 后输出的信号是被 u_{in} 交变信号调制了的等幅脉冲调频波，如图 1-19（b）所示。由于 VFC 的工作频率远远高于工频 50Hz，因此就某一瞬间而言，交流信号频率几乎不变，所以 VFC 在这一瞬间变换输出的波形是一连串频率不变的数字脉冲波，可见 VFC 的功能是将输入电压变换成一连串重复频率正比于输入电压的等幅脉冲波。而且 VFC 芯片的中心频率越高，其转换的精度也就越高。

采样计数器对 VFC 输出的数字脉冲计数值是脉冲计数的累计值，如 CPU 每隔一个采样间隔时间 T_s 读取计数器的计数值，并记作 $R(k-1)$、$R(k)$、$R(k+1)$、…，则在 t_k-mT_s 至 t_k 这一段时间内计数器计到的脉冲数为 $D_k=R(k)-R(k-m)$，其值可以代表 t_k 时刻输入模拟量的值，如图 1-19（b）所示。如果 K_b 为每个脉冲数对应的电压值（K_b 的值与计数间隔有关），则输入电压 u_{in} 的计算式为

$$u_{in} = (D_k - D_0) \times K_b$$

式中：D_0 为中心频率 250kHz 对应的脉冲常数。

可以证明，增大 m 值可以提高分辨率和精度，但也增加了采样时间。微机继电保护可以根据要求，用软件自动改变 m 值，以兼顾速度和精度。可以证明，取 $m=2$ 可达到 12 位的精度。对于 I 段保护取 $m=2$，以加快保护动作速度为主，II、III 段保护取 $m=4$，以精度为主。

注意，式中表示的 u_{in} 是在 t_k-2T_s 到 t_k 极短时间内的瞬时值，并不是有效值。如要计算有效值还必须对该交变信号连续采样，然后由软件按一定算法计算。

由于 VFC 方式具有滤除高次谐波的特点，所以 VFC 方式不适合不失真地反映输入信号中的高频分量的场合。

三、VFC 方式的特点

由于经 VFC 后是数字脉冲波，因此采用光隔电路容易实现数据采集系统与微机系统的

隔离，有利于提高抗干扰能力。

VFC 后的数字脉冲信号经 6N137 快速光隔芯片送至计数器计数。6N137 将输入电路的电源与输出电路的电源完全隔离，不共用电源，也不共地，从而将 VFC 的 15V 电源与计数器、CPU 的 5V 电源相隔离，有效地杜绝了电源引起的共模干扰。

VFC 输出的频率信号是数字脉冲量。该数字脉冲输入光隔芯片的快速发光二极管时，对应每一个脉冲发出一个光脉冲，当光脉冲照射在光隔芯片内输出放大器的快速光敏三极管基极时，三极管的基极电流突然增大，三极管立即导通，使输出放大器输出一个同相脉冲。由于发光二极管及光敏三极管均具有快速响应特性，因此能适应 VFC 输出的高频脉冲要求。所以光隔芯片的输入与输出波形完全相同，几乎没有相位移动。光电耦合电路在输入与输出既无电的联系，也无磁的联系，起到了极好的抗干扰及隔离作用。

在早期的采用 A/D 芯片的微机继电保护装置中，大多数采用 12 位的 A/D 芯片，近年来微机继电保护装置中采用了 14 位或 16 位的 A/D 芯片。采用 VFC 芯片构成的微机继电保护装置中采用 VFC110 电压/频率变换芯片。该芯片在片上有一个精密的 5V 参考电压，可作为 VFC 转换时的偏置电压。对 10V 的输入，满刻度输出频率为 4MHz，是 AD654 的 8 倍，从而使数据采集系统的精度大大提高。

VFC 型的 A/D 变换方式及与 CPU 的接口要比逐次逼近 A/D 型变换方式简单得多，CPU 几乎不需对 VFC 芯片进行控制。保护装置采用 VFC 型的 A/D 变换，建立了一种新的变换方式，为微机继电保护带来了很多好处。其优点可归纳如下：

（1）工作稳定，线性好，精度高，且电路十分简单。

（2）抗干扰能力强，这对继电保护装置是十分可贵的特点。

（3）同 CPU 接口简单，VFC 的工作可以不需 CPU 控制。

（4）可以很方便地实现多 CPU 共享一套 VFC。

通过对两种数据采集系统的分析可知，虽然它们都能实现模拟信号到数字信号的转换，但两种数据采集系统各有特点，主要表现在以下几方面：

（1）采用逐次逼近 A/D 芯片构成的数据采集系统经 A/D 转换的结果可直接用于微机继电保护中的数字运算，而在采用 VFC 芯片构成的数据采集系统中，由于计数器采用了减法计数器，所以每次采样中断从计数器读出的计数值与模拟信号没有对应关系。必须将相邻几次采样读出的计数值相减后才能用于数字运算。

（2）对于逐次逼近 A/D 式数据采集系统，精度与 A/D 芯片的位数有关，A/D 芯片的位数通常称为分辨率，采用分辨率越高的 A/D 芯片，数据采集的精度越高，但硬件一经选定，分辨率便固定。而对于 VFC 型数据采集系统，数据的计算精度除了与 VFC 芯片的最高转换频率有关外，还与软件中的计算间隔有关。计算间隔越长，分辨率越高。

（3）A/D 芯片构成的数据采集系统对瞬时的高频干扰信号敏感，而 VFC 芯片构成的数据采集系统具有平滑高频干扰的作用。采样间隔越大，这种平滑作用越明显。因此，在需要提取高次谐波时，如果采用 VFC 型数据采集系统，采样频率不应过低。

（4）在硬件设计上，VFC 型数据采集系统便于实现模拟系统与数字系统的隔离，便于实现多个单片机共享同一路转换结果。而 A/D 式数据采集系统不便于数据共享和光电隔离。

（5）在设计微机继电保护系统时，采用 A/D 式数据采集系统时至少应设有两个中断，一个是采样中断，另一个是 A/D 转换结束中断。对于多个模拟信号共用一片 A/D 芯片时，应考虑数据处理占用采样中断的时间。而 VFC 型数据采集系统中可只设一个采样中断（不考虑其他功能时），软件在采样中断中的任务是锁存计数器，并读取计数器的值后存到循环存储区。

第四节　开关量输入及输出回路

一、光电耦合器

把发光器件和光敏器件按照适当的方式组合，就可以实现以光信号为媒介的电信号变换。采用这种组合方式制成的器件称为光电耦合器。光电耦合器件内部一般是由发光二极管和光敏晶体管组成的集成功能块，此类器件主要是将光隔离器与逻辑功能组合在一起。由于发光器件和光敏器件被相互绝缘地分别设置在输入和输出两侧回路，故可以实现两侧电路之间的电气隔离。光电耦合器既可以用来传递模拟信号，也可以作为开关器件使用。在弱电工作的电路中，具备了隔离变压器的信号传递和隔离功能，也具备继电器的控制功能。与隔离变压器相比，光电耦合器的工作频率范围宽、体积小、耦合电容小，输入输出之间的绝缘电阻高，并能实现信号的单方向传递。

光电耦合器的输入特性就是光器件（常用发光二极管）的特性，输出特性取决于输出侧的器件，隔离阻抗不小于 10^{10} Ω，输入输出间的耐压不小于 1kV。当输出侧为光敏三极管时，由于它的结电容大，按负载电阻 1kΩ 考虑，工作频率应小于 100kHz。当输出侧为达林顿型三极管时，工作频率应小于 1kHz。

光电耦合器两侧的接地和电源可以自由选择，给设计和使用提供了方便，尤其是在设计有多种逻辑电平的复杂系统时，光电耦合器能较好地解决不同逻辑电平之间的信号传递和控制。

在微机继电保护中广泛使用光隔离器，主要利用了开关器件的功能，应用于逻辑电平和信号的控制，实现两侧信号的传递和电气的绝缘。

将光电耦合器应用于逻辑电平控制时，主要采用了以下两种工作方式：

（1）当发光二极管侧通过的电流较小时，产生的光电流较小，光敏器件侧处于截止状态。

（2）当发光二极管侧通过的电流较大时，产生的光电流较大，光敏器件侧处于导通状态。

这样，通过控制发光二极管侧的电流，就可以实现控制光敏器件侧的截止或导通。

二、开关量输入回路

开关量输入 DI（Digital Input，简称开入）主要用于识别运行方式、运行条件等，以便控制程序的流程，如重合闸方式、同期方式、收讯状态和定值区号等。

这里开关量泛指那些反映"是"或"非"两种状态的逻辑变量，如断路器的"合闸"或"分闸"状态、开关或继电器触点的"通"或"断"状态、控制信号的"有"或"无"状态等。继电保护装置常常需要确知相关开关量的状态才能正确地动作，外部设备一般通过其辅助继电器触点的"闭合"与"断开"来提供开关量状态信号。由于开关量状态正好对应二进制数字的"1"或"0"，所以开关量可作为数字量读入（每一路开关量信号占用二进制数字的一位），DI 接口作用是为开关量提供输入通道，并在数字保护装置内外部之间实现电气隔离，以保证内部弱电电子电路的安全且减少外部干扰。

对微机继电保护装置的开关量输入，即触点状态（接通或断开）的输入可以分成以下两大类。

一类是装在保护装置面板上的触点。这类触点主要是指用于人机对话的键盘以及部分切换装置工作方式用的转换开关等。对于装在保护装置面板上的触点，可直接接至微机的并行接口，如图 1-20（a）所示。只要在初始化时规定图中可编程并行口的 PA0 为输入方式，微机就可以通过软件查询读到外部触点 S1 的状态。当 S1 闭合时，PA0＝0；S1 断开时，PA0＝1。其中，4.7kΩ 电阻称为上拉电阻，保证 S1 断开时 PA0 被拉到"1"电平状态。

另一类是从装置外部经过端子排引入装置的触点。一种典型的外部 DI 接口电路如图1-20（b）所示（仅绘出一路），它使用光电耦合器件实现电气隔离。当外部继电器触点闭合时，电流经限流电阻 R_2 流过发光二极管使其发光，光敏晶体管受光照射而导通，其输出端呈现低电平"0"；反之，当外部继电器触点断开时，无电流流过发光二极管，光敏晶体管无光照射而截止，其输出端呈现高电平"1"。该

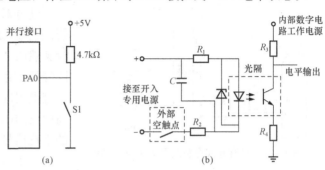

图 1-20　开关量输入电路
（a）装置内部触点输入；（b）采用光耦的开关量输入接口电路

"0""1"状态可作为数字量由 CPU 直接读入，也可控制中断控制器向 CPU 发出中断请求。利用光电耦合器的性能与特点，既传递开关的状态信息，又实现了两侧电气的隔离，大大削弱了干扰的影响，保证微机电路的安全工作。

三、开关量输出回路

开关量输出 DO（Digital Output，简称开出）主要包括保护的跳闸出口、本地和中央信号以及通信接口、打印机接口等。

对于通信接口、打印机接口等装置内部的数字信号，可以采取如图 1-21（a）所示的接法。由于不是直接控制跳闸、合闸，实时性和重要性的要求并不是很高，所以可用一个输出逻辑信号控制输出数字信号。这里光电耦合器的作用是既实现两侧电气的隔离，提高抗干扰能力，又实现不同逻辑电平的转换。

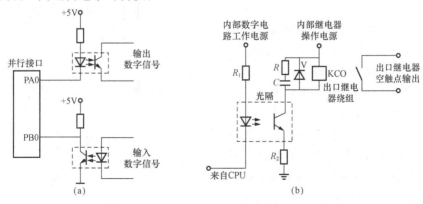

图 1-21　开关量输出电路
（a）数字信号输入/出接口；（b）使用光电耦合器件的 DO 接口电路

　　对于保护的跳闸出口、本地和中央信号等，微机继电保护装置通过数字量输出的"0"或"1"状态来控制执行回路（如报警信号或跳闸回路继电器触点的"通"或"断"）。DO接口的作用是为正确地发出开关量操作命令提供输出通道，并在数字式保护装置内外部之间实现电气隔离，以保证内部弱电电子电路的安全且减少外部干扰。一种典型的使用光电耦合器件的DO接口电路如图1-21（b）所示（仅绘出一路）。由软件使并行口输出"0"，发光二极管导通，光敏三极管导通，出口继电器KCO励磁，提供一副空触点输出。

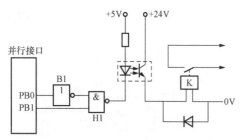

图1-22　具有异或逻辑的开关量输出回路

　　继电器线圈两端并联的二极管称为续流二极管。它在CPU输出由"0"变为"1"，光敏晶体管突然由"导通"变为"截止"时，为继电器线圈释放储存的能量提供电流通路，这样一方面加快继电器的返回，另一方面避免电流突变产生较高的反向电压而引起相关元件的损坏和产生强烈的干扰信号。

　　为了防止因保护装置上电（合上电源）或工作电源不正常通断在输出回路出现不确定状态时，导致保护装置发生误动。对控制用的光隔导通回路采用异或逻辑控制，其电路如图1-22所示。只要由软件使并行口的PB0输出"0"、PB1输出"1"，便可使与非门输出低电平，光敏三极管导通，继电器K被吸合。在初始化和需要继电器K返回时，应使PB0输出"1"、PB1输出"0"。设置反相器B1及与非门H1，一方面可以提高带负载能力，另一方面采用与非门后，只有PB0为"0"、PB1为"1"时才能使K动作，以解决保护装置上电或工作电源不正常通断情况下可能的误动，也可防止拉合直流电源的过程中继电器K的短时误动。因为在拉合直流电源过程中，当5V电源处在中间某一临界电压值时，可能由于逻辑电路的工作紊乱而造成保护误动作，特别是保护装置的电源往往接有大容量的电容器，所以拉合直流电源时，无论是5V电源还是驱动继电器K用的电源，都可能缓慢地上升或下降，从而完全来得及使继电器K的触点短时闭合。由于两个相反条件的互相制约，可以可靠地防止误动作。

　　在实际的微机继电保护装置输出跳闸回路中，需要对跳闸出口继电器的电源回路采取控制措施，同时对光隔导通回路采用异或逻辑控制。具有电源控制和异或逻辑的跳闸出口继电器输出回路如图1-23所示。这样做主要是为了防止因强烈干扰甚至元件损坏在输出回路出现不正常状态改变时，以及因保护装置上电或工作电源不正常通断在输出回路出现不确定状态时，导致保护装置发生误动。在图1-23中，必须保护的启动元件首先动作，使KCO1继电器触点闭合，保护跳闸继电器KCO2及

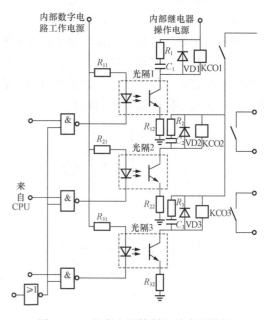

图1-23　具有电源控制和异或逻辑的
跳闸出口继电器输出回路

KCO3 才会接通控制电源。当保护选择元件动作后，对应的输出光耦导通，出口跳闸继电器才能动作。

第五节　微机继电保护的发展趋势

一、微机继电保护装置的发展

微机继电保护经过 30 多年的应用、研究和发展，已经在电力系统中取得了巨大的成功，并积累了丰富的运行经验，产生了显著的经济效益，大大提高了电力系统运行管理水平。近年来，随着计算机软硬件技术、网络通信技术、自动控制技术及光电子技术日新月异的进步，现代电力系统不断发展的新形势对微机继电保护技术提出了许多新的课题及挑战。

微型机硬件的发展体现在片内硬件资源得到很大扩充，运算能力显著提高，嵌入式网络通信芯片的出现及应用等。这些发展使硬件设计更加方便，高性价比使冗余设计成为可能，为实现具有灵活性、高可靠性和模块化特点的通用软硬件平台创造了条件。网络技术特别是现场总线的发展，在实时控制系统领域的成功应用，充分说明网络是模块化分布式系统中相互联系和通信的理想方式；而计算机硬件的不断更新，使微机继电保护对技术升级的开放性有了迫切的要求；微机继电保护硬件网络化，为继电保护的设计和发展带来了一种全新的理念和创新，大大简化了硬件结构及连线，增强了硬件的可靠性，使装置硬件具有更大的灵活性和可扩展性，也使装置真正具有了局部或整体硬件升级的可能。

微型机是数字式保护的核心。实践已经证明，基于高性能单片机，总线不出芯片的设计思想是提高装置整体可靠性的有效方法，对微机继电保护的稳定运行起到了非常重要的作用。微型机发展的重要趋势是单片处理机与 DSP 芯片的进一步融合，单片机除了保持本身适于控制系统要求的特点外，在计算能力和运算速度方面不断融入 DSP 技术和功能，如具有 DSP 运算指令、高精度浮点运算能力以及硬件并行管道指令处理功能等，而同时专用 DSP 芯片也在向单片机化发展。这些都为实现总线不出芯片的设计思想、改善保护的特性奠定了坚实的基础。

随着计算机及通信技术的发展，信息采集、处理、传输均可通过计算机完成，发电厂与变电站自动化系统就是以计算机为基础，将微机保护、微机控制、微机远动、微机自动装置、微机故障录波等分散的技术集成在一起，从而实现电网的现代化管理，并可以给运行、安全、设计、施工、检修、维护、管理等诸多方面带来直接或间接的经济效益和社会效益。

当代继电保护的发展以模拟保护数字化、数字保护信息化为线索。在计算机技术、数字信号处理技术、智能技术、网络技术及通信技术的共同推进下，信息技术（IT）正在改变着保护的现状，使微机继电保护集保护、控制、测量、录波、通信功能于一体。微机继电保护具有以下特征：

（1）自诊断和监视报警。

（2）远方投切和整定。

（3）信息共享、多种保护功能集成并得到优化。

（4）支持并推动综合自动化的发展。

（5）采用先进的 DSP 算法进行波形识别，识别对象由稳态量发展到暂态量。

（6）提供动态修改定值的可能性。

基于此，微机继电保护装置应采用分层分布式系统结构，系统设计体现面向对象、功能有机集成、系统各部分有机协调的思想，系统考虑工程的实用化（分散、就地安装等模式）。分散式系统的功能配置宜采用能下放的功能尽量下放的原则。站控层应能实现对整站监视、保护、控制以及设备检测的功能综合管理。同时考虑适应多种网络接口，在确保保护功能的相对独立性和动作可靠性的前提下，部分模块采用保护、测量、控制一体化设计；为保障测量值的精度要求，保护和测量可分别采用不同的 TA、TV 绕组。采用总线型局域网络，其通信速率高、传输可靠。应充分考虑电磁干扰对智能电子设备（IED）装置的要求，此外保证经济合理性及技术先进性。

总之，随着电力系统的高速发展和计算机技术、通信技术的进步，国内外继电保护技术进一步发展的趋势为：计算机化，网络化，保护、控制、测量、数据通信一体化和人工智能化，这对继电保护工作者提出了艰巨的任务，同时也开辟了这一领域的广阔天地。

二、微机继电保护算法和原理的发展

微机继电保护算法和原理是研究微机继电保护装置的重点。由于计算机技术的发展，计算机硬件资源日趋丰富，继电保护算法有了较大的突破。微机继电保护的算法与原理是相辅相成的，继电保护新原理的研究对提高继电保护水平具有根本性的意义。在近 30 年的微机继电保护形成与发展的历史中，保护的各种新原理不断涌现。微机继电保护的出现和算法的发展为保护新原理的探索与发展提供了坚实的平台和广阔的空间。这类新的保护原理和算法有：基于故障分量原理的保护（暂态故障分量保护和工频故障分量保护）算法，小波分析在保护中的应用，利用通信技术构成的"广域保护"，以及模糊理论、人工神经网络、自适应理论、专家系统等智能技术在继电保护装置的应用等。

故障分量保护中工频故障分量原理是至今最为成功的原理之一。工频故障分量保护相对于暂态故障分量保护的最突出优势在于它的可靠性，使得工频故障分量的概念清楚、鲁棒性强。工频故障分量原理构成了故障分量距离保护、故障分量差动保护等，并从线路保护迅速发展到元件保护，效果也很显著。

小波分析的时频聚焦能力、强大的奇异检测能力为继电保护更有效地提取故障信息与故障特征创造了条件，为其在继电保护中的应用展开了广阔的前景。电力通信系统也在加速发展，这使得在广域的输电网上进行多点保护的信息交换与协调工作成为可能。通信技术的发展为电网保护功能的不断丰富与改善创造了条件，也使继电保护在实现局部保护功能的同时具有了某些外延功能，如简化后备保护等，最终将导致电力系统保护与控制朝着闭环控制的方向发展。另外，利用配电网保护测控装置 FTU（Feeder Terminal Unit）对配电网实时运行状态及故障状态的信息进行优化综合利用，实现区域性配电网的保护与控制的综合自动化。

模糊理论的应用涉及线路保护的振荡闭锁问题：如何区分电网振荡与故障，如何区分电网振荡中又发生的故障，小电流接地系统的选线问题，变压器差动保护识别励磁涌流、TA饱和等。人工神经网络在继电保护中的应用，包括方向保护、距离保护、差动保护、重合闸、故障测距、故障选相、高阻接地故障探测以及元件保护等。

自适应技术的基本思想是使保护尽可能地适应电力系统的各种运行方式变化，进一步改善保护的性能。自适应继电保护的研究和应用主要包括两个方面：保护继电器特性的自适应技术和保护装置定值的自适应技术。

专家系统在继电保护中的应用局限在实时性要求不太高的场所，如继电保护整定、协调，高阻接地故障探测、故障定位、故障诊断等。

第六节　微机继电保护装置的功能编号

继电保护装置涉及电力生产的发、输、配电等几个环节，并提供解决方案。其中，发电系统涉及发电机保护、变压器保护、母线保护、输电线路保护等；输电系统涉及变压器保护、母线保护、输电线路保护、电抗器保护、电容器保护等；配电系统涉及变压器保护、母线保护、电容器保护、馈线保护、电抗器保护、备用电源自动投入装置、电压无功控制装置等。

我国电力系统在设计、制造、运行、维护、试验等方面描述继电保护装置是通过对功能进行详细描述、定义的。比如，在 20 世纪 80 年代，对高压线路保护进行"四统一"典型设计，对设计技术条件、接线回路、元件符号、端子排编号进行统一设计。这种"四统一"设计吸取了我国各有关方面的经验、教训，提高了保护装置的技术性能，便于组织培训、提高工作人员的技术水平及提高装置的试验维护质量，以及协调各套保护装置和重合闸装置的相互配合，对高压线路保护装置产生深远的影响并产生极大作用。

随着继电保护装置的发展，"四统一"设计也暴露出很多缺点，比如体系比较封闭、技术指标不是很高、延续性不好等。如果将继电保护装置看成是一个"黑匣子"，描述继电保护装置时，仅考核其功能配置即可。采用 ANSI/IEEE Standard C37.2 标准的继电保护功能编号非常有意义。

国外继电保护的系统图中，一般采用标准的功能编号来清晰标示对象。这些编号在 ANSI/IEEE Standard C37.2 中定义了其功能，并给出了标准的功能编号，应用于工程图例、流程图、操作过程及其他应用书籍中。采用标准功能编号，每个继电器或继电保护装置可细分为一系列功能，简洁易懂，方便设计、制造、运行维护等各个环节。国外各种类型的继电保护装置广泛采用了这种功能编号标准。一些常用的继电保护功能的编号及说明见表 1-1。

表 1-1　　　　　　　　　　常用的继电保护功能的编号及说明

故障类型	IEEE 代码	IEC 符号	保护功能
短路故障	51	$3I\triangleright$	三相无方向过电流，低定值段
	50/51/51B	$3I\triangleright\triangleright$	三相无方向过电流，高定值段/可闭锁
	50/51B	$3I\triangleright\triangleright\triangleright$	三相无方向过电流，瞬时段/可闭锁
	67	$3I\triangleright\rightarrow$	三相方向过电流，低定值段
	67	$3I\triangleright\triangleright\rightarrow$	三相方向过电流，高定值段
	67	$3I\triangleright\triangleright\triangleright\rightarrow$	三相方向过电流，瞬时段
	87T	I_{diff}	变压器差动保护
	87N	I_{diff}	零差保护，低阻抗或高阻抗形式

续表

故 障 类 型	IEEE 代码	IEC 符号	保 护 功 能
接地故障	51N	$I_0>$/SEF	无方向接地故障，低定值段（或 SEF＝灵敏接地故障保护）
	50N/51N	$I_0>>$	无方向接地故障，高定值段
	50N	$I_0>>>$	无方向接地故障，瞬时段
	67N/51N	$I_0>\rightarrow$/SEF	方向性接地故障，低定值段（或 SEF＝灵敏接地故障保护）
	67N	$I_0>>\rightarrow$	方向接地故障，高定值段
	67N	$I_0>>>\rightarrow$	方向接地故障，瞬时段
	59N	$U_0>$	零序过电压，低定值段
	59N	$U_0>>$	零序过电压，高定值段
	59N	$U_0>>>$	零序过电压，瞬时段
过负载/不平衡	49F	3	电缆三相热过负载保护
	49M/49G/49T	3	三相热过负载保护（电动机发电机和变压器）
过电压/低电压	59	$3U>$	三相过电压，低定值段
	59	$3U>>$	三相过电压，高定值段
	27	$3U<$	三相低电压，低定值段
	27	$3U<<$	三相低电压，高定值段
	27，47，59	$U_1<$，$U_2>$，$U_1>$	序分量（复合）电压保护，段 1
	27，47，59	$U_1<$，$U_2>$，$U_1>$	序分量（复合）电压保护，段 2
低频率/高频率	81U/81O	$f<$/$f>$，df/dt	低频率或高频率，段 1（包括频率变化率）
	81U/81O	$f<$/$f>$，df/dt	低频率或高频率，段 2（包括频率变化率）
	81U/81O	$f<$/$f>$，df/dt	低频率或高频率，段 3（包括频率变化率）
	81U/81O	$f<$/$f>$，df/dt	低频率或高频率，段 4（包括频率变化率）
	81U/81O	$f<$/$f>$，df/dt	低频率或高频率，段 5（包括频率变化率）
电动机保护	48，14，66	Is2t，$n<$	电动机三相启动监视（包括 I_{2t}和速度模式以及启动计数器）
电容器组保护	51C，37C，68C	$3I>$，$3I<$	并联电容器组的三相过负载保护
	51NC	$\Delta I>$	并联电容器组的不平衡电流保护
重合闸及其他功能	79	$O\rightarrow I$	多重自动重合闸
	25	SYNC	同期检查/电压检查，段 1
	25	SYNC	同期检查/电压检查，段 2
	68	$3I_{2f}>$	基于相电流二次谐波分量的启动监测
	46	$\Delta I>$	缺相保护
	62BF	CBFP	断路器失灵

第二章　微机继电保护装置软件原理

第一节　微机继电保护软件系统介绍

一、微机继电保护的程序结构

微机继电保护软件是微机保护装置的主要组成部分，它涉及继电保护原理、算法、数字滤波以及计算机程序结构。典型的微机继电保护程序结构框图如图2-1所示。

主程序按固定的采样周期接受采样中断进入采样程序，在采样程序中进行模拟量采集与滤波、开关量的采集、装置硬件自检、交流电流断线和启动判据的计算，根据是否满足启动条件而进入正常运行程序或故障计算程序。硬件自检内容包括 RAM、EEP-ROM、跳闸出口晶体管（三极管）等。

正常运行程序中进行采样值自动零漂调整及运行状态检查。运行状态检查包括交流电压断线、检查开关位置状态、重合闸充电等，不正常时发报警信号。报警信号分两种，一种是运行异常报警信号，这时不闭锁保护装置，提醒运行人员进行相应处理；另一种为闭锁报警信号，报警的同时将保护装置闭锁，保护

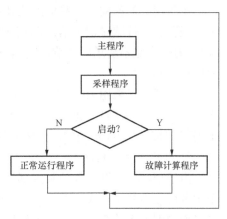

图 2-1　典型的微机继电保护程序结构框图

退出。故障计算程序中进行各种保护的算法计算、跳闸逻辑判断以及事件报告、故障报告及波形的整理。

另外，微机继电保护装置软件系统除实现各种继电保护功能以外，还具有其他功能，这些功能包括以下几个方面。

（1）测量功能。测量功能包括相电流、零序电流、线电压、相电压、零序电压、频率、有功和无功测量以及电能和功率因数测量。

（2）控制功能。控制功能包括断路器和隔离开关的"就地"和"远方"控制，一次设备的分合控制，可调节设备的状态控制，自动重合闸功能等。

（3）状态监测。状态监测包括操作计数、气体压力监测、断路器跳合闸、电气老化监测、断路器运行时间记录、辅助电压监视等。

（4）功能模块。功能模块具有独立的输入、输出接口。在参数化时，采用图形化方式进行，简单有效；具有强大的 PLC 功能；可简化接线要求，是高效的编程工具。

（5）事件记录。事件记录包括独立的事件生成、用户定义事件、具有事件过滤功能、事件分辨率为毫秒级，可以记录最近多个事件。

（6）故障录波。故障录波采集故障前、故障时刻及跳闸后相关的电流、电压，相关的开关量信号、事件等信息，供继电保护装置事故分析。

（7）通信功能。前面板串行通信口（维护口）用于定值整定及参数设置，背板通信口用

于与上位机系统通信。

二、系统管理程序

1. 通信管理程序

通信管理程序包括保护模件与 MMI 模件的通信程序、MMI 与监控系统的通信程序以及保护装置与 PC 的通信程序。

变电站自动化系统内传送的信息种类有测量及状态信息（部分实时信息），包括各种模拟量、脉冲量、状态量数据等；操作信息，即操作人员在远端或当地后台监控机中经通信网络对断路器、隔离开关的装置开合操作的信息，属于实时信息；参数信息，如保护及自动装置的设备号、额定参数及整定值等，属于非实时信息。此外，还有文件传输、同步时钟传输等。

按照响应的速度，这些信息流又可分两类：一类是要求实时响应较高的信息，如事故检出、报警、事件顺序记录信息和用于反应保护动作的信息，对传送速率有要求（如为毫秒级）；另一类是不要求时间响应的信息，如用于录波、记录及故障分析的信息，可允许较长的传送时间。

通信规约可采用 IEC 61870-5-103、PROFIBUS-FMS/DP、MODBUS RTU、DNP 3.0、IEC 61850（以太网）。通信的总线采用 RS485 总线、CAN 网、LON 网、光纤网等。其中基于 IEC 61870-5-103 规约的通信体系最为流行。

2. 自检、互检程序

由于现在微机继电保护装置都是采用多 CPU 方案，完善的自检、互检对提高装置的抗干扰及可靠性意义很大。图 2-2 所示为微机继电保护程序系统自检框图。借用通信通道，可以检测到各个计算机系统的工作情况。

3. 提高微机继电保护装置可靠性的编程技术

为了提高微机继电保护装置的可靠性，通常采用以下编程技术。

（1）输入数据确认。对于模拟量，可设置一个门限值，以此排除超过该限值的输入数据。

（2）数据和存储器的保护。随机存取存储器 RAM 对各种形式的干扰都很敏感。对于重要的数据可以采用正码、反码存放，并经常自检。使用这些数据之前，首先进行比较，经校核数据正确无误后才能使用。如果必要，可对比较重要的数据增加冗余位，延长数据代码长度以增加检错及纠错能力。

（3）未使用程序存储器。将所有未使用程序存储器填充单字节 NOP（无操作）指令，ROM 的最后几个单元可以填入 JMP RESET 指令。当处理器受到干扰并进入到未使用的存储空间时，它会遇到一串 NOP 指令，并执行这些指令直至遇到 JMP RE-SET，这时系统会重新启动，以防止程序出格。

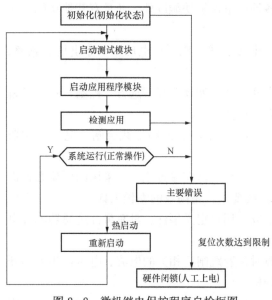

图 2-2　微机继电保护程序自检框图

（4）端口重新初始化。注意保护 I/O 端口或 UART 等可编程器件内部控制、方式及方向寄存器的状态。大量经验表明，在干扰的作用下，这些寄存器的内容也会发生变化，可能造成 CPU 出错。最安全的方法是周期性地对这些关键寄存器进行初始化（刷新），一般在主程序的循环内完成端口的刷新。

（5）主动初始化。在上电或复位后，CPU 就对各种器件的功能、端口、方式、状态等进行永久性或临时性的设置，在使用某种功能前，再对相应的控制寄存器重新设定工作模式。实践证明，该措施可以大大地提高系统对于入侵干扰的自恢复能力。

（6）重复执行。程序指令在执行过程中或者保持（锁存）之后，都有可能被噪声修改而导致控制失败，乃至引发故障，为此应尽量增加重要指令的执行次数以纠正干扰造成的错误。例如，对于一些开关量输出，如果长时间保持某个状态，就有必要周期性重写输出端口的寄存器。

（7）I/O 设备管理。编写专门的数据保护子程序，将系统的重要数据、状态、信息存储在可靠性较高的片内 RAM 中，设置"热启动""上电复位启动"工作方式。考虑到上电复位后，I/O 端口和特殊寄存器 SFR 的内容为芯片出厂时的设定值，"上电复位启动"时首先对 I/O 端口和特殊寄存器 SFR 的内容进行初始化。当某种原因使系统复位（工作电源没有退出），即"热启动"时，首先执行数据恢复程序，使系统的重要数据、状态、信息得到恢复还原。

（8）微处理器的 WATCHDOG（看门狗）功能。"看门狗"技术虽然不能真正改进抗干扰水平，但却是提高微机继电保护装置可靠性的最经济、最有效的方法。它提供了一种使程序能够自动恢复的方法。"看门狗"是一个计数器，这个计数器定期被 CPU 刷新。当 CPU 不能刷新看门狗计数器时，将使 CPU 复位。此外，还可以借用"看门狗"概念，设置几个"软计数器"，自动检查一些重要的程序、重要的 I/O 端口。如果出现异常，则"软计数器"不能够被刷新，直接跳转至软件复位程序，使系统复位。

三、人机交互管理程序

现代微机继电保护装置均可由 MMI 插件的人机交互程序实现人机对话，并可通过装置的串行口由 PC 上的管理程序以及后台分析软件对装置进行调试。它们给用户提供了良好的交互手段，使装置维护、运行、测试工作大大减少，使微机继电保护装置更加人性化。

人机交互程序主要是处理键盘及显示，通过菜单实施。图 2 - 3 所示为微机继电保

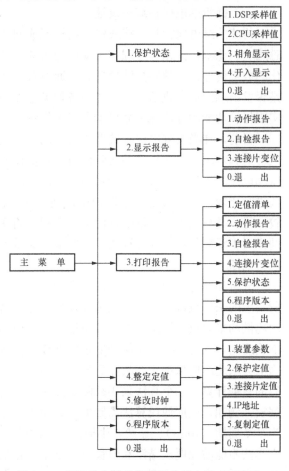

图 2 - 3　微机继电保护装置的典型人机对话菜单

护装置的典型人机对话菜单。这些菜单包括如下信息：

（1）数据分析。数据分析包括 A/D 测试结果分析、采样值分析。实时数据包括遥测、遥信、电能、保护状态等。

（2）参数设置。参数设置包括各种系统参数及保护装置本身需设置的参数。

（3）系统信息。系统信息版本号、CRC 码、版本时间、开关次数、开关遮断容量。

（4）定值操作。定值操作包括定值查询、定值下传、确认修改、取消修改、定值投入、定值保存命令项。显示区显示定值区号并按列显示定值序号、定值名称、名称说明、定值、定值单位及定值范围。

（5）保护配置。保护配置控制各种保护功能的投退。

（6）故障分析。故障分析报告查询、扰动数据。

（7）各种 SOE 信息。控制操作包括传动操作和遥控操作。传动操作，根据传动序号、传动名称、传动时间，选中要传动的项目，即执行该项传动操作；遥控操作，后台通过通信通道实施的控制操作。

第二节　微机继电保护的算法

一、微机继电保护算法概述

传统的继电保护是直接或经过电压形成回路把被测信号引入保护继电器，继电器按照电磁感应、比幅、比相等原理作出动作与否的判断。而微机继电保护是把经过数据采集系统量化的数字信号经过数字滤波处理后，通过数学运算、逻辑运算，并进行分析、判断，以决定是否发出跳闸命令或信号，以实现各种继电保护功能。这种对数据进行处理、分析、判断以实现保护功能的方法称为微机继电保护算法。

目前，在微机继电保护装置中采用的算法基本上可分为两类。一类是直接由采样值经过某种运算，求出被测信号的实际值再与定值比较。例如，在距离保护装置中，利用故障后电压和电流的采样值直接求出测量阻抗或求出故障后保护安装处到故障点的 R、X，然后与定值进行比较。在电流、电压保护中，则直接求出电压、电流的有效值，与保护的整定值比较。另一类算法是依据继电器的动作方程，将采样值代入动作方程，转换为运算式的判断。同样对于距离保护，这种算法不需要求出测量阻抗，而只是用故障后的采样值代入动作方程进行判断。

分析和评价各种不同的算法优劣的标准是精度和速度。速度又包括两个方面：一是算法所要求的采样点数（或称数据窗长度）；二是算法的运算工作量。所谓算法的计算精度是指用离散的采样点计算出的结果与信号的实际值的逼近程度。如果精度低，则说明计算结果的准确度差，这将直接影响保护的正确判断。算法所用的数据窗直接影响保护的动作速度。因为电力系统继电保护应在故障后迅速作出动作与否的判断，而要作出正确的判断必须用故障后的数据计算。一个算法采用故障后的多少采样点才能计算出正确的结果，这就是算法的数据窗。例如，全周傅氏算法需要的数据窗为一个周期（20ms），半周傅氏算法需要的数据窗为半个周期（10ms）。显然，半周傅氏算法的数据窗短，保护的动作速度快。但是，半周傅氏算法不能滤除偶次谐波和恒稳直流分量，在信号中存在非周期分量和偶次谐波的情况下，其精度低于全周傅氏算法。而全周傅氏算法的数据窗要长，保护的动作速度慢。显然精度和数据窗之间存在矛盾。一般地，算法用的数据窗越长，计算精度越高，而保护动作相对较慢，反之，计算精度越低，但保护的动作速度相对较快。

继电保护特别是快速动作的保护对计算速度的要求较高。由于反映工频电气量的保护设有滤波环节，前置模拟滤波系统中也有延时，各种保护的算法都需要时间，因此在其他条件相同的情况下，尽量提高算法的计算速度，缩短响应时间，可以提高保护的动作速度。在满足精度的条件下，在算法中通常采用缩短数据窗、简化算法以减小计算工作量，或采用兼有多种功能（例如滤波功能）的算法以节省时间等措施来缩短响应时间，提高速度。

计算精度是保护测量元件的一个重要指标，高精度与快速动作之间存在着矛盾，一般要根据实际需要进行协调以得到最合理的结果。在选用准确的数学模型及合理的数据窗长度的前提下，计算精度与有限字长有关，其误差表现为量化误差和舍入误差两个方面。为了减小量化误差，在保护中通常采用的 A/D 芯片至少是 12 位的，而减小舍入误差则要增加字长。

在一套具体的微机继电保护装置中，采用何种算法，应视保护的原理以及对计算精度和动作快速性的要求合理选择。例如，在微机距离保护装置中，对距离保护的第 I 段，针对近处故障强调快速性，此时可采用短数据窗算法，计算精度可适当低一些，而靠近保护范围末端故障，则应强调准确性，要求计算精度高，动作速度可稍慢一些。

微机继电保护的算法往往和数字滤波器联系在一起。整个保护系统的模拟滤波、数字滤波器完善的程度不同，所选用的算法也因之而异。有些算法本身具有滤波功能，有些算法必须配一定的数字滤波算法一起工作。数字滤波器具有滤波精度高、可靠性、灵活性高，以及便于时分复用等优点，在微机继电保护装置中得到广泛的应用。

继电保护的种类很多，按保护对象分有元件保护、线路保护等；按保护原理分有差动保护，距离保护和电压、电流保护等。然而，不管哪一类保护的算法，其核心问题归根结底是算出可表征被保护对象运行特点的物理量，如电压、电流等的有效值和相位以及阻抗等，或者算出它们的序分量、基波分量、某次谐波分量的大小和相位等。有了这些基本电气量的计算值，就可以很容易地构成各种不同原理的保护。可以说，只要找出任何能够区分正常与短路的特征量，微机继电保护就可以实现。以下具体介绍常用的一些微机继电保护算法。

二、正弦函数的半周积分算法

假设输入信号均是纯正弦信号，既不包括非周期分量，也不含高频信号。这样利用正弦函数的一些特性，从采样值中计算出电压、电流的幅值、相位以及功率和测量阻抗值。正弦函数算法包括最大值算法、半周积分算法、一阶导数算法、二阶导数算法、采样值积算法（两采样值积算法、三采样值积算法）等。这些算法在微机继电保护发展初期大量采用，其特点是计算量小、数据窗短、精度不是很高，且信号必须为正弦信号。这里只介绍应用较广的半周积分算法。

对于正弦函数模型的算法来说，无论采用何种计算形式，都是利用正弦函数的某些性质进行参数计算。为了保证故障时参数计算的正确性，必须配备完善的数字滤波器，即数字滤波算法与参数计算相结合。为实现正弦函数模型算法，先将输入电流、电压经 50 Hz 带通滤波器使它们变为正弦函数。但需要十分注意的是，在滤波器设计时要降低高频信号分量。

半周积分通过对正弦函数在半个工频周期内进行积分运算，由积分值来确定有关参数。

由于计算量小、速度快，在中低压保护中应用较多。

该算法的依据是一个正弦信号在任意半周期内，其绝对值积分（求面积）为一常数 S，即

$$S = \int_0^{\frac{T}{2}} \sqrt{2} I \mid \sin(\omega t + \alpha) \mid \, dt$$

$$= \int_0^{\frac{T}{2}} \sqrt{2} I \sin\omega t \, dt = \frac{2\sqrt{2}}{\omega} I \qquad (2-1)$$

积分值 S 与积分起始点的初相角 α 无关，因为画有断面线的两块面积显然是相等的，如图 2-4 所示。式（2-1）的积分可以用梯形法近似求出，如图 2-5 所示。则

$$S \approx \left[\frac{1}{2} \mid i_0 \mid + \sum_{k=1}^{\frac{N}{2}-1} \mid i_k \mid + \frac{1}{2} \mid i_{\frac{N}{2}} \mid \right] T_s \qquad (2-2)$$

式中：S 为半周内 k 个采样值的总和；i_k 为第 k 次采样值；N 为工频每周的采样点数；i_0 为 $k=0$ 时的采样值；$i_{\frac{N}{2}}$ 为 $k=N/2$ 时的采样值；T_s 为采样间隔。

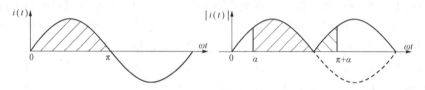

图 2-4　半周积分算法原理示意图

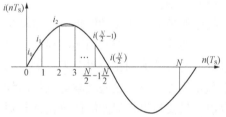

图 2-5　用梯形法近似计算面积

只要采样率足够高，用梯形法近似计算积分的误差可以做到很小。

因为 S 正比于信号的有效值，求出 S 后即可计算出正弦波的有效值 $I = S \times \frac{\omega}{2\sqrt{2}}$。

设采样频率为 600Hz，在半周内分为 6 块面积。正弦信号在任意半周内的面积 S 可由这 6 块面积相加求出。注意，在实际的微机继电保护中，由于采样时刻的随机性，对每个采样值应先取绝对值。对于一个纯正弦信号，取绝对值后必有 $\mid i_0 \mid = \mid i_6 \mid$，即 $\mid i_0 \mid = \mid i_{\frac{N}{2}} \mid$。

叠加在基频成分上的幅度不大的高频分量，在半个周期积分中其对称的正负部分可以互相抵消，剩余的未被抵消的部分占的比重就减小了，但它不能抑制直流分量。另外，由于这种算法运算量极小，可以用非常简单的硬件实现。因此对于一些要求不高的电流、电压保护可以采用这种算法，必要时可另配一个简单的差分滤波器来抑制电流中的非周期分量。

该算法的数据窗为半个周期。误差由两方面产生，一是由于用梯形面积代替正弦函数面积产生的误差。用绝对值求和来代替绝对值积分必然会带来误差，但只要采样频率足够高，T_s 足够小，误差就可以做到足够小。二是由于采样时刻与信号过零时刻的不同相角产生的误差。第一个采样数据对应的正弦量的相角 α 不同，误差也不同，即用梯形法计算积分时起始点对误差有一定影响。

设采样频率为 600Hz，$\alpha=0°$ 时，一个有效值为 1 的信号按式（2-2）求出的有效值为

0.9764，相对误差为 2.36%；当 $\alpha=15°$ 时，按式（2-2）求出的有效值为 1.01，相对误差为 1%。当采样频率为 1000Hz，$\alpha=0$ 时，一个有效值为 1 的信号按式（2-2）求出的有效值为 0.9911，相对误差为 0.9%；$\alpha=15°$ 时。有效值为 1.003，相对误差为 0.3%。可见同样是采样频率越高，误差越小。

半周积分法的特点如下：

（1）数据窗长度为半个周期，对 50Hz 的工频正弦量而言，延时为 10ms。

（2）由于进行的是积分运算，故具有滤波功能，对高频分量有抑制作用，但不能抑制直流分量。

（3）本算法的精度与采样频率有关，采样频率越高，其精度越高，误差越小，误差还与 α 有关。

（4）由于只有加法运算，计算工作量很小。

三、周期函数的傅里叶级数算法

数学中，一个周期函数满足狄里赫利条件，则可以将这个周期函数分解为一个级数。最为常用的级数是傅里叶级数。它假定被采样信号是一个周期性时间函数，除基波外还含有不衰减的直流分量和各整数次谐波。设该周期信号为 $x(t)$，它可表示为直流分量、基波分量和各整倍数的谐波分量之和。

1. 周期函数的傅里叶级数及各次谐波的关系

设有一个周期函数，其周期为 T，且该周期函数满足狄里赫利条件，则该函数可表示为

$$x(t) = \sum_{n=0}^{\infty} X_n \sin(n\omega_1 t + \alpha_n)$$

$$= \sum_{n=0}^{\infty} \left[(X_n \sin\alpha_n)\cos n\omega_1 t + (X_n \cos\alpha_n)\sin n\omega_1 t \right]$$

$$= \sum_{n=0}^{\infty} (b_n \cos n\omega_1 t + a_n \sin n\omega_1 t) \quad (n=0,1,2,\cdots) \tag{2-3}$$

式中：a_n、b_n 分别为直流、基波和各次谐波的正弦项和余弦项的振幅，$b_n = X_n \sin\alpha_n$，$a_n = X_n \cos\alpha_n$。

由于各次谐波的相位可能是任意的，所以，把它们分解成有任意振幅的正弦项和余弦项之和。a_1、b_1 分别为基波分量的正、余弦项的振幅，b_0 为直流分量的值。

根据傅里叶级数的原理，可以求出 a_1、b_1 分别为

$$a_1 = \frac{2}{T} \int_0^T x(t) \sin(\omega_1 t) \mathrm{d}t \tag{2-4}$$

$$b_1 = \frac{2}{T} \int_0^T x(t) \cos(\omega_1 t) \mathrm{d}t \tag{2-5}$$

由积分过程可以知道，基波分量正弦、余弦项的振幅 a_1 和 b_1 已经消除了直流分量和整次谐波分量的影响。于是 $x(t)$ 中的基波分量为

$$x_1(t) = a_1 \sin\omega_1 t + b_1 \cos\omega_1 t$$

合并正弦、余弦项，可写为

$$x_1(t) = \sqrt{2} X_1 \sin(\omega_1 t + \alpha_1)$$

式中：X_1 为基波分量的有效值；α_1 为 $t=0$ 时基波分量的相角。

将 $\sin(\omega_1 t + \alpha_1)$ 用和角公式展开，不难得到 X_1 同 a_1、b_1 之间的关系为

$$a_1 = \sqrt{2}X_1 \cos\alpha_1 \tag{2-6}$$

$$b_1 = \sqrt{2}X_1 \sin\alpha_1 \tag{2-7}$$

用复数表示为

$$\dot{X}_1 = \frac{1}{\sqrt{2}}(a_1 + \mathrm{j}b_1) \tag{2-8}$$

因此，可根据 a_1 和 b_1，求出有效值和相角为

$$2X_1^2 = a_1^2 + b_1^2 \tag{2-9}$$

$$\tan\alpha_1 = \frac{b_1}{a_1} \tag{2-10}$$

对于其他各次谐波分量的求法与求基波分量的方法完全类似。由此可见，用傅里叶算法求取某次谐波分量的有效值和相角时，关键是求出该次谐波分量的实部和虚部系数。

以上是在连续域中应用傅里叶方法求取某次谐波分量的方法。那么，在微机继电保护中，我们得到的是经过采样、A/D 转换后的离散数字信号，这就要应用离散傅里叶变换的方法。傅里叶算法（简称傅氏算法）可用于求出各谐波分量的幅值和相角，所以它在微机继电保护中作为计算信号幅值的算法被广泛采用。

2. 全周期傅氏算法

全周期傅氏算法是用一个连续周期的采样值求出信号幅值的方法。在微机继电保护中，输入的信号是经过数据采集系统转换为离散的数字信号的序列，用 x_k 来表示。式（2-4）和式（2-5）的积分可以用梯形法求得

$$a_1 = \frac{1}{N}\left[2\sum_{k=1}^{N-1} x_k \sin\left(k\,\frac{2\pi}{N}\right)\right] \tag{2-11}$$

$$b_1 = \frac{1}{N}\left[x_0 + 2\sum_{k=1}^{N-1} x_k \cos\left(k\,\frac{2\pi}{N}\right) + x_N\right] \tag{2-12}$$

式中：N 为基波信号一周期采样点数；x_k 为第 k 采样值；x_0、x_N 为分别为 $k=0$ 和 $k=N$ 时的采样值。

求出基波分量的实部和虚部 a_1、b_1，即可求出信号的幅值。实际上，傅氏算法也是一种滤波方法。分析可知，全周期傅氏算法可有效滤除恒定直流分量和各整次谐波分量。

在微机继电保护装置中，傅里叶算法是一个被广泛应用的算法，这是因为傅里叶算法用于提取基波分量或提取某次谐波分量（例如 2 次谐波、3 次谐波）十分方便，当采样频率为 600Hz 时，傅里叶算法的计算非常简单，用汇编语言编程也十分方便。

当取 $\omega_1 T_s = 30°$（$N=12$）时，基波正弦和余弦的系数见表 2-1 所示。于是，可以得到式（2-11）和式（2-12）的采样值计算公式为

$$a_1 = \frac{1}{12}\left[2\left(\frac{1}{2}x_1 + \frac{\sqrt{3}}{2}x_2 + x_3 + \frac{\sqrt{3}}{2}x_4 + \frac{1}{2}x_5 - \frac{1}{2}x_7 - \frac{\sqrt{3}}{2}x_8 - x_9 - \frac{\sqrt{3}}{2}x_{10} - \frac{1}{2}x_{11}\right)\right]$$

$$= \frac{1}{12}\left[(x_1 + x_5 - x_7 - x_{11}) + \sqrt{3}(x_2 + x_4 - x_8 - x_{10}) + 2(x_3 - x_9)\right] \tag{2-13}$$

$$b_1 = \frac{1}{12}\left[x_0 + 2\left(\frac{\sqrt{3}}{2}x_1 + \frac{1}{2}x_2 - \frac{1}{2}x_4 - \frac{\sqrt{3}}{2}x_5 - x_6 - \frac{\sqrt{3}}{2}x_7 - \frac{1}{2}x_8 + \frac{1}{2}x_{10} + \frac{\sqrt{3}}{2}x_{11}\right) + x_{12}\right]$$

$$= \frac{1}{12}\Big[(x_0 + x_2 - x_4 - x_8 + x_{10} + x_{12}) + \sqrt{3}(x_1 - x_5 - x_7 + x_{11}) - 2x_6\Big] \quad (2-14)$$

式中：x_0、x_1、x_2、$\cdots$、x_{12}分别表示$k=0$、1、2、$\cdots$、N时刻的采样值。

表 2-1　　　　　　　　　　　$N=12$ 时正弦和余弦的系数

k	0	1	2	3	4	5	6	7	8	9	10	11	12
$\sin\left(k\dfrac{2\pi}{N}\right)$	0	$\dfrac{1}{2}$	$\dfrac{\sqrt{3}}{2}$	1	$\dfrac{\sqrt{3}}{2}$	$\dfrac{1}{2}$	0	$-\dfrac{1}{2}$	$-\dfrac{\sqrt{3}}{2}$	-1	$-\dfrac{\sqrt{3}}{2}$	$-\dfrac{1}{2}$	0
$\cos\left(k\dfrac{2\pi}{N}\right)$	1	$\dfrac{\sqrt{3}}{2}$	$\dfrac{1}{2}$	0	$-\dfrac{1}{2}$	$-\dfrac{\sqrt{3}}{2}$	-1	$-\dfrac{\sqrt{3}}{2}$	$-\dfrac{1}{2}$	0	$\dfrac{1}{2}$	$\dfrac{\sqrt{3}}{2}$	1

同时利用离散傅氏算法还可求得任意n次谐波的振幅和相位，适用于谐波分析。将式（2-11）和式（2-12）改为

$$a_n = \frac{1}{N}\Big[2\sum_{k=1}^{N-1} x_k \sin\left(kn\frac{2\pi}{N}\right)\Big] \quad (2-15)$$

$$b_n = \frac{1}{N}\Big[x_0 + 2\sum_{k=1}^{N-1} x_k \cos\left(kn\frac{2\pi}{N}\right) + x_N\Big] \quad (2-16)$$

式中：n为谐波次数。

a_n和b_n已经消除了恒定直流分量、基波和n次以外的整次谐波分量的影响。

另外，在分别求得A、B、C三相基波的实部和虚部参数后，还可以求得基波的对称分量，从而实现对称分量滤波器的功能。求基波对称分量的傅里叶级数计算式为

$$\dot{F}_{1A} = \frac{1}{3}(\dot{X}_{1A} + a\dot{X}_{1B} + a^2\dot{X}_{1C}) \quad (2-17a)$$

$$\dot{F}_{2A} = \frac{1}{3}(\dot{X}_{1A} + a^2\dot{X}_{1B} + a\dot{X}_{1C}) \quad (2-17b)$$

$$\dot{F}_{0A} = \frac{1}{3}(\dot{X}_{1A} + \dot{X}_{1B} + \dot{X}_{1C}) \quad (2-17c)$$

式中：$\dot{F}_{1A}$、$\dot{F}_{2A}$、$\dot{F}_{0A}$分别为A相正序、负序和零序的对称分量；$\dot{X}_{1A}$、$\dot{X}_{1B}$、$\dot{X}_{1C}$分别为A、B、C三相基波分量；$a=1\angle 120°$。

傅氏算法原理简单、计算精度高。应当说明的是，为了求出正确的故障参数，必须用故障后的采样值。因此，全周期傅氏算法所需的数据窗为一个周期。即必须在故障后 20ms 数据齐全，方可采用全周期傅氏算法。为提高微机继电保护的动作速度，还可以采用半周傅氏算法。

3. 半周期傅氏算法

半周期傅氏算法仅用半周期的数据计算信号的幅值和相角。针对基波分量，具体计算方法为

$$a_1 = \frac{4}{N}\Big[\sum_{k=1}^{\frac{N}{2}-1} x_k \sin\left(k\frac{2\pi}{N}\right)\Big] \quad (2-18)$$

$$b_1 = \frac{4}{N}\Big[\frac{x_0}{2} + \sum_{k=1}^{\frac{N}{2}-1} x_k \cos\left(k\frac{2\pi}{N}\right) + \frac{x_{\frac{N}{2}}}{2}\Big] \quad (2-19)$$

同样，求出a_1、b_1后，即可求出信号的有效值和相角。

　　半周期傅氏算法在故障后 10ms 即可进行计算，因而使保护的动作速度减少了半个周期。但是半周期傅氏算法不能滤除恒定直流分量和偶次谐波分量，而故障后的信号中往往含有衰减的直流分量，因此，半周期傅氏算法的计算误差较大。为改善计算精度，而又不增加计算的复杂程度，可在应用半周期傅氏算法之前，先做一次差分运算。这就是一阶差分后半周期半周傅氏算法。

　　从滤波效果来看，全周期傅氏算法不仅能完全滤除各次谐波分量和稳定的直流分量，而且能较好地滤除线路分布电容引起的高频分量，对随机干扰信号的反应也较小，而对畸变波形中的基频分量可平稳和精确地作出响应。图 2-6 所示是采样频率为 600Hz 时的全周期傅氏算法和半周期傅氏算法的幅频特性。半周期傅氏算法的滤波效果不如全周期傅氏算法，它不能滤去直流分量和偶次谐波，适合于只含基波及奇次谐波的情况。两者都对按指数衰减的非周期分量呈现了很宽的连续频谱，因此傅氏算法在衰减的非周期分量的影响下，计算误差较大。

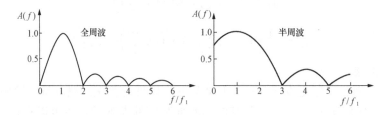

图 2-6　全周期傅氏算法和半周期傅氏算法的幅频特性（$f_s = 600$Hz）

　　从精度来看，由于半周期傅氏算法的数据窗只有半周，其精度要比全周期傅氏算法差。当故障发生半周后，半周期算法即可计算出真值，但精度差；全周期傅氏算法在故障发生一周后才能计算出真值，精度较半波好。在保护装置中可采用变动数据窗的方法来协调响应速度和精度的关系。其做法是在启动元件启动之后，先调用半周期傅氏算法程序。由于计算误差较大，为防止保护误动可将保护范围减小 10%。若故障不在该保护范围内时，调用全周期傅氏算法程序，这时保护范围复原。这样，当故障在保护范围的 0%～90% 以内时，用半周期傅氏算法计算很快就趋于真值，精度虽然不高，但足以正确判断是区内故障；当故障在保护范围的 90% 以外时，仍以全周期傅氏算法的计算结果为准，保证精度。

　　4. 线路阻抗的傅氏算法

　　傅氏算法可以完全滤去整数次谐波，对非整数次谐波也有较好的滤波效果。因此，电压和电流采样值 u_m、i_m 经傅氏算法后，可认为取出了工频分量的实部和虚部。令

$$a_{U1} = \frac{2}{N}\sum_{k=1}^{N} u_m(k)\sin\left(k\,\frac{2\pi}{N}\right) \qquad (2-20)$$

$$b_{U1} = \frac{2}{N}\sum_{k=1}^{N} u_m(k)\cos\left(k\,\frac{2\pi}{N}\right) \qquad (2-21)$$

$$a_{I1} = \frac{2}{N}\sum_{k=1}^{N} i_m(k)\sin\left(k\,\frac{2\pi}{N}\right) \qquad (2-22)$$

$$b_{I1} = \frac{2}{N}\sum_{k=1}^{N} i_m(k)\cos\left(k\,\frac{2\pi}{N}\right) \qquad (2-23)$$

于是测量阻抗 Z_m 表示为

$$Z_{\mathrm{m}} = \frac{a_{\mathrm{U1}} + \mathrm{j}b_{\mathrm{U1}}}{a_{\mathrm{I1}} + \mathrm{j}b_{\mathrm{I1}}} \tag{2-24}$$

将实部、虚部分开，即得到 R_{m}、X_{m}，表达式为

$$R_{\mathrm{m}} = \frac{a_{\mathrm{U1}}a_{\mathrm{I1}} + b_{\mathrm{U1}}b_{\mathrm{I1}}}{a_{\mathrm{I1}}^2 + b_{\mathrm{I1}}^2} \tag{2-25}$$

$$X_{\mathrm{m}} = \frac{b_{\mathrm{U1}}a_{\mathrm{I1}} - a_{\mathrm{U1}}b_{\mathrm{I1}}}{a_{\mathrm{I1}}^2 + b_{\mathrm{I1}}^2} \tag{2-26}$$

当要求保护动作迅速时，可采用半周期傅氏算法。当然滤波效果要差一些，精确度也不如全周期傅氏算法。考虑到傅氏算法对非周期分量的抑制能力不理想，为提高傅氏算法对阻抗测量的精确度，可采用差分算法抑制，而且方法简单，效果也好。此外，为防止频率偏差带来的计算误差，可采取采样频率自动跟踪措施。

四、输电线路 R-L 模型算法

R-L 模型算法是以输电线路的简化模型为基础的，该算法仅能计算阻抗，用于距离保护。由于忽略了输电线路分布电容的作用，由此带来一定的计算误差，特别是对于高频分量，分布电容的容抗较小，误差更大。

算法是根据简化的 R-L 模型建立微分方程进而求解。当忽略线路的分布电容后，从故障点到保护安装处的线路段可用一个电阻和电感串联电路表示，如图 2-7 所示。在短路时，母线电压 u 和流过保护的电流 i 与线路的正序电阻 R_1 和电感 L_1 之间的微分方程可表示为

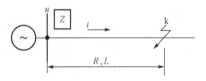

图 2-7　故障线路简化 R-L 模型

$$u(t) = R_1 i(t) + L_1 \frac{\mathrm{d}i(t)}{\mathrm{d}t} \tag{2-27}$$

式中：$u(t)$、$i(t)$ 为 t 时刻保护安装处的电压和电流（下面为了简便起见，省略掉时间符号 t）；R_1、L_1 为故障点至保护安装处线路段的正序电阻和电感，是待求的未知数。

对相间短路故障的保护采用相间电压和对应相电流差（如 u_{ab} 和 $i_{\mathrm{a}} - i_{\mathrm{b}}$）；对接地短路故障的保护采用相电压和带零序电流补偿的相电流（如 u_{a} 和 $i_{\mathrm{a}} + K_{\mathrm{r}} \times 3i_0$）。

$$u_{\mathrm{a}} = R_1(i_{\mathrm{a}} + K_{\mathrm{r}} \times 3i_0) + L_1 \frac{\mathrm{d}(i_{\mathrm{a}} + K_{\mathrm{x}} \times 3i_0)}{\mathrm{d}t} \tag{2-28}$$

式中：K_{r}、K_{x} 分别为电阻及电感分量的零序补偿系数，$K_{\mathrm{r}} = \frac{r_0 - r_1}{3r_1}$，$K_{\mathrm{x}} = \frac{l_0 - l_1}{3l_1}$，其中 r_0、r_1、l_0、l_1 分别为输电线路每千米的零序、正序电阻和电感。

显然，仅有一个方程是无法求出两个未知数的。因此，必须建立两个相互独立的方程，联立求解，即可求得 R_1、L_1。

针对两个不同时刻 t_1 和 t_2 分别测量 u、i 和 $\mathrm{d}i/\mathrm{d}t$ 就可建立两个独立方程，即

$$u_1 = R_1 i_1 + L_1 D_1$$
$$u_2 = R_1 i_2 + L_1 D_2$$

式中：D 表示电流的微分 $\frac{\mathrm{d}i(t)}{\mathrm{d}t}$，下标 1 和 2 分别表示测量时刻 t_1、t_2。

联立解以上两式，可求得两个未知数 R_1、L_1，即

$$L_1 = \frac{u_1 i_2 - u_2 i_1}{i_2 D_1 - i_1 D_2} \tag{2-29}$$

$$R_1 = \frac{u_2 D_1 - u_1 D_2}{i_2 D_1 - i_1 D_2} \qquad (2-30)$$

这样就可以用求解二元一次方程组的方法求出 R_1、L_1 值，故也称为解微分方程算法。该算法不需滤除非周期分量，算法的数据窗较短，不受频率变化的影响，可很好地克服过渡电阻的影响，因而在输电线路距离保护中得到广泛应用。但需要配合数字滤波器，抑制低频、高频分量。

在微机继电保护中如何计算 R_1、L_1 值，有两个问题，其一是 t_1、t_2 两个时刻如何选择；其二是电流的微分如何求出。

1. 短数据窗法

短数据窗法计算电阻、电感的算法，就是选择 t_1、t_2 两个时刻相隔一个采样间隔，算法所用的数据经过数字滤波器的延时相对较短。为了求出 t_1、t_2 时刻电流的微分，可用差分代替求导数。为此，应选择连续三个时刻的采样值（注意，这三个值是经过数字滤波器后的连续三点），如图 2-8 所示。

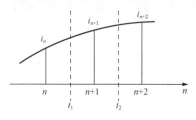

图 2-8　短数据窗算法的采样数据

设 u_n、u_{n+1}、u_{n+2} 分别为 t_n、t_{n+1}、t_{n+2} 时刻电压信号的采样值，i_n、i_{n+1}、i_{n+2} 分别为 t_n、t_{n+1}、t_{n+2} 时刻电流信号的采样值，如图 2-8 所示。

则取 t_1 时刻在 t_n、t_{n+1} 的中间，t_2 时刻在 t_{n+1}、t_{n+2} 的中间，t_1、t_2 时刻的间隔为一个采样间隔，那么式（2-28）和式（2-29）中的 u_1、u_2、i_1、i_2 应取相邻采样值插值（即取平均值），有

$$u_1 = \frac{u_n + u_{n+1}}{2}$$

$$u_2 = \frac{u_{n+1} + u_{n+2}}{2}$$

$$i_1 = \frac{i_n + i_{n+1}}{2}$$

$$i_2 = \frac{i_{n+1} + i_{n+2}}{2}$$

电流的导数 D_1、D_2 则由差分近似计算。于是近似有

$$D_1 = \frac{i_{n+1} - i_n}{T_s}$$

$$D_2 = \frac{i_{n+2} - i_{n+1}}{T_s}$$

应当指出，R-L 模型算法实际上求解的是一组二元一次代数方程，带微分符号的量 D_1 和 D_2 是测量计算得到的已知数。

R-L 模型算法也曾被称为解微分方程法，名称的由来是因为算法是根据式（2-27）所示的微分方程导出的，并不十分确切。

2. 长数据窗法

长数据窗法计算电阻、电感的算法与短数据窗算法的区别，一是建立方程组时选择 t_1、t_2 时刻的间隔为两个采样间隔，二是算法所采用的数据经过的数字滤波器的延时也要比短数

据窗经过的数字滤波器的延时长。为此，应选择连续的 4 个采样值作为计算数据。设 u_n、u_{n+1}、u_{n+2}、u_{n+3} 分别为 t_n、t_{n+1}、t_{n+2}、t_{n+3} 时刻电压信号的采样值，i_n、i_{n+1}、i_{n+2}、i_{n+3} 分别为 t_n、t_{n+1}、t_{n+2}、t_{n+3} 时刻电流信号的采样值，如图 2 - 9 所示。

则取 t_1 时刻在 t_n、t_{n+1} 的中间，t_2 时刻在 t_{n+2}、t_{n+3} 的中间。t_1、t_2 时刻的间隔为两个采样间隔。当 u_1、u_2、i_1、i_2 分别取 t_n、t_{n+1} 和 t_{n+2}、t_{n+3} 时刻采样值的平均值，D_1、D_2 则分别取 t_n、t_{n+1} 和 t_{n+2}、t_{n+3} 时刻采样值的差分近似计算时，算式与短数据基本相同。

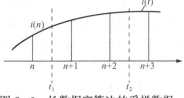

图 2 - 9　长数据窗算法的采样数据

3. 积分法

除了上述直接解法以外，还可以将式（2 - 27）分别在两个不同的时间段内积分，而得到两个独立的方程，即

$$\int_{t_1}^{t_1+T_0} u \, dt = R_1 \int_{t_1}^{t_1+T_0} i \, dt + L_1 \int_{t_1}^{t_1+T_0} \frac{di}{dt} dt \qquad (2 - 31)$$

$$\int_{t_2}^{t_2+T_0} u \, dt = R_1 \int_{t_2}^{t_2+T_0} i \, dt + L_1 \int_{t_2}^{t_2+T_0} \frac{di}{dt} dt \qquad (2 - 32)$$

式中：T_0 为积分时间长度，t_1 和 t_2 则为两个不同的积分起始时刻。以上两积分式中

$$\int_{t_1}^{t_1+T_0} \frac{di}{dt} dt = i(t_1 + T_0) - i(t_1)$$

$$\int_{t_2}^{t_2+T_0} \frac{di}{dt} dt = i(t_2 + T_0) - i(t_2)$$

其余各项积分在用计算机处理时可用梯形法则近似求得。联立解式（2 - 31）和式（2 - 32）也可求得两个未知数 R_1 和 L_1。

将式（2 - 27）积分后再求解，和直接求解相比，如果积分区间 T_0 取得足够大，则兼有一定的滤波作用，从而可抑制高频分量，但它所需的数据窗要相应加长。作为一种单独求解的 R-L 模型算法，本身兼有滤波作用，应算作它的一个优点。

4. 数据窗对微分方程算法计算阻抗的稳定性影响

注意到用建立微分方程求解 R、X 的公式中，分子、分母都是两项乘积相减。因此有必要分析在进行减法运算时是否会遇到两项乘积的值十分接近，从而使相减的结果近似为零的情况。尤其是建立微分方程的两个时刻 t_1、t_2 可能处于基波分量的任何相角上。这就有可能出现两个相近的乘积相减，如果计算 R、X 的公式中的分母接近于零，就会由于分母计算的微小误差使 R、X 结果产生很大的误差，如果分子、分母都接近于零，计算会出现不稳定。为了提高分母的数值，以便提高算式的稳定性，可以适当加大模型算法中 t_1 和 t_2 的时间差，如图 2 - 9 中相差两个采样周期。

R-L 模型算法不仅反映基频分量，而且在相当宽的一个频段内都能适用。这就带来了两个突出的优点：

（1）它不需要用滤波器滤除非周期分量。因为电流中的非周期分量符合 R-L 模型算法所依据的方程。可见 R-L 模型算法可以只要求采用低通滤波器，因而这种算法较之要求带通滤波器的其他算法，其总延时可以较短，因为低通滤波器的延时要比带通滤波器短得多。

（2）R-L 模型算法不受电网频率变化的影响。前面介绍过的几种其他算法都要受频率变化的影响。因为这些算法都要求采样间隔（相当于输入信号的基频电角度）为一个确定的数值。采样间隔决定于微机的晶体振荡器，是相当准确和稳定的。电网频率偏离额定值后，这两者之间的关系被破坏了，从而带来计算误差。而 R-L 模型算法所依据的方程在相当宽的一个频段内都成立，因而可以在很大的频率范围内准确地计算出故障线路段的 R_1 和 L_1。

R-L 模型算法要用差分求导，带来了两个问题：一是对滤波器抑制高频分量的能力要求较高；二是要求采样频率较高，以便减小求导引入的计算误差。R-L 模型算法只需要求电流的导数，由于输电线感抗分量远大于电阻分量，所以电压中的高频分量通常远大于电流中的高频分量。因而，就抑制高频分量的要求来说，R-L 模型算法比导数法要低得多。

R-L 模型算法可以不必滤除非周期分量，因而算法的总时窗较短，且不受电网频率变化的影响。这些突出的优点使它在线路距离保护中得到广泛的应用。而 R-L 模型算法允许用短数据窗的低通滤波器，如果也采用一个窄带通滤波器与此配合时，R-L 模型算法也可以得到很高的精度，同时还保留了不受电网频率变化影响的优点。

五、移相算法

这里只讨论正弦工频量的移相算法。

1. 差分算法移相

差分算法可抑制输入信号中的非周期分量电流影响，差分可以代替 R-L 模型算法中的微分。但同时差分算法使输入信号中的正弦工频电流的幅值发生变化、相位发生移动。

对输入信号中的正弦工频电流 $I_m \sin(\omega_1 t + \theta_1)$ 来说，正弦工频电流的差分超前原有电流的相角是 $90° - 180°/N$，从而可实现差分移相算法。

当采样频率为 600Hz 时，超前移相 75°；1000Hz 时，超前移相 81°；1200Hz 时，超前移相 82.5°。可见，当采样频率为 600～1200Hz 时，超前的角度与输电线路阻抗角十分接近，因此差分运算可用来设定线路阻抗角。差分算法移相的角度不能调整，仅与差分的阶次、采样频率有关。此外，所需数据窗时间短。

2. 时差移相运算

设在 t_n、$t_n + kT_s$ 时刻对正弦工频电流 $I_m \sin(\omega_1 t + \theta_1)$ 采样，延时 kT_s 采样得到的电流 $i(n+kT_s)$ 超前电流 $i(n)$ 的相角是 $k\omega T_s$，即 $2k\pi/N$。实际并未获得超前电流，而是用滞后时间采样获得这一超前电流，所以称时差移相运算。

在实现时差移相运算时，电流幅值保持不变，仅起相位移动作用。不同时刻采样值可以直接移相 ωT_s 角度，间隔 k 个采样点时移相 $k\omega T_s$ 角度。当采样频率为 600Hz 时，$N=12$，可实现 $k=1$ 移相 30°；$k=2$ 移相 60°；$k=4$ 移相 120°。采样频率为 1200Hz 时，可实现 $k=2$ 移相 30°；$k=4$ 移相 60°；$k=8$ 移相 120°。

同理容易理解，在 t_n、$t_n - kT_s$ 时刻对正弦工频电流采样，得到的 $i(n-kT_s)$ 采样值滞后 $i(n)$ 的相角是 $2k\pi/N$。

时差移相运算的移相角度也是固定的，当然移相的角度不能是任意的。此外，当移相的角度较大时，k 值较大，时间窗相对长一些，不利于保护动作速度的提高。

虽然差分移相算法的数据窗时间只要一个采样间隔，但移相角度不能调整。如有需要，可以用短数据窗移相角度为任意值的算法。

六、序分量计算方法

电力系统发生接地或不对称故障（包括元件故障）时，会产生零序分量、负序分量、正序分量的电流和电压。对于正序分量来说，其中包含负载的正序分量。因此，序分量电流、电压的出现（正序分量中应去除负载正序分量）可用来反映短路故障或不正常运行工况。

1. 零序电流的计算方法

零序分量的算法最为简单。零序电压的计算式为

$$3u_0(n) = u_A(n) + u_B(n) + u_C(n) \qquad (2-33)$$

即用 A、B、C 三相电压 n 时刻的采样值相加求出 n 时刻零序电压值。这种方法得到的零序电压通常称为自产零序电压，以区别于由电压互感器开口三角经数据采集通道得到的零序电压。如需要求出零序电压有效值，可应用求有效值的方法。在微机继电保护中，除在采样中断服务程序中，进行数据检查或电压互感器二次一相或两相断线时，用此自产零序电压与来自电压互感器开口三角的 $3u_0$ 进行比较外，其他反映零序电压的保护多数要在计算零序电压前，经过一个三次谐波滤过器，即三次谐波是滤波器的零点，以消除三次谐波的影响，提高零序电压保护的灵敏度。

零序电流可从三相电流获取，计算式为

$$3i_0(n) = i_A(n) + i_B(n) + i_C(n) \qquad (2-34)$$

$i_A(n)$、$i_B(n)$、$i_C(n)$ 应是正弦工频电流采样值（滤波后获得），然后可由半周积分算法求出它的有效值。这一方法在微机继电保护的采样中断服务程序中用于进行数据检查。对于变压器接地保护，除反映变压器中性线零序电流互感器的零序电流实现接地保护，用户往往还要求反映变压器套管电流互感器的三相电流产生的零序电流构成变压器的接地保护。所以，零序分量的算法尽管简单，但在微机继电保护中还是很有意义的。

零序电流也可从三相电流互感器二次侧中性线中直接获取。为避免暂态中不平衡电流的影响，可通过差分算法、傅氏算法后求出 $3i_0$ 的有效值。

2. 三相式接线时正序和负序电流的计算方法

在采用三相式接线的保护中，通过三个电流互感器在 I_A、I_B、I_C 已知状态下计算出正序、负序电流值。电流计算时，需将 I_B、I_C 移相，通常有两种计算方法。

（1）相量方法计算序电流。由对称分量法关于正、负序分量的定义，电流的表示式为

$$3\dot{I}_{A1} = \dot{I}_A + \dot{I}_B e^{-j240°} + \dot{I}_C e^{-j120°} \qquad (2-35)$$

$$3\dot{I}_{A2} = \dot{I}_A + \dot{I}_B e^{-j120°} + \dot{I}_C e^{-j240°} \qquad (2-36)$$

相量方法计算正序、负序电流是指先将三相电流进行滤波取出正弦量（即相量），而后利用时差移相滤序实现序电流的计算。当每周期采样点 $N=12$ 时，4 个采样间隔正好可以移相 $120°$。通常情况下，采用傅氏算法求取三相电流的实部、虚部，以此可得到以相量方法表示的正序、负序电流实部、虚部。可以将正序、负序电流的表示式改写为

$$3\dot{I}_{A1} = \dot{I}_{AC} - \dot{I}_{BC} e^{-j60°} \qquad (2-37)$$

$$3\dot{I}_{A2} = \dot{I}_{AB} + \dot{I}_{BC} e^{-j60°} \qquad (2-38)$$

负序电流的实部和虚部的傅氏算法公式分别为

$$R_e(3\dot{I}_{A2}) = \frac{2}{N}\left\{\sum_{k=1}^{N} i_{AB}(k)\sin\left(k\frac{2\pi}{N}\right) + \sum_{k=1}^{N} i_{BC}(k)\sin\left(k\frac{2\pi}{N} + \frac{\pi}{3}\right)\right\} \qquad (2-39a)$$

$$I_m(3\dot{I}_{A2}) = \frac{2}{N}\left\{\sum_{k=1}^{N} i_{AB}(k)\cos\left(k\frac{2\pi}{N}\right) + \sum_{k=1}^{N} i_{BC}(k)\cos\left(k\frac{2\pi}{N} + \frac{\pi}{3}\right)\right\} \qquad (2-39b)$$

利用时差移相滞后 $60°$，则负序电流的实部、虚部的傅氏算法可以简化。因序电流的算

式是建立在先对三相电流进行滤波而后滤序的基础上，所以有较好的精确度和暂态性能，但计算量较大。算法需要的数据窗长度是一个工频周期（N 个采样点）。

（2）以采样值方法计算正序、负序电流。采样值法计算序电流是指先滤序求出序电流的采样值，而后再进行滤波计算出序电流。当每周采样 N 个点时，正序、负序的采样值为

$$3i_{A1}(n) = i_A(n) + i_B\left(n - \frac{2N}{3}\right) + i_C\left(n - \frac{N}{3}\right) \tag{2-40}$$

$$3i_{A2}(n) = i_A(n) + i_B\left(n - \frac{N}{3}\right) + i_C\left(n - \frac{2N}{3}\right) \tag{2-41}$$

或

$$3i_{A1}(n) = i_{AC}(n) - i_{BC}\left(n - \frac{N}{6}\right) \tag{2-42}$$

$$3i_{A2}(n) = i_{AB}(n) + i_{BC}\left(n - \frac{N}{6}\right) \tag{2-43}$$

设 $N=12$，$\omega T_s = 30°$，根据移相时数据窗的不同，可有不同的几种算法。最典型的取数据窗为 4 时，由相量图 2-10 可得

$$3i_{A1} = i_A(n) - i_B(n-2) + i_C(n-4) \tag{2-44}$$
$$3i_{A2} = i_A(n) + i_B(n-4) - i_C(n-2) \tag{2-45}$$

或

$$3i_{A1} = i_{AC}(n) - i_{BC}(n-2) \tag{2-46}$$
$$3i_{A2} = i_{AB}(n) + i_{BC}(n-2) \tag{2-47}$$

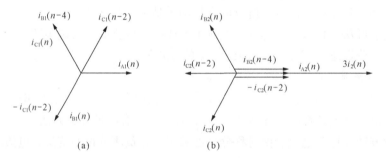

图 2-10　$k=4$ 时负序元件相量分析图
(a) 输入正序分量时的相量关系；(b) 输入负序分量时的自量关系

以负序为例来分析。如图 2-10（a）所示为输入正序分量时的相量关系，故 $3i_{A2}$ 输出为零。如图 2-10（b）所示为输入负序分量时的相量关系，故其输出值为 $3i_{A2}$。

以上式中均为正序、负序电流的采样值。式（2-44）、式（2-45）滤序算法的数据窗长度是 1/3 工频周期，式（2-46）、式（2-47）是 1/6 工频周期。可以证明，用一个采样周期同样也可求得序分量。这就是说，短路故障后至少经上述时间才能获得序电流的采样值，小于上述时间序电流的采样值并不表示负序电流，而是暂态过程中的某时刻采样值，这点需要特别注意。

负序电流采样值求得后，最简单的方法是采用半周积分算法计算出负序电流值。这样，负序电流的计算时间为半个工频周期与滤序时间之和。这种负序电流的算法简单，计算量也较小，但误差较大，暂态性能也差，在谐波较为丰富的场合，情况尤为严重。

采用傅氏算法可滤去高次谐波，情况得到改善。于是求取负序电流实部、虚部的算式［以式（2-43）采样值为例］为

$$\mathrm{Re}(3\dot{I}_{A2})' = \frac{2}{N}\sum_{k=1}^{N}\left[i_{AB}(k) + i_{BC}\left(k-\frac{N}{6}\right)\right]\sin\left(\frac{2\pi}{N}\right) \qquad (2\text{-}48a)$$

$$\mathrm{Im}(3\dot{I}_{A2})' = \frac{2}{N}\sum_{k=1}^{N}\left[i_{AB}(k) + i_{BC}\left(k-\frac{N}{6}\right)\right]\cos\left(\frac{2\pi}{N}\right) \qquad (2\text{-}48b)$$

这种由采样值算法得到的负序电流实部、虚部的算法，负序电流计算时间为一个工频周期与滤序时间之和。

3. 两相式接线时正序和负序电流的计算方法

在中性点不直接接地电网中，有些场合只有两相电流互感器（通常是 A、C 相）。两电流互感器方式指的是在 I_A、I_C 已知状态下计算出正序、负序电流。注意，在这种情况下没有零序电流分量。

(1) 负序电流表示式。因没有零序电流分量，所以设法消去正序电流分量，就可得到负序电流表示式，即负序电流由 I_A、I_C 获取的表示式。

图 2-11 (a) 所示为正序电流相量关系，不难看出，将 $\dot{I}_A$ 后移 60°，则可滤去正序电流分量；图 2-11 (b) 所示为负序电流相量关系，由图可得到负序电流的表达式为

$$-\mathrm{j}\sqrt{3}\dot{I}_{A2} = \dot{I}_A\mathrm{e}^{-\mathrm{j}60°} + \dot{I}_C \qquad (2\text{-}49)$$

(2) 负序电流的算式。用采样值方法计算负序电流时可参见图 2-11，有

$$\sqrt{3}i_{A2}(n) = i_C(n) + i_A\left(n-\frac{N}{6}\right) \qquad (2\text{-}50)$$

同理，设 $N=12$ 时，有

$$\sqrt{3}i_{A1}(n) = i_A(n) + i_C(n-2) \qquad (2\text{-}51a)$$

$$\sqrt{3}i_{A2}(n) = i_C(n) + i_A(n-2) \qquad (2\text{-}51b)$$

图 2-11 (a) 输入正序分量时输出 i_2 为零。图 2-11 (b) 输入负序分量时输出值为 $\sqrt{3}i_2$。

从而可按半周积分算法计算出负序电流 $i_1(t)$、$i_2(t)$ 的有效值。或者，类似于式 (2-48) 用傅氏算法计算负序电流的实部、虚部，而后再计算出负序电流。应当指出，半周积分算法易受谐波电流的影响。

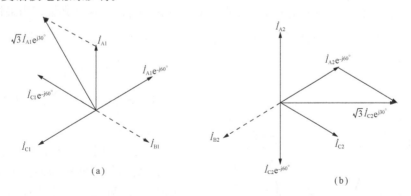

图 2-11　两相式序分量滤过器相量图
(a) 正序电流相量关系；(b) 负序电流相量关系

需要说明的是，计算得到的正序电流中包含负载电流。在负序电流的计算中，应注意三相电流中的非周期分量和高次谐波的影响。在负序电压的计算中，虽然三相电压中的非周期

分量并不像电流中那样严重，但更应注意的是因电感上压降而被放大了的高次谐波的影响。在电压互感器开口三角形侧获取零序电压时，尤其要注意三次谐波的影响。

七、故障方向的相位比较算法

在继电保护中，经常要测量短路故障的方向，判别短路故障在保护正方向上还是在保护反方向上。例如接地保护中的零序功率方向元件、方向高频保护中的负序功率方向元件、电流保护中的 90°接线的功率方向元件等。此外，在有些元件保护中，设置方向元件以获得保护的选择性。故障方向的计算，在微机继电保护中采用最多的是相位比较算法。

1. 余弦型算法

在微机继电保护中使用较广的是余弦型算法，余弦型算法的判据为

$$-90° < \arg \frac{\dot{X}}{\dot{Y}} < 90° \qquad (2-52)$$

其中，X、Y 是比相的两个工频电压，X、Y 同相时最灵敏。实现该判据通常有如下几种算法。

（1）傅氏算法。设 X 的相角为 α，Y 的相角为 β，则式（2-52）可等效为（X_m、Y_m 是 X、Y 的幅值）

$$X_m Y_m \cos(\alpha - \beta) > 0$$

即
$$X_m Y_m (\cos\alpha\cos\beta + \sin\alpha\sin\beta) > 0$$

计及 $X_m\cos\alpha$、$Y_m\cos\beta$ 与 $X_m\sin\alpha$、$Y_m\sin\beta$ 分别是 $\dot{X}$、$\dot{Y}$ 的实部、虚部，上式写成

$$X_R Y_R + X_1 Y_1 > 0 \qquad (2-53)$$

其中
$$X_R = \frac{2}{N}\sum_{k=1}^{N} x(k)\sin\left(k\frac{2\pi}{N}\right), X_1 = \frac{2}{N}\sum_{k=1}^{N} x(k)\cos\left(k\frac{2\pi}{N}\right)$$

$$Y_R = \frac{2}{N}\sum_{k=1}^{N} y(k)\sin\left(k\frac{2\pi}{N}\right), Y_1 = \frac{2}{N}\sum_{k=1}^{N} y(k)\cos\left(k\frac{2\pi}{N}\right)$$

式中：$x(k)$、$y(k)$ 分别为 X、Y 表示式 $x(t)$、$y(t)$ 在 t_k 时刻的采样值。

式中算法的时间窗是一个工频周期，若要加快动作时间，也可采用半周傅氏算法。

（2）采样值算法。对输入信号中的正弦工频电流 $I_m\sin(\omega_1 t + \theta_1)$ 来说，当采样值 $i(n)$ 是电流 I 的虚部（X_1）时，相隔 $N/4$ 的采样值，$i\left(n - \frac{N}{4}\right)$ 应是电流 I 的实部的负值（$-X_R$）。

由式（2-53）可得

$$x\left(n - \frac{N}{4}\right)y\left(n - \frac{N}{4}\right) + x(n)y(n) > 0 \qquad (2-54)$$

式中应用了 $x(t)$、$y(t)$ 两个点采样值的乘积，所以可称为两点乘积算法。显而易见，两点乘积算法与傅氏算法是统一的。算式的时间窗是 5ms。

（3）计数算法。图 2-12 示出了 $x(t)$、$y(t)$ 的波形，当 $\theta = \arg\frac{\dot{X}}{\dot{Y}}$ 时，则动作判据

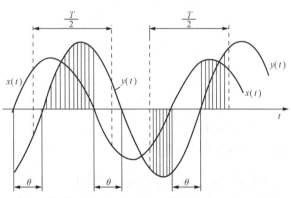

图 2-12 相位差为 θ 的交流量 $x(t)$ 与 $y(t)$ 的波形

为 $|\theta|<90°$。由图 2-12 明显可见，动作状态时在任意半个工频周期内，$x(t)$ 与 $y(t)$ 同极性的角度是 $180°-|\theta|$（图中有阴影线区域），异极性的角度是 $|\theta|$。于是，当同极性的角度大于异极性的角度时，就判为动作状态。

因此，在工频半周期内，对 $x(k)$ 与 $y(t)$ 的采样值进行符号比较，即对 $x(k)$、$y(k)$ 进行异或逻辑运算 $[x(k) \oplus y(k)]$。在软件中设有一个计数器，当符号相同时计数器减 1，当符号相异时计数器加 1，于是计数值 g 为

$$g = \sum_{k=1}^{\frac{N}{2}} [x(k) \oplus y(k)] \tag{2-55}$$

判断计数器的计数值 g，显然，$g<0$ 就判为式（2-52）处于动作状态，实现了相位比较的计数算法。计数算法的时间窗是 10ms。

当 $\dot{X}$、$\dot{Y}$ 比相的动作判据为

$$90° < \arg\frac{\dot{X}}{\dot{Y}} < 270° \tag{2-56}$$

其算法只需将式（2-53）和式（2-54）判据中的 ">" 改为 "<" 即可，对于计数算法来说，$g>0$ 就判式（2-56）处动作状态。

2. 零序方向元件的算法

设信号为零序电压（可以是由零序电压采样通道采样得到，也可以是由自产零序电压得到）和零序电流。由图 2-13 的相量关系可见，正向接地故障时，$3\dot{U}_0$ 滞后 $3\dot{I}_0$ 的相角是 $180°-\varphi_{M0}$；反向接地故障时，$3\dot{U}_0$ 超前 $3\dot{I}_0$ 的相角是 φ'_{M0}，并且这种相位关系与过渡电阻 R_g 无关。图 2-13 所示为正、反方向接地时 $3\dot{U}_0$ 与 $3\dot{I}_0$ 的相位关系。

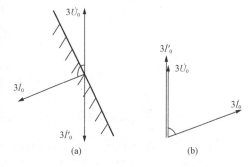

图 2-13　正、反方向接地故障时零序电压、电流的相位关系
（a）正方向；（b）反方向

电力系统中各元件的零序阻抗角可认为基本相同，所以图中的 $\varphi_{M0}=\varphi'_{M0}$，且在 $70°\sim80°$。若将 $3\dot{I}_0$ 向超前方向移相 φ_{M0}，则以 $3\dot{I}_0 e^{j\varphi_{M0}}$ 作参考相量时，有

$$-90° < \arg\frac{3\dot{U}_0}{3\dot{I}_0 e^{j\varphi_{M0}}} < 90°（反向接地） \tag{2-57a}$$

$$90° < \arg\frac{3\dot{U}_0}{3\dot{I}_0 e^{j\varphi_{M0}}} < 270°（正向接地） \tag{2-57b}$$

即 $3\dot{I}_0$ 落在图 2-13 中直线的非阴影线侧是反向接地判据式（2-57a）；$3\dot{I}_0$ 落在图中直线的阴影线侧是正向接地判据式（2-57b）。

为实现 $3\dot{I}_0$ 向超前方向移相 φ_{M0}，可采用一阶差分移相（$f_s=600\text{Hz}$ 时，移相 φ_{M0} 为 $75°$；$f_s=1000\text{Hz}$ 时，移相 φ_{M0} 为 $81°$）。

用计数算法的判据算式为

$$g = \sum_{k=1}^{\frac{N}{2}} \{3u_0(k) \oplus [3i_0(k) - 3i_0(k-1)]\} \qquad (2-58)$$

$g>0$ 判为正向接地，$g<0$ 判为反向接地。实际上，正方向接地短路时，差分后 $3\dot{I}'_0$ 与 $3\dot{U}_0$ 接近反相位，如图 2-13（a）所示。则在一个周期内，电流的差分与电压的符号全部相反，计数器的计数值 $g=N$；而反方向发生接地短路时，差分后 $3\dot{I}'_0$ 与 $3\dot{U}_0$ 同相位，如图 2-13（b）所示。计数器的计数值 $g=-N$。所以对 g 的判决并非一定要半个工频周期结束才作出判决结果，连续判几次就可作出判决结果，有利于保护动作速度的提高。

如零序电流落在动作边界处，差分后的电流与零序电压的相位差为 90°。所以，两者的符号有一半为同号，一半为异号，计数器的计数值 $g=0$，方向元件不动作。

3. 负序方向元件的算法

稳态型负序方向元件是指只要负序分量存在，方向元件就有相应的输出，即负序方向元件的输出与负序分量作用的时间长短无任何关系。

负序电压、负序电流间的相位关系完全与零序电压、零序电流间相位关系相同。负序方向元件（稳态型）的动作判据与零序方向元件相同，判据为

$$-90° < \arg\frac{3\dot{U}_{A2}}{3\dot{I}_{A2}\,e^{j\varphi_{M2}}} < 90° \text{（反向短路）} \qquad (2-59a)$$

$$90° < \arg\frac{3\dot{U}_{A2}}{3\dot{I}_{A2}\,e^{j\varphi_{M2}}} < 270° \text{（正向短路）} \qquad (2-59b)$$

结合负序算法的表达式，计数算法的判据算式为

$$g = \sum_{k=1}^{\frac{N}{2}} \left\{3u_{A2}(k) \oplus \left[i_{AB}(k) - i_{BC}\left(k - \frac{N}{6}\right) - i_{AB}(k-1) - i_{BC}\left(k - \frac{N}{6} - 1\right)\right]\right\} \qquad (2-60)$$

$g>0$ 判为正向短路，$g<0$ 判为反向短路。

可以看出，短路故障后需 1/6 工频周期才能真正计算出负序分量，计及移相算法还要再加上一个采样周期。因此，在短路故障发生的上述时间内，计算出的负序方向并不正确。当采样频率为 1000Hz 时，负序方向至少在 4.33ms 后才能正确计算出来，应注意这一实际情况。这与零序方向元件算法是有区别的。

在短路故障后某一时间内存在的负序故障分量方向元件的判据与稳态型负序方向元件完全类似。但只能在短路故障后某一时间段内判断故障方向，并不受负序不平衡输出影响，有较高灵敏度。

4. 反映相间短路故障方向元件的算法

采用 90°接线的相间短路故障方向元件的电流（如 I_A）、电压（如 U_{BC}）如图 2-14 所示。将电流相量 I_g 和电压相量超前 α 角的 $U_g e^{j\alpha}$ 比相，在 $\pm90°$ 内时为正方向，否则为反方向。将电流相量滞后 α 角的 $I_g e^{-j\alpha}$ 和电压相量 U_g 比相，如图 2-14 所示。

因此功率方向元件的判据可表示为

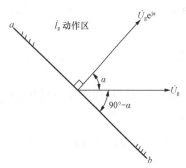

图 2-14　90°接线的功率方向
元件工作原理

$$-90° < \arg\frac{\dot{I}_g}{\dot{U}_g e^{j\alpha}} < 90° \text{（正向短路）} \qquad (2-61a)$$

$$90° < \arg \frac{\dot{I}_g}{\dot{U}_g e^{j\alpha}} < 270°(反向短路) \qquad (2-61b)$$

一般称 α 为功率方向元件的内角（30°或45°），显而易见，当 I_g 超前 U_g 的相角正好为 α 时，正向元件动作最灵敏。

计数算法的判据算式和零序方向元件的算法类似，但正、反向的判断与前述负序、零序方向元件刚好相反。判据为：$g<0$ 判为正向相间故障；$g>0$ 判为反向相间故障。

由式（2-54）可得到相间短路方向元件采样值算法的判据为

$$\left[u_g\left(n-\frac{N}{4}\right)i_g\left(n-\frac{N}{4}\right) + u_g(n)i_g(n) \right]\cos\alpha$$
$$+ \left[u_g(n)i_g\left(n-\frac{N}{4}\right) - u_g\left(n-\frac{N}{4}\right)i_g(n) \right]\sin\alpha \quad \begin{cases} >0(正向元件) \\ <0(反向元件) \end{cases} \qquad (2-62)$$

八、突变量电流算法

在模拟保护中常用突变量元件作启动及振荡闭锁元件，这些突变量元件在微机继电保护中实现起来特别方便，因为保护装置中的循环寄存区具有一定的记忆容量，可以很方便地取得突变量。以电流为例，其算法为

$$\Delta i(n) = |\, i(n) - i(n-N) \,| \qquad (2-63)$$

式中：$i(n)$ 为电流在某一时刻 n 的采样值；N 为一个工频周期内的采样点数；$i(n-N)$ 为比 $i(n)$ 早一周的采样值；$\Delta i(n)$ 为 n 时刻电流的突变量。

将电力系统故障后的状态分解为正常分量和故障分量两部分，如图 2-15 所示。可以看出，当系统正常运行时，负载电流是稳定的，或者说负载虽有变化，但不会在一个工频周期这样短的时间内突然发生很大变化，如图 2-16 中 $t-2T$、$t-T$ 时刻。因此这时 $i(n)$ 和 $i(n-N)$ 接近相等，$\Delta i(n)$ 等于或近似等于零。

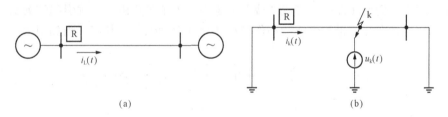

图 2-15　短路故障分解

（a）正常运行状态 $i_L(t)$ 为负载电流；（b）故障附加状态 $i_k(t)$ 为故障分量电流

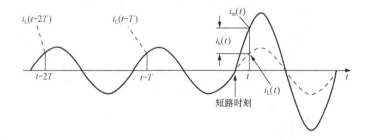

图 2-16　短路故障前后的电流波形示意图

如果在 t 时刻发生短路，故障相电流突然增大如图 2-16 中实线所示，将有突变量电流产生。按式（2-63）计算得到的 $\Delta i(n)$，实质是用叠加原理分析短路电流时的故障分量电流，负载分量在式中被减去了。显然突变量仅在短路发生后的第一个周期内存在，即 $\Delta i(n)$ 的输出在故障后持续一个周期。

按上述公式计算存在不足。系统正常运行时 $\Delta i(n)$ 本应无输出，即 $\Delta i(n)$ 应为 0，但如果电网的频率偏离 50Hz，就会产生不平衡输出，这是因为 $i(n)$ 和 $i(n-N)$ 的采样时刻相差 20ms，这决定于微机的定时器，它是由石英晶体振荡器控制的，十分精确和稳定。电网频率变化后，$i(n)$ 和 $i(n-N)$ 对应电流波形的电角度不再相等，两者具有一定的差值而产生不平衡电流，特别是负载电流较大时，不平衡电流较大可能引起该元件的误动。为了消除由于电网频率的波动而引起不平衡电流，突变量的计算式为

$$\Delta i(n) = || \, i(n) - i(n-N) \, | - | \, i(n-N) - i(n-2N) \, || \qquad (2-64)$$

正常运行时，如果频率偏离 50Hz 而造成 $i(n)-i(n-N)$ 不为 0，但其输出必然与 $i(n-N)-i(n-2N)$ 的输出相接近，因而式（2-64）右侧的两项几乎可以全部抵消，使 $\Delta i(n)$ 接近为 0，从而有效地防止误动。

用式（2-64）计算突变量不仅可以补偿频率偏离产生的不平衡电流，还可以减弱由于系统静稳定破坏而引起的不平衡电流，只有在振荡周期很小时，才会出现较大的不平衡电流，这就保证了静稳定破坏检测元件能可靠地抢先动作。其数据窗为两周，突变量持续的时间不是 20ms，而是 40ms。

1. 相电流突变量元件

当式（2-64）中各电流取相电流时，称为相电流突变量元件。以 A 相为例，计算式可写成

$$\Delta i_A(n) = || \, i_A(n) - i_A(n-N) \, | - | \, i_A(n-N) - i_A(n-2N) \, || \qquad (2-65)$$

对于 B 和 C 相只需将上式中的 A 换成 B 或 C 即可。该元件在微机继电保护中常被用作启动元件，三个突变量元件一般构成"或"的逻辑。为了防止由于干扰引起的突变量输出而造成误启动，通常在突变量元件连续动作三次才允许启动保护，其逻辑图如图 2-17 所示。

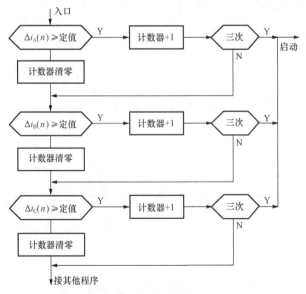

图 2-17　突变量启动元件动作逻辑图

2. 相电流差突变量元件

当式（2-64）中各电流取相电流差时，称为相电流差突变量元件。其计算式变为

$$\Delta i_{\varphi\varphi}(n) = ||\, i_{\varphi\varphi}(n) - i_{\varphi\varphi}(n-N)\,| - |\, i_{\varphi\varphi}(n-N) - i_{\varphi\varphi}(n-2N)\,|| \qquad (2-66)$$

式中 $i_{\varphi\varphi}$ 分别取 AB、BC、CA。该元件通常用作启动元件和选相元件。用作启动元件时的逻辑关系与相电流突变量相似。作为选相元件时，要求能反映各种故障，不反映振荡，特别是在非全相运行中振荡时不能误动。为了能更有效地躲过系统振荡，可将公式变为

$$\Delta i_{\varphi\varphi}(n) = ||\, i_{\varphi\varphi}(n) + i_{\varphi\varphi}(n-N/2)\,| - |\, i_{\varphi\varphi}(n-N/2) + i_{\varphi\varphi}(n-N)\,|| \qquad (2-67)$$

式（2-67）不是相隔 N 点的采样数据相减，而是相隔 $N/2$ 的两个采样值相加，这样一方面缩短了数据窗，另一方面对躲过系统振荡更为有利。相电流差突变量可用于选相元件。

3. 序分量突变量元件

若式中所用的各电流是负序和零序分量采样值，则该元件为负序突变量或零序突变量元件，这些元件可以用作启动元件及振荡闭锁元件。

将上述各式中的电流改为电压即成为电压突变量元件，电压突变量元件与电流突变量元件配合可以构成突变量距离和突变量方向等元件。

九、选相元件算法

常规的距离保护装置，为了反应各种不同的故障类型和相别，需要设置不同的阻抗测量元件，接入不同的交流电压和电流。这些阻抗元件都是并行工作的，它们同时在测量着各自分管的故障类型的阻抗，因此，在选相跳闸时，还要配合专门的选相元件。在用微机构成继电保护的功能时，为了能够实现选相跳闸，同时防止非故障相的影响，一般都要设置一个故障类型、故障相别的判别程序。

故障选相判断的主要流程如图 2-18 所示，其步骤是：

（1）判断是接地短路还是相间短路。

（2）如果是接地短路，先判断是否单相接地。

（3）如果不是单相接地，则判断哪两相接地。

（4）如果不是接地短路，则先判断是否三相短路。

（5）如果不是三相短路，则判断是哪两相短路。

选相方法既可以用于选相跳闸，又可以在阻抗元件中做到仅投入故障相（或相间）阻抗测量元件。在突变量启动元件检出系统有故障后，先由选相元件判别故障类型和相别，然后针对已知的相别提取相应的电压、电流进行阻抗计算。目前微机继电保护常用的选相元件有突变量电流选相和对称分量选相方法。

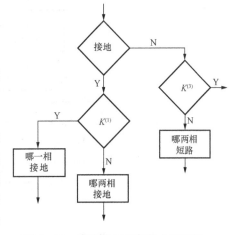

图 2-18　故障选相判断的主要流程

1. 突变量电流选相

如前所述，微型机可以方便地取得各相电流的突变量，去掉负载分量的影响，使故障相判别十分简单和可靠，而且切换完全由软件实现，并没有真正的切换触点，因此相别切换的原理在微机继电保护中得到了广泛的应用。另外，这种相别切换的原理还带来一个附带的好处，即对于两相接地短路，经过故障相判别后，可按相间故障的方式计算阻抗，因而可以避免两相接地故障时，常规接地阻抗继电器超前相的超越问题。

进行下面分析时，电流均指突变量电流，在故障初始阶段即为故障分量电流。故障相判别程序所依据的各种故障类型的特征如下。

（1）单相接地故障（以 A 相为例）。根据对称分量法的基本理论，当发生 A 相接地时，流过保护安装处的电流（故障分量）为接地相 A 很大。非故障相电流 $\Delta \dot{I}_B$、$\Delta \dot{I}_C$ 不一定为零，而与正序和零序电流的分布系数之差成正比。假定系统的正序阻抗和负序阻抗相等，而两个非故障相电流可能和故障相电流相位相差 $180°$，也可能同相。而两非故障相的故障电流差为零。因此单相接地故障的特征是故障相电流很大，两个非故障相电流之差 $\Delta \dot{I}_{BC}$ 为零，其他故障类型没有这个特征。

（2）两相不接地短路。两相不接地短路（以 BC 两相相间短路为例）时，非故障相电流为零，故障相电流很大而相位相反。因此三种不同相电流差中，两个故障相电流之差 $\Delta \dot{I}_{BC}$ 最大。

（3）两相接地短路。两相接地短路（以 BC 两相接地短路为例）时，三种不同相电流差中，仍然是两个故障相电流之差 $\Delta \dot{I}_{BC}$ 最大。

（4）三相短路。显然是三个相电流差的有效值均相等。

根据以上各种故障类型的分析，结合每种故障类型的特点，故障相判别程序的流程图如图 2-19 所示。图中全部电流均指变化量。

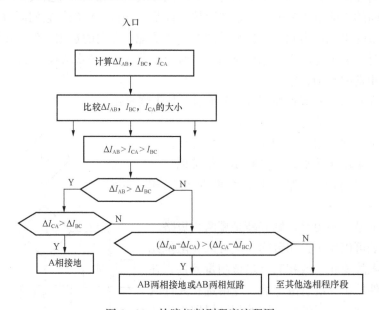

图 2-19 故障相判别程序流程图

第一步首先是计算三种相电流差突变量的有效值，算法可以采用半周积分算法。相电流差突变量计算式为

$$\left.\begin{aligned}
\Delta \dot{I}_{AB} &= (\dot{I}_A - \dot{I}_B) - (\dot{I}_A^{[0]} - \dot{I}_B^{[0]}) = (\dot{I}_A - \dot{I}_A^{[0]}) - (\dot{I}_B - \dot{I}_B^{[0]}) = (\Delta \dot{I}_A - \Delta \dot{I}_B) \\
\Delta \dot{I}_{BC} &= (\dot{I}_B - \dot{I}_C) - (\dot{I}_B^{[0]} - \dot{I}_C^{[0]}) = (\dot{I}_B - \dot{I}_B^{[0]}) - (\dot{I}_C - \dot{I}_C^{[0]}) = (\Delta \dot{I}_B - \Delta \dot{I}_C) \\
\Delta \dot{I}_{CA} &= (\dot{I}_C - \dot{I}_A) - (\dot{I}_C^{[0]} - \dot{I}_A^{[0]}) = (\dot{I}_C - \dot{I}_C^{[0]}) - (\dot{I}_A - \dot{I}_A^{[0]}) = (\Delta \dot{I}_C - \Delta \dot{I}_A)
\end{aligned}\right\} \quad (2-68)$$

式中：$\Delta \dot{I}_{AB}$、$\Delta \dot{I}_{BC}$、$\Delta \dot{I}_{CA}$ 分别为相电流差突变量；$\Delta \dot{I}_A$、$\Delta \dot{I}_B$、$\Delta \dot{I}_C$ 分别为相电流突变量；

$\dot{I}_A$、$\dot{I}_B$、$\dot{I}_C$ 分别为故障后相电流；$\dot{I}_A^{[0]}$、$\dot{I}_B^{[0]}$、$\dot{I}_C^{[0]}$ 分别为故障前相电流。

可以根据测量电流中是否含有零序分量判断是接地短路还是相间短路。如果是接地短路。通过比较，求出三个相电流差突变量中的一个最小者，则

$(m\,|\,\Delta\dot{I}_{BC}\,|\leqslant|\,\Delta\dot{I}_{AB}\,|)\cap(m\,|\,\Delta\dot{I}_{BC}\,|\leqslant|\,\Delta\dot{I}_{CA}\,|)$ 判断为 A 相单相接地短路故障；

$(m\,|\,\Delta\dot{I}_{CA}\,|\leqslant|\,\Delta\dot{I}_{BC}\,|)\cap(m\,|\,\Delta\dot{I}_{CA}\,|\leqslant|\,\Delta\dot{I}_{AB}\,|)$ 判断为 B 相单相接地短路故障；

$(m\,|\,\Delta\dot{I}_{AB}\,|\leqslant|\,\Delta\dot{I}_{CA}\,|)\cap(m\,|\,\Delta\dot{I}_{AB}\,|\leqslant|\,\Delta\dot{I}_{BC}\,|)$ 判断为 C 相单相接地短路故障。

其中，m 为整定倍数，一般取 4~8。

图 2-19 中仅给出了 $\Delta\dot{I}_{BC}$ 最小的情形，即以 A 相接地故障为例来说明。当 A 接地故障时，$\Delta\dot{I}_{AB}$ 和 $\Delta\dot{I}_{CA}$ 都有输出且两者接近（理想情况下相等），而 $\Delta\dot{I}_{BC}$ 输出很小（理想下为 0）。如果 $\Delta\dot{I}_{BC}$ 最小，则先判断是否为单相接地。当 $\Delta\dot{I}_{BC}$ 远小于另两个电流差的有效值 $\Delta\dot{I}_{AB}$ 和 $\Delta\dot{I}_{CA}$ 时，判断为 A 相接地。工程实际中，可以用 5 倍的门槛来判定是否"远小于"。因为任何其他类型的短路，都不符合这个特征。

如果经判断不是单相接地，那么必定是相间短路。对于两相接地故障，如果 $\Delta\dot{I}_{AB}$ 大，$\Delta\dot{I}_{BC}$ 和 $\Delta\dot{I}_{CA}$ 相等或接近相等，为对应 AB 两相接地。

若无零序电流，则判定故障为非接地故障。

$(m\,|\,\Delta\dot{I}_C\,|<|\,\Delta\dot{I}_A\,|)\cap(m\,|\,\Delta\dot{I}_C\,|<|\,\Delta\dot{I}_B\,|)$ 则判断为 AB 两相短路故障；

$(m\,|\,\Delta\dot{I}_A\,|<|\,\Delta\dot{I}_B\,|)\cap(m\,|\,\Delta\dot{I}_A\,|<|\,\Delta\dot{I}_C\,|)$ 则判断为 BC 两相短路故障；

$(m\,|\,\Delta\dot{I}_B\,|<|\,\Delta\dot{I}_A\,|)\cap(m\,|\,\Delta\dot{I}_B\,|<|\,\Delta\dot{I}_C\,|)$ 则判断为 CA 两相短路故障。

其中，m 为整定倍数，取值范围为 4~8。

当上述条件都不满足时，则为三相短路故障。

2. 对称分量选相

电流突变量选相元件在故障初始阶段有较高的灵敏度和准确性，但是，突变量仅存在 20~40ms，过了这个时间后，由于无法获得突变量，所以突变量选相元件就无法工作了。为了有效地实现选相，达到单相故障可以跳单相的目的，必须考虑其他的选相方案。除了突变量选相之外，常用的选相方法还有阻抗选相、电压选相、电压比选相、对称分量选相等，其中，对称分量选相是一种较好的选相方法。

分析输电线路发生各种单重故障的对称分量时，可以知道，只有单相接地短路和两相接地短路才同时出现零序和负序分量，而三相短路和两相相间短路均不出现稳态的零序电流。因此，可以考虑先用是否存在零序电流分量的办法，去掉三相短路和两相相间短路的影响，然后，再用零序电流 $3I_0$ 和负序电流 $3I_2$ 进行比较，找出单相接地短路与两相接地短路的区别。

（1）单相接地短路。单相接地短路时，根据故障相的复合序网，其中 $\dot{E}_\Sigma$、$Z_{1\Sigma}$、$Z_{2\Sigma}$、$Z_{0\Sigma}$ 均为复合参数。在故障支路，无论是金属性短路，还是经过渡电阻短路，始终存在 $\dot{I}_{1k}=\dot{I}_{2k}=\dot{I}_{0k}$。在保护安装地点有

$$\varphi=\arg\frac{\dot{I}_2}{\dot{I}_0}=\arg\frac{\dot{C}_{2m}\dot{I}_{2k}}{\dot{C}_{0m}\dot{I}_{0k}}=\arg\frac{\dot{C}_{2m}}{\dot{C}_{0m}}\approx0° \tag{2-69}$$

式中：$\dot{C}_{2m}$ 为保护安装地点的负序电流分配系数；$\dot{C}_{0m}$ 为保护安装地点的零序电流分配系数；$\dot{I}_0$、$\dot{I}_2$ 为保护安装地点的零序和负序电流。

这说明，考虑了各对称分量的分配系数后，保护安装地点的故障相负序电流 $\dot{I}_2$ 与零序电流 $\dot{I}_0$ 基本上仍然为同相。实际上，在后面确定的选相方案中，已考虑了 30° 的裕度。因此有以下结论。

1) A 相接地时，$\varphi = \arg \dfrac{\dot{I}_{2A}}{\dot{I}_0} \approx 0°$，负序电流与零序电流的相量关系如图 2-20 所示。

2) B 相接地时，$\varphi = \arg \dfrac{\dot{I}_{2B}}{\dot{I}_0} \approx 0°$ 和 $\varphi = \arg \dfrac{\dot{I}_{2A}}{\dot{I}_0} \approx -120°$，负序电流与零序电流的相量关系如图 2-21 所示。

3) C 相接地时，$\varphi = \arg \dfrac{\dot{I}_{2C}}{\dot{I}_0} \approx 0°$ 和 $\varphi = \arg \dfrac{\dot{I}_{2A}}{\dot{I}_0} \approx 120°$，负序电流与零序电流的相量关系如图 2-22 所示。

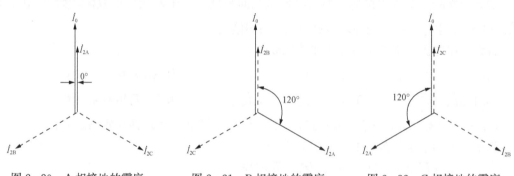

图 2-20　A 相接地的零序、
负序相量关系

图 2-21　B 相接地的零序、
负序相量关系

图 2-22　C 相接地的零序、
负序相量关系

图中为了突出 $\dot{I}_{2A}$ 与 $\dot{I}_0$ 的关系，将 B 相和 C 相的负序电流用虚线画出。

(2) 两相接地短路。两相经过渡电阻接地时，根据两相接地故障相的复合序网，在故障支路有

$$\dot{I}_{2k} = -\frac{Z_{0\Sigma} + 3R_g}{Z_{2\Sigma} + Z_{0\Sigma} + 3R_g} \dot{I}_{1k} \tag{2-70}$$

$$\dot{I}_{0k} = -\frac{Z_{2\Sigma}}{Z_{2\Sigma} + Z_{0\Sigma} + 3R_g} \dot{I}_{1k} \tag{2-71}$$

于是

$$\varphi = \arg \frac{\dot{I}_{2k}}{\dot{I}_{0k}} = \arg \frac{Z_{0\Sigma} + 3R_g}{Z_{2\Sigma}} \approx 0° \sim -90° \tag{2-72}$$

考虑各对称分量的分配系数后，保护安装地点的非故障相负序电流 $\dot{I}_{2A}$ 与零序电流 $\dot{I}_0$ 基本上仍然满足式（2-72）的关系，即 $\varphi = \arg \dfrac{\dot{I}_{2k}}{\dot{I}_{0k}} = 0° \sim -90°$。其中，$R_g = 0$ 对应 $\dot{I}_{2A}$ 与 $\dot{I}_0$ 同相，此时，相量关系与单相接地一致；R_g 趋向∞时，对应 $\varphi = \arg \dfrac{\dot{I}_{2k}}{\dot{I}_{0k}}$ 趋向于 90°。以 BC

两相接地短路为例，保护安装地点的 A 相负序电流 $\dot{I}_{2A}$ 与零序电流 $\dot{I}_0$ 的相量关系如图 2-23 所示。图中的半圆形虚线为不同过渡电阻情况下的 $\dot{I}_0$ 相量轨迹。AB 或 CA 两相接地短路的情况，结论相似，读者可自行分析。

（3）选相方法。由上述分析各种接地短路的相量关系可以得出，如果不计负序和零序电流分配系数之间的角度差，那么，保护安装地点的 A 相负序电流与零序电流之间的相位关系如表 2-2 所示。

表 2-2　　　　　各种接地短路时，A 相负序电流与零序电流之间的角度

$\varphi = \arg \dfrac{\dot{I}_{2k}}{\dot{I}_{0k}}$	$K_A^{(1)}$	$K_B^{(1)}$	$K_C^{(1)}$	$K_{AB}^{(1,1)}$	$K_{BC}^{(1,1)}$	$K_{CA}^{(1,1)}$
不计 $\dot{C}_m$ 的相位差	0°	240°	120°	30°～120°	−90°～0°	150°～240°
计及 $\dot{C}_m$ 的相位差	−30°～+30°	−90°～−150°	90°～150°	30°～150°	−90°～+30°	150°～−90°

在考虑对称分量分配系数的角度差之后，实际应用的对称分量选相区域，如图 2-24 所示。

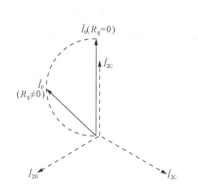
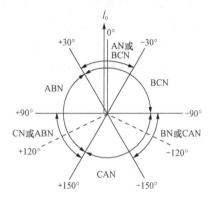

图 2-23　BC 两相接地的零序、负序相量关系　　　图 2-24　对称分量选相区域图

单相接地 AN：−30°～+30°；BN：−90°～−150°；CN：+90°～+150°。

两相接地 BCN：−90°～+30°；CAN：+150°～−90°；ABN：+30°～+150°。

进一步，判别出同一个相位区域内是单相接地还是两相接地。虽然可以考虑用电流的大小来解决这个问题，但是，测量电流受负载电流的影响，不能实现准确判别，因此，用阻抗确认是一种较好的选择。以 −30°～30° 的区域为例，如果是 A 相接地短路，BC 两相相间阻抗基本上为负载阻抗，其值较高，测量阻抗应在 Ⅲ 段阻抗 $Z^{\text{Ⅲ}}$ 之外；如果是 BC 两相接地短路，那么，BC 两相相间测量阻抗应在 Ⅲ 段阻抗 $Z^{\text{Ⅲ}}$ 以内。于是，区分 $K_A^{(1)}$ 和 $K_{BC}^{(1,1)}$ 的规则如下。

1）当 $-30° \leqslant \arg \dfrac{\dot{I}_{2A}}{\dot{I}_0} \leqslant 30°$ 时，若 Z_{BC} 在 $Z^{\text{Ⅲ}}$ 内，则判为 BC 两相接地。

2）当 $-30° \leqslant \arg \dfrac{\dot{I}_{2A}}{\dot{I}_0} \leqslant 30°$ 时，若 Z_{BC} 在 $Z^{\text{Ⅲ}}$ 外，则判为 A 相接地。

　　应当说明的是，当发生Ⅲ段外的 BC 两相接地时，即使按 A 相接地短路处理，也不会有什么不良后果，因为，这种情况下的 Z_A 测量阻抗较大，保护的动作元件不会动作。综合上述分析，可以做出对称分量选相流程图，如图 2-25 所示。

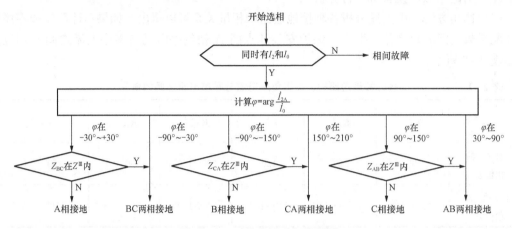

图 2-25　对称分量选相流程图

　　顺便指出，常规保护中的选相元件通常只采用一种选相方法，并将这种选相方法贯彻始终。实际上，保护中的各种方法（包括选相方法）和判据都有各自的特点，但不少判据又有一定的局限性，因此，在选择方法和判据时，应该考虑其充分的使用条件，这一点要引起注意。如电流突变量选相仅在短路初始阶段十分有效，而对称分量选相只能在同时有零序和负序电流时才起作用，其他的选相方法也同样有一定的使用条件，可参阅相关参考资料。

第三章　中低压线路微机继电保护原理

中低压线路保护一般包括阶段式电流保护，或带方向和低电压闭锁的阶段式电流保护；自动重合闸；低频、低压减载；对中性点经小电阻接地的系统的零序电流保护；对中性点不直接接地的系统的小电流接地选线，以及备用电源自投等。

按照传统的概念，输电线路自动重合闸、自动低频减载、变电站备用电源自投均属于电力系统自动装置的内容，但是随着微机继电保护及变电站自动化系统的广泛应用，这些自动装置和继电保护的关系已变得愈来愈密切，而且有些已经成为微机继电保护装置的功能之一，如自动重合闸和自动低频减载。因此，本章将把这些内容放在一起介绍。

第一节　相间短路的阶段式电流保护

10、35kV 线路一般为小电流接地电网中线路，主要为馈电线路。对馈电线路，一般设置三段式电流保护、低周减载、三相一次重合闸和后加速保护以及过负载保护，并具有小电流接地选线功能。每个保护通过控制字可投入和退出。为了增大电流速断保护区，可引入电压元件，构成电流电压连锁速断保护。在双电源线路上，为满足保护选择性，电流保护中引入方向元件控制，构成方向电流保护，其中各段电流保护的方向元件通过控制字可投入和退出。

在三段式电流保护中，为缩短动作时限，第Ⅲ段可整定为反时限。通过控制字可选用反时限特性形式。需要指出，末端馈线保护一般只需设置两段式电流保护或反时限电流保护就可以满足要求。

电流保护反映的是相间短路故障，包括两相相间短路故障、两相接地短路故障、三相短路故障和异地不同名相两点接地故障。为使异地不同名相两点接地故障有尽可能多的机会切除一个故障点，保护装置采用两相式接线，并装设在同名的两相上，通常装设在 A、C 相上（异地不同名相两点接地时有 2/3 的机会切除一个接地点）。

对于单相接地故障，在中性点不接地或经消弧线圈接地的电网中，保护装置应具有接地选线功能。要采用专用的零序电流互感器取出零序电流。如中性点经小电阻接地，则零序电流保护可直接作用于跳闸，并具有良好的选择故障线路的性能。在 10/35kV 线路保护装置中，一般包含有测量控制（测控）功能。

一、阶段式（三段式）电流保护

电流保护多采用三段式，第Ⅰ段为无时限电流速断保护或无时限电流闭锁电压速断保护，第Ⅱ段为带时限电流速断保护或带时限电流闭锁电压速断保护，Ⅰ段和Ⅱ段保护作为本线路相间短路的主保护；第Ⅲ段为过电流保护或低电压闭锁的过电流保护，Ⅲ段作为本线路相间故障的近后备保护及相邻线路的远后备保护。但根据被保护线路在电网中的地位，在能满足选择性、灵敏性和速动性的前提下，也可只装设Ⅰ、Ⅱ段，Ⅱ、Ⅲ段或只装设第Ⅲ段保护。三段相比较而言，Ⅰ段动作电流整定值最大，动作时间最短；Ⅲ段动作电流整定值最小，动作时间最长。三段电流保护的定值呈阶梯特性，故称为阶段式电流保护。当电流超过定值且时间大于整定延时后，装置即出口跳闸，同时发出动作信号。

阶段式电流保护要解决的问题主要是配合问题，即保护范围的配合（由整定值的配合来实现）、动作时间的配合。以下简要说明各段保护间保护范围和动作时间的配合。

设在如图 3-1 所示的系统中采用阶段式电流保护，以断路器 QF1 上的保护为分析对象。第 I 段保护又称为瞬时速断保护，其保护范围被限制在被保护线路以内。为了满足选择性，第 I 段保护不能保护线路的全长，即必须缩短保护范围。为保证选择性第 I 段动作值按躲过相邻线出口短路时流过保护的最大短路电流整定，一般要求第 I 段保护的保护范围应大于线路全长的 15%。

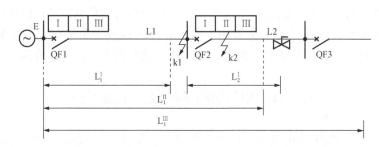

图 3-1　阶段式电流保护范围的配合说明图

L_1^{I}、L_1^{II}、L_1^{III} —线路 L1 的 I、II、III 段保护范围；L_2^{I} —线路 L2 的 I 段保护范围

第 II 段保护又称为带时限速断保护。第 II 段保护的作用是保护第 I 段保护不到的部分，即第 II 段保护必须保护线路的全长，保护范围必然会延伸到下级线路。这样，上级线路的第 II 段保护就要考虑与下级线路上的保护配合。首先考虑与下级的第 I 段保护配合，即上级第 II 段的保护范围不能超过下级第 I 段的保护范围。为了满足选择性，第 II 段保护必须带时限，如果不带时限，当故障发生在下级线路上时，上级的第 II 段就有可能同下级的第 I 段同时动作。从快速性的要求出发，保护带的时限应尽可能短，但必须保证在下级第 I 段保护范围内发生故障时，下级第 I 段保护动作将故障切除，故障切除后，上级的第 II 段有足够的返回时间。

当上级的第 II 段保护的保护范围或灵敏度满足不了要求时，可考虑与下级的第 II 段配合，即上级第 II 段的保护范围不能超过下级第 II 段的保护范围。其动作时间对应增加一个时限级差。

第 III 段保护是后备保护，后备分近后备和远后备。近后备是作本断路器上其他保护的后备；远后备是作下级断路器上所有保护的后备和下级断路器的后备，即当下级的保护或断路器由于某种原因拒动时，上级的后备保护动作，将故障切除。第 III 段保护由于要作下级的后备保护，因此，它的保护范围应该包括下级线路的全长。为了满足选择性，第 III 段保护延时按阶梯型原则确定。

阶段式电流保护的构成逻辑框图如图 3-2 所示。

二、反时限过电流保护

由于定时限过电流保护（III 段）愈靠近电源，保护动作时限愈长，对切除故障是不利的。为能使 III 段电流保护缩短动作时限，可采用反时限特性。当故障点愈靠近电源时，流过

保护的短路电流 I 愈大，动作时间 t 愈短。目前中低压微机继电保护装置都具有反时限过电流保护，而且应用非常广泛。

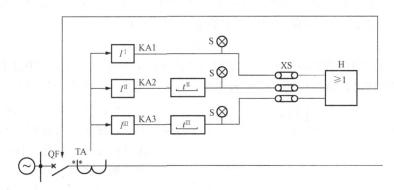

图 3-2　阶段式电流保护的构成逻辑框图

KA1、KA2、KA3—Ⅰ、Ⅱ、Ⅲ段保护的测量元件；

$t^{\text{Ⅱ}}$、$t^{\text{Ⅲ}}$—Ⅱ、Ⅲ段保护的时间元件；S—信号元件，H—出口跳闸元件

反时限有三种特性方式。

（1）标准反时限，有

$$t = \frac{0.14 t_{\text{p}}}{\left(\dfrac{I}{I_{\text{p}}}\right)^{0.02} - 1} \tag{3-1}$$

（2）非常反时限，有

$$t = \frac{13.5 t_{\text{p}}}{\left(\dfrac{I}{I_{\text{p}}}\right) - 1} \tag{3-2}$$

（3）极端反时限，有

$$t = \frac{80 t_{\text{p}}}{\left(\dfrac{I}{I_{\text{p}}}\right)^2 - 1} \tag{3-3}$$

式中：t_{p} 为时间常数，一般取第Ⅲ段的时间定值（0.05～1s）；I_{p} 为电流基准值，一般取第Ⅲ段的电流定值；I 为通过保护的短路电流；t 为反时限特性的动作时间。

对于长时间反时限也能实现，长时间反时限表达式为

$$t = \frac{120 t_{\text{p}}}{\left(\dfrac{I}{I_{\text{p}}}\right) - 1} \tag{3-4}$$

通过控制字可以选择其中的一种方式。一般的反时限过电流保护同时含有速断功能，当电流超过速断定值时会瞬时动作。实际上就是包括电流速断和反时限特性过电流的两段式保护，保护性能优于传统的两段式保护。因此，反时限过电流保护广泛用于末端馈线中。

反时限过电流保护的启动电流定值按躲过线路最大负载电流条件整定，本线路末端短路故障时有不小于 1.5 的灵敏系数，相邻线路末端短路故障时最好能有不小于 1.2 的灵敏系数；同时还要校核与相邻上下一级保护的配合情况（电源侧为上一级，负载侧为下一级）。反时限过电流保护最主要的问题是相互配合，以下做具体说明。

（1）与相邻上一级（或下一级）反时限过电流保护的配合。以图 3 - 3 中保护 1（上一级）与保护 2（下一级）反时限过电流保护间的配合为例加以说明。

保护 1 反时限过电流保护特性（如图 3 - 3 中曲线 1）应高于保护 2 反时限过电流保护特性（如图 3 - 3 中曲线 2）。即保护的电流定值应配合，满足

$$I_{\text{set.\,III.}1} = K_{\text{rel}} I_{\text{set.\,III.}2} \qquad (3-5)$$

保护 2 出口三相短路故障（图 3 - 3 中 k2 点），保护 1 与保护 2 的反时限过电流保护通过相同最大短路电流时，所对应的动作时间应配合，配合级差 Δt_2 应大于等于 0.5～0.7s。

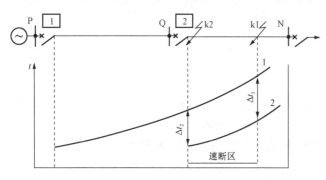

图 3 - 3　反时限过电流保护间的配合说明

当保护 2 的电流速断保护长期投入时，保护 2 与保护 1 的反时限过电流保护配合点可选在保护 2 速断保护区末端（图 3 - 3 中 k1 点）。k1 点短路故障时，保护 1 与保护 2 通过最大短路电流时，Δt_1 应不小于 0.5～0.7s；同时，还应校核在常见运行方式下，k2 点短路故障时 Δt_2 不小于一个时间级差。

（2）与上一级定时限过电流保护（Ⅲ段）的配合。以图 3 - 4 中保护 2（下一级）反时限过电流保护与保护 1（上一级）定时限过电流保护间的配合为例加以说明。

保护 1 的Ⅲ段与保护 2 反时限过流的启动电流定值配合，应符合保护 1 的定值大于保护 2 的定值一定的可靠倍数，与式（3 - 5）类似。

其次，动作时限也要配合。图 3 - 4 中阶梯形曲线 1 为保护 1 的时限特性。设 k3 点为保护 1 第Ⅲ段电流保护保护范围末端，当在该点短路故障时，流过保护 2 反时限过电流保护的电流对应的动作时间，应小于保护 1 过电流保护的动作时间，配合级差 Δt_3 应不小于 0.5～0.7s。

（3）与下一级定时限过电流保护（Ⅲ段）的配合。以图 3 - 4 中保护 2（上一级）反时限过电流保护与保护 3（下一级）定时限过电流保护间的配合为例说明。

保护 2 的反时限过电流的启动电流与保护 3 的Ⅲ段定值配合，应符合保护 2 的定值大于保护 3 的定值一定的可靠倍数，与式（3 - 5）类似。

动作时限也要配合。保护 2 反时限过电流保护特性如 3 - 4 图中曲线 2，当保护 2 出口三相短路故障（图 3 - 4 中 k2 点），保护 2 与保护 3 通过相同最大短路电流时，保护 2 与保护 3 第Ⅲ段时间 t_3 的级差 Δt_2 应大于等于 0.5～0.7s。

当保护 3 的电流速断保护长期投入时，保护 2 与保护 3 配合点可选在保护 3 速断保护区末端（图 3 - 4 中 k1 点）。k1 点短路故障时，保护 3 与保护 2 通过最大短路电流时，Δt_1 应不小于 0.5～0.7s；同时，在常见运行方式下，k2 点短路故障时 Δt_2 不小于一个时间级差。

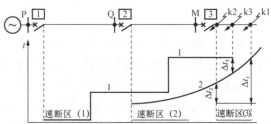

图 3 - 4　反时限过电流保护与定时限过电流保护间的配合说明

三、电压闭锁的方向电流保护

在双侧电源线路上，电流保护应增设方向元件以构成方向电流保护，增设方向元件后，只反映正向短路故障。对电流保护Ⅱ段，装设方向元件后，可不与反方向上的保护配合，有时可以提高灵敏度。同时，将低电压元件引入方向电流保护，可提高方向电流保护的工作可靠性，有时也可提高过电流保护的灵敏度，低电压闭锁元件的动作电压一般取 60%～70% 的额定电压。

1. 功率方向元件及动作区域

对于传统的相间短路功率方向继电器，采用的接线方式是 90°接线。同样，微机继电保护中方向元件判断方向所根据的电压、电流也被称为接线方式。为保证各种相间短路时方向元件能可靠灵敏动作，反应相间短路故障的方向元件也多采用 90°接线。微机继电保护中方向元件可以由控制字（软压板）选择正方向、反方向动作方式。以正方向来说明方向元件的原理。

90°接线功率方向元件所采用的接线方式见表 3-1。

表 3-1　　　　　　　　　　90°接线功率方向元件所采用的接线方式

接线方式	方向元件电流 $\dot{I}_k$	方向元件电压 $\dot{U}_k$
A 相功率方向元件	$\dot{I}_A$	$\dot{U}_{BC}$
B 相功率方向元件	$\dot{I}_B$	$\dot{U}_{CA}$
C 相功率方向元件	$\dot{I}_C$	$\dot{U}_{AB}$

在图 3-5（a）中，以 $\dot{U}_k$ 为参考相量，向超前方向（逆时针方向）作 $\dot{U}_k e^{j\alpha}$ 相量，再作垂直于 $\dot{U}_k e^{j\alpha}$ 相量的直线 ab，其阴影线侧即为 $\dot{I}_k$ 的动作区。因此功率方向元件的判据为

$$-90° < \arg \frac{\dot{I}_k}{\dot{U}_k e^{j\alpha}} < 90°（正向元件）\tag{3-6a}$$

$$90° < \arg \frac{\dot{I}_k}{\dot{U}_k e^{j\alpha}} < 270°（反向元件）\tag{3-6b}$$

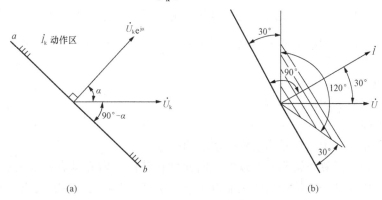

图 3-5　90°接线功率方向元件动作特征

(a) 动作原理示意图；(b) 动作范围（120°）

满足式（3-6a）时，$\dot{I}_k$ 处于动作区内，正方向功率方向元件动作，表示故障点在保护安装处正方向。满足式（3-6b）时，$\dot{I}_k$ 处于非动作区内，反方向功率方向元件动作，表示故障点在保护安装处背后。

仍称 α 为功率方向元件的内角（30°或45°），当 $\dot{I}_k$ 超前 $\dot{U}_k$ 的角度正好为 α 时，位于动作区域的中心，正向元件动作最灵敏，最灵敏角为 $-\alpha$。

一般微机继电保护装置采用动作区域为180°，如图3-5（b）所示动作区域为120°，灵敏角仍为 $-30°$，动作区域为 $-90°\sim30°$。需要注意的是，这个动作区域是针对相间故障的。对于两相式保护，由于B相电流由A、C两相电流合成，所以在通入A、C单相电流做动作区域检查时，所得到的动作区将会有偏移，当然，由于仅在Ⅲ段中计算B相电流，因此这个偏移动作区在Ⅲ段方向试验才会出现。

以A相方向元件为例，电流 $\dot{I}_r$ 取 $\dot{I}_A$，电压 $\dot{U}_r$ 取 $\dot{U}_{BC}$，方向元件的内角为 α。$\dot{A}$ 相量 $\dot{I}_A e^{-j\alpha}$ 和 $\dot{B}$ 相量 $\dot{U}_{BC}$ 相位的比较可以变为绝对值的比较，而

$$|\dot{A}+\dot{B}| \geqslant |\dot{A}-\dot{B}|$$

可见正方向短路时 $|\dot{A}+\dot{B}|$ 具有最大值，$|\dot{A}-\dot{B}|$ 具有最小值，方向元件的动作区如图3-6（a）所示。

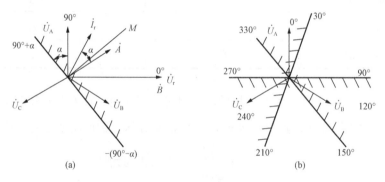

图3-6 方向元件相量图分析
（a）A相方向元件相量图；（b）三个方向元件理想动作范围

在微机继电保护中为了调试的方便，通常选用某相电压为基准相量，并约定按顺时针旋转为角度增加方向。例如选A相电压为基准相量，$\dot{U}_A$ 方向为0°，三相方向元件理想的动作范围如下［如图3-6（b）所示］：

A相动作范围为 $330°<\varphi_{rA}<150°$。
B相动作范围为 $270°>\varphi_{rB}>90°$。
C相动作范围为 $210°<\varphi_{rC}<30°$。
调试时在显示窗口上可显示出动作范围的角度数值。

实际上，用数字运算逻辑判断实现的方向元件在动作区内都具有相同的灵敏度。此外，在微机继电保护中实现一些特殊功能也显得十分方便。在方向元件判断为正方向后，置标志位DA为"1"，而在方向状态记忆后，可用软件方式控制其有效时间，例如3s后置标志位DA为"0"，其记忆作用就消失了。这样，对反方向的故障（若故障未能切除），装置就可

能动作，可以使保护具有反方向的后备保护功能。

2. 按相启动

因方向元件动作十分灵敏，在负载电流作用下就能动作，所以线路发生短路故障时，只有故障相的方向元件能正确判别故障方向，而非故障相方向元件受负载电流（中性点接地电网中非故障相中还有故障分量电流）的作用不能正确判别方向。为此，故障相电流元件应与该相方向元件串联（即相"与"）后启动该段时间元件，这就是按相启动。

3. 低电压闭锁的方向电流保护

与常规保护相同，微机电流保护也设计成三段式。三段均可选择带方向用于线路保护或不带方向用于馈线保护。为了提高过电流保护的灵敏度及提高整套保护动作的可靠性，线路电流保护可经低电压闭锁。这样看起来较复杂，在常规保护中通常很少这样配置，但对微机线路保护设置电压闭锁不需要增加任何硬件，完全采用软件来实现。

在微机继电保护中有两种定值，一种是开关型定值，一种是数值型定值。开关型定值常用定值控制字 KG 表示，KG＝1 表示保护投入；KG＝0 表示保护退出。

由于Ⅰ、Ⅱ、Ⅲ段电流保护的逻辑程序十分相似，下面以Ⅰ段电流保护的逻辑程序为例介绍。低电压闭锁的方向电流速断保护逻辑框图如图 3-7 所示。

其中，KW1、KW2、KW3 为 A、B、C 相的方向元件，KG1.1 为方向元件投入和退出的控制字；KA1、KA2、KA3 为 A、B、C 相的电流元件（Ⅰ段，当 B 相无电流互感器时，就是两相式接线）；KVU12、KVU23、KVU31 为 AB、BC、CA 相的低电压元件，KG1.2 为低电压元件投入和退出的控制字。Ⅱ段、Ⅲ段的逻辑框图与Ⅰ段完全相同。

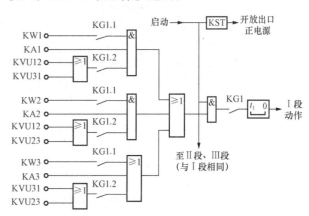

图 3-7 低电压闭锁的方向电流速断保护逻辑框图

在图 3-7 中，当控制字 KG1.1、KG1.2、KG1 均为"1"时（Ⅱ段、Ⅲ段相类似），就构成了带低电压闭锁的方向电流保护，其中低电压元件反映的是带有故障相的相间电压，即低电压元件在所在相（如 A 相）相关的低电压元件（KVU12，KVU31）任一个动作时，即解除闭锁。为防止在线路发生短路故障时，非故障相的方向元件误动作而导致方向电流保护误动，采用方向元件与电流元件相"与"，即采用按相启动加以避免。

在一般情况下，电压元件作闭锁元件，电流元件作测量元件。对Ⅰ段电流保护电压元件应保证线路末端故障有足够的灵敏度；对Ⅱ段电流保护电压元件应保证保护区末端短路故障时有足够的灵敏度；对Ⅲ段电流保护，电流元件应躲过最大负载电流，但是在考虑最大负载电流时，只需考虑正常情况下可能出现的严重情况（双回线之一断开、备用电源自投、环网解环、由调度方式部门提供的事故过负载等），可以不考虑负载自启动电流的影响。因此，带低电压闭锁的电流保护灵敏度可以提高。电压元件应躲过保护安装处的最低运行电压。

另外，在中性点直接接地电网中，第Ⅲ段电流元件的电流定值应躲过单相接地时非故障相故障分量电流与负载电流之和，以保证方向过电流保护正确判断故障方向。而在中性点不直接接地电网中，无需考虑这点。

可以看出，低电压闭锁元件引入方向电流保护，可提高方向电流保护的工作可靠性，有时也可提高过电流保护的灵敏度。低电压闭锁元件的动作电压一般取 $60\%\sim70\%$ 的额定电压即可。有些保护中还引入负序电压，负序电压动作值取 $4\%\sim8\%$ 的额定电压。

4. 低电压闭锁的方向电流保护逻辑实例

如图 3-8 所示为一个低电压闭锁的三段式方向电流保护逻辑实例，现介绍如下。

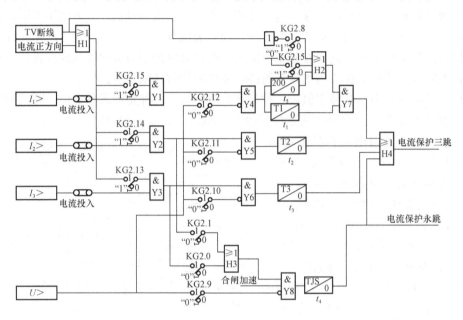

图 3-8　低电压闭锁的三段式方向电流保护逻辑实例

其中，KG2.15、KG2.14、KG2.13 为电流Ⅰ、Ⅱ、Ⅲ段经方向闭锁控制字，为"1"时投入方向元件；KG2.12、KG2.11、KG2.10 为电流Ⅰ、Ⅱ、Ⅲ段经低电压闭锁控制字，为"1"时投入低电压元件；KG2.1、KG2.0 为加速电流Ⅱ、Ⅲ段控制字，为"1"时投入后加速；KG2.9＝1时，电流加速段经低电压闭锁；KG2.8＝1时，PT 断线后Ⅰ段方向电流经 200ms 延时。因为当 PT 断线失电压后，过电流保护的方向元件将不能正常工作，过电流保护各段不再带方向（H1 为"1"将 Y1、Y2、Y3 开放）。因无压电压闭锁开放（将 Y4、Y5、Y6 开放），此时电流速断根据控制字（KG2.8＝1）选择，经 200ms 延时后（经 H2 开放 Y7），出口跳闸。

 ［电网的电流及方向保护知识点回顾］（数字化教学资源）

1. 电流速断保护（电流Ⅰ段）

为保证选择性，Ⅰ段保护不能保护线路的全长，动作值按躲过相邻线出口短路时流过保护的最大短路电流整定。即保护 2 的动作电流必须大于 B 母线最大短路电流，如图 3-9 所示。短路电流曲线①对应最大运方、三相短路情况，曲线②对应最小运方、两相短路情况。

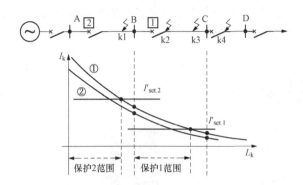

图 3-9　短路电流曲线及速断保护的整定　　　资源 3-1　电流曲线及
速断保护的整定

电流保护的保护范围是变化的，短路电流水平降低时保护区缩短，最大运方下三相短路动作区最大，最小运方两相短路保护动作区最小。Ⅰ段保护不带延时，但不能保护本线全长。降低动作电流可扩大继电保护范围，但保护范围的延长有可能失去选择性。

2. 限时电流速断保护（电流Ⅱ段）

Ⅱ段保护的作用是保护第Ⅰ段保护不到的部分，即第Ⅱ段保护必须保护线路的全长，保护范围必然会延伸到下级线路。因此，上级线路的第Ⅱ段保护就要考虑与下级线路的保护进行配合。

一般上级第Ⅱ段的保护范围不能超过下级第Ⅰ段的保护范围（M 点），如图 3-10 所示。为了保证选择性，第Ⅱ段保护时间要与下级的第Ⅰ段配合，必须带一定时限 Δt，Δt 为 $0.3 \sim 0.5 \mathrm{s}$，时间元件精度较高时 Δt 可取较小值。

限时电流速断保护的目的是保护线路全长，故应在最小运行方式下被保护线路末端发生两相短路时校验灵敏度，灵敏系数 $K_{\mathrm{sen}}^{\mathrm{II}} > 1.3 \sim 1.5$。

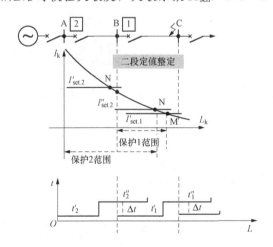

图 3-10　限时电流速断保护的整定配合　　　资源 3-2　限时电流速断
保护的整定配合

3. 过电流保护的动作（电流Ⅲ段）

第Ⅲ段保护是后备保护，特别是作为下级元件保护或断路器拒动时的远后备保护，因此，它的保护范围应该包括下级线路的全长。为了满足选择性，第Ⅲ段保护按阶梯形原则整定动作时间，如图 3-11 所示，一般带有较长的延时。一般动作电流较小，其保护范围大而灵敏度高。

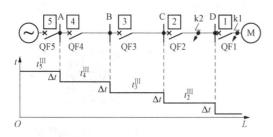

图 3-11 过电流保护的动作时限配合

资源 3-3 过电流保护的
动作时限配合

为保证被保护线路通过最大负荷时不误动作，动作电流按躲过最大负荷电流整定，同时考虑当区外短路故障被切除后出现的最大自启动电流时应可靠返回。由图 3-12 中的保护 4 说明，当故障发生在相邻 BC 线路 k1 点时，保护 2 和 4 同时启动，保护 2 动作切除故障后，变电站 B 母线电压恢复时，接于 B 母线上的处于制动状态的电动机 M 要自启动，此时流过保护 4 的电流即为自启动电流，保护 4 应能可靠返回。

过电流保护以最小运行方式下本线路末端 B 母线两相短路校验近后备灵敏度；同时以最小运行方式下相邻元件 C 及 D 母线末端两相短路校验远后备灵敏度（见图 3-12）。

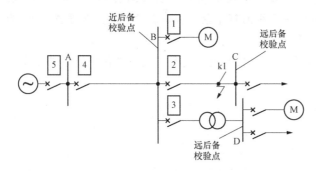

图 3-12 过电流保护的启动电流和灵敏度

资源 3-4 过电流保护的
启动电流和灵敏度

4. 三段式电流保护接线图及动作过程

以图 3-13 传统三段式电流保护接线图为例，说明继电保护及二次回路工程图的组成，应遵循先交流后直流，从上而下，从左到右的顺序，分析理解其工作过程。

5. 功率方向元件特性

通常相间短路的功率方向元件广泛采用"90°接线"，即对 A 相功率方向元件采用 A 相电流 $\dot{I}_A$ 和 BC 线电压 $\dot{U}_{BC}$ 比相位，如图 3-14 所示。以 $\dot{U}_{BC}$ 为参考相量，向超前方向作相量 $\dot{U}_r e^{j\alpha}$ 即为灵敏线（其中 α 为内角，可取 30° 或 45°），再作垂直于灵敏线 $\dot{U}_r e^{j\alpha}$ 的直线即为动作边界线，阴影范围为 A 相方向元件的动作区。

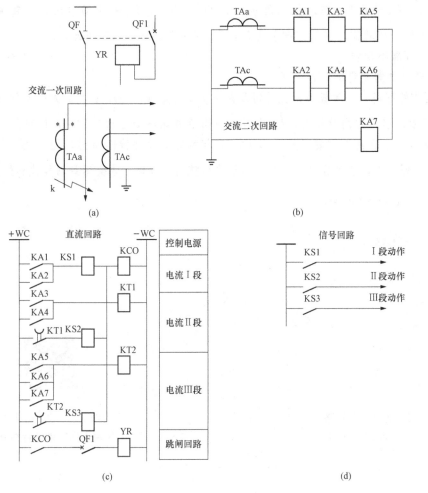

图 3-13　传统三段式电流保护接线图

（a）交流一次回路；（b）交流二次回路；（c）直流回路；（d）信号回路

资源 3-5　三段式电流
保护接线图及动作过程

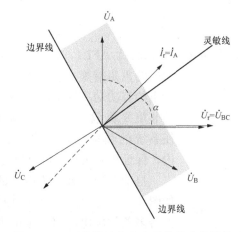

图 3-14　90°接线功率方向元件的动作特性

资源 3-6　90°接线功率方向
元件的动作特性

当正方向故障时，$\dot{I}_A$ 滞后 $\dot{U}_A$ 短路阻抗角 φ_k（约 $60°\sim70°$），$\dot{I}_A$ 处于动作区内且在灵敏线附近，正方向元件可靠动作。当反方向故障时，$\dot{I}_A$ 滞后 $\dot{U}_A$ 角度 $180°+\varphi_k$，$\dot{I}_A$ 处于非动作区内，方向元件可靠不动作。

6. 两相短路故障时方向元件的特性分析

当发生 B、C 两相短路时，一种极端情况是短路在保护安装处（近处），B 相的方向元件特性如图 3-15（a）所示。当正方向故障时，$\dot{I}_B$ 在灵敏线附近并始终处于动作区内，能可靠动作。另一种极端情况是短路远离保护安装处（远处），B 相的方向元件特性如图 3-15（b）所示，通常 $\dot{I}_B$ 也处于动作区内，能可靠动作。只有当线路阻抗角为 0°时，才会落到动作边界处。

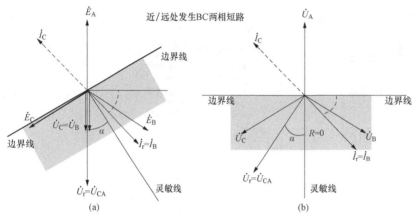

图 3-15　近/远处两相短路方向元件的特性分析
(a) 近处短路；(b) 远处短路

资源 3-7　近/远处两相短路方向元件的特性分析

第二节　低频减载及低压减载

一、自动低频减载的基本原理

1. 基本原理

低频减载又称自动按频率减负载，或称低周减载（简称为 AFL），是保证电力系统安全稳定的重要措施之一。当电力系统出现严重的有功功率缺额时，通过切除一定的非重要负载来减轻有功缺额的程度，使系统的频率保持在事故允许限额之内，保证重要负载的可靠供电。

自动低频减载（负载）的工作原理如图 3-16 所示。假定变电站馈电母线上有多条供配电线路，按电力用户的重要性分为 n 个级别和 m 个特殊级。基本级是不重要的负载，特殊级是较重要的

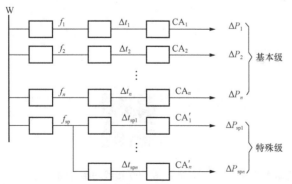

图 3-16　自动低频减载的工作原理

负载，每一级均装有自动按频率减负载装置，它由频率测量元件 f、延时元件 Δt 和执行元件 CA 三部分组成。

基本级的作用是根据系统频率下降的程度，依次切除不重要的负载，以便限制系统频率继续下降。例如，当系统频率降至 f_1 时，第一级频率测量元件启动，经延时 Δt_1 后执行元件 CA_1 动作，切除第一级负载 ΔP_1；当系统频率降至 f_2 时，第二级频率测量元件启动，经延时 Δt_2 后执行元件 CA_2 动作，切除第二级负载 ΔP_2。如果系统频率继续下降，则基本级的 n 级负载有可能全部被切除。

当基本级全部或部分动作后，若系统频率长时间停留在较低水平上，则特殊级的频率测量元件 f_{sp} 启动，经延时 Δt_{sp1} 后切除第一级负载 ΔP_{sp1}；若系统频率仍不能恢复到接近于 f_n，则将继续切除较重要的负载，直至特殊级的全部负载切除完。

目前，基本级第一级的整定频率一般为 48.5～49Hz，最后一级的整定频率一般为 47～47.5Hz，相邻两级的整定频率差取 0.2～0.3Hz。当某一地区电网内的全部自动按频率减负载装置均已动作时，系统频率应恢复到 49.5～49.8Hz 以上。

特殊级的动作频率可取 48.5～49Hz，动作时限可取 15～25s，时限级差取 5s 左右。

2. AFL 的实现方法及基本要求

采用传统的频率继电器构成的低频减负载装置，由于级差大、级数少，不能适应系统中出现的不的功率缺额的情况，不能有效地防止系统的频率下降并恢复频率，常造成频率的悬停和超调现象。随着微机继电保护在中低压电网的广泛应用，由微机继电保护同时实现低频减载功能已成为可能，而且非常方便。

一般来说，实现低频减负载的方法大体有以下两种。

(1) 采用专用的微机低频减载装置实现。这种低频减载装置将一个变电站全部馈电线路分为 1～8 级（也可根据用户需要设置低于 8 级）和特殊级，然后根据系统频率下降的情况去切除负载。

(2) 把低频减负载的控制分散在每回馈电线路的微机继电保护装置中实现。现在微机继电保护装置几乎都面向对象设置，每回线路配一套保护装置，在线路保护装置中，增加一个测频环节，便可以实现低频减负载的控制功能，对各回线路级次安排考虑的原则仍同上所述。只要将第 n 级动作的频率和延时定值事前在某回线路的保护装置中设置好，则该回线路便属于第 n 级切除的负载。这种控制方法容易实现，结构也简单，今后会越来越多地被采用。

对低频减载的基本要求如下：

(1) 能在各种运行方式和功率缺额的情况下，有效地防止系统频率下降至危险点以下。

(2) 切除的负载尽可能少，无超调和悬停现象。

(3) 应能保证解列后的各孤立子系统也不发生频率崩溃。

(4) 变电站的馈电线路故障或变压器跳闸造成失电压，负载反馈电压的频率衰减时，低频减负载装置应可靠闭锁。

(5) 电力系统发生低频振荡时，不应误动。

(6) 电力系统受谐波干扰时，不应误动。

以下对这些基本要求做详细说明。

(1) 按频率自动减负载装置动作后，系统频率应回升到恢复频率范围内。事故情况下，按频率自动减负载装置动作后使系统频率恢复到一定值是为了防止事故扩大。一般要求系统频率恢复值低于系统额定频率，剩下的恢复由运行人员完成。由于系统事故时功率缺额差异较大，考虑装置本身的误差，只要求系统频率值恢复到规定范围即可，我国电力系统规定恢复频率不低于 49.5Hz。

（2）要使按频率自动减负载装置充分发挥作用，应有足够的负载接于按频率自动减负载装置上。当系统出现最严重有功功率缺额时，按频率自动减负载装置配合负载调节效应能使系统频率恢复到恢复频率。

（3）按频率自动减负载装置应根据系统频率的下降程度切除负载。实际电力系统中每次出现的有功功率缺额不同，频率下降的程度也不同，为了提高供电可靠性，同时使按频率自动减负载装置动作后系统频率不超过希望值，按频率自动减负载采用分级切除、逐步逼近的方式。即当系统频率下降到一定值时，按频率自动减负载的相应级动作切除一定数量的负载，如果仍然不能阻止频率下降，则按频率自动减负载下一级动作再切除一定数量的负载，以此类推，直到频率不再下降为止。构成原理如图 3-16 所示。应当注意，在分级实现切负载时，首先切除不重要负载，必要时再切除部分较为重要的负载，当按频率自动减负载装置动作完毕后，系统频率必然恢复到希望值。

（4）按频率自动减负载装置各级动作频率确定应符合系统要求。按频率自动减负载装置的动作频率确定包括首级、末级动作频率、动作频率级差及动作级数的确定。

1）首级动作频率。从提高系统稳定性出发，按频率自动减负载装置首级动作频率 f_1 应确定高一些，但过高不能充分发挥旋转备用的作用，对用户供电可靠性不利。兼顾两方面因素，按频率自动减负载装置的首级动作频率一般不超过 49Hz。

2）末级动作频率。按频率自动减负载装置的末级动作频率由系统允许的最低频率下限来确定，大于核电厂冷却介质泵低频保护的整定值，并留有不小于 0.3~0.5Hz 的裕度，保证这些机组继续联网运行；同时为保证火电厂的继续安全运行，应限制频率低于 47.0Hz 的时间不超过 0.5s，以避免事故进一步恶化。

3）动作频率级差。设 f_i 和 f_{i+1} 分别是 i 级和 $i+1$ 级动作频率，则动作频率级差 $\Delta f = f_i - f_{i+1}$。

4）动作级数。由首级动作频率 f_1 和末级动作频率 f_n 以及动作频率级差 Δf 可以计算出按频率自动减负载装置的动作级数 N，$N = (f_i - f_n)/\Delta f + 1$，$N$ 取整数。

（5）按频率自动减负载装置各级的动作时间应符合要求。从按频率自动减负载装置的动作效果看，装置应尽量不带延时。但不带延时使按频率自动减负载装置在系统频率短时波动时可能误动作，一般要求按频率自动减负载装置动作可带 0.15~0.5s 延时。对于某些负载，按频率自动减负载装置的动作时间可稍长，前提是保证电力系统安全运行。

（6）按频率自动减负载装置应设置附加级。规程规定，按频率自动减负载装置动作后，应使系统稳定运行频率恢复到不低于恢复频率（49.5Hz）水平。但在按频率自动减负载装置分级动作过程中可能会出现以下情况：第 i 级动作切除负载后，系统频率稳定在恢复频率（49.5Hz）以下，但又不足以使得第 $i+1$ 级动作，这样会使系统频率长时间低于恢复频率以下运行，这是不允许的。为了消除这一现象，按频率自动减负载装置应设置较长延时的附加级，动作频率取恢复频率下限，当附加级动作后，应足以使系统频率回升到恢复频率范围内。由于附加级动作时，系统频率已比较稳定，其动作时限一般为 10~20s（约为系统频率变化时间常数的 2~3 倍），必要时，附加级也可以分成若干级，各级的动作频率相同，用延时区分各级的动作顺序。

3. 对自动低频减载闭锁方式的分析

目前实现低频减载常用的闭锁方式有时限闭锁、低电压带时限闭锁、低电流闭锁及滑差闭锁等。

(1) 时限闭锁方式。该闭锁方式是通过带 0.5s 延时出口的方式实现，曾主要用于由电磁式频率继电器或晶体管频率继电器构成的低频减载装置中。但当电源短时消失或重合闸过程中，如果负载中电动机比例较大，则由于电动机的反馈作用，母线电压衰减较慢，而电动机转速却降低较快，此时即使带有 0.5s 延时，也可能引起低频减载的误动；同时当基本级带 0.5s 延时后，对抑制频率下降很不利。目前这种闭锁方式一般不用于基本级，而用于整定时间较长的特殊级。

(2) 低电压带时限闭锁。该闭锁方式是利用电源断开后电压迅速下降来闭锁低频减载。由于电动机电压衰减较慢，因此必须带有一定的时限才能防止误动。特别是在受端接有小电厂或同步调相机以及容性负载比较大的降压变电站内时，很易产生误动。另外，采用低电压闭锁也不能有效地防止系统振荡过程中频率变化而引起的误动。

(3) 低电流闭锁方式。该闭锁方式是利用电源断开后电流减小的规律来闭锁低频减载。该方式的主要缺点是电流定值不易整定，某些情况下易出现拒动的情况，同时，当系统发生振荡时，也容易发生误动。目前这种方式一般只限于电源进线单一、负载变动不大的变电站。

(4) 滑差闭锁方式。滑差闭锁方式也称频率变化率闭锁方式。该方式利用从闭锁级频率下降至动作级频率的变化速度 ($\Delta f / \Delta t$) 是否超过某一数值来判断是系统功率缺额引起的频率下降还是电动机反馈作用引起的频率下降，从而决定是否进行闭锁。为躲过短路的影响，也需带有一定延时。目前这种闭锁方式在实际中被广泛应用。

二、低频减载逻辑

低频减载的逻辑框图如图 3-17 所示。由图可见，满足下列任一情况低频减载均要闭锁。

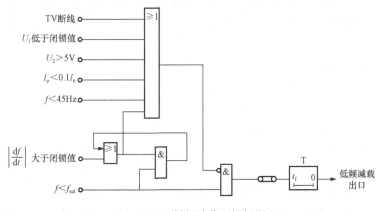

图 3-17 低频减载逻辑框图

(1) 电压互感器二次回路断线（断线时可能测不到真实系统频率）。

(2) 保护安装处的正序电压 U_1 低于闭锁值。

（3）保护安装处的负序电压 $U_2 > 5$V（说明是短路故障）。

（4）该线路三相电流均小于 0.1 倍额定电流（说明该线路负载较小，即使全部切除对系统频率回升也无多大作用）。

（5）系统频率低于 45Hz。

（6）频率滑差 $|df/dt|$ 大于闭锁值。频率滑差元件动作后进行自保持，直到频率恢复到低频减载整定频率以上后复归。

对低频减载的有关闭锁条件说明如下。

1）低频减载的滑差闭锁。频率滑差闭锁是检测系统频率下降速度大小而构成的一种闭锁方式，可提高低频减载工作的可靠性。当系统发生故障时，频率快速下降，滑差较大（频率变化率），此时闭锁低频减载。当系统有功不足，频率缓慢下降，滑差较小，此时开放低频减载。一般取 $|df/dt|$ 值大于 3Hz/s。

2）低频减载设置低电流闭锁。当负载电流小于欠流定值时，可以认为该线路处于"休眠状态"，此时闭锁低频减载。欠流定值按躲过最小负载电流整定。

3）低电压闭锁。在线路重合闸期间，负载与电源短时解列，负载中的感应电动机、同步电动机、调相机会产生较低频率的电压。因此，电源中断后，各母线电压（正序电压）逐渐衰减、频率逐渐衰减。由于频率降低，容易导致低频减载动作，将负载切去，而当自动重合闸动作或备用电源自动投入恢复供电时，这部分负载已被切去。低电压闭锁可防止这种低频减载的误动作。当供电中断时，频率下降到 f_{set} 时，时间元件 T 启动；在时间元件 T 动作前，各母线电压已降低到低电压闭锁值，时间元件立即返回，防止了误动。一般情况下，低电压元件（正序电压元件）的动作电压取 $0.65U_N \sim 0.7U_N$，时间元件 T 的延时取 0.5s。

应当指出，低电流闭锁（$I_\varphi < 0.1I_n$）也能起到防止上述误动的作用。但是，当母线上有多条供电线路时，可能会因反馈电流而使闭锁失效。

三、低压减载逻辑

有时电力系统会同时出现有功功率和无功功率缺额情况。无功功率缺额会带来电压的降低，从而导致总有功功率负载降低，这样系统频率可能降低很少或不降低。在这种情况下，借助低频减载来保证系统稳定运行是不够的，这时还需装设低压减负载装置，即低压减载。

低压减载逻辑框图如图 3-18 所示。满足下列任一情况时低压减载需闭锁：

（1）电压互感器二次回路断线。

（2）保护安装处负序电压 $U_2 > 5$V。

（3）该线路三相电流均小于 $0.1I_N$。

（4）任意一相的相电压小于 12V（20%）。

（5）电压变化率 $|df/dt|$ 大于闭锁电压变化率。

电压变化率元件动作后进行自保持，直到电压恢复到低压减载整定电压以上后复归。

低压减载设有滑压闭锁，用以区分系统电压下降的原因。当系统发生故障时，电压快速下降，滑压 dU/dt 较大，此时闭锁低压减载；当系统无功不足时，电压缓慢下降，dU/dt 较小，此时开放低压减载。

一般情况下，闭锁电压变化率（相电压）可取 20%～30%V/s。

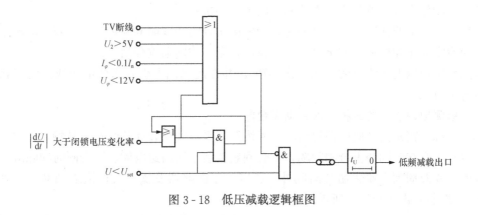

图 3-18　低压减载逻辑框图

第三节　输电线路三相自动重合闸

自动重合闸装置是将因故跳开后的断路器按需要自动再投入的一种自动装置（简称ARC）。电力系统运行经验表明，架空线路绝大多数的故障都是瞬时性的，而永久性故障一般不到10%。因此，在由继电保护动作切除短路故障之后，电弧将自动熄灭，绝大多数情况下短路处的绝缘可以自动恢复。因此，自动将断路器重合，不仅提高了供电的可靠性，减少了停电损失，而且还提高了电力系统的暂态稳定水平，增大了高压线路的送电容量。电力系统输电线路特别是架空线路最容易发生故障，为提高输电线路运行的可靠性，架空线路广泛采用自动重合闸装置。

但是当重合闸重合于永久性故障时，也有其不利的影响，主要表现在两个方面：

（1）使电力系统又一次受到故障冲击。

（2）使断路器的工作条件变得更加严重，因为断路器要在短时间内连续两次切断故障电流。

ARC 应满足下列基本要求：

（1）自动重合闸可按控制开关位置与断路器位置不对应的原理启动，对综合重合闸，宜实现由保护同时启动的方式。

（2）用控制开关或通过遥控装置将断路器断开，或将断路器投于故障线路上，而随即由保护将其断开时，自动重合闸装置均不应动作。

（3）在任何情况下（包括装置本身的元件损坏，以及继电器触点粘住或拒动），自动重合闸的动作次数应符合预先的规定（如一次重合闸只应动作一次）。

（4）自动重合闸动作后，应自动复归。

（5）自动重合闸应能在重合闸后，加速继电保护的动作。必要时，可在重合闸前加速其动作。

（6）自动重合闸应具有接收外来闭锁信号的功能。特别是当断路器处于不允许实现重合闸的不正常状态（如断路器未储能）时，或当系统频率降低到按频率自动减负载装置动作将断路器跳开时，能自动地将 ARC 闭锁。

自动重合闸装置的类型很多，根据不同特征，通常可分为如下几类：

（1）按作用于断路器的方式，可分为三相、单相和综合重合闸三种。

（2）按动作次数，可分为一次式和二次式（多次式）。

（3）按重合闸的使用条件，可分为单侧电源重合闸和双侧电源重合闸。双侧电源重合闸又可分为检定无压和检定同期重合闸、快速重合闸、非同期重合闸等。

这里介绍单侧电源线路的三相一次 ARC，并在此基础上引入双侧电源线路的三相一次自动重合闸方式。

一、单侧电源线路的三相一次自动重合闸

单侧电源线路是指单侧电源辐射状单回线路、平行线路和环状线路，其特点是仅由一个电源供电，不存在非同期重合闸问题，重合闸装置装于线路送电侧。重合闸时间除应大于故障点熄弧时间及周围介质去游离时间外，还应大于断路器及操作机构恢复到准备合闸状态（复归原状准备好再次动作）所需的时间。

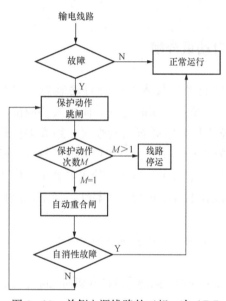

图 3-19　单侧电源线路的三相一次 ARC 工作流程图

在我国的电力系统中，单侧电源线路广泛采用三相一次重合闸方式。所谓三相一次重合闸方式是指不论在输电线路上发生相间短路还是单相接地短路，继电保护装置都应动作将线路三相断路器一起断开，然后重合闸装置动作，将三相断路器重新合上的重合闸方式。若故障为瞬时性，重合成功；若故障为永久性，则继电保护再次将三相断路器一起断开，不再重合。其工作流程如图 3-19 所示。

二、双电源线路的三相自动重合闸

在双电源线路上实现重合闸的特点是必须考虑线路跳闸后电力系统可能分裂成两个彼此独立的部分，有可能进入非同期运行状态，因此除应满足单电源线路的三相自动重合闸的基本条件外，还必须考虑时间配合和同期条件两个问题。所谓时间配合，是指线路两侧保护装置可能以不同时限断开两侧断路器。重合闸时间应考虑故障电弧的熄灭时间和足够的去游离时间，并留有一定时间裕度，通常取0.5～3.0s。所谓同期问题，是指线路断路器断开后，线路两侧电源电动势相位差将增大，有可能失去同期。这时，后合闸一侧的断路器重合闸时，应考虑线路两侧电源是否同期以及是否允许非同期合闸问题。一般情况下，双电源线路应采用检查线路无电压（简称"检无压"）和检查同期（简称"检同期"）的三相自动重合闸。显然，这种重合闸方式不会产生危及设备安全的冲击电流，也不会引起系统振荡，合闸后能很快拉入同期，其工作流程如图 3-20 所示。对于双电源供电的平行线路，可采用检查相邻线路有电流的三相自动重合闸。

如图 3-21 所示为双侧电源线路检无压和检同期的三相自动重合闸的原理示意图。这种重合闸方式通过在单侧电源线路的三相一次自动重合闸的基础上增加附加条件来实现的。即除在线路两侧均装设单侧电源线路三相一次重合闸 ARC 外，两侧还装设有检定线路无压的低电压元件（KV）和检定两侧电源同步的检同期元件（KSY）。正常运行时，两侧 KSY 均投入，而 KV 仅一侧投入，另一侧 KV 通过控制字断开。通过 KV 定期改换工作方式，可以使两侧断路器的工作条件接近，同时也可以选择其中对系统稳定性危害较少的一侧先合，以

减少重合不成功时对系统的冲击，防止重合不成功时对机组的损伤。

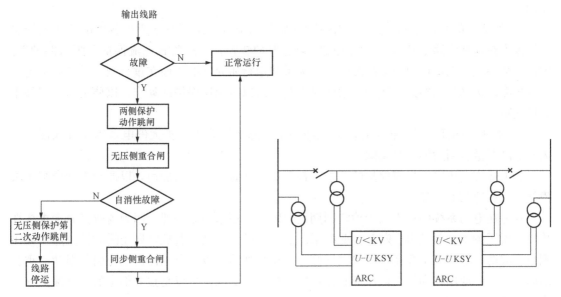

图 3-20　检定无压和检定同期三相一次
　　　　ARC 工作流程图

图 3-21　双侧电源线路检无压和检同期三相自
　　　　动重合闸原理示意图

　　当线路发生故障，两侧断路器跳闸以后，采用"检无压"重合的一侧的重合闸先动作，如果故障继续存在，则断路器再次跳闸，重合不成功。此时，由于线路采用"检同期"重合闸的一侧检不到电压，根本不会重合。如果重合成功，则采用"检同期"重合的一侧在检定同期之后断路器合闸，则线路恢复供电。

　　在采用"检无压"重合闸的一侧，当其断路器在正常运行情况下由于某种原因（如误碰跳闸机构，保护误动作等）而跳闸时，由于对侧并未动作，线路上有电压，因而不能实现重合，所以通常都是在"检无压"的一侧也同时投入"检同期"功能。

三、重合闸与继电保护的配合

　　为了能尽量利用重合闸所提供的条件加速切除故障，继电保护与自动重合闸装置必须适当配合，一般采用如下两种方案。

　　1. 重合闸前加速保护

　　重合闸前加速保护方式一般用于多级辐射型线路中。当线路上（包括相邻线路及以后的线路）发生故障时，靠近电源侧的保护首先无选择性地瞬时动作于跳闸，重合闸后，如为永久性故障，则按照保护的时限配合实行选择性跳闸。

　　这种先用速断保护无选择地将故障切除，然后再进行重合闸的方式，称为 ARC 前加速保护方式。它既能加速切除瞬时性故障，又能在 ARC 动作后有选择性地断开永久性故障。

　　ARC 前加速保护方式的优点是能快速切除瞬时性故障；其缺点是保护首次会无选择性，一旦断路器或 ARC 拒动，将使停电范围扩大，且配置有 ARC 功能的断路器动作次数较多。

　　ARC 前加速保护方式主要适用于 10kV 的直配线上，以便快速切除故障保证母线电压。在这些线路上一般只装设简单的电流保护。

　　2. 重合闸后加速保护

　　当线路发生故障后，保护有选择性地动作切除故障后，重合闸装置进行一次重合以恢复供电。若重合于永久性故障时，保护装置瞬时动作断开断路器，这种方式称为重合闸后加速。

"后加速"的配合方式广泛地应用于 35kV 及以上的网络及对重要负载供电的送电线路上。因为在这些线路上都装有性能比较完善的保护装置，如三段式电流保护、距离保护等。因此，第一次有选择性地切除故障时间均为系统运行所允许的，而在重合闸以后，如果是永久性故障，选择性已在第一次切除故障时满足，所以可加速保护的动作，以便更快地切除永久性故障。

"后加速"的优点是保护动作是有选择性地切除故障，不会扩大停电范围；且保证了永久性故障在重合闸后能瞬时切除。

为了适应高压电网加速保护的要求，在手动合闸时也启动后加速，以便于手动合闸于故障线路时加速切除故障。

目前在电力系统中，当采用检定同期重合闸时，不采用后加速。因为若故障属于永久性故障，无压侧重合后已再次断开，此时采用后加速已无意义。若故障属于瞬时性故障，无压侧重合成功，故障已不存在，故检同期侧不采用后加速，以免合闸冲击电流引起误动。重合闸后加速广泛应用在高压、低压成套保护中。被加速的保护可以是独立整定的电流保护（称为加速段）。

四、重合闸和加速保护逻辑

如图 3-22 所示为三相一次自动重合闸和保护加速逻辑框图。图中 I_{Ajs}、I_{Bjs}、I_{Cjs} 为加速段电流元件，I_A、I_B、I_C 为检测线路有无电流的元件，T1 为重合闸充电的时间元件，T2、T4 为手动合闸、自动重合加速保护的时间元件，T5 为重合闸动作的时间元件，KG4 为加速段保护投退控制字，KG5 为重合闸动作前保护加速控制字，KG6 为不检无压不检同期控制字，KG7 为检线路无压重合的控制字，KG8 为检同期重合的控制字，KG9 为二次重合的控制字。动作原理说明如下。

（1）断路器投入运行（QF 未跳闸）、保护未启动、在没有闭锁重合闸信号时，T1 时间元件开始充电，经 15s 充满电，为重合闸启动做好准备（为与门 Y1 动作准备条件）。

（2）保护动作或断路器跳闸，在三相确认无电流后（I_A、I_B、I_C 电流元件均不动作），与门 Y1 动作，重合闸即启动。

（3）若是不检无压不检同期重合闸，则 KG6 为"1"，T5 启动；若是检无压及检同期侧，则 KG7、KG8 为"1"（线路侧电压小于 $30\%U_N$，检为无压；线路侧电压大于 $70\%U_N$，检为有压），T5 启动；若是检同期侧，则 KG8 为"1"，T5 启动。T5 启动后，经 t_{ch} 时间，发出重合闸动作脉冲，命断路器重合。

（4）在 T5 时间元件动作发出重合脉冲瞬间，T4 输出 3s 宽的加速脉冲（KG5 断开时），对保护实现加速，这是重合闸动作后加速保护；当 KG5 为"1"时，T4 时间元件不会启动，此时只要 T1 充好电（即 T1 时间元件动作），与门 Y2 动作，对保护实现加速，这是重合闸动作前加速保护。

手动合闸时，通过 T2 时间元件动作，实现加速保护，加速保护的时间为 3s。

（5）A 为"1"时，T1 时间元件瞬时放电并禁止充电，重合闸被闭锁。遥控跳闸、手动跳闸、控制回路断线、外部闭锁、低频减载（低压减载）动作、弹簧未储能、过负载保护动作等均闭锁重合闸。

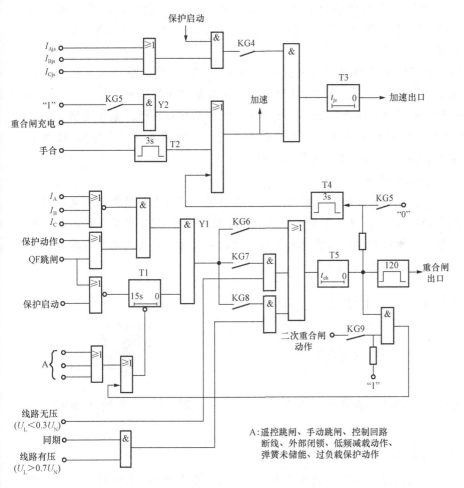

图 3-22　三相一次自动重合闸和保护加速逻辑框图

资源 3-8　单侧电源线路三相一次自动重合闸动作逻辑

资源 3-9　永久性故障保护二次跳闸闭锁重合闸

资源 3-10　故障保护后加速动作跳闸逻辑

资源 3-11　双侧电源重合闸动作逻辑

　　一次重合闸时（KG9 为"0"），重合闸在发出重合闸脉冲的同时，将 T1 时间元件瞬时放电，因要 15s 才能开放重合闸，所以即使重合于永久性故障，重合闸不会再次重合。如是二次重合闸，则第二次重合闸动作时才对 T1 时间元件放电。

 [自动重合闸知识点回顾]（数字化教学资源）

1. 三相一次自动重合闸

（1）单侧电源线路三相一次自动重合闸动作过程。如图 3-22 中间部分所示，正常运行"充电条件"为：QF 在合闸位及保护未启动，时间元件 T1 充电 15s 具备重合闸启动条件。重合闸启动：QF 跳闸及三相 I_A、I_B、I_C 均无电流，与门 Y_1 两个输入均满足输出"1"，经 KG6（投单电源重合闸）、或门启动 T5；t_5 延时到重合闸动作（合闸出口持续 120ms）；时间元件 T1 清零"放电"，QF 变为合闸，T1 重新开始充电。

（2）保护二次跳闸闭锁重合闸过程。若为永久性故障，保护再次启动，第二次跳开QF，由于从"合闸—保护动作—再跳闸"时间远小于T1充电时间15s，与门Y1第二条件不能满足，不会二次重合。

（3）永久性故障保护后加速动作跳闸逻辑过程。如图3-22上面部分所示，重合闸动作，经T4（持续3s），再经或门、与门及T3延时，重合闸后加速保护跳闸。

（4）双侧电源线路重合闸动作条件和过程。如图3-22下面部分所示，先合闸侧（无电压侧）：线路无电压和KG7（投检无电压）相与启动重合闸。后合闸侧（同期侧）：线路有电压且满足同期条件和KG8（投检同期）相与启动重合闸。

2. 重合闸后加速保护配合过程

由图3-23所示，k1点故障，过电流保护1、2、3会启动，根据选择性原则离故障点最近的保护3动作，跳开QF3切除故障；接着重合闸ARC3动作，将QF3重新合上；若为瞬时性故障重合成功全部负荷均恢复供电；若为永久性故障，保护3二次快速动作（后加速），二次跳开QF3，故障消失，只停C母线负荷。

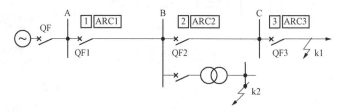

图3-23　保护与重合闸后加速配合　　　　　资源3-12　重合闸后加速
　　　　　　　　　　　　　　　　　　　　　　　　　　保护配合过程

3. 重合闸前加速保护配合过程

由图3-24所示，k1点故障，由电源侧保护1瞬时动作（前加速），跳开QF1（无选择性），故障电流消失；接着重合闸ARC1动作，QF1重新合上；若为瞬时性故障重合成功全部负荷均恢复供电；若为永久性故障，保护1、2、3均启动，保护3延时t_3先动作，断开QF3切除故障（有选择性），保护2、3返回，只停C母线负荷。

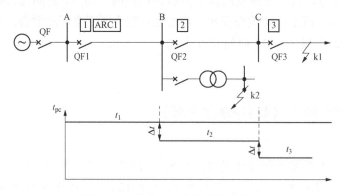

图3-24　保护与重合闸前加速配合　　　　　资源3-13　重合闸前加速
　　　　　　　　　　　　　　　　　　　　　　　　　　保护配合过程

第四节　备用电源自动投入

随着国民经济的迅猛发展、科学技术的不断提高及家用电器迅速走向千家万户，用户对供电质量和供电可靠性的要求日益提高，备用电源自动投入是保证配电系统连续可靠供电的重要措施。因此，备用电源自投已成为中低压系统变电站自动化的最基本功能之一。

备用电源自动投入装置（简称 AAT）是当工作电源因故障被断开以后，能自动、迅速地将备用电源或备用设备投入工作，使原来的工作电源、被断开的用户能迅速恢复供电的一种自动控制装置。采用 AAT 可提高供电可靠性、简化继电保护、限制短路电流并提高母线残压。

一、对 AAT 的基本要求

（1）工作电源确实断开后，备用电源才允许投入。如图 3 - 25 中，QF1 跳开后，QF2 才能合闸，以防备用电源投入到故障元件。

（2）AAT 只允许动作一次。当工作母线发生永久故障时，AAT 动作，因故障仍存在，继电保护加速动作将备用电源断开，不允许 AAT 再次动作，以免造成不必要的冲击。为此，AAT 在动作前应有足够的准备时间（类似于重合闸的充电时间），通常为 $10\sim15s$。

（3）AAT 的动作时间以尽可能短为原则，停电时间短对用户有利，但对电动机可能造成冲击。运行实践证明，在有高压大容量电动机的情况下，AAT 的时间以 $1\sim1.5s$ 为宜，低电压场合可减小到 $0.5s$。

（4）手动跳开工作电源时，AAT 不应动作。

（5）应有切换备用电源自动投入工作方式及闭锁备用电源自动投入的功能。

（6）备用电源不满足有压条件，备用电源自投装置不应动作。电力系统故障有可能使工作母线、备用母线同时失电，此时 AAT 不应动作，以免负载由于 AAT 动作而转移。特别是对一个备用电源对多段工作母线备用的情况，如此时 AAT 动作造成所有工作母线上的负载全部转移到备用电源上，易引起备用电源过负载。

（7）工作母线失电压时还必须检查工作电源无电流，才能启动 AAT，以防止 TV 二次三相断线造成误动。

此外，应校验 AAT 动作时备用电源过负载情况，如备用电源过负载超过限度或不能保证电动机自启动时，应在 AAT 动作时自动减负载；如果备用电源投到故障上，应使其保护加速动作；低压启动部分中电压互感器二次侧的熔断器熔断时，AAT 不应动作。

二、备用电源自投的方式

备用电源自投主要用于中、低压配电系统中。根据备用电源的不同，备自投主要有以下三种方式。

1. 低压母线分段断路器自动投入

低压母线分段断路器自动投入方案的主接线如图 3 - 25 所示。

由图 3 - 25 可看出，当 1 号主变压器、2 号主变压器同时运行，而 QF3 断开时，一次系统中 1 号和 2 号主变压器互为备用电源，此方案是"暗备用"接线方案。有两种运行方式。

（1）备用电源自动投入方式 1。当 1 号主变压器故障，保护跳开 QF1，或者 1 号主变压器高压侧失电压，均引起 I 段母线失电压，I_1 无电流，并且 II 段母线有电压，即跳开 QF1，合上 QF3。自动投入条件是 I 段母线失电压、I_1 无电流、II 段母线有压、QF1 确实已跳开。

检查 I_1 无电流是为了防止 TV1 二次侧三相断线引起的误投。

（2）备用电源自动投入方式 2。当发生与上述自动投入方式 1 相类似的原因，Ⅱ母线失电压，I_2 无电流，并且 I 段母线有电压时，即断开 QF2，合上 QF3。自动投入条件是Ⅱ段母线失电压、I_2 无电流、Ⅰ段母线有电压，QF2 确实已跳开。

2. 内桥断路器的自动投入

内桥断路器自动投入方案的主接线如图 3-26 所示。

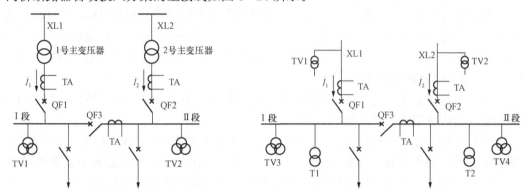

图 3-25　低压母线分段断路器自动投入方案的主接线　　图 3-26　内桥断路器自动投入方案的主接线

由图 3-26 可看出，如果两段母线分列运行，即桥断路器 QF3 在分位，而 QF1、QF2 在合位，XL1 进线带Ⅰ段母线运行，XL2 进线带Ⅱ段母线运行时，这时 XL1 和 XL2 互为备用电源，所以是暗备用接线方案。与低压母线分段断路器自动投入方案及其运行方式完全相同。其中方式 1 为跳 QF1 合 QF3；方式 2 为跳 QF2 合 QF3。

需要注意的是当主变压器故障时（会引起高压母线失电压），应闭锁内桥断路器自投。

当 XL1 进线带Ⅰ、Ⅱ段母线运行为方式 3，即 QF1、QF3 在合位，QF2 在分位时，XL2 为备用电源。XL2 进线带Ⅱ、Ⅰ段母线运行为方式 4，即 QF2、QF3 在合位，QF1 在分位时，XL1 是备用电源。显然这两种接线方案是"明备用"接线方案。明备用接线方案方式 3（方式 4）备用电源自动投入条件是：Ⅰ、Ⅱ母线失电压、I_1（或 I_2）无电流，XL2（或 XL1）线路有压、QF1（或 QF2）确实已跳开时合 QF2（或 QF1）。

3. 进线备用电源自动投入

进线备用电源自动投入方案一般在农网配电系统、小型化变电站或在厂用电系统中使用，一般为单母线接线（相当于单母分段 QF3 始终合闸），接线可参见图 3-26 所示。

该备用电源自动投入方案接线是"明备用"方案。XL1 和 XL2 中只有一个断路器在分位，另一个在合位，因此当母线失电压，备用线路有电压，并 I_1（I_2）无电流时，即可跳开 QF1（QF2），合上 QF2（QF1）。该备用方案的自动投入条件类似于内桥断路器的自动投入条件中备用方式 3 和方式 4 的自动投入方式条件。即母线失电压，线路 XL2 有电压，I_1 无电流，QF1 确实已跳开，合上 QF2。或者母线无压，I_2 无电流，线路 XL1 有电压，QF2 确实已跳开，合上 QF1。

三、备用电源自投控制的动作逻辑

根据以上分析，备用电源自动投入的动作逻辑分为两种情况，即两路电源互为备用（暗备用）和两路电源一个运行另一个备用（明备用）。

1. 采用暗备用时的动作逻辑

分段开关（或桥开关）暗备用 AAT 的充/放电及合闸、跳闸动作逻辑如图 3-27、图 3-28 所示。QF3 断开分列运行。

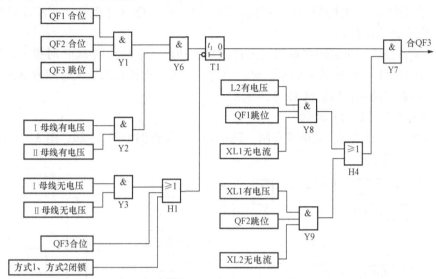

图 3-27 分段开关暗备用 AAT 的充/放电及合闸动作逻辑框图

（1）AAT 的充电与放电。对应图 3-26 所示备自投方式 1、方式 2 的 AAT 逻辑框图如图 3-27、图 3-28 所示。在图 3-27 中正常运行时，QF1、QF2 合位，QF3 跳位，母线 Ⅰ、Ⅱ 有电压，线路 XL1、XL2 有电流。Y1、Y2、Y6 均动作，T1 时间元件启动，经 10～15s 充电完成，为与门 Y7 动作准备了条件。

当母线 Ⅰ、Ⅱ 同时无电压，QF3 合上，方式 1 和方式 2 闭锁投入时，H1 动作，瞬时对 t_1 放电，闭锁 AAT 的动作。AAT 动作使 QF3 合闸后，瞬时对 t_1 放电，保证了 AAT 只动作一次。

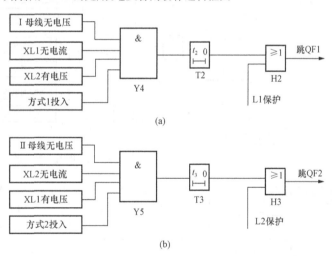

图 3-28 分段开关暗备用 AAT 的跳闸动作逻辑框图
(a) 跳 QF1 逻辑；(b) 跳 QF2 逻辑

（2）AAT 的动作过程。AAT 工作于方式 1 时，跳 QF1 的逻辑电路如图 3-28（a）所示。当 Ⅰ 母线无电压时，如 XL1 也无电流，而 XL2 有电压，且方式 1 投入，则 Y4 动作，经 T2 延时，经 H2 跳开 QF1，也有可能 QF1 由于 XL1 保护动作而已经跳开，如图 3-27 所示。

当 QF1 跳开后，XL1 线路无电流，确认 QF1 已跳开，此时 XL2 如有电压，则 Y8 门动作，经 Y7 合 QF3，如图 3-27 所示。由动作过程可以看出，QF1 跳开后，QF3 才能合上，XL2 线路无压时，AAT 也不会动作合 QF3。

AAT 工作于方式 2 时，跳 QF2 逻辑如图 3-28（b）所示，当 Ⅱ 母线无电压时，如 XL2

也无电流，而 XL1 有电压，且方式 2 投入，则 Y5 动作，经 T3 延时，经 H3 跳开 QF2，也有可能 QF2 由于 XL2 保护动作而已经跳开，如图 3-27 所示。

当 QF2 跳开后 XL2 线路无电流，确认 QF2 已跳开，此时 XL1 如有电压，则 Y9 门动作，经 Y7 合 QF3。由动作过程可以看出，QF2 跳开后，QF3 才能合上，XL1 线路无电压时，AAT 也不会动作合 QF3。

分段开关自投后加速保护在备用电源自动投入动作或手动合闸 3QF 时投入，后加速保护经 3s 后自动退出。在 3s 的后加速记忆时间内，如备用电源自动投入合闸遇到故障时，后加速保护立即瞬时动作，启动跳 QF3。

2. 采用明备用时的动作逻辑

明备用电源 AAT 的充/放电及合闸、跳闸动作逻辑框图如图 3-29、图 3-30 所示。

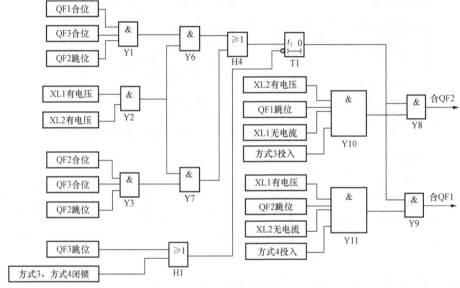

图 3-29　明备用电源 AAT 的充/放电及合闸动作逻辑框图

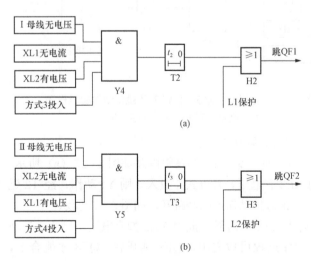

图 3-30　明备用电源 AAT 的跳闸动作逻辑框图
(a) 跳 QF1 逻辑；(b) 跳 QF2 逻辑

（1）AAT 的充电与放电。方式 3 和方式 4 都基于母联断路器 QF3 必须处于合闸状态。因此在母线 Ⅰ、Ⅱ 段均有电压的情况下，有如下情况之一即启动充电做好动作准备，如图 3-29 所示。

1）QF1 合位、QF2 跳位（即 XL1 工作，XL2 备用）。

2）QF2 合位、QF1 跳位（即 XL2 工作，XL1 备用）。

经 10～15s，充电完成。有如下情况之一即放电闭锁 AAT 动作，如图 3-29 所示。

1）当 QF3 跳位或方式 3、方式 4 闭锁时。

2）当 QF1 与 QF2 同时处于跳闸位置或合闸位置时。

3）XL1 或 XL2 无电压即备用电源无压时。

（2）AAT 的动作过程。以方式 3 为例，如图 3-30（a）所示，当Ⅰ母线无电压、XL1 无电流、XL2 有电压、方式 3 投入情况下，经 T2 跳 QF1。当 QF1 被跳开后，如 XL2 有电压，则经延时合上 QF2。

以方式 4 为例，如图 3-30（b）所示，当Ⅱ母线无电压、XL1 有电压、XL2 无电流、方式 4 投入情况下，经 T3 跳 QF2。如 QF2 被跳开后，XL1 有电压，则经过延时后合上 QF1。

四、变电站多分段母线的备用电源自投方式

在目前的大中城市供电系统中，为提高供电可靠性和运行灵活性多采用三主变多分段的接线方式，备用电源自投方式也有所不同，简单介绍如下。

1. 三主变（主变压器）三分段备自投方式

三主变三分段方式为三台主变压器，低压采用母线三分段，两个低压分段开关 QF4、QF5 正常运行时一般断开，如图 3-31 所示。设该接线正常运行方式为 QF1、QF2、QF3 合，QF4、QF5 断开，每台变压器带一段母线负载。备用电源自投动作如下：

母线Ⅰ失电压、母线Ⅱ有电压时，备用电源自动投入启动跳 QF1，合 QF4。

母线Ⅲ失电压、母线Ⅱ有电压时，备用电源自动投入启动跳 QF3，合 QF5。

母线Ⅱ失电压，母线Ⅰ或Ⅲ有电压时，备用电源自动投入启动跳 QF2，合 QF4 或 QF5（任选一种方式）。

注意，该方式当备用电源自动投入动作后一台变压器要带两段母线负载，要考虑变压器的过负载情况。在某些运行情况下，母线Ⅱ失电压时可能只允许向一侧切换。

2. 三主变四分段备自投方式

三主变四分段方式为三台主变压器，低压母线采用四分段，即将Ⅱ段母线分为两个半段Ⅱ1 和Ⅱ2，如图 3-32 所示。两个低压分段开关 QF4、QF5 正常运行时一般断开。设该接线正常运行方式为 QF1、QF21、QF22、QF3 合；QF4、QF5 断，每台变压器带一组母线负载。备用电源自动投入动作如下：

母线Ⅰ失电压、母线Ⅱ有电压时备用电源自动投入启动跳 QF1，合 QF4 同时联跳 QF22。

母线Ⅲ失电压、母线Ⅱ有电压时备用电源自动投入启动跳 QF3，合 QF5 同时联跳 QF21。

母线Ⅱ1 失电压，母线Ⅰ有电压时，备用电源自动投入启动跳 QF21，合 QF4。

母线Ⅱ2 失电压，母线Ⅲ有电压时，备用电源自动投入启动跳 QF22，合 QF5。

这样始终可以保证每台变压器最多只带一段半母线负载，负载分配合理。但备用电源自动投入动作会有联切负载的问题。

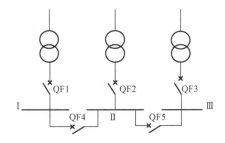

图 3-31　三主变三分段接线备自投方式图

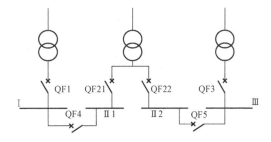

图 3-32　三主变四分段接线备自投方式图

3. 三主变六分段备自投方式

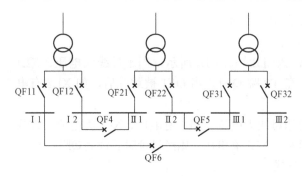

图3-33 三主变六分段接线备自投方式图

三主变六分段方式为三台主变压器，低压母线采用六分段，即将每段母线各分为两个半段，如图3-33所示。正常运行时三个低压分段开关QF4、QF5、QF6断开。设该接线正常运行方式为 QF11、QF12、QF21、QF22、QF31、QF32 合；QF4、QF5、QF6 断，每台变压器带一组母线负载。备用电源自动投入动作如下：

母线Ⅰ2失电压，母线Ⅱ1有电压时，备用电源自动投入启动跳 QF12，合 QF4；

母线Ⅲ1失电压，母线Ⅱ2有电压时，备用电源自动投入启动跳 QF31，合 QF5；

母线Ⅲ2失电压，母线Ⅰ1有电压时，备用电源自动投入启动跳 QF32，合 QF6；

母线Ⅰ1失电压，母线Ⅲ2有电压时，备用电源自动投入启动跳 QF11，合 QF6；

母线Ⅱ1失电压，母线Ⅰ2有电压时，备用电源自动投入启动跳 QF21，合 QF4；

母线Ⅱ2失电压，母线Ⅲ1有电压时，备用电源自动投入启动跳 QF22，合 QF5。

同样可以保证每台变压器最多只带一段半母线负载，负载分配合理。但备用电源自动投入动作不会联切负载。

第四章　高压输电线路微机继电保护原理

典型的高压输电线路成套微机继电保护装置由阶段式零序电流保护、阶段式相间距离和接地距离保护、三相自动重合闸组成。其中零序电流作为接地短路的后备保护，距离保护为主保护。以下分别介绍其原理及动作逻辑。

第一节　接地短路的零序电流保护

在中性点直接接地电网中，线路正常运行时系统对称，线路首端测得的零序电流约为零；当发生接地故障时，将出现很大的零序电流。我国110kV及以上电压等级的电网，中性点均直接接地。统计表明，中性点直接接地电网中接地故障占故障总数的80%以上。为保证系统的安全运行，中性点直接接地电网，广泛采用阶段式零序电流保护切除接地故障。阶段式零序电流保护的基本逻辑框图如图4-1所示。

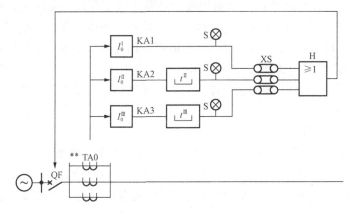

图4-1　阶段式零序电流保护的基本逻辑框图

TA0—零序电流滤过器；KA1、KA2、KA3—Ⅰ、Ⅱ、Ⅲ段零序电流测量元件

在中性点直接接地电网中，因零序电流保护简单可靠、灵敏度高、保护区较为稳定，所以在输电线路保护中获得了极为广泛的应用。零序电流可由电流互感器的零序滤过器获得，零序电压可由电压互感器开口三角获得。微机继电保护中也可以根据输入的三相电流、三相电压分别计算出零序电流、零序电压，称为自产零序。

一、阶段式零序电流保护

微机零序方向电流保护在许多基本原则上与常规的零序方向电流保护相一致。零序电流保护由多段组成，通常保护装置设有4段，并可根据运行需要而设置。单侧电源线路的零序电流保护一般为三段式，终端线路可以采用两段式；双侧电源复杂电网线路零序电流保护一般为四段式。

四段式零序电流保护中，全相时设置4个灵敏段，即Ⅰ段、Ⅱ段、Ⅲ段、Ⅳ段；非全相运行时可设置两个不灵敏段，即瞬时动作的不灵敏Ⅰ段和带延时的不灵敏Ⅱ段。

1. 零序电流灵敏Ⅰ、Ⅱ、Ⅲ段的整定原则

零序电流灵敏段是按如下原则配置的。

零序Ⅰ段：即躲过下一条线路出口处单相接地或两相接地短路时流过本保护的最大零序电流 $3I_{0.\max}$。

零序Ⅱ段：其启动电流首先考虑和下一条线路零序电流Ⅰ段相配合，并带有一个动作延时 Δt，以保证动作的选择性。

零序Ⅲ段：其启动电流原则上是按躲过下一条线路出口处相间短路时所出现的最大不平衡电流 $I_{\text{unb.}\max}$，同时还必须要求各保护之间在灵敏系数上要逐级配合，即本保护零序Ⅲ段不超过相邻线路零序Ⅲ段的保护范围。

上述三段式保护，当有分支时，还应计及分支系数。

2. 零序电流Ⅳ段

根据四统一设计的微机零序电流保护还设置有零序Ⅳ段。虽然三段式零序电流保护对于有的电力系统可以满足要求，但对于不同电压等级电网和各种重合闸方式的不同要求，这种单纯三段式零序电流保护很难满足要求；对于旁路断路器上的保护，由于它要代替的线路保护较多，为了运行方便，一般也要多设几段保护。为此在微机零序电流保护中设置了一个附加零序电流元件 I_{04} 和时间元件 t_{04}，该附加段就是零序电流Ⅳ段。实际上，零序Ⅳ段的保护区域已进了区外范围，其定值一般整定得较小。在后备保护以及保证本线路经较大的过渡电阻接地仍有足够灵敏度，非全相运行时零序电流可能超过其定值而引起保护动作，因此零序Ⅳ段时间元件的整定必须使保护躲过重合闸周期。由于零序Ⅳ段定值低，有足够高的灵敏度，在微机继电保护中常用该段整定值作为保护的零序辅助启动元件，它与相电流差突变量元件一起担负启动的功能。

3. 零序不灵敏Ⅰ、Ⅱ段

在220kV及以上电压等级的输电线路中，考虑到单相重合闸所造成的非全相运行状态，需设置零序电流保护不灵敏Ⅰ段和灵敏Ⅰ段（某些情况下也可能只设一个第Ⅰ段，而设不灵敏Ⅱ段和灵敏Ⅱ段）。灵敏Ⅰ段在单相重合闸过程中要退出运行，不灵敏Ⅰ段按躲过非全相振荡时出现的最大三倍零序电流整定，在故障及重合过程中都不退出。灵敏Ⅰ段在第一次故障时动作，在单相重合闸时，退出运行。在三相重合闸时，灵敏Ⅰ段动作要带短延时，以躲过重合闸时断路器三相触头不同期合闸的时间。

对于零序电流保护Ⅱ段，一般来说定值躲不过本线路非全相运行产生的零序电流，而Ⅱ段时限小于非全相运行时间，因此零序电流保护Ⅱ段在单相重合时应退出运行。设置零序不灵敏Ⅱ段是为了在单相重合闸周期内使其与相邻线路保护配合，以改善相邻线路后备段的整定配合条件。

零序电流Ⅲ段动作时间较长，一般长于重合闸周期，非全相运行时无需退出。另外，类似相间短路的电流保护，也可采用零序反时限电流保护。

二、零序方向电流保护

1. 零序方向元件

零序电流的计算、零序方向元件实现方法已在第二章第二节分析讨论过，因此本节仅说明零序方向电流保护的有关问题。

当保护方向上有中性点接地变压器时，无论被保护线路对侧有无电源，保护反方向发生接地故障，就有零序电流通过本保护，如图 4-2 所示。因此，当零序电流 I 段不能躲过反向接地流过本保护的最大零序电流，或零序过电流保护时限不配合时，应配置零序方向元件以保证保护的选择性。图 4-2 中 k 点接地短路时，零序方向元件 1、2 为正方向，3 为反方向。

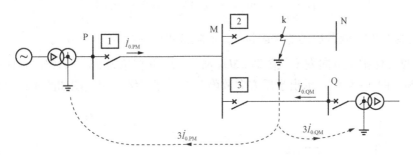

图 4-2 零序电流保护采用方向元件的说明

作为零序电流保护，动作概率较高，为提高动作可靠性，应使保护尽量简化。为此，凡不用零序方向元件控制就能获得零序电流保护选择性，则不应采用零序方向元件，除非采用零序方向元件后，保护的性能得到显著改善。一般情况下，起后备作用的最末一段（包括非全相运行线路"不灵敏 I 段"）不经方向元件控制，其他各段，根据实际选用的整定值，能保证选择性和一定灵敏度时，也不宜经方向元件控制。如图 4-2 所示，保护 3 的零序电流 I 段整定值，若能躲过 MN 线路出口接地短路故障流过保护 3 的最大零序电流，则保护 3 的零序电流 I 段可不必经方向元件控制。

2. 零序电压与零序电流的相位关系

保护安装处的零序电流以母线流向被保护线路为正向，正方向发生接地故障时的零序网络如图 4-3（a）所示。保护安装处的零序电压是零序电流在该处背后零序阻抗上电压降的负值，与故障点到保护安装处的阻抗无关。相量图如图 4-3（b）所示，$\dot{I}_{kA}$ 表示 A 相的短路电流，$\dot{E}_A$ 表示 A 相电动势，$\dot{U}_{kB}$、$\dot{U}_{kC}$ 分别表示 A 相接地故障时 B、C 两相的电压。

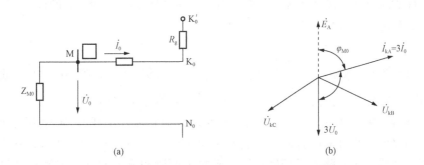

图 4-3 正方向接地故障时的零序网络及零序电压、电流相位关系
（a）零序网络图；（b）零序电压、电流相位

零序电流是由故障点的零序电压产生的。零序电流的大小取决于接地的中性点数目及电流通路中的零序阻抗值。零序电流的实际方向是由线路指向母线，即实际方向与规定正方向

相反。当被保护线路上发生接地故障时，零序功率的方向是由线路经保护安装处流向母线的。

其中 Z_{M0} 为保护 2 安装处背后的零序阻抗。由图 4 - 3（a）可得

$$3\dot{U}_0 = -3\dot{I}_0 Z_{M0} \qquad (4-1)$$

$$\arg\frac{3\dot{U}_0}{3\dot{I}_0} = \arg(-Z_{M0}) = (180° - \varphi_{M0}) \qquad (4-2)$$

式中：φ_{M0} 为保护安装处背后的零序阻抗 Z_{M0} 的阻抗角，一般为 70°~85°。

由式可见，保护正方向发生故障时，$3\dot{U}_0$ 滞后 $3\dot{I}_0$ 的相角为 95°~110°；而且不受过渡电阻 R_g 的影响。图 4 - 4（a）示出了反方向故障时的零序网络，相量图如图 4 - 4（b）所示。

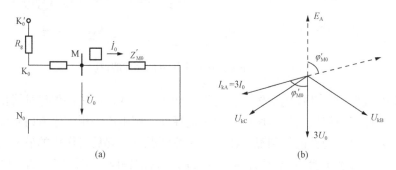

图 4 - 4　反方向接地故障时的零序网络及电压、电流相位关系
(a) 零序网络图；(b) 零序电压、电流相位

其中 Z'_{M0} 为保护 3 安装处正方向的等值零序阻抗。由图可得

$$3\dot{U}_0 = 3\dot{I}_0 Z'_{M0} \qquad (4-3)$$

$$\arg\frac{3\dot{U}_0}{3\dot{I}_0} = \arg Z'_{M0} = \varphi'_{M0} \qquad (4-4)$$

式中：φ'_{M0} 为 Z'_{M0} 的阻抗角，一般为 70°~85°。

可见，保护反方向上接地故障时，$3\dot{U}_0$ 超前 $3\dot{I}_0$ 的相角为 70°~80°。同样 $3\dot{U}_0$ 与 $3\dot{I}_0$ 的相位关系不受过渡电阻 R_g 的影响。

3. 关于零序方向元件的工作

零序方向元件十分灵敏，$3\dot{U}_0$ 电压应躲过不平衡电压的影响，否则不能保证判别接地故障方向的正确性。为此，零序方向元件只有在 $3\dot{U}_0$ 达一定值时才投入工作，一般取值为 2~3V。

电压互感器二次回路断线时（零序方向元件取用自产零序电压），零序方向元件工作的正确性得不到保证，此时零序方向元件自动退出工作，零序方向电流保护变为零序电流保护。在电压互感器二次回路断线期间，可自动投入两段相电流元件（定值与时限可分别设定），以加大切除短路故障的可靠性（此时距离保护已被闭锁）。

三、零序电流保护中的后加速

由于零序电流保护反应的是接地故障，不反应相间短路故障，因此不论零序电压取用母线侧电压互感器还是线路侧电压互感器，当三相合闸（自动重合和手动合）于出口接地故障

时，零序方向元件可灵敏动作而没有死区，所以零序电流加速段经零序方向元件控制。零序电流加速段独立设置，定值和延时可独立整定。当然，本线末端接地故障时，加速段的灵敏度应满足要求；与零序电流速断相同，为躲过断路器三相触头不同时接通产生的零序电流，加速段的时限取100ms或200ms。

此外，为防止合闸于空载变压器时励磁涌流引起零序后加速误动，零序加速段可以由控制字选择是否需要投入二次谐波闭锁，二次谐波的制动比选为18%。

四、零序方向电流保护动作逻辑

阶段式零序方向电流保护动作逻辑如图4-5所示，说明如下。

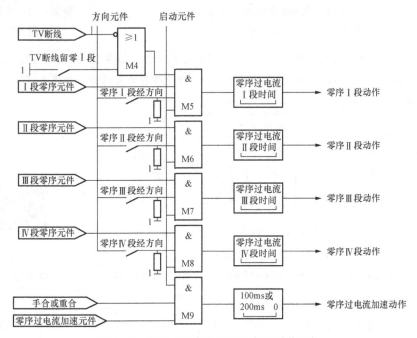

图4-5 阶段式零序方向电流保护动作逻辑

零序保护由自产零序和外接零序共同启动，开放与门M5、M6、M7、M8、M9。零序方向元件经对应控制字由与门M5、M6、M7、M8构成Ⅰ、Ⅱ、Ⅲ、Ⅳ零序方向保护。TV断线时自动退出零序方向元件，可通过控制字在TV断线时将零序Ⅰ段保留。手动及重合闸合闸时通过与门M9使零序加速段以100ms或200ms后加速跳闸。

 [电网接地故障的零序保护知识点回顾]（数字化教学资源）

在我国110kV及以上高压系统采用中性点直接接地方式，称为大电流接地系统，可采用有效的零序电流保护。110kV及以下配电系统通常采用中性点不直接接地方式，称为小电流接地系统，接地故障判别具有特殊性。

1. 零序电流、电压的获取

零序电流可由三相电流互感器二次的中性线获取，如图4-6（a）所示；对于三相电缆可以采用零序电流互感器获取，如图4-6（b）所示。

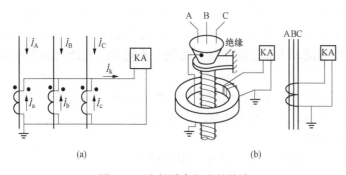

图 4-6　取得零序电流的接线

（a）零序电流滤过器；（b）零序电流互感器

资源 4-1　取得零序
电流的接线

零序电压取自三相电压互感器开口三角形连接的二次绕组，如图 4-7（a）所示；三相五柱式电压互感器的开口三角形绕组，如图 4-7（b）所示；发电机中性点互感器，如图 4-7（c）所示。

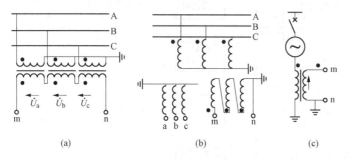

图 4-7　取得零序电压的接线

（a）三相电压互感器；（b）三相五柱式电压互感器；（c）发电机中性点互感器

资源 4-2　取得零序
电压的接线

2. 中性点不同接地方式的故障特征

对中性点直接接地系统，发生单相接地故障时，非故障相电压基本不变，接地相电压变为零并有大的短路电流流过，可以类似于相间短路的三段式电流保护采用阶段式的零序电流接地故障保护。零序电压大小等于相电压，零序方向元件的灵敏角为 $-(180°-\varphi_{k0})$，如图 4-8 所示。

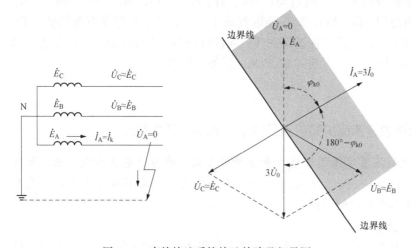

图 4-8　直接接地系统接地故障及相量图

资源 4-3　直接接地系统
接地故障及相量图

对中性点不直接接地系统，发生单相接地故障时，接地故障相电压变为零，非故障相电压升高为线电压，零序电压等于三倍相电压。接地相并无短路电流，仅有较小的对地电容电流，如图4-9，无法采用灵敏的过电流保护。

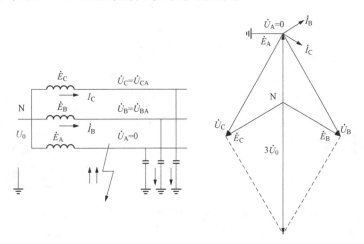

图4-9　非直接接地系统接地故障及相量图　　　　资源4-4　非直接接地系统
　　　　　　　　　　　　　　　　　　　　　　　　接地故障及相量图

3. 中性点不接地系统接地故障特征及保护原理

中性点不接地系统发生单相接地故障时，电容电流的路径如图4-10所示。非故障线路零序电流为本线路非接地相电容电流之和，方向由母线流向线路；故障线路零序电流为其余线路非接地相电容电流之和，方向由线路流向母线；接地点电流为全部线路非接地相电容电流之和。理论上可以利用零序电容电流大小和方向的不同来判别故障线路实现保护，但保护性能很不理想。

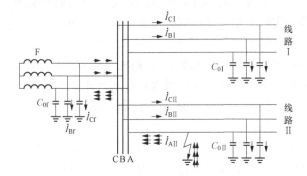

图4-10　不接地系统单相接地时对地电容　　　　资源4-5　不接地系统单相接地时
　　　　　　电流分布和相量图　　　　　　　　　　　对地电容电流分布和相量图

4. 中性点经消弧线圈接地系统接地故障特征及保护原理

为利于灭弧采用消弧线圈接地（通常用过补偿）以减少接地点电流。当发生单相接地故障时，电容电流的路径如图4-11（a）所示，电压电流相量图如图4-11（b）所示。过补偿后接地点电流会小于规定值（消弧）且由容性变为感性；过补偿后故障线路零序电流数值减小且方向也会变为由母线流向线路，与非故障线路相同。理论上已无法利用零序电容电流的大小和方向区分故障线路，需要考虑其他的保护判据。

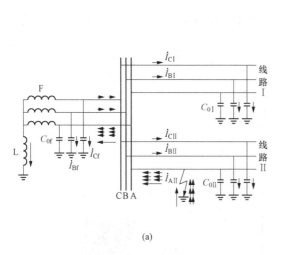

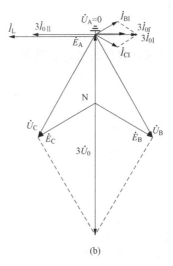

图 4-11　经消弧线圈接地系统单相接地时的电流变化和相量图
(a) 电容电流回路；(b) 电压电流相量

资源 4-6　经消弧
线圈接地系统单相
接地时的电流变化

第二节　距　离　保　护

一、阶段式距离保护的组成

1. 距离保护的工作原理

距离保护是从根本上解决电力系统运行方式对继电保护中故障点定位与判别影响的一种方法。由于目前短路距离的测量很困难，实际上都是通过间接反映短路距离的量来实现距离保护。通常距离保护即是通过短路阻抗的测量来实现距离测量的保护。

用阻抗测量代替距离测量实现的距离保护实际上应称为阻抗保护。所以严格来说，现在继电保护中所谓的距离保护实际上是阻抗保护，为了保证这种保护能实现正确的故障判断和测量，它拥有继电保护最复杂的结构和逻辑设计，其根本原因就是因为用阻抗测量代替了距离测量。以下分析的距离保护实际上是阻抗保护。

以阻抗测量构成的距离保护在原理上与电流保护完全相同，只不过用阻抗测量代替电流测量，仍旧是通过电气量的定量测量确定故障性质及故障位置的保护。同电流保护一样，距离保护也由三段构成。通过测量阻抗实现的距离保护原理图如图 4-12 所示。

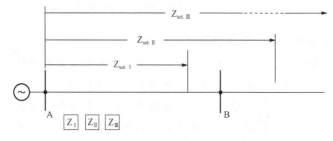

图 4-12　通过测量阻抗实现的距离保护原理图

（1）距离保护 I 段。相当于电流速断保护，它是依靠动作阻抗定值 $Z_{set.\,I}$ 取得动作选择性，因而动作无时限。为了防止区外故障时失去选择性，故 $Z_{set.\,I}$ 应取被保护线路全长阻抗的一部分（80%～85%）。

距离保护工作原理与电流速断保护不同，因线路全长阻抗由线路长度决定，是一个基本不变的数值，不随系统运行方式而变，故距离保护Ⅰ段的保护区比电流速断保护长得多，一般可达线路全长的80%~85%，并且不受系统运行方式影响。

（2）距离保护Ⅱ段。相当于延时电流速断保护，它与下段线路瞬时保护配合，如下段线路也采用距离保护，则其整定阻抗 $Z_{set.Ⅱ}$ 不超过下段线路距离Ⅰ段的保护范围。

当距离保护Ⅱ段同下段线路速断保护配合时，应带有时限 Δt（0.3~0.5s）。以阻抗测量构成的距离保护的保护原理同电流保护没有多大的不同，但在保护性能上要好得多。第一，它瞬时动作保护区可稳定地包括被保护线路长度的80%~85%；第二，延时速断保护性质的距离Ⅱ段使线路全长均可得到可靠保护，而且具有较高的灵敏性。

（3）距离保护Ⅲ段。距离保护Ⅲ段相当于电流保护中的过电流保护，它是依靠时限取得动作选择性的，其阻抗整定值 $Z_{set.Ⅲ}$ 按躲过最小负载阻抗整定。距离保护Ⅲ段的动作时限由阶梯原则全电网配合决定。

距离保护Ⅲ段除构成被保护线路可靠的后备保护作用外，还可以构成相邻线路的远后备保护。另外，阻抗是一个复数量，不仅能从阻抗值的大小判别故障，而且能从相位（方向），即阻抗角来区分。由于负载阻抗角较小而短路阻抗角较大（60°~90°），故距离保护Ⅲ段能取得较高的灵敏性。

综上所述，按阻抗测量原理构成的距离保护与电流保护相比，保护性能要优越得多。但是不管是用什么原理构成的距离保护，都有一个最大的缺点，不能构成被保护线路全长的快速主保护，因为距离保护也是反应线路一侧电量的保护。

2. 距离保护的组成

距离保护受系统运行方式影响小，因此在高压、超高压电网中广泛采用。微机距离保护一般由启动部分、测量部分（包括方向测量和距离测量）、振荡闭锁部分、电压回路断线失电压闭锁部分、选相部分、逻辑部分等构成。

三段式距离保护组成逻辑如图4-13所示。其中各主要元件的作用如下。

（1）电压二次回路断线闭锁元件。当电压二次回路断线时，测量电压 $U_m = 0$，测量阻抗 $Z_m = 0$，保护会误动作。为防止电压二次回路线断线时保护的误动作，当出现电压二次回路断线时将阻抗保护闭锁，见图4-13中的1。

（2）启动元件。当系统发生短路故障时，立即启动保护装置，开放距离保护Ⅰ、Ⅱ、Ⅲ段。再由测量元件判别故障点位置，见图4-13中的2。

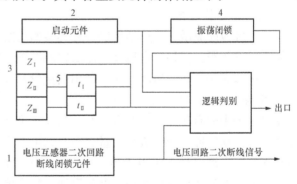

图4-13 三段式距离保护组成逻辑框图

（3）Ⅰ、Ⅱ、Ⅲ段测量元件。$Z_Ⅰ$、$Z_Ⅱ$、$Z_Ⅲ$ 用来测量故障点到保护安装处阻抗的大小（距离的长短），判别故障是否发生在保护范围内以决定保护是否动作，见图4-13中的3。

（4）振荡闭锁元件。振荡闭锁元件是用来防止当电力系统发生振荡时距离保护误动作的。在正常运行或系统发生振荡时，振荡闭锁装置将保护闭锁；而当系统发生短路故障时，解除闭锁开放保护。为防止短路引起的振荡造成距离保护误动，短时（0.15～0.2s）开放距离保护Ⅰ、Ⅱ段，见图 4-13 中的 4。

（5）时间元件。根据保护间配合的需要，为满足选择性而设的必要的延时，见图 4-13 中的 5。

正常运行时，启动元件，Z_I、Z_{II}、Z_{III} 均不动作，距离保护可靠不动作。当被保护线路发生故障时，启动元件启动、振荡闭锁元件开放，Z_I、Z_{II}、Z_{III} 测量故障点到保护安装处的阻抗。在保护范围内故障，保护出口跳闸。

阻抗的变化包括幅值的变化和相角的变化，阻抗表示在复平面上为矢量，不同方向的矢量是不能比较大小的；所以阻抗保护不能简单仿照电流保护的动作特性，只要通过电流元件的电流大于动作电流 I_{op} 就动作。阻抗元件要测量阻抗幅值的变化和相位的变化，其动作特性为复平面上的"几何面积"（称为动作区），当测量阻抗 Z_m 落入动作区时动作，当测量阻抗 Z_m 落在动作区外时不动作。以下详细介绍各组成部分。

二、距离保护启动

1. 启动元件的作用

（1）启动故障测量程序。正常运行时，保护装置运行于正常运行程序，启动元件一动作，表示系统发生了故障，由正常运行程序转入故障测量程序，由测量元件判别故障在保护区内还是在保护区外。

（2）闭锁作用。启动元件动作后才给上保护装置出口继电器正电源，正常情况下保护装置发生异常情况时是不会误动作的，此时启动元件起到闭锁作用，提高了装置工作可靠性。需要指出，保护装置的启动元件，从数据采集到出口是独立的，以提高整套保护装置工作的可靠性。

（3）兼起振荡闭锁作用。当系统发生振荡时启动元件不动作，因此启动元件起到了振荡闭锁作用。

2. 对启动元件的要求

启动元件应能灵敏、快速地反应各种类型的短路故障，故障切除后应尽快返回，不反应系统振荡。作为距离保护，电压互感器二次回路断线失电压时阻抗测量元件要发生误动作，为防止保护装置误动作，启动元件应采用电流量而不应采用电压量。

3. 距离保护中启动元件的构成

距离保护中的启动元件主要由两部分构成：第一部分是带有浮动门槛的相电流差突变量启动或带有浮动门槛的相电流突变量启动，见第二章第二节的相关内容；第二部分是零序电流启动和负序电流启动。应当指出，在中性点不接地或经消弧线圈接地电网中的距离保护中，上述第二部分启动元件改用过电流启动、负序电流启动。

三、距离保护中的阻抗测量元件

数字式距离保护中阻抗及故障方向的测量由方向阻抗元件来实现，方向阻抗元件有两种类型：动作方程判别式方向阻抗元件和测量阻抗（R，X）式方向阻抗元件。在动作方程判别式方向阻抗元件中，阻抗测量和故障方向测量由同一判别方程实现。不测量出故障点到保护安装处的线路阻抗具体值，只判别故障点在保护区内还是在保护区外；测量阻抗式方向阻抗元件中，测量出故障点到保护安装处的线路阻抗具体值，当故障在保护正方向上、测量出的阻抗值在设定范围内时，测量式方向阻抗元件就处于动作状态。

在中性点直接接地电网中，设有相间距离保护和接地距离保护，在中性点不直接接地电网中，不设接地距离保护。有时相间距离保护也改用三段式电流保护代替。

（一）测量式方向阻抗元件

作为反应短路故障的数字式方向阻抗元件，要解决的主要问题是：一是要克服故障点过渡电阻的影响，使保护区稳定；二是在正向出口三相短路故障时应可靠动作，反向出口三相短路故障时应可靠不动作，即正、反向出口三相短路故障时应有明确的方向性，保护区内部接地短路故障时允许有较大的过渡电阻。

常规模拟式保护阻抗元件通常以圆特性为基础，并直接按动作方程完成判别功能。圆特性的阻抗元件在整定值较小时，动作特性圆也比较小，区内经过渡电阻短路时，测量阻抗容易落在区外，导致测量元件拒动作；而当整定值较大时，动作特性圆也较大，负载阻抗有可能落在圆内，从而导致测量元件误动作。具有多边形特性的阻抗元件可以克服这些缺点，能够同时兼顾耐受过渡电阻的能力和躲负载的能力，而微机距离保护中最常用的为四边形和六边形特性。

利用微机的强记忆功能和快速计算能力，根据第二章所述的傅氏算法算出电压、电流的实部、虚部，并由此计算出阻抗的实部、虚部；或 R-L 模型算法直接由采样值计算出阻抗的实部 R、虚部 X 值，计算所得的结果就是测量阻抗。由此判定故障点是否处于阻抗元件的动作区内。

当阻抗元件用于反应相间短路故障时，通常采用相电压差和相电流差的接线方式。其测量阻抗 Z_m 可表示为

$$Z_m = \frac{\dot{U}_{\varphi\varphi}}{\dot{I}_{\varphi\varphi}} \tag{4-5}$$

式中：$\dot{U}_{\varphi\varphi}$ 为保护安装处的相电压差，$\varphi\varphi =$ AB、BC、CA；$\dot{I}_{\varphi\varphi}$ 为保护安装处流向被保护线路的相电流差，$\varphi\varphi =$ AB、BC、CA。

当阻抗元件用于反应接地短路故障时，通常采用相电压和带有零序电流补偿的相电流，其测量阻抗 Z_m 可表示为

$$Z_m = \frac{\dot{U}_{\varphi}}{\dot{I}_{\varphi} + \dot{K}3\dot{I}_0} \tag{4-6}$$

式中：$\dot{U}_{\varphi}$ 为保护安装处相电压，$\varphi =$ A、B、C；$\dot{I}_{\varphi}$ 为保护安装处流向被保护线路的相电流，$\varphi =$ A、B、C；$3\dot{I}_0$ 为保护安装处流向被保护线路的零序电流（三倍）；$\dot{K}$ 为零序电流补偿系数。

1. 四边形阻抗元件

四边形阻抗元件是最简单的构成方法。该测量式方向阻抗元件由偏移特性阻抗元件、电抗元件、方向元件构成，如图 4-14 所示。

（1）偏移特性阻抗元件。其特性如图中 ABCD 内区域所示，其判据为

$$\left. \begin{array}{l} X'_{set} \leqslant X_m \leqslant X_{set} \\ R'_{set} \leqslant R_m \leqslant R_{set} + X_m \cot\varphi_{set} \end{array} \right\} \tag{4-7}$$

式中：R_m、X_m 为测量电阻、电抗；X_{set}、X'_{set} 为整定电抗值；R_{set}、R'_{set} 为整定电阻值；φ_{set}

为整定的阻抗角。

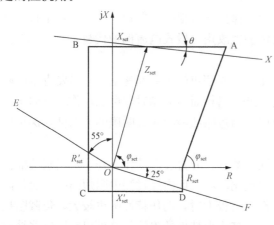

图 4-14　四边形方向阻抗元件　　　　资源 4-7　多边形特性阻抗元件

显而易见，正、反向出口相间短路（包括三相短路）时，$X_\mathrm{m} \approx 0$、$R_\mathrm{m} \approx 0$，动作判据满足，偏移特性阻抗元件处于动作状态。

（2）方向元件。由 EOF 折线构成方向元件，其特性如图 4-14 中 EOF 折线右上方内区域所示，用于反映相间短路故障的方向元件判据为

$$-25° \leqslant \arg \frac{\dot{U}_{\varphi\varphi1}}{\dot{I}_{\varphi\varphi}} \leqslant 145° \tag{4-8}$$

式中：$\dot{U}_{\varphi\varphi1}$ 为保护安装处相间电压的正序分量，$\varphi\varphi = \mathrm{AB}、\mathrm{BC}、\mathrm{CA}$；$\dot{I}_{\varphi\varphi}$ 为保护安装处流向被保护线路的相电流差，$\varphi\varphi = \mathrm{AB}、\mathrm{BC}、\mathrm{CA}$。

正、反向出口两相短路故障时，因正序电压较高，所以方向元件有明确的方向性；为保证正、反向出口三相短路故障方向元件仍有明确的方向性，当三相电压均很低时（表明保护安装处附近发生三相短路故障），式中的电压采用故障前的电压（记忆）并将动作方向固定，从而消除了三相短路（保护出口处）时方向元件的死区。

（3）电抗元件。其特性如图中 X 斜线所示，直线下方是动作区。动作方程可表示为

$$-90° \leqslant \arg \frac{\dot{U}_{\mathrm{op}.\varphi\varphi}}{\dot{U}_{\mathrm{pol}}} \leqslant 90° \tag{4-9}$$

式中：$\dot{U}_{\mathrm{op}.\varphi\varphi}$ 为工作电压，$\dot{U}_{\mathrm{pol}}$ 为极化电压，阻抗判据为

$$180° - \theta \leqslant \arg(Z_\mathrm{m} - Z_\mathrm{set}) \leqslant 360° - \theta \tag{4-10}$$

式中：Z_set 为整定阻抗；θ 为下倾角度。

电抗特性为过 Z_set 端点下斜角为 θ 的一条直线。当采样点 $N = 20$ 时，取 $\theta = 9°$。特性的下倾可克服短路故障处过渡电阻引起的保护区的超越。

（4）接地故障的测量式方向阻抗元件。对反应接地短路故障的测量式方向阻抗元件，公式中的 R_m、X_m 在测量时采用的是保护安装处的相电压和流向被保护线路带零序电流补偿的电流，见式（4-6）。方向元件也改用保护安装处相电压的正序分量和保护安装处带零序电流补偿的电流实现，即

$$-25° \leqslant \arg \frac{\dot{U}_{\varphi1}}{\dot{I}_\varphi + \dot{K}3\dot{I}_0} \leqslant 145° \tag{4-11}$$

式中：$\dot{U}_{\varphi1}$ 为保护安装处相电压的正序分量，$\varphi =$ A、B、C；其他参数见式（4-6）。

保护安装处正、反向出口不对称短路故障时，因正序相电压较高，所以方向元件有明确的方向性。同样，三相电压均很低时，采用故障前的电压，消除了三相短路（保护出口处）时方向元件的死区。

考虑到接地故障有较大的过渡电阻，图 4-14 中的电抗元件也改用零序电抗元件来克服过渡电阻对保护区的影响。采用 $\dot{I}_0$ 与 $\dot{U}_{op.\varphi}$ 比相构成零序电抗元件时，动作方程为

$$-90° \leqslant \arg \frac{\dot{U}_{op.\varphi}}{\dot{U}_{pol}} \leqslant 90° \tag{4-12}$$

类似于式（4-10），有

$$180° + \beta \leqslant \arg(Z_m - Z_{set}) \leqslant 360° + \beta \tag{4-13}$$

式中：Z_{set} 为整定阻抗；β 为倾角，可取正或负值。

式（4-13）表示 Z_m 动作特性是过 Z_{set} 端点，与 R 轴的倾角为 β 的一条直线，当保护装于送电侧时特性下倾，当保护装于受电侧时特性上翘。一般 β 角比 θ 略大，更能有效克服过渡电阻引起的保护区的超越。

（5）三段测量式阻抗元件动作特性。如图 4-15 所示为三段测量式阻抗元件的动作特性。四边形 $A_I B_I CD$、方向元件 EOF、电抗元件 X_I 构成 I 段动作特性，整定阻抗为 $Z_{set.I}$；四边形 $A_{II} B_{II} CD$、方向元件 EOF、电抗元件 X_{II} 构成 II 段动作特性，整定阻抗为 $Z_{set.II}$；四边形 $A_{III} B_{III} CD$、方向元件 EOF 构成 III 段动作特性，当 III 段不带方向时，仅是 $A_{III} B_{III} CD$ 四边形构成 III 段动作特性，整定阻抗为 $Z_{set.III}$。因 III 段阻抗特性较大，不需采用电抗元件来克服过渡电阻对保护区的影响。设定不同的 R_{set} 值，可使保护区内短路故障时允许有不同的过渡电阻。

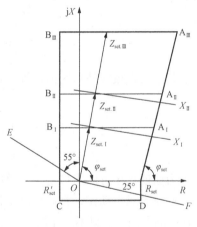

图 4-15 三段测量式阻抗元件的动作特性

三段式接地阻抗元件的动作特性将图 4-15 中 X_I、X_{II} 的电抗元件变为零序电抗元件即可。

PSL 系列微机继电保护装置阻抗测量采用上述四边形阻抗元件。

2. 多边形阻抗元件

WXB 系列微机距离保护采用方向多边形阻抗元件的动作特性，如图 4-16 所示。图 4-16（a）为方向阻抗特性，图 4-16（b）为偏移阻抗特性。

判断测量阻抗是否落在动作区内的判据不能像常规模拟型距离保护用一个简单的动作方程式来判别，其原因是动作特性不是一个规则形状。为此将图 4-16（a）的动作特性划分为三个区域，分别为 A、B、C 区。其中动作特性在第二象限的部分为 A 区，动作特性在第一象限的部分为 B 区，动作特性在第四象限的部分为 C 区。

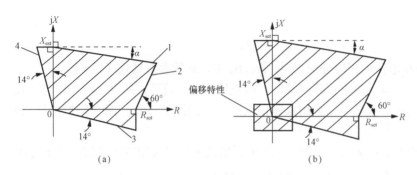

图 4-16　多边形阻抗元件动作特性

（a）方向阻抗特性；（b）偏移阻抗特性

资源 4-7　多边形特性
阻抗元件

设测量阻抗 Z_m 的实部为 R_m，虚部为 X_m，测量阻抗在第 Ⅱ 象限动作区的判别式可以表示为

$$\left.\begin{array}{l} X_m \leqslant X_{set} \\ R_m \geqslant -X_m \tan 14° = -\dfrac{1}{4} X_m \end{array}\right\} \qquad (4-14)$$

测量阻抗落于第 Ⅰ 象限动作区的特性可以表示为

$$\left.\begin{array}{l} R_m \leqslant (R_{set} + X_m \cot 60°) = R_{set} + \dfrac{1}{\sqrt{3}} X_m \\ X_m \leqslant (X_{set} - R_m \tan \alpha) = X_{set} - \dfrac{1}{8} R_m \end{array}\right\} \qquad (4-15)$$

落于第 Ⅳ 象限动作区的特性可以表示为

$$R_m \leqslant R_{set}$$

$$X_m \geqslant -R_m \tan 14° = -\dfrac{1}{4} R_m \qquad (4-16)$$

式（4-14）、式（4-15）、式（4-16）可以方便地在数字式保护中实现。

为保证在正方向出口发生短路时，阻抗元件可靠动作，而在反方向出口发生短路时，阻抗元件应可靠不动作，在微机继电保护中采用与常规保护类似的方法，采用记忆方法判断出口短路的方向性。只不过在微机继电保护中，不用物理元件（R、C）实现记忆，而是用数据存储器中的数据实现记忆。在软件中，首先用故障前（相当于记忆电压）的电压与故障电流进行方向比较，以判断故障在正方向还是反方向，当判断为反方向后，则程序转入振荡闭锁部分；当判断为正方向故障时，则进一步判断是否为正方向出口故障，其方法是在图 4-16（a）方向阻抗特性的基础上，叠加一个包含坐标原点在内的矩形小区域，以判别出口故障，如图 4-16（b）所示。

偏移矩形区域的大小由 X_p 和 R_p 决定。

X_p 的取值原则：当 $X_{set} > 1Ω$ 时，取 $X_p = 0.5Ω$；当 $X_{set} < 1Ω$ 时，取 $X_p = 0.5 X_{set}$。

R_p 的取值原则：取 $8X_p$ 与 $0.125 R_{set}$ 中的较小者。其中，X_{set} 按各段的整定原则整定，R_{set} 按躲过输电线路的最小负载阻抗的电阻分量整定。

针对图 4-16 的距离保护动作特性设计的判别流程图如图 4-17 所示。

CSL 系列微机继电保护装置阻抗测量采用上述多边形阻抗元件。

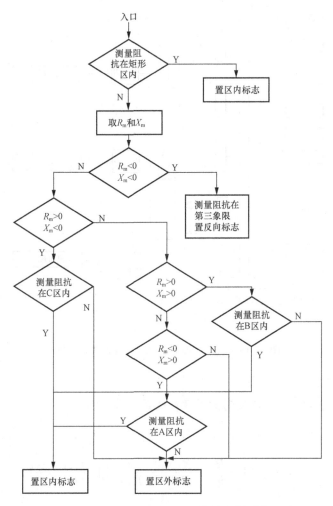

图 4-17 具有偏移的多边形阻抗特性判别流程图

3. 测量式距离保护动作逻辑

相间距离保护与接地距离保护的动作逻辑十分相似，如图 4-18 所示为测量式接地距离保护动作逻辑框图。图中，$1KI_\varphi$、$2KI_\varphi$、$3KI_\varphi$ 为 Ⅰ 段、Ⅱ 段、Ⅲ 段的偏移特性阻抗元件；X_{0I}、X_{0II} 为 Ⅰ 段、Ⅱ 段的零序电抗元件；KWZ 为 Ⅰ 段、Ⅱ 段、Ⅲ 段的方向元件；S_φ 为选相元件；SWI1、SWI2 为 Ⅰ 段、Ⅱ 段的振荡闭锁开放元件；t_1、t_2、t_3 构成了 Ⅰ 段、Ⅱ 段、Ⅲ 段的动作时限。

为便于故障相的阻抗测量，设置了选相元件。Ⅰ 段、Ⅱ 段的动作时限较短，为避免振荡时发生误动作，有振荡闭锁控制开放，而Ⅲ段动作时限可躲过振荡周期，不设振荡闭锁控制开放。

为防止发生转换性故障时Ⅱ段的零序电抗元件返回，所以Ⅱ段方向阻抗元件动作后对 S_φ、X_{0II} 的动作进行固定。在距离Ⅲ段中，对 S_φ、KWZ 的动作进行固定，防止了系统振荡和故障同时发生时，方向元件的周期性返回引起的保护拒动；此外，通过控制字可使Ⅲ段引入偏移特性。

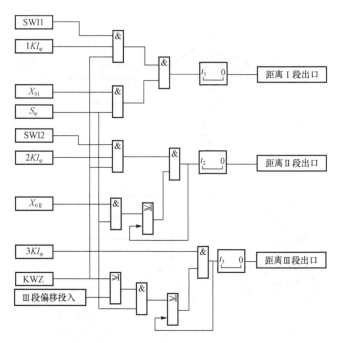

图 4 - 18　测量式接地距离保持动作逻辑框图

4. 距离保护的零序补偿系数

在进行接地阻抗测量时，必须考虑零序补偿系数 $\dot{K}$，则

$$\dot{K} = \frac{1}{3} \times \frac{Z_0 - Z_1}{Z_1}$$

$$= \frac{1}{3} \times \frac{\left(1 - \dfrac{R_1}{R_0} + \dfrac{X_0 X_1}{R_0 R_1} - \dfrac{X_1^2}{R_0 R_1}\right) + \mathrm{j}\left(\dfrac{X_0}{R_0} - \dfrac{X_1}{R_1}\right)}{\dfrac{R_1}{R_0} + \dfrac{X_1^2}{R_0 R_1}} \quad (4-17)$$

式中：R_1、R_0 分别为正序、零序电阻；X_1、X_0 分别为正序、零序电抗；Z_1、Z_0 分别为正序、零序阻抗。

当近似认为零序阻抗角等于正序阻抗角时，即 $X_0/R_0 = X_1/R_1$，此时 $\dot{K}$ 成为一个实数，可表示为 K，其虚部 $\mathrm{Im}(\dot{K}) = 0$。继电保护的零序补偿系数定值一般仅为一个实数，即 $\mathrm{Re}(\dot{K})$，而不考虑 $X_0/R_0 \neq X_1/R_1$ 的情况。

因此，零序补偿系数可表示为

$$\dot{K} = \frac{1}{3} \times \frac{R_0 R_1 - R_1^2 + X_0 X_1 - X_1^2}{R_1^2 + X_1^2} \quad (4-18)$$

零序补偿系数应根据保护装置零序补偿系数的不同表达方式，进行对应的设置，有如下几种情况。

（1）定值清单中的零序补偿系数为阻抗形式且是实数。选择以"K_L"的表达方式，幅值为 K，角度为 $0°$，直接以阻抗幅值来表述零序补偿系数。如 RCS 系列保护。

$$K = \frac{1}{3} \times \frac{Z_0 - Z_1}{Z_1} \quad (4-19)$$

（2）定值清单中的零序补偿系数分为"K_R"和"K_X"。即以电阻及电抗形式来表述零序补偿系数。如 CSL、PSL、WXB 系列保护。

$$K_R = \frac{1}{3} \times \frac{R_0 - R_1}{R_1} \tag{4 - 20a}$$

$$K_X = \frac{1}{3} \times \frac{X_0 - X_1}{X_1} \tag{4 - 20b}$$

注意：这里 K_R、K_X 并不能代表零序补偿系数 K 的实部及虚部，由 K_R、K_X 到 K 的换算为

$$K = \frac{K_R R_1^2 + K_X X_1^2}{R_1^2 + X_1^2} \tag{4 - 21}$$

（3）定值清单中提供的是零序电抗值、电阻值和正序电抗值、电阻值，可根据（2）的情况计算补偿系数，或定值清单中提供的是 Z_0/Z_1，可根据（1）的情况计算补偿系数。国外的一些保护采用这种形式。

（二）动作方程判别式方向阻抗元件

动作方程判别式方向阻抗元件可单独构成阶段式距离保护。为了消除出口短路时的动作死区和保证动作的选择性，方向阻抗元件一般都有带极化电压的记忆回路，此电压有记忆故障以前的电压的功能。为分析动作方程判别式阻抗元件，首先介绍工作电压和极化电压的概念。

1. 工作电压和极化电压

（1）工作电压的概念。绝大多数阻抗元件是按照故障点的电压边界条件建立其动作判据的。当在保护区末端故障时，动作判据应处于临界状态。为了反映此状态，在阻抗元件中要形成或计算出保护区末端的电压，一般称为工作电压。工作电压又称为补偿电压，通常用 $\dot{U}_{op}$ 表示，定义为保护安装处测量电压 $\dot{U}_m$ 与测量电流 $\dot{I}_m$ 的线性组合，即其计算式为

$$\dot{U}_{op} = \dot{U}_m - \dot{I}_m Z_{set} \tag{4 - 22}$$

式中：Z_{set} 为整定阻抗，它对应图 4 - 19（a）中从母线 M 到整定点 z 的线路阻抗。

按照图 4 - 19（a）所示的参考方向，在系统正常运行时，式中的工作电压 $\dot{U}_{op}$ 就是线路上整定点 z 点的运行电压，它在量值上接近额定电压，相位上基本与测量电压 $\dot{U}_m$ 同相位。

与分析测量式阻抗元件相同，这里，对于相间距离 $\dot{U}_m$ 取相间电压，$\dot{I}_m$ 取相电流之差；对于接地距离 $\dot{U}_m$ 取相对地电压，$\dot{I}_m$ 取带零序电流补偿的相电流。

实际上该工作电压，不仅在正常情况下，而且在振荡、正向区外故障（包括经过渡电阻短路）、反方向故障以及两相运行状态下都等于线路上 z 点的电压。唯有在保护区内发生故障时，工作电压不再有电路上的具体含义，仅是一个计算量。这是因为在母线和保护区末端之间出现了故障支路的缘故。

假设系统各元件阻抗角相等，故障相在沿线路各点发生直接短路时，系统各点的电压相位相同。在不同地点短路时，故障相系统的工作电压分布如图 4 - 19 所示。图中对接地故障，$\dot{U}_m$ 为故障相母线对地电压；对相间故障，$\dot{U}_m$ 为故障相间电压。

如图 4 - 19（b）所示为正向区外 k2 点短路时的电压分布，显然，$\dot{U}_\mathrm{m}$ 为母线 M 处的残余电压，而 $\dot{U}_\mathrm{op}$ 是整定点 z 点的残余电压，两者相位相同。

如图 4 - 19（c）所示为反方向 k3 点短路时的电压分布，$\dot{U}_\mathrm{m}$、$\dot{U}_\mathrm{op}$ 分别为 N 侧电源电流在 M、z 处的残余电压，这时 $\dot{U}_\mathrm{op}$ 也与 $\dot{U}_\mathrm{m}$ 相位相同。

如图 4 - 19（d）所示为正向区内 k1 点短路时的电压分布，从图中可以看出 $\dot{U}_\mathrm{m}$ 为 M 侧电源电流在 M 处的残余电压；$\dot{U}_\mathrm{op}=\dot{I}_\mathrm{m}(Z_{k1}-Z_\mathrm{set})=-\dot{I}_\mathrm{m}(Z_\mathrm{set}-Z_{k1})$，系统中没有任何一点的实际电压与其对应，可以看作是 $\dot{U}_\mathrm{m}$ 与 0V 之间连线的延长线在 z 点的值。此时，$\dot{U}_\mathrm{op}$ 与 $\dot{U}_\mathrm{m}$ 相位相反。

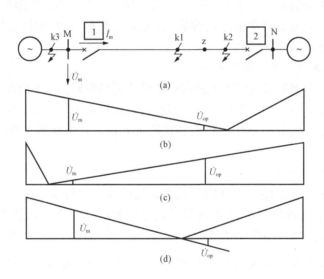

图 4 - 19　不同地点短路时故障相系统的工作电压分布
（a）网络接线；（b）正向区外 k2 点短路时电压分布；（c）反向 k3 点
短路时电压分布；（d）正向区内 k1 点短路时电压分布

从相位关系看，在区外故障时，$\dot{U}_\mathrm{op}$ 的相位不变，而在区内故障时，改变了 180°。绝大多数距离保护阻抗元件都是反应 $\dot{U}_\mathrm{op}$ 的相位变化。为了测量一个交流量的相位，必须以另一个交流量的相位作为参考，即参考量（或极化量）。

以 $\dot{U}_\mathrm{m}$ 作为参考相量，根据不同故障情况下 $\dot{U}_\mathrm{op}$ 相对 $\dot{U}_\mathrm{m}$ 相位的差异，就可以区分出故障点所在的区段。即 $\dot{U}_\mathrm{op}$ 与 $\dot{U}_\mathrm{m}$ 反相位时判断为区内故障，$\dot{U}_\mathrm{op}$ 与 $\dot{U}_\mathrm{m}$ 同相位时判断为区外故障。

$\dot{U}_\mathrm{m}$ 的作用是作为判断 $\dot{U}_\mathrm{op}$ 相位的参考，所以称为参考电压或极化电压。当故障发生在靠近保护安装处时，测量电压 $\dot{U}_\mathrm{m}$ 很小或为零，无法比相。这样，保护将拒绝动作，这种靠近保护安装处故障引起保护拒动的区域称作死区。因此，直接用 $\dot{U}_\mathrm{m}$ 作为比相的参考电压时无法保证出口短路时的选择性，为克服这一缺点，应选择相位不随故障位置变化、在出口短路时不为 0 的电压量作为比相的参考电压。选择不同的极化电压将得到不同特性的阻抗元件，通常情况下，取正序电压为极化（参考）电压。

（2）正序极化电压。在保护出口发生各种类型的短路时，故障相或相间的电压下降为0，但除三相对称性故障以外，在各种不对称故障时，非故障相的电压都不会为0，并且其相位也不会随故障位置的变化而变化。所以，如果引入非故障相的电压作为比较 $\dot{U}_{op}$ 相位的参考电压，在保护出口发生各种不对称性故障情况下，可望克服上述以 $\dot{U}_m$ 为极化电压的测量元件存在的缺点。

由对称分量算法可知，正序电压是由三相电压组合而成的，用它来作为参考电压，就相当于在参考电压中引入了非故障相电压，以下说明正序电压在各种短路情况下的相位和幅值。假设短路前后非故障相的电压不变，这与实际情况是近似的。以最严重的出口短路为例。

1）A 相单相接地短路。保护出口 A 相单相接地短路时，保护安装处的正序电压为

$$\left.\begin{aligned} \dot{U}_A &= 0 \\ \dot{U}_B &= \dot{U}_B^{[0]} \\ \dot{U}_C &= \dot{U}_C^{[0]} \end{aligned}\right\}$$

$$\dot{U}_{A1} = \frac{1}{3}(\dot{U}_A + a\dot{U}_B + a^2\dot{U}_C) = \frac{1}{3}(0 + a\dot{U}_B^{[0]} + a^2\dot{U}_C^{[0]}) = \frac{2}{3}\dot{U}_A^{[0]} \qquad (4-23)$$

对称分量法分析及相量分析均表明，出口单相接地故障时，故障相正序电压的相位与该相故障前电压的相位相同，幅值等于该相故障前电压的 2/3。相量图如图 4-20（a）所示。

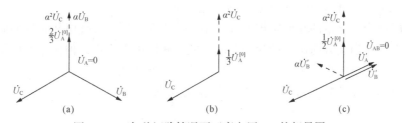

图 4-20　各种短路情况下正序电压 U_{1A} 的相量图
(a) A 相接地短路；(b) A、B 相两相接地短路；(c) A、B 相两相短路

2）A、B 相两相接地短路。出口 A、B 相两相接地短路时的正序电压为

$$\left.\begin{aligned} \dot{U}_A &= 0 \\ \dot{U}_B &= 0 \\ \dot{U}_C &= \dot{U}_C^{[0]} \end{aligned}\right\}$$

$$\dot{U}_{A1} = \frac{1}{3}(\dot{U}_A + a\dot{U}_B + a^2\dot{U}_C) = \frac{1}{3}(0 + 0 + a^2\dot{U}_C^{[0]}) = \frac{1}{3}\dot{U}_A^{[0]} \qquad (4-24)$$

$$\dot{U}_{B1} = \frac{1}{3}(a^2\dot{U}_A + \dot{U}_B + a\dot{U}_C) = \frac{1}{3}(0 + 0 + a\dot{U}_C^{[0]}) = \frac{1}{3}\dot{U}_B^{[0]} \qquad (4-25)$$

$$\dot{U}_{AB1} = \dot{U}_{A1} - \dot{U}_{B1} = \frac{1}{3}\dot{U}_{AB}^{[0]} \qquad (4-26)$$

即出口两相接地故障时，两故障相正序电压的相位都与对应相故障前电压的相位相同，

幅值等于故障前电压的 1/3；两故障相间正序电压的相位与该两相故障前相间电压的相位相同，幅值等于故障前相间电压的 1/3。相量图如图 4 - 20（b）所示。

3）A、B 相两相不接地短路。出口 A、B 相两相不接地短路时的正序电压为

$$\dot{U}_{A1} = \frac{1}{3}(\dot{U}_A + \alpha\dot{U}_B + \alpha^2\dot{U}_C) = \frac{1}{3}\left(\frac{1}{2}\dot{U}_A^{[0]}e^{-j60°} + \alpha\frac{1}{2}\dot{U}_A^{[0]}e^{-j60°} + \alpha^2\dot{U}_C^{[0]}\right) = \frac{1}{2}\dot{U}_A^{[0]} \tag{4 - 27}$$

$$\dot{U}_{B1} = \frac{1}{3}(\alpha^2\dot{U}_A + \dot{U}_B + \alpha\dot{U}_C) = \frac{1}{3}\left(\alpha^2\frac{1}{2}\dot{U}_A^{[0]}e^{-j60°} + \frac{1}{2}\dot{U}_A^{[0]}e^{-j60°} + \alpha\dot{U}_C^{[0]}\right) = \frac{1}{2}\dot{U}_B^{[0]} \tag{4 - 28}$$

$$\dot{U}_{AB1} = \dot{U}_{A1} - \dot{U}_{B1} = \frac{1}{2}\dot{U}_{AB}^{[0]} \tag{4 - 29}$$

即出口两相不接地故障时，两故障相正序电压的相位都与对应相故障前电压的相位相同，幅值等于故障前电压的 1/2；两故障相间正序电压的相位与该两相故障前相间电压的相位相同，幅值等于故障前相间电压的 1/2。相量图如图 4 - 20（c）所示。

4）A、B、C 三相对称短路。出口 A、B、C 三相对称短路和三相短路接地时，保护安装处的三相电压全为 0，正序电压也为 0。

以上分析表明，在出口发生各种不对称短路时，故障回路上的正序电压都有较大的量值，相位与故障前的回路电压相同。

出口三相短路时，各正序电压都为 0，正序参考电压将无法应用。可采用低电压阻抗元件。但当发生非出口三相短路时，正序电压将不再为 0，变成相应相或相间的残余电压，如果残余电压不低于额定电压的 10%～15%，正序极化电压就可以应用。

2. 采用正序极化电压的动作方程式方向阻抗元件

以正序电压为极化量的相间阻抗元件采用比较工作电压与极化电压相位的原理，极化电压采用正序电压。当正方向出口两相短路时，故障相间电压为零，但正序电压不等于零，所以不用记忆，极化电压仍然不为零。以下分析该元件的特性。

（1）正方向故障的特性分析。正序电压作为参考电压时，阻抗元件常用的相位比较方程为

$$-90° \leqslant \arg\frac{\dot{U}_{op\cdot\varphi\varphi}}{\dot{U}_{pol}} \leqslant 90° \tag{4 - 30}$$

$$\dot{U}_{op\cdot\varphi\varphi} = \dot{U}_{\varphi\varphi} - \dot{I}_{\varphi\varphi}Z_{set}$$

式中：$\dot{U}_{pol}$ 为极化电压，$\dot{U}_{pol} = -\dot{U}_{\varphi\varphi1}$，其中 $\dot{U}_{\varphi\varphi1}$ 为保护安装处正序相间电压。

由图 4 - 19 可知，区内故障时工作电压 $\dot{U}_{op}$ 和极化电压 $-\dot{U}_{m1}$ 为同相位，即上式中两者的角度小于 ±90°。

在图 4 - 19 所示的双侧电源的系统中，分析动作特性时不计负载电流的影响，其中 Z_{M1} 为保护安装处到 M 侧系统的正序阻抗，正方向发生相间短路故障。

计及工作电压为 $\dot{U}_{op\cdot\varphi\varphi} = \dot{I}_{\varphi\varphi}Z_m - \dot{I}_{\varphi\varphi}Z_{set}$，极化电压为 $\dot{U}_{\varphi\varphi1} = \dot{U}_{\varphi\varphi}^{[0]} = \dot{I}_{\varphi\varphi}(Z_{M1} + Z_m)$，带入式（4 - 30）则可得到保护安装处故障相的阻抗特性为

$$-90° \leqslant \arg\frac{Z_m - Z_{set}}{-(Z_{M1} + Z_m)} \leqslant 90°$$

或
$$-90° \leqslant \arg \frac{Z_{set} - Z_m}{Z_{M1} + Z_m} \leqslant 90° \tag{4-31}$$

式（4-31）对应的特性在阻抗复平面上为一个以 Z_{set} 与 $-Z_{M1}$ 末端连线为直径的圆，如图 4-21（a）所示。由于极化电压采用正序电压，不带记忆。相间故障时其正序电压基本保留了故障前电压（$\dot{U}_A^{[0]}$）的相位。

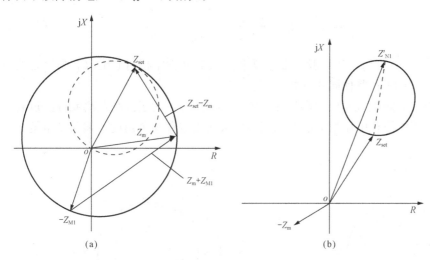

资源 4-8　正序电压极化正方向故障动作特性

资源 4-9　正序电压极化反方向故障动作特性

图 4-21　采用正序极化电压在故障时的动作特性
（a）正向故障时的动作特性；（b）反相故障时的动作特性

即在正向故障的情况下，以正序电压为参考电压的测量元件的动作特性变为一个包括坐标原点的偏移圆。正向出口两相短路时，测量阻抗明确地落在动作区内，不再处于临界动作的边沿，能够可靠地动作。此外，与整定阻抗相同的方向阻抗圆［如图 4-21（a）中虚线所示］相比，该偏移圆的直径要大，因而其耐受过渡电阻的能力要比方向阻抗强。但值得注意的是，该偏移特性是在正向故障的前提下导出的，所以动作区域包括原点并不意味着会失去方向性。

（2）反方向故障的特性分析。下面再来讨论反方向故障的情况。反方向发生相间短路故障时，保护安装处实际电流的方向与规定的正方向相反。工作电压为 $\dot{U}_{op \cdot \varphi\varphi} = \dot{I}'_{\varphi\varphi} Z_m + \dot{I}'_{\varphi\varphi} Z_{set}$；极化电压为 $\dot{U}_{\varphi\varphi1} = \dot{I}'_{\varphi\varphi}(Z'_{N1} + Z_m)$。其中，$\dot{I}'_{\varphi\varphi}$ 为 N 系统侧流向故障点的电流，与 $\dot{I}_m$ 规定方向相反，Z'_{N1} 为保护安装处到 N 侧系的正序阻抗。代入式（4-30）可得到故障相的阻抗元件反方向特性为

$$-90° \leqslant \arg \frac{Z_{set} + Z_m}{-(Z'_{N1} + Z_m)} \leqslant 90°$$

或
$$-90° \leqslant \arg \frac{Z_{set} - (-Z_m)}{(-Z_m) + (-Z'_{N1})} \leqslant 90° \tag{4-32}$$

在复平面上，式（4-32）表示反向短路故障时的动作特性，是一个以 Z_{set} 与 Z'_{N1} 末端连线为直径的上抛圆，如图 4-21（b）所示。明显可见，反向两相短路故障时方向阻抗元件不动作。测量阻抗 Z_m 处于第Ⅲ象限内，远离动作区域，可靠不动。反向远处短路时，因 $-Z_m$ 本身位于第Ⅲ象限内，不可能落入动作圆内，所以也不会动作。这表明，以正序电压

为参考电压的测量元件具有明确的方向性。

反向出口三相短路故障时，因动作特性过坐标原点而可能发生误动作但此时方向阻抗元件进入低压程序处理，并能迅速判断出故障在反方向上，保护不可能动作。

实际应用中，对于相间距离的测量元件测量电压取相间电压（AB、BC、CA），极化电压取对应的正序电压带偏移角 θ，比相动作的方程为

$$-90° \leqslant \arg \frac{\dot{U}_{\text{op}\cdot\varphi\varphi}}{-\dot{U}_{\varphi\varphi1}\mathrm{e}^{\mathrm{j}\theta_{\varphi\varphi}}} \leqslant 90° \tag{4-33}$$

式中：取极化电压 $\dot{U}_{\text{pol}} = -\dot{U}_{\varphi\varphi1}\mathrm{e}^{\mathrm{j}\theta_{\varphi\varphi}}$，其中 $\dot{U}_{\varphi\varphi1}$ 为保护安装处正序相间电压，$\theta_{\varphi\varphi}$ 为设定的角度，可设定为 $0°$、$15°$ 和 $30°$；其他同式（4-30）。

带有偏移的圆特性方向阻抗元件动作特性如图 4-22 所示，为了提高距离元件抗过渡电阻的能力，在实际应用中极化电压根据需要向第一象限适当偏移某个角度，偏移 θ 角度，取 $0°$、$15°$ 和 $30°$ 三种。

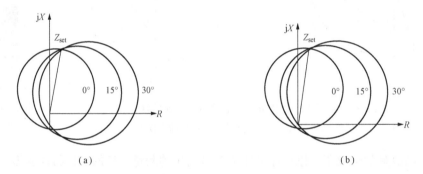

图 4-22 带有偏移的圆特性方向阻抗元件动作特性
(a) 正向两相短路；(b) 正向三相出口短路

正向两相短路故障的动作特性如图 4-22（a）所示。图中 Z_{set} 为整定阻抗。特性包含坐标原点，说明出口短路故障无死区，有很好的方向性。保护区由整定阻抗 Z_{set} 确定。当 $\theta_{\varphi\varphi} \neq 0$ 时，动作特性向第 I 象限偏转并扩大，使区内短路故障时允许有较大的过渡电阻。这在较短线路上应用时显得更有必要。

三相短路且正序电压较低时，由于极化电压无记忆作用，其动作特性为一过原点的圆，如图 4-22（b）所示。正向三相短路故障的动作特性经过坐标原点，在三相出口金属性短路时有死区，说明出口短路可能拒动。因此当正序电压低于 10% 时，进入低压程序，由低压方向阻抗元件测量。总之，既不存在死区也不存在母线故障失去方向性的问题。

虽然正、反向出口三相短路故障时由低压方向阻抗元件保证方向性，但为更可靠起见，I 段、II 段方向阻抗元件同样设为正门槛运行，动作后变为负门槛运行，从而确保了 I 段、II 段方向阻抗元件明显的方向性。

（3）接地短路故障的测量元件的特性。反应接地短路故障的测量元件，测量电压取相电压 $\dot{U}_{\varphi}$（φ 可取 A、B、C），极化电压取保护安装处正序相电压 $-\dot{U}_{\varphi1}$，带偏移角 θ_{φ}，比相动作的方程为

$$-90° \leqslant \arg \frac{\dot{U}_\varphi - (\dot{I}_\varphi + K \times 3\dot{I}_0)Z_{set}}{-\dot{U}_{\varphi 1} e^{j\theta_\varphi}} \leqslant 90° \qquad (4-34)$$

正序电压偏移角 θ_φ 有 0°、15°、30°和 45°共 4 挡可选，使得其耐弧能力更强。动作特性与反应相间短路故障的阻抗元件的特性相同。

方向阻抗元件动作特性向第 I 象限偏移后，在下级线路的首端故障，上级保护有超范围动作的可能。为了防止这种无选择性的动作，可以采用增加具有直线特性的电抗元件来加以限制，用下斜的直线特性将超范围部分的动作区去掉。

由上述分析可见，在工作电压完全相同的情况下，选取不同的极化电压时，可以获得不同的动作特性。当极化电压的相位与故障相电压的相位一致时，所得到的动作特性为具有方向性的圆特性。当参考电压的相位与故障相电压相位不一致时，所得到的特性将发生偏转。

3. 低压方向阻抗元件

上述以正序电压为极化电压的方法，因在出口三相对称性短路时三相电压都降为 0，而失去比较的依据。这种情况下采用带记忆的低压方向阻抗元件作为测量元件。

低压方向阻抗元件用来消除动作方程判别式方向阻抗元件构成的距离保护在出口处的动作死区，即用来保证正向出口三相短路故障时保护的可靠动作，反向出口三相短路故障时保护可靠不动作。

当保护安装处的正序电压低于 10%额定电压时，三相短路故障必发生在保护安装处正、反向出口附近。启动低压阻抗元件投入工作。根据对正序电压的分析，此时只能是三相短路或系统振荡，系统振荡由振荡闭锁回路区分，这里只需考虑三相短路。因三个相阻抗元件和三个相间阻抗元件性能一样，所以仅测量相阻抗。以 A 相为例分析，低压阻抗元件的动作方程为

$$-90° \leqslant \arg \frac{\dot{U}_{op \cdot \varphi}}{\dot{U}_{pol}} \leqslant 90° \qquad (4-35)$$

式中：$\dot{U}_{op \cdot \varphi}$ 为工作电压，$\dot{U}_{op \cdot \varphi} = \dot{U}_\varphi - \dot{I}_\varphi Z_{set}$；$\dot{U}_{pol}$ 为极化电压，$\dot{U}_{pol} = -\dot{U}_{\varphi 1.R}$，$\dot{U}_{\varphi 1.R}$ 为保护安装处的正序电压。"R"表示记忆，记忆作用期间，$\dot{U}_{\varphi 1.R} = \dot{U}_\varphi^{[0]}$；记忆消失后，$\dot{U}_{\varphi 1.R} = \dot{U}_\varphi$；$\varphi = $ A、B、C。

该方向阻抗元件的动作特性有暂态、稳态之分，暂态动作特性是指极化电压记忆作用尚未消失时的动作特性，稳态特性是指极化电压记忆作用消失后的动作特性。

（1）正方向三相短路故障时的暂态特性。低压阻抗元件中极化电压采用带记忆的 A 相正序电压。设故障母线电压与系统电动势同相位，正方向三相短路故障时，记忆作用消失前 A 相正序电压可表示为

$$\dot{U}_{\varphi 1.R} = \dot{E}_{M\varphi} = \dot{I}_\varphi (Z_{M1} + Z_m) \qquad (4-36)$$

式中：$\dot{E}_{M\varphi}$ 为 M 侧的等效电动势，Z_m 为故障点到保护安装的线路阻抗。

由此得出正方向三相短路暂态动作特性为

$$-90° \leqslant \arg \frac{Z_m - Z_{set}}{-(Z_{M1} + Z_m)} \leqslant 90° \qquad (4-37)$$

正方向三相短路故障时，Z_m 的暂态动作特性与式（4-31）完全相同，如图 4-21（a）

所示，也是以 Z_{set} 端点和 $-Z_{M1}$ 端点连线为直径的圆，圆内是 Z_m 的动作区。由于动作特性包含坐标原点，所以正向出口三相短路故障时都能正确动作，但并不表示反方向故障时会误动作（因为它只是正方向故障时 $t=0$ 时刻的暂态特性）。

（2）反方向三相短路故障时的暂态特性。反方向三相短路故障时，记忆作用消失前 A 相正序电压可表示为

$$\dot{U}_{\varphi1.R} = \dot{E}_{N\varphi} = \dot{I}'_{\varphi}(Z'_{N1} + Z_m) \tag{4-38}$$

式中：$\dot{E}_{N\varphi}$ 为 N 侧的等效电动势；Z_m 为保护安装处到反方向短路故障点的线路阻抗；$\dot{I}'_{\varphi}$ 为由 N 侧系统流向保护安装处的电流。

由此可得反方向三相短路暂态动作特性为

$$-90° \leqslant \arg \frac{Z_{set} + Z_m}{-(Z'_{N1} + Z_m)} \leqslant 90° \tag{4-39}$$

反方向三相短路故障时 Z_m 的暂态动作特性与式（4-32）完全相同，如图 4-21（b）所示，也是以 Z_{set} 端点和 Z'_{N1} 端点连线为直径的圆，圆内是 Z_m 的动作区。由于动作特性偏离坐标原点，故反向出口三相短路故障时，继电器可靠不动作。当反向三相短路故障远离保护安装处时，Z_m 向第Ⅲ象限方向离开坐标原点，更不会动作。

需要说明，当进入稳态即记忆作用消失后，式(4-37)、式（4-39）的分母变为 Z_m，即为稳态特性存在死区。

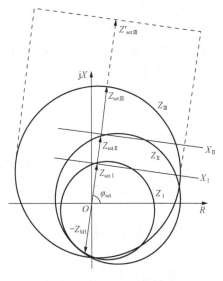

图 4-23　三段动作方程判别式相间阻抗元件的动作特性

4. 三段式动作方程判别相间阻抗元件的动作特性

三段动作方程判别式相间阻抗元件的动作特性如图 4-23 所示。阻抗圆 $Z_Ⅰ$、电抗元件 $X_Ⅰ$ 构成Ⅰ段动作特性，整定阻抗为 $Z_{set.Ⅰ}$；阻抗圆 $Z_Ⅱ$、电抗元件 $X_Ⅱ$ 构成Ⅱ段动作特性，整定阻抗为 $Z_{set.Ⅱ}$；阻抗圆 $Z_Ⅲ$ 构成Ⅲ段动作特性，整定阻抗为 $Z_{set.Ⅲ}$。为使保护装置在长线路末端变压器后短路故障有后备作用（远后备），设有四边形特性阻抗元件，整定阻抗为 $Z'_{set.Ⅲ}$，如图 4-23 中虚线特性所示。Ⅲ段设置为偏移特性（负门槛），起近后备作用。

需要说明的是，动作方程判别式阻抗元件构成的距离保护、短路故障的方向、短路故障点的位置（区内或区外）是同时测量的。

RCS 系列微机继电保护装置阻抗测量采用上述动作方程判别方向阻抗元件。

四、振荡与振荡闭锁

1. 电力系统振荡对阻抗元件的影响

电力系统振荡时，一般可将所有机组分为两个等值机组，用两机等值系统分析其特性，其简化等值电路如图 4-24 所示，其中 Z_M、Z_N 分别为母线 M、N 侧等值阻抗；Z_{MN} 为 MN 线路阻抗；$\dot{E}_M$、$\dot{E}_N$ 分别为 P、Q 侧的等值电动势，夹角为 δ；Z_Σ 为系统间等值总阻抗，

$Z_\Sigma = Z_M + Z_N + Z_{MN}$。

如要分析 M 侧阻抗元件测量阻抗的变化轨迹，只需将阻抗复平面的原点设在 M 点，使 Z_{MN} 与 R_M 轴的夹角等于线路阻抗角，这样 R_M 轴和 jX_M 轴便可确定，如图 4 - 25 所示。显然 P、M、N、Q 为四定点，由 Z_M、Z_{MN}、Z_N 值确定相对

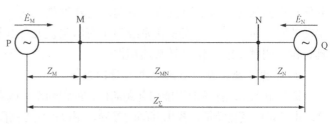

图 4 - 24　两机等值系统简化等值电路

位置。O 为动点，OM、ON 为 M、N 点阻抗元件的测量阻抗，$OM = Z_m$。当 P 侧电动势与 Q 侧电动势幅值之比为 K_e 时，可以证明，动点 O 的轨迹为圆或直线。当 $K_e = 1$ 时，Z_m 的变化轨迹为 PQ 的中垂线（图中虚直线 OO'）；当 $K_e > 1$ 时，O 点的轨迹为包含 Q 点的一个圆，如图中 mn 圆弧（整个圆未画出）；当 $K_e < 1$ 时，O 点的轨迹为包含 P 点的一个圆（图中虚线圆弧 $m'n'$，整个圆未画出）。轨迹线与 PQ 线段交点处对应 $\delta = 180°$，轨迹线与 PQ 线段延长线的交点处对应 $\delta = 0°$（$360°$）。对 M 侧阻抗元件来说，若 M 侧为送电侧，正常运行时测量阻抗（负荷阻抗）在 O 点。系统振荡时，O 点随 δ 角的变化在轨迹线上移动，安装在系统各处的阻抗元件测量阻抗跟着发生变化。变化轨迹从 m 变化到 n（顺时针）或从 m' 变化到 n'（直线），或从 m'' 变化到 n''（逆时针）。需要指出，实际系统中，E_M 与 E_N 是接近相等的，即 K_e 很接近 1，所以图 4 - 24 中的轨迹圆很大，与直线轨迹很接近。

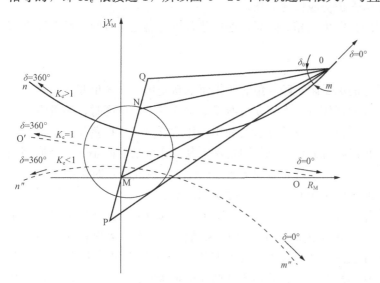

图 4 - 25　系统振荡时测量阻抗的变化轨迹

资源 4 - 10　电力系统振荡过程中
测量阻抗的变化

不难看出，系统振荡时阻抗元件有误动的可能性，因此距离保护必须有躲振荡的能力。当保护的测量阻抗不会进入距离保护 I 段的动作区时，距离保护 I 段将不受振荡的影响。但由于距离保护 II 段及距离保护 III 段的整定阻抗一般较大，振荡时的测量阻抗比较容易进入其动作区，所以距离保护 II 段及距离保护 III 段的测量元件可能会动作。

总之，电力系统振荡时，阻抗元件是否误动、误动的时间长短与保护安装位置、保护动

作范围、动作特性的形状和振荡周期长短等有关，安装位置离振荡中心越近、整定值越大、动作特性曲线在与整定阻抗垂直方向的动作区越大时，越容易受振荡的影响，振荡周期越长误动的时间越长。并非安装在系统中所有的阻抗元件在振荡时都会误动，因此要求距离保护具备振荡闭锁功能，使之具有通用性。

2. 电力系统振荡与短路时电气量的差异

既然电力系统振荡时可能引起距离保护的误动作，就需要进一步分析比较电力系统振荡与短路时电气量的变化特征，找出其间的差异，用以构成振荡闭锁元件，实现振荡时闭锁距离保护。

（1）振荡时，三相完全对称，没有负序分量和零序分量出现；而当短路时，总要长时（不对称短路过程中）或瞬间（在三相短路开始时）出现负序分量或零序分量。

（2）振荡时，电气量呈现周期性的变化，其变化速度（dU/dt；dI/dt；dZ/dt 等）与系统功角的变化速度一致，比较慢，当两侧功角摆开至180°时，相当于在振荡中心发生三相短路；从短路前到短路后其值突然变化，速度很快，而短路后短路电流、各点的残余电压和测量阻抗在不计衰减时是不变的。

（3）振荡时，电气量呈现周期性的变化，若阻抗测量元件误动作，则在一个振荡周期内动作和返回各一次；而短路时阻抗测量元件可能动作（区内短路），可能不动作（区外短路）。

距离保护的振荡闭锁措施，应能够满足以下的基本要求：

（1）系统发生全相或非全相振荡时，保护装置不应误动作跳闸。

（2）系统在全相或非全相振荡过程中，被保护线路发生各种类型的不对称故障，保护装置应有选择性地动作跳闸，纵联保护仍应快速动作。

（3）系统在全相振荡过程中再发生三相故障时，保护装置应可靠动作跳闸，并允许带短路延时。

3. 距离保护的振荡闭锁

电力系统振荡时，距离保护的测量阻抗随 δ 角的变化而不断变化，当 δ 角变化到某个角度时，测量阻抗进入到阻抗元件的动作区，而当 δ 角继续变化到另一个角度时，测量阻抗又从动作区移出，测量元件返回。简单而可靠的办法是利用动作的延时实现振荡闭锁。对于按躲过最大负载整定的距离保护Ⅲ段阻抗元件，测量阻抗落入其动作区的时间小于一个振荡周期（1～1.5s），只要距离保护Ⅲ段动作的延时时间大于1～1.5s，系统振荡时保护Ⅲ段就不会误动作。因此，在距离保护装置中可用其延时躲过振荡的影响。

用延时躲振荡时，阻抗动作特性越小，用来躲振荡的延时也越小。在 CSL 系列保护中利用了这一特性。当保护启动后150ms内距离Ⅰ、Ⅱ段未动作则转入距离保护振荡闭锁逻辑，闭锁距离Ⅰ段和Ⅱ段。而在振荡闭锁模块中增设了带延时0.5s的Ⅰ段及带延时1s的Ⅱ段，通过带延时可靠地躲过振荡的影响。即在振荡闭锁期间由长延时的Ⅰ段、Ⅱ段实现再故障的保护。

微机继电保护中采用了比较完善的振荡闭锁功能，以下介绍两个典型的振荡闭锁逻辑。

（1）振荡闭锁逻辑一。振荡闭锁逻辑之一如图4-26所示。它由三个条件构成，任一条件满足

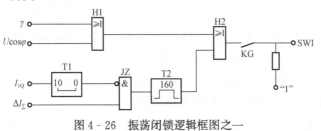

图4-26　振荡闭锁逻辑框图之一

均开放保护。

其中：γ 元件为振荡过程中又发生不对称短路故障的判据；$U\cos\varphi$ 元件为振荡过程中又发生三相短路的判据；I_{1Q} 为躲过最大负载电流的正序过电流元件（系统振荡启动元件）；ΔI_Σ 为带有浮动门槛的综合电流突变量元件（保护启动元件）；SWI 为振荡闭锁输出，SWI 为"1"开放接地、相间距离Ⅰ段和Ⅱ段，SWI 为"0"闭锁接地、相间距离Ⅰ段和Ⅱ段；KG 为控制字，KG 为"1"振荡闭锁投入，KG 为"0"振荡闭锁退出，即 SWI 一直为"1"，保护不经振荡闭锁控制。

1）在启动元件动作起始 160ms 以内的动作条件是启动元件开放瞬间，若按躲过最大负载整定的正序过电流元件不动作或动作时间不到 10ms，则开放保护 160ms。即 ΔI_Σ 元件在正常运行中突然发生故障时立即开放保护 160ms。当电力系统振荡时，γ 元件、$U\cos\varphi$ 元件、ΔI_Σ 元件均不动作，只有正序过电流元件 I_{1Q} 动作，SWI 为"0"，振荡闭锁不开放，将保护闭锁。

2）不对称故障开放元件。不对称故障，振荡闭锁回路可由对称分量元件 γ 开放，该元件的动作判据为

$$| \dot{I}_2 |+| \dot{I}_0 | \geqslant \gamma | \dot{I}_1 | \tag{4-40}$$

式中：$\dot{I}_1$、$\dot{I}_2$、$\dot{I}_0$ 为保护安装处的正序、负序、零序电流；γ 为需要设定的系数，取值范围 0.5～1，如取 0.66。

正常运行或单纯系统振荡时，I_0、I_2 很小，满足不了上面的开放条件。只要是电力系统发生不对称短路故障，则 γ 元件处动作状态，同时 ΔI_Σ 元件先于 I_{1Q} 元件动作，T2 元件启动，于是 SWI 为"1"，振荡闭锁开放，只要短路故障存在，SWI 的"1"不返回。

如果在振荡过程中再出现不对称故障，也总能满足该开放条件，该元件也能开放保护。

3）对称故障开放元件。故障时电压会突然下降，对称故障残压基本为正序电压，而振荡时，电压虽会下降，但是周期性的。为此，以振荡中心的电压 $U_{\cos}=U\cos\varphi$ 为判据设立对称故障开放元件。

系统振荡时，振荡中心的电压 $U_{\cos}$ 在 $0.05U_N$ 左右，三相短路故障弧光电阻上压降的幅值也在 $0.05U_N$ 左右。振荡时只在 $\delta=180°$ 左右一段时间内电压才会降到 5% 附近。

识别振荡过程中三相短路故障的判据为

$$-0.03U_N < U_{\cos} < 0.08U_N \tag{4-41}$$

满足该式的时间达 150ms，判定为三相短路故障，振荡闭锁开放。经过 150ms 延时可以有效地区分三相短路与振荡。

为使三相短路时可靠开放保护，再设后备开放判据为

$$-0.1U_N < U_{\cos} < 0.25U_N \tag{4-42}$$

满足该式的时间达 500ms，振荡闭锁开放保护。其中 U_N 为额定电压。

短路故障切除紧跟系统发生振荡时，因 γ 元件、$U\cos\varphi$ 元件返回（故障切除后返回），同时 T2 只开放 160ms，故 SWI 为"0"，振荡闭锁不开放；振荡过程中发生短路故障时，不对称短路故障 γ 元件动作，对称短路故障 $U\cos\varphi$ 元件动作，所以 SWI 为"1"，振荡闭锁开放。RCS 系列保护采用上述振荡闭锁逻辑。

需要指出，在 $\delta=180°$ 状态下，在振荡中心处附近发生短路故障时，故障分量电流甚小，

电流突变量不能启动，开放不了保护，即使在 δ 趋近 $360°$ 的过程中，同样电流突变量不能启动。因此，不能借助电流突变量元件来开放振荡过程中的短路故障。

（2）振荡闭锁逻辑二。振荡闭锁逻辑框图之二如图 4 - 27 所示。其中 $2KI_\varphi$、$2KI_{\varphi\varphi}$ 为 II 段接地、II 段相间阻抗元件；Δi_φ 为带有浮动门槛的相电流突变量元件；γ 元件为发生不对称短路故障的判据；A 为控制振荡闭锁投、退的输入信号，A 为 "1" 振荡闭锁退出，A 为 "0" 振荡闭锁投入；$3I_0$ 为零序电流元件，该元件在零序电流大于整定值持续 30ms 后才动作（相当于带延时）；Z_{swi} 为静稳定破坏检测元件，任一相间测量阻抗在设定的全阻抗特性内持续 30ms、并且振荡中心电压小于 50% 额定电压（此时 δ 角大于 $120°$）时动作。SWI1、SWI2 为振荡闭锁输出，SWI1 为 "1" 开放距离 I 段、SWI2 为 "1" 开放距离 II 段。

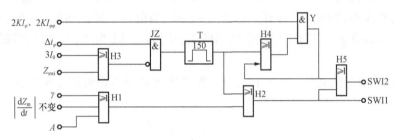

图 4 - 27　振荡闭锁逻辑框图之二

与图 4 - 26 相比，具有几乎相同的振荡闭锁工作原理。Δi_φ 元件相当于图 4 - 26 中的 ΔI_Σ 元件；$3I_0$ 元件与 Z_{swi} 元件相当于图 4 - 26 中的 I_{1Q} 元件；$\left|\dfrac{dZ_m}{dt}\right|$ 检测振荡过程中的对称短路故障，相当于图 4 - 26 中的 $U\cos\varphi$ 元件。所不同的是，图 4 - 27 中短时开放保护 150ms，在图 4 - 26 中是 160ms；此外，图 4 - 27 中 γ 元件、$\left|\dfrac{dZ_m}{dt}\right|$ 元件在静稳定破坏后才投入工作，为防止 II 段保护区内短路故障短时开放时间元件 T 返回导致振荡闭锁关闭，增设了 H4、Y 组成的固定回路（自保持）。PSL 系列保护采用该振荡闭锁逻辑。

五、二次回路断线闭锁

1. 电压互感器二次回路断线

现代距离保护都采用电流构成的启动元件，这样当二次电压回路断线失电压时，虽然阻抗元件要发生误动作，但距离保护不会误动。可见，采用电流量作启动元件，可减轻对断线失电压闭锁的要求。然而，若不及时对断线失电压作处理，不闭锁保护，当发生区外短路故障时，启动元件启动，则必然引起距离保护的误动。为此设二次电压回路断线闭锁装置，当出现电压互感器二次回路断线时应经短延时（如 60ms）闭锁距离保护，经较长延时（如 1.25s）发 TV 断线信号。断线失电压判据如下。

（1）启动元件未动作时，保护运行在正常运行程序中，未进入故障处理程序。因为一相或两相二次电压回路断线失电压时，均会出现零序电压，所以检测有否零序电压可判别是否断线失电压（正常运行程序中），判据为

$$|\dot U_A + \dot U_B + \dot U_C| > 8V \qquad (4-43)$$

式中：$\dot U_A$、$\dot U_B$、$\dot U_C$ 为输入到保护装置上的三相电压。

该式满足时，判为二次电压回路断线失电压，闭锁距离保护，同时延时 1.25s，发 TV

断线异常报警信号。

（2）对于三相断线失电压，判据为

$$|\dot{U}_{\mathrm{A}}|+|\dot{U}_{\mathrm{B}}|+|\dot{U}_{\mathrm{C}}|<\frac{1}{2}U_{\varphi\mathrm{N}} \tag{4-44}$$

同时断路器处于合闸位置或任一相电流大于 I_{set}（I_{set} 称为无电流门槛，可取 $0.04I_{2\mathrm{N}}$ 或 $0.08I_{2\mathrm{N}}$，$I_{2\mathrm{N}}$ 是电流互感器二次额定电流）。式中的 $U_{\varphi\mathrm{N}}$ 是电压互感器二次额定相电压，等于 $100/\sqrt{3}\mathrm{V}$。

三相电压相量和小于 8V，正序电压小于 33V 时，若采用母线 TV，则延时 1.25s 发 TV 断线异常信号；采用线路 TV，则当任一相电流元件同时动作，延时 1.25s 发 TV 断线异常信号。通过整定控制字来确定是采用母线 TV 还是线路 TV。三相电压正常后，经 10s 延时 TV 断线信号复归。

（3）当不采用开口三角形绕组电压平衡时，也可采用零序电流进行闭锁，逻辑框图如图 4 - 28 所示。零序电流闭锁的动作方程式为

$$(3I_0)>(3I_0)_{\mathrm{set}} \tag{4-45a}$$

$$(3I_0)_{\mathrm{set}}=K_{\mathrm{rel}}(3I_0)_{\mathrm{unb.\,max}} \tag{4-45b}$$

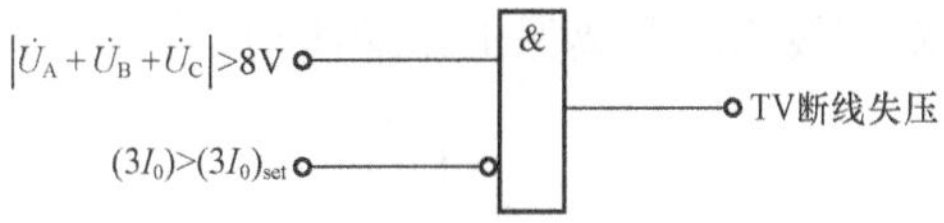

式中：$(3I_0)_{\mathrm{unb.\,max}}$ 为正常运行时线路的最大不平衡电流，可取电流互感器二次额定电流的 10%；K_{rel} 为可靠系数，可取 1.5。

图 4 - 28　零序电流闭锁的二次电
压回路断线逻辑框图

为使图中的 TV 断线失电压工作可靠，式（4 - 45a）的灵敏度要高于式（4 - 43）条件的灵敏度。

2. 交流电流断线信号元件

当自产零序电流小于 0.75 倍的外接零序电流或外接零序电流小于 0.75 倍的自产零序电流时，延时 200ms，发 TA 断线异常信号。

有自产零序电流而无零序电压，则延时 10s，发 TA 断线异常信号。

六、距离保护中的相继速动

距离保护中的相继速动包括不对称短路故障相继速动和平行双回线故障相继速动。

1. 不对称短路故障相继速动

设在图 4 - 29 中线路 PQ 靠近 Q 侧的 k 点发生了不对称短路故障，Q 侧距离 I 段快速动作使 QF2 三相跳闸，P 侧利用 Q 侧三相跳闸后电气量变化特点，加速距离 II 段，从而跟随 Q 侧实现三相跳闸，构成了不对称短路故障的相继速动。

不对称短路故障距离保护相继速动逻辑框图如图 4 - 29 所示。可以看出，相继速动动作判据如下。

（1）定值中"不对称相继速动"控制字投入。

（2）本侧测量到故障在保护正方向上且在 II 段保护区内。

（3）故障前三相均有电流，而后一

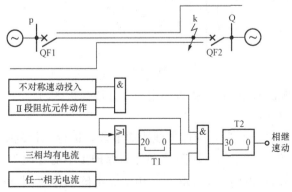

图 4 - 29　不对称短路故障距离保护相继速动逻辑框图

相或两相无负载电流。判别有负荷电流的判据为：最小相电流大于 $0.2I_{2N}$（I_{2N} 为电流互感器二次额定电流），或者最小相电流小于 $0.2I_{2N}$、大于 $0.04I_{2N}$ 且不是线路电容电流。判别无负载电流的判据为：最小相电流小于 $0.04I_{2N}$ 或者最小相电流小于 $0.2I_{2N}$、大于 $0.04I_{2N}$ 且是电容电流。上述三个条件同时满足经短延时（30～100ms）后，加速本侧Ⅱ距离段动作，进行三相跳闸。

需要指出，这种不对称短路故障的相继速动在平行双回线路上同样适用；三相短路故障没有相继速动作用，因三相电流在对侧三相跳闸后不会减小。

2. 平行双回线路中的相继速动

如图 4 - 30 所示为平行双回线路距离保护相继速动工作原理，设靠近 Q 母线平行双回线路Ⅰ中的 k1 点短路故障（包括三相短路故障），保护 3 中的Ⅲ段阻抗元件在 QF2 三相跳闸后，由动作状态转为返回状态，利用这一特性可对保护 1 的距离Ⅱ段实行加速，构成平行双回线路的距离保护相继速动。

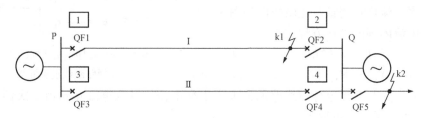

图 4 - 30　平行双回线路距离保护相继速动工作原理

平行双回线路距离保护相继速动逻辑框图如图 4 - 31 所示。由图可见，相继速动判据如下（以 k1 点短路故障说明）。

（1）定值中（保护 3）"双回线相继速动"控制字投入。这样，当 k1 点短路故障时，FXL（向邻线发出的闭锁信号）先存在而后消失。

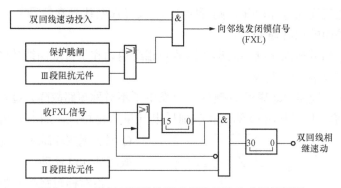

图 4 - 31　平行双回线路距离保护相继速动逻辑框图

（2）本线路（Ⅰ线路的保护 1）保护测量到故障在保护方向上且在Ⅱ段保护区内。

（3）开始时收到 FXL 闭锁信号而后收不到。

上述三个条件同时满足经短延时（20～30ms）后，加速本线距离Ⅱ段，进行三相跳闸。需要指出，图 4 - 30 中 k2 点短路故障时，保护 3 中的Ⅲ段阻抗元件与保护 1 中的Ⅱ段阻抗元件均动作，QF5 三相跳闸后，上述Ⅱ、Ⅲ段阻抗元件均返回，相继速动的动作时间（图中为 30ms）只要躲过两者的返回时间差即可。此外，当保护动作平行双回线之一跳闸时，双回线相继速动应自动解除。

七、距离保护中的后加速

自动重合闸于故障线路或手动合闸于故障线路时，应加速保护进行快速跳闸；而重合于振荡线路时，保护不应发生误动作。

现代微机距离保护中，具有完善的振荡闭锁功能，因此重合于振荡线路时振荡闭锁不开放，保护不会发生误动作，因此距离Ⅱ段（或Ⅲ段）经振荡闭锁控制后实行瞬时后加速。当然，对于单电源线路（包括重合时另一侧电源已解列）以及振荡中心不在保护区内的线路或重合时两侧电源电动势夹角摆开不大，不能使距离Ⅱ段（或Ⅲ段）阻抗元件动作的双电源线路，Ⅱ段（或Ⅲ段）距离可不经振荡闭锁控制实行瞬时后加速。

对于手动合闸、自动重合闸于出口三相短路故障的情况，若电压互感器接在母线侧，则可按前述瞬时后加速快速切除故障。若电压互感器接在线路侧，阻抗元件一直处在三相无电压状态，当加速段采用带偏移特性的Ⅲ段阻抗元件时，同样可快速切除故障；或者投入一个带偏移特性的阻抗元件（包括全阻抗元件），或者将一个相间方向阻抗元件略带偏移，均可快速切除出口三相短路故障。对于手动重合、自动重合闸于出口三相短路故障的情况，投入相电流速断也是很有效的。

八、距离保护动作逻辑

高压线路保护一般包括三段式相间距离和接地距离保护，四段式零序电流保护，三相一次重合闸，距离、零序后加速保护，低频保护，TV断线闭锁保护等功能。一般情况下距离Ⅲ段、零序末段保护动作时要闭锁重合闸。三段式距离保护动作逻辑框图如图4-32所示。

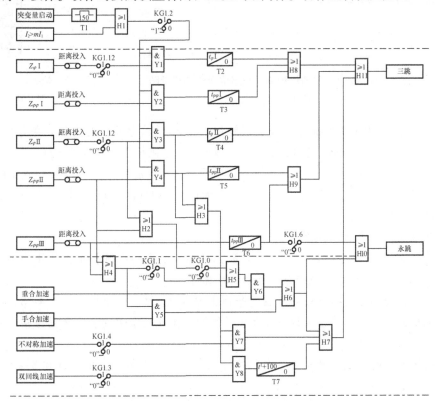

图4-32　三段式距离保护逻辑框图

其中，Z_φ 为接地距离，$Z_{\varphi\varphi}$ 为相间距离，KG1.0 为重合加速Ⅱ段投入，KG1.1 为重合加速Ⅲ段投入，KG1.2 为振荡闭锁功能投入，KG1.3 为双回线加速投入，KG1.4 为不对称加速投入，KG1.6 为Ⅲ段动作永跳投入，KG1.12 为接地距离投入。

虚线将图 4-32 分为三部分。从上至下，第一部分为振荡闭锁逻辑，见本节四的介绍。第二部分为相间距离和接地距离动作逻辑，通过与门 Y1、Y2、Y3、Y4 实现振荡闭锁距离Ⅰ、Ⅱ段，距离Ⅲ段不经振荡闭锁。第三部分为重合闸和手动合闸后加速逻辑。重合闸通过与门 Y6 加速未经振荡闭锁的Ⅱ段（H2）、Ⅲ段；手动合闸通过与门 Y5 加速未经振荡闭锁的相间Ⅱ、Ⅲ段（H4）；不对称和双回线加速经与门 Y7、Y8 加速经振荡闭锁的Ⅱ段（H3）。

 [电网的距离保护知识点回顾]（数字化教学资源）

1. 距离保护的测量阻抗变化

距离保护的阻抗元件测量电压取 $\dot{U}_m$，测量电流取 $\dot{I}_m$，测量阻抗为 $Z_m = \dot{U}_m / \dot{I}_m$。图 4-33（a）所示电网系统，线路 MN 上配置了距离保护，类似于电流Ⅰ段保护，设距离保护Ⅰ段的保护范围为 L_{set}（整定距离）。

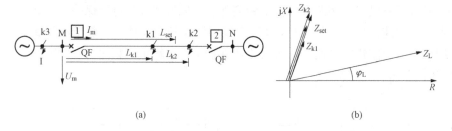

图 4-33　距离保护的保护范围及阻抗变化和相量图　　　　资源 4-11　距离保护的
（a）系统图；（b）阻抗图　　　　　　　　　　　　　保护范围及阻抗变化

正常运行时 Z_m 为负荷阻抗 Z_L，发生短路故障时 Z_m 为线路短路阻抗 Z_k，并与保护安装处到故障点间的距离 L_k 成正比。在线路正方向故障时，测量阻抗角为线路阻抗角 φ_k，测量阻抗在第Ⅰ象限；在反方向故障时，流过反方向电流，测量阻抗角为 $\varphi_k + 180°$，测量阻抗在第Ⅲ象限。

各种短路情况下的阻抗 Z_{k1}、Z_{k2}、Z_{k3} 变化如图 4-33（b）所示，能判定出短路点的远近，以确定保护是否动作。

2. 距离保护中阻抗元件动作特性

测量阻抗 Z_m 随系统运行情况而变化，整定阻抗 Z_{set} 是反应保护范围的设定值（为固定值），即设定的保护安装处到保护范围末端的线路阻抗。

全阻抗元件的动作边界（特性）在复平面上为以 Z_{set} 为半径的圆，如图 4-34（a）。

方向阻抗元件的动作特性为以 Z_{set} 为直径的圆，整定阻抗角 φ_{set} 应设置为接近线路阻抗角 φ_k，如图 4-34（b）。

偏移阻抗元件的动作特性是将方向阻抗特性向第三象限做适当偏移（如 5%～10%）的圆，如图 4-34（c）。

三种典型阻抗元件绝对值比较和相位比较的动作方程式在对应图的下方。

需要说明，动作阻抗 Z_{op} 是指能使继电器刚好动作时（边界）的测量阻抗值。大小随阻抗角的不同而变化，是方向阻抗圆过原点的弦。整定阻抗为最大的动作阻抗，此时的阻抗角也称为最大灵敏角 $\varphi_{sen}=\varphi_{set}$。

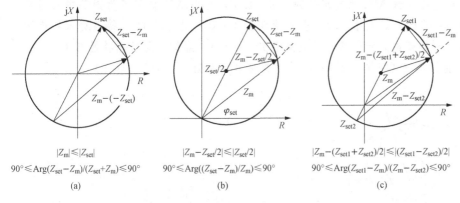

图 4-34　圆特性阻抗元件动作边界

（a）全阻抗；（b）方向阻抗；（c）偏移阻抗

资源 4-12　全阻抗圆、方向阻抗圆、偏移阻抗圆动作特性

3. 过渡电阻对测量阻抗的影响

如图 4-35（a）所示的双侧电源线路，过渡电阻 R_g 对测量阻抗的影响，受对侧电源提供的短路电流大小，特别是受两侧电源短路电流之间的相位差影响很大。当 M 侧为受电侧，N 侧为送电侧时，$\dfrac{\dot{I}_k''}{\dot{I}_k'}R_g$ 具有正的阻抗角，会使测量阻抗增大，因超出保护动作区而保护拒动；当 M 侧为送电侧 N 侧为受电侧时，$\dfrac{\dot{I}_k''}{\dot{I}_k'}R_g$ 具有负的阻抗角，会使测量阻抗变小，可能在保护区末端外部故障时使测量阻抗落入Ⅰ段保护区内，造成距离保护Ⅰ段误动作，如图 4-35（b）。

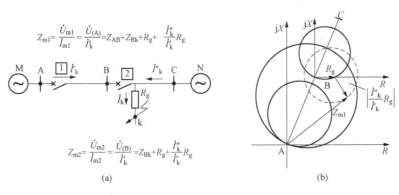

资源 4-13　双侧电源线路过渡电阻的影响

资源 4-14　过渡电阻对测量阻抗的影响

图 4-35　双侧电源线路过渡电阻的影响

（a）系统图；（b）阻抗特性

为消除过渡电阻的影响，可将特性向第一象限偏移，即加大阻抗元件＋R 轴方向的动作区，能减小过渡电阻的影响。

4. 电力系统振荡对距离保护的影响

当电力系统发生振荡时（周期性），保护安装处 M 的电压、电流均随之做周期性变化，相应的测量阻抗 Z_m 的变化轨迹如图 4-36 中的虚线，Z_m 沿虚线的轨迹从 $\delta=0°$ 到 $\delta=360°$ 变化一个周期。轨迹线与阻抗线 MN 的交点处对应 $\delta=180°$，此时的测量阻抗为振荡中心对应点的阻抗值。Z_m 从 $\delta=0°$ 开始变化时，首先进入特性圆 3（偏移阻抗动作），接着进入特性圆 2（方向阻抗动作），再接着进入特性圆 1（椭圆阻抗 1 动作）。继续，先移出特性圆 1（阻抗 1 返回），接着移出特性圆 2（阻抗 2 返回），再接着移出特性圆 3（阻抗 3 返回）。

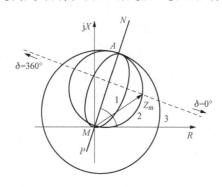

图 4-36 电力系统振荡对不同特性阻抗
元件的影响

资源 4-15 周期振荡对不同
特性阻抗元件的影响

可见，每个振荡周期阻抗元件动作—返回一次，同时动作持续时间与阻抗特性在 R 轴方向动作区的大小有关，可见通过延时可以躲过振荡的影响。通过缩小 R 轴方向的动作区（特性变瘦）也可以躲过振荡的影响。需要说明，保护安装处 M 离开振荡中心愈远，保护受振荡的影响愈小。

第三节　工频故障分量距离保护

传统的继电保护原理是建立在工频电气量的基础上。近年来，反应故障分量的高速继电保护原理在微机继电保护装置中被广泛应用。

故障分量在非故障状态下不存在，只在设备发生故障时才出现，所以可用叠加原理来分析故障分量的特征。将电力系统发生的故障视为非故障状态与故障附加状态的叠加，利用计算机技术，可以方便地提取故障状态下的故障分量。由于工频变化量易于实现数字型保护，工频变化量微机保护装置得到普遍应用。

一、工频故障分量保护原理

1. 工频故障分量的概念

如图 4-37（a）所示为短路故障时电气变化量的分解。当在线路上 k 点发生金属性短路时，故障点的电压降为 0，这时系统的状态可用图 4-37（b）所示的等值网络来代替。图中两附加电压源的电压大小相等、方向相反。假定电力系统为线性系统，则根据叠加原理，如图 4-37（b）所示的运行状态又可以分解成图 4-37（c）和图 4-37（d）所示的两个运行状态的叠加。若令故障点处附加电源的电压值等于故障前状态下故障点处的电压，则图

4 - 37（c）就相应于故障前的系统非故障状态，各点处的电压、电流均与故障前的情况一致。图 4 - 37（d）为故障引入的附加故障状态，该系统中各点的电压、电流称为电压电流的故障分量或故障变化量、突变量。

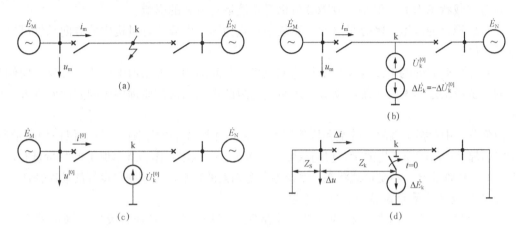

图 4 - 37　短路故障时电气变化量的分解

（a）故障后电力系统状态；（b）故障状态分解；（c）故障前电力系统状态；（d）故障附加状态

系统故障时，相当于图 4 - 37（d）的系统故障附加状态突然接入，这时 Δu 和 Δi 都不为零，电压、电流中出现故障分量。可见，电压、电流的故障分量就相当于图 4 - 37（d）所示的无源系统对于故障点处突然加上的附加电压源的响应。

这样，在任何运行方式、运行状态下，系统故障时，保护安装处测量到的全电压 u_{m}、全电流 i_{m} 可以看作是故障前状态下非故障分量电压 $u^{[0]}$、电流 $i^{[0]}$ 与故障分量电压 Δu、电流 Δi 的叠加，即

$$u_{\mathrm{m}} = u^{[0]} + \Delta u \tag{4 - 46a}$$

$$i_{\mathrm{m}} = i^{[0]} + \Delta i \tag{4 - 46b}$$

根据式（4 - 46）可以导出故障分量的计算方法，即

$$\Delta u = u_{\mathrm{m}} - u^{[0]} \tag{4 - 47a}$$

$$\Delta i = i_{\mathrm{m}} - i^{[0]} \tag{4 - 47b}$$

式（4 - 47）表明，从保护安装处的全电压、全电流中减去故障前状态下的电压、电流就可以求得故障分量电压、电流。

在 Δu 和 Δi 中，既包含了系统短路引起的工频电压、电流的变化量，还包含短路引起的暂态分量，即

$$\Delta u = \Delta u_{\mathrm{st}} + \Delta u_{\mathrm{tr}} \tag{4 - 48a}$$

$$\Delta i = \Delta i_{\mathrm{st}} + \Delta i_{\mathrm{tr}} \tag{4 - 48b}$$

式中：Δu_{st}、Δi_{st} 分别为电压、电流故障分量中的工频稳态成分，称为工频故障分量或工频变化量、突变量；Δu_{tr}、Δi_{tr} 分别为电压、电流故障分量中的暂态成分。

由于 Δu_{st} 和 Δi_{st} 按正弦量变化，所以它们可以用相量的方式来表示；用相量表示时，一般省去下标，记为 $\Delta \dot{U}$ 和 $\Delta \dot{I}$。

故障分量具有如下几个特征：

（1）故障分量可由附加状态网络计算获取，相当于在短路点加上一个与该点非故障状态下大小相等、方向相反的电动势，并在网络内所有电动势为零的条件下得到的。

（2）非故障状态下不存在故障分量的电压和电流，故障分量只有在故障状态下才会出现，并与负载状态无关。但是，故障分量仍受系统运行方式的影响。

（3）故障点的电压故障分量最大，系统中性点为零。由故障分量构成的方向元件可以消除电压死区。

（4）保护安装处的电压故障分量与电流故障分量间的相位关系由保护背后（反方向侧系统）的阻抗所决定，不受系统电动势和短路点电阻的影响，按其原理构成的方向元件方向性明确。

故障分量中包括工频故障分量和故障暂态分量，两者都可以用来作为继电保护的测量量。由于它们都是由故障而产生的量，仅与故障状况有关，所以用它作为继电保护的测量量时，可使保护的动作性能基本不受负载状态、系统振荡等因素的影响，可望获得良好的动作特性。

2. 工频故障分量距离保护的工作原理

工频故障分量距离保护又称为工频变化量距离保护，是一种通过反应工频故障分量电压、电流的距离保护。

在图 4 - 37（d）中，保护安装处的工频故障分量电流、电压可以分别表示为

$$\Delta \dot{I} = \frac{\Delta \dot{E}_\mathrm{k}}{Z_\mathrm{S} + Z_\mathrm{k}} \qquad (4 - 49)$$

$$\Delta \dot{U} = - \Delta \dot{I} Z_\mathrm{S} \qquad (4 - 50)$$

式中：Z_S 为 M 侧系统阻抗；Z_k 为短路阻抗。

取工频故障分量距离元件的工作电压为

$$\Delta \dot{U}_\mathrm{op} = \Delta \dot{U} - \Delta \dot{I} Z_\mathrm{set} = - \Delta \dot{I} (Z_\mathrm{S} + Z_\mathrm{set}) \qquad (4 - 51)$$

式中：Z_set 为保护的整定阻抗，一般取为线路正序阻抗的 $80\% \sim 85\%$。

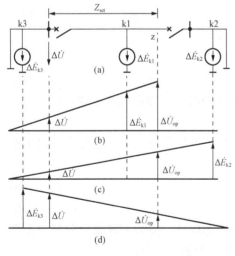

图 4 - 38　用电压法分析工频变化
量阻抗元件的工作原理
（a）故障附加网络；（b）区内故障；
（c）正向区外故障；（d）反相故障

如图 4 - 38 所示为在保护区内、外不同地点发生金属性短路时用电压法分析工频变化量阻抗元件的工作原理，式（4 - 51）中的 $\Delta \dot{U}_\mathrm{op}$ 对应图中 z 点的电压。

如图 4 - 38（b）所示，在保护区内 k1 点短路时，$\Delta \dot{U}_\mathrm{op}$ 在 0 与 $\Delta \dot{E}_\mathrm{k1}$ 连线的延长线上，这时有 $|\Delta \dot{U}_\mathrm{op}| > |\Delta \dot{E}_\mathrm{k1}|$。

如图 4 - 38（c）所示，在正向区外 k2 点短路时，$\Delta \dot{U}_\mathrm{op}$ 在 0 与 $\Delta \dot{E}_\mathrm{k2}$ 的连线上，$|\Delta \dot{U}_\mathrm{op}| < |\Delta \dot{E}_\mathrm{k2}|$。

如图 4 - 38（d）所示，在反向区外 k3 点短路时，$\Delta \dot{U}_\mathrm{op}$ 在 0 与 $\Delta \dot{E}_\mathrm{k3}$ 的连线上，$|\Delta \dot{U}_\mathrm{op}| < |\Delta \dot{E}_\mathrm{k3}|$。

可见，比较工作电压 $\Delta \dot{U}_\mathrm{op}$ 和电动势 $\Delta \dot{E}_\mathrm{k}$ 的幅值大小就能够区分出区内外的故障。故障附加状态下的电动势的大小，等于故障前短路点电压的大

小，即比较工作电压与非故障状态下短路点电压的大小 $U_k^{[0]}$ 时，就能够区分出区内外的故障。假定故障前为空载，短路点电压的大小等于保护安装处母线电压的大小，通过记忆的方式很容易得到，工频故障分量距离元件的动作判据可以表示为

$$| \Delta \dot{U}_{op} | \geqslant U_k^{[0]} = U_m^{[0]} \tag{4-52}$$

满足该式判定为区内故障，保护动作；不满足该式，判定为区外故障，保护不动作。

二、工频故障分量距离保护的动作特性

工频故障分量距离保护在正向故障时的动作特性，可以用图 4-39（a）所示的等值网络分析。

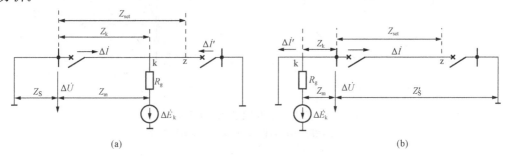

图 4-39　动作特性分析用等值网络
(a) 正向故障；(b) 反向故障

由图 4-39（a）及工频故障分量的定义可得

$$U_k^{[0]} = | \Delta \dot{E}_k | = | \Delta \dot{I}(Z_S + Z_k) + C \Delta \dot{I} R_g | = | \Delta \dot{I} | \, | Z_S + Z_m | \tag{4-53}$$

$$| \Delta \dot{U}_{op} | = | - \Delta \dot{I}(Z_S + Z_{set}) | = | - \Delta \dot{I} | \, | Z_S + Z_{set} | \tag{4-54}$$

式中：Z_m 为正向故障时测量元件的测量阻抗，$Z_m = Z_k + C R_g$；C 为工频故障分量电流助增系数，$C = \dfrac{\Delta \dot{I} + \Delta \dot{I}'}{\Delta \dot{I}}$。

将式（4-53）、式（4-54）代入式（4-52）得到

$$| Z_S + Z_{set} | \geqslant | Z_S + Z_m | \tag{4-55}$$

在式（4-55）中，系统阻抗 Z_S 和整定阻抗 Z_{set} 都为常数，测量阻抗 Z_m 随着短路距离和过渡电阻的变化而变化，式（4-55）取等号，可以得到临界动作情况下 Z_m 的轨迹，即动作的特性为

$$| Z_S + Z_{set} | = | Z_S + Z_m | \tag{4-56}$$

在阻抗复平面上，该特性是以 $-Z_S$ 为圆心，以 $| Z_S + Z_{set} |$ 为半径的圆，如图 4-40（a）所示。当测量阻抗 Z_m 落在圆内时，满足方程式（4-55），测量元件动作，所以圆内为动作区，圆外为非动作区。可见，在正向故障时，特性圆的直径很大，有很强的允许过渡电阻能力。此外，尽管过渡电阻仍影响保护的动作范围，但由于 $\Delta \dot{I}'$ 一般与 $\Delta \dot{I}$ 同相位，过渡电阻呈电阻性，与 R 轴平行，不存在由于对侧电流助增引起的稳态超越问题。

在反向故障时，系统的分析网络如图 4-39（b）所示，由图可见

$$U_k^{[0]} = | \Delta \dot{E}_k | = | - \Delta \dot{I}(Z'_S + Z_k) + C \Delta \dot{I} R_g | = | - \Delta \dot{I} | \, | Z'_S + Z_m | \tag{4-57}$$

$$| \Delta \dot{U}_{op} | = | \Delta \dot{I}(Z'_S - Z_{set}) | = | \Delta \dot{I} | \, | Z'_S - Z_{set} | \tag{4-58}$$

式中：Z_m 为反向故障时测量元件的测量阻抗，$Z_m = Z_k + CR_g$；C 为工频故障分量电流助增

系数，$C = \dfrac{\Delta \dot{I} + \Delta \dot{I}'}{\Delta \dot{I}}$；$Z'_S$ 为从保护安装处到对端系统中性点的等值阻抗。

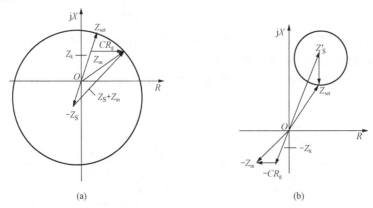

图 4 - 40　工频变化量阻抗元件的动作特性

(a) 正相故障动作特性；(b) 反相故障动作特性

可见，在过渡电阻 R_g 短路时，距离元件测量阻抗 Z_m 多了一项与 R_g 有关的阻抗，使得距离元件的保护范围减少，而且所增加阻抗是纯电阻性。因为电流工频变化量 $\Delta \dot{I}$、$\Delta \dot{I}'$ 的相位几乎总是相同的，所以不会因对侧的助增电流引起超越现象。这是工频变化量距离元件的一大优点。同时，工频变化量距离元件有躲较大的过渡电阻的能力，反方向出口故障时不会因过渡电阻影响而误动作。

将式（4 - 57）、式（4 - 58）代入式（4 - 52）得到

$$| Z'_S - Z_{set} | \geqslant | Z'_S - (-Z_m) |　　　　　　　　　　（4 - 59）$$

类似于对正向故障情况的分析，可以得到在反向故障情况下的动作特性，如图 4 - 40（b）所示。在阻抗复平面上，元件动作区域是以 Z'_S 的末端为圆心、以 $| Z'_S - Z_{set} |$ 为半径的圆。由于动作的区域在第一象限，而测量阻抗 $-Z_m$ 位于第三象限，所以元件不可能动作，具有明确的方向性。

三、工频故障分量阻抗元件在有串联补偿电容的线路上的性能分析

在超高压长距离输电线路上，为了提高系统并列运行的稳定性，增加输电线路的传输能力，需要装设串联补偿（串补）电容。串补电容使两系统之间的总阻抗减少，电气距离缩短，因此可降低运行功角，提高稳定水平。在同样的运行功角下，有串补电容的输电线路比无串补电容的输电线路传输功率提高了。但是，串补电容是一个集中的负电抗，必然对阻抗元件的测量产生影响。串补电容一般安装于输电线路的始端。对于普通方向阻抗元件，在靠近串补电容的一段区域内发生故障时，由于测量阻抗为 $-jX_C + Z_k$，因此，方向阻抗元件将拒动。当反方向经串补电容故障时，方向阻抗元件将误动。同时，为了使距离保护的第Ⅰ段的保护范围不超出本线路，当有串补电容时，其距离保护Ⅰ段的整定阻抗的计算式为

$$Z'_{set} = K'_{rel}(Z_{NP} - jX_C)$$

因此，当串补电容被击穿后，保护范围将缩短。这就是普通阻抗元件在有串补电容的输电线路上遇到的问题。下面对于工频变化量阻抗元件有串补电容的输电线路的性能进行分

析。对于超高压输电线路，其电阻分量很小，可忽略输电线路的电阻分量，按纯电抗考虑。下面分为两种情况讨论。

1. 串补电容位于保护正方向出口

（1）发生正方向短路。如图 4-41 所示，在 NP 线路出口装有串补电容 C。在串补电容的出口发生短路时，保护 3 阻抗元件的测量阻抗为 $-jX_C$。对于工频变化量阻抗元件，由以上的分析可知，其正方向短路的动作特性为以 $-jX_S$ 的端点为圆心，以 X_S 和 X_{set} 之和的长度为半径的圆，如图 4-42 所示。对图 4-41 的系统，X_S 应包括线路 MN 的阻抗和系统阻抗。

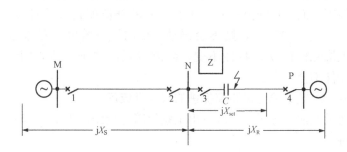

图 4-41　有串补电容的线路上发生正方向故障

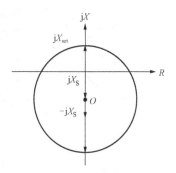

图 4-42　正方向短路动作特性

可见，在电容器出口短路时，测量阻抗落在圆内，阻抗元件可靠动作。由于串补电容的补偿度一般为 30%～40%，最大不超过 50%，按串补电容的补偿度为 50%，则 NP 线路上距离Ⅰ段的整定阻抗为

$$X'_{set} = K'_{rel}(X_{NP} - 0.5X_{NP}) = 0.85 \times 0.5X_{NP} = 0.425X_{NP}$$

在串补电容的出口故障时，测量阻抗为 $-jX_C$，所以，只要 $X_S > 0.0375X_{NP}$，则阻抗元件总能可靠动作。若电容器被击穿，则继电器的测量阻抗将增大 X_C 值，从而使保护范围缩短。

（2）发生反方向短路。反方向短路时，工频变化量阻抗元件的特性是以 jX_R 为圆心，以 $X_R - X_{set}$ 为半径的上抛圆，如图 4-43 所示。此时，保护 3 测量阻抗位于 $-jX$ 轴上，所以根本不会误动。若反向短路时电容击穿，则 X_R 值增大了 X_C 值，X_{set} 不变，动作特性如图 4-43 中的圆 2，阻抗元件不会误动。

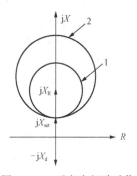

图 4-43　反方向短路动作
特性

2. 串补电容位于保护反方向出口

（1）发生正方向短路。如图 4-44 所示，保护位于 MN 线路的 N 侧，串补电容位于 NP 线路的出口。此时，保护 2 阻抗元件的动作特性是以 $-jX_S$ 的端点为圆心，以 X_S 和 X_{set} 之和的长度为半径的圆。在保护的正方向发生短路时测量阻抗为 jX_k，只要短路点在区内，保护总能可靠动作。

当电容器被击穿后，则 X_S 增大了 X_C 值，圆特性扩大，而整定阻抗不变，保护范围不变。

（2）发生反方向短路。此时，测量阻抗为 jX_C，动作特性是以 jX_R 为圆心，以 $X_R - X_{set}$

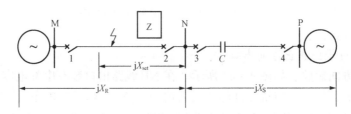

图 4 - 44　串补电容位于保护反方向出口的情况

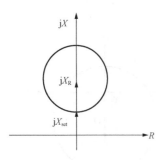

图 4 - 45　反方向短路
动作特性

为半径的上抛圆，如图 4 - 45 所示。当 $|X_C| > |X_{set}|$ 时，测量阻抗将落入圆内，阻抗元件将误动。这种情况发生在 MN 线路较短，而 NP 线路较长，串补电容的补偿度较大的时候。如 $|X_C| < |X_{set}|$，则不会误动。反向短路若电容器被击穿，阻抗元件的动作特性不变，而测量阻抗位于 $-jX$ 轴上，阻抗元件不会误动。

四、工频故障分量距离保护的特点及应用

通过上述的分析，可以看出工频故障分量距离保护具有如下的特点。

（1）阻抗元件以电力系统故障引起的故障分量电压、电流为测量信号，不反应故障前的负载量和系统振荡，动作性能基本上不受非故障状态的影响，无需加振荡闭锁。

（2）阻抗元件仅反应故障分量中的工频稳态量，不反应其中的暂态分量，动作性能较为稳定。

（3）阻抗元件的动作判据简单，因而实现方便，动作速度较快。

（4）阻抗元件具有明确的方向性，因而既可以作为距离元件，又可以作为方向元件使用。

（5）阻抗元件本身具有较好的选相能力。

鉴于上述特点，工频故障分量距离保护可以作为快速距离保护的 I 段，用来快速地切除 I 段范围内的故障。此外，它还可以与四边形特性的阻抗继电器复合组成复合距离继电器，作为纵联保护的方向元件（详见第五章）。在 RCS 系列保护中采用由工频故障分量（工频变化量）距离元件构成的快速 I 段保护。

第五章　超高压输电线路快速纵联保护

第一节　输电线路纵联保护概述

目前，220kV及以上电压等级输电线路基本上都配置有双套主保护和后备保护。主保护一般为纵联保护，后备保护为第四章所讨论的距离和零序保护，并采用综合重合闸。本章主要介绍纵联保护和综合重合闸的内容。按照保护动作原理，国内常使用的纵联保护有闭锁式方向纵联或距离纵联保护、允许式方向纵联或距离纵联保护及分相电流差动保护。

一、线路纵联保护的构成

由电流、距离保护的基本原理可知，反应输电线路一侧电气量的保护不能准确区分本线路末端与相邻线路出口的故障，为了满足选择性的要求，就必须使这些保护的速动段（第Ⅰ段）的保护范围只能是线路全长的一部分。即使是反应电压电流比值的距离保护的第Ⅰ段的保护范围也只有线路全长的85%。

对于一个双侧电源系统，在输电线路两侧均装有三段式距离保护。每侧距离保护的第Ⅰ段的保护范围为线路全长的85%。该线路发生故障时，当故障点位于靠近线路两侧的各15%范围内时，总有一侧要以距离保护Ⅱ段的时间切除故障，如图5-1所示。这样长的故障切除时间对于220kV及其以上的高压、超高压电网不能满足系统稳定的要求。因此在220kV及以上电压等级的输电线路上，必须装设全线路故障都能快速动作的保护。

继电保护装置如果只反应线路一侧的电气量就不可能区分本线路末端和对侧母线或相邻线路始端的故障，只有反应线路两侧的电气量才可能区分上述故障，达到有选择性地快速切除全线故障的目的。为此需要将线路一侧电气量的信息传输到另一侧去，也就是说在线路两侧之间发生纵向的信息联系。这种保护称为输电线的纵联保护。保护是否动作取决于安装在输电线两端的装置联合判断的结果，两端的装置组成一个保护单元，各端的装置不能独立构成保护。理论上这种纵联保护具有输电线路内部短路时动作的绝对选择性。

输电线路的纵联保护两端比较的电气量可以是流过两端的电流、两端电流的相位和两端功率的方向等，比较两端不同电气量的差别构成不同原理的纵联保护。将一端的电气量或用于比较的特征传送到对端，可以根据不同的信息传送通道条件，采用不同的传输技术。以两端输电线路为例，一套完整的纵联保护的结构图如图5-2所示。

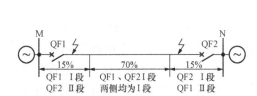

图5-1　反应单侧电量保护切除故障的说明图

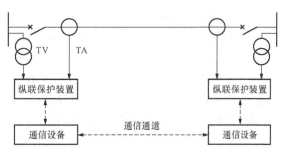

图5-2　纵联保护结构图

图 5-2 中继电保护装置通过电压互感器 TV、电流互感器 TA 获取本端的电压、电流，根据不同的保护原理，形成或提取两端被比较的电气量特征，一方面通过通信设备将本端的电气量特征传送到对端，另一方面通过通信设备接收对端发送过来的电气量特征并将两端的电气量特征进行比较，若符合动作条件，则跳开本端断路器并告知对方，若不符合动作条件，则不动作。因此，一套完整的纵联保护包括两端保护装置、通信设备和通信通道。

二、线路纵联保护的分类

随着计算机和数字通信技术的发展，光纤及微波通信系统在电力系统中得到广泛应用，可供继电保护使用的信号传输通道不再单一，可选择的保护信号传输通道方式主要有导引线（较少见）；专用载波通道、复用载波机、复用微波通道；专用光纤通道、复用光纤通道。线路纵联保护按照所利用通道的不同类型可以分为四种：

（1）导引线纵联保护简称导引线保护。

（2）电力线载波纵联保护，简称高频保护。

（3）微波纵联保护，简称微波保护。

（4）光纤纵联保护，简称光纤保护。

纵联保护按照保护动作原理可以分两类：

（1）纵联差动保护（纵差保护）。这类保护利用通道将本侧电流的波形或代表电流相位的信号传送到对侧，每侧保护根据对两侧电流的幅值和相位比较的结果区分是区内还是区外故障，可见这类保护在每一侧都直接比较两侧的电气量。类似于元件差动保护，因此称为纵联差动保护。

（2）方向纵联保护与距离纵联保护。两侧保护元件仅反应本侧的电气量，利用通道将保护元件对故障方向判别的结果传送到对侧，每侧保护根据两侧保护元件的动作结果经过逻辑判断区分是区内还是区外故障。这类保护是间接比较线路两侧的电气量，在通道中传送的是逻辑信号。按照保护判别方向所用的方向元件不同又可分为：

1）方向纵联保护。

2）距离纵联保护。

方向纵联保护与距离纵联保护传输简单的逻辑信号。按照正常时通道中有无高频电流可分为故障时发信和长期发信两种方式，按照信号的作用可分为闭锁信号、允许信号和跳闸信号。目前应用较广泛的是闭锁信号和允许信号。

采用闭锁信号方式时收不到信号是保护作用于跳闸的必要条件，采用允许信号方式时收到对侧允许信号是保护作用于跳闸的必要条件。按照信号的定义，正常状态下不论有无高频电流都不是信号，只有高频电流改变其状态才认为是信号。

三、线路纵联保护的通道

通道虽然只是传送信息的手段，但纵联保护采用的原理往往受到通道的制约。纵联保护在应用上述四种通道时有以下特点。

（1）导引线通道特点。这种通道需要铺设电缆，其投资随线路长度而增加。当线路较长时就不经济了。导引线越长，安全性越低。导引线中传输的是电信号。在中性点接地系统中，除了雷击外，在接地故障时地中电流会引起地电位升高，也会产生感应电压，对保护装置和人身安全构成威胁，也会造成保护不正确动作。所以导引线的电缆必须有足够的绝缘水平。例如，15kV 的绝缘水平一般还要使用隔离变压器从而使投资增大。导引线直接传输交流电量，故导引线保护广泛采用差动保护原理，但导引线的参数（电阻和分布电容）直接影响保护性能，从而在技术上也限制了导引线保护用于较长的线路。

（2）电力线载波通道（高频保护）特点。这种通道在保护中应用最广。高频保护是纵联保护中应用最广的一种。载波通道由高压输电线及其加工和连接设备（阻波器、结合电容器及高频收发信机）等组成。高压输电线机械强度大，十分安全可靠。但正是在线路发生故障时通道可能遭到破坏（高频信号衰减增大），为此需考虑在此情况下高频信号是否能有效传输的问题。当载波通道采用"相—地"制，在线路中间点发生单相接地短路故障时，衰减与正常时基本相同，但在线路两端故障时，衰减显著增大。当载波通道采用"相—相"制，在单相接地短路故障时，高频信号能够传输，但在三相短路时却不能。为此高频保护在利用高频信号时应使保护在本线路故障信号中断的情况下仍能正确动作。

（3）微波通道特点。微波通道与输电线没有直接的联系，输电线发生故障时不会对微波通信系统产生任何影响，因而保护利用微波信号的方式不受限制。微波通信是一种多路通信系统，可以提供足够的通道，彻底解决了通道拥挤的问题。微波通信具有很宽的频带，线路故障时信号不会中断，可以传送交流电流的波形。数字式微波通信可以进一步扩大信息传输量，提高抗干扰能力，也更适合于数字保护。微波通信是较理想的通信系统，但是保护专用微波通信设备是不经济的。

（4）光纤通道特点。光纤通道与微波通道有相同的优点。光纤通信也广泛采用数字通信方式。线路保护在很短时可以通过光纤直接将光信号送到对侧，在每端的保护装置中都将电信号变成光信号送出，又将所接收的光信号变为电信号供保护使用。由于光与电之间互不干扰，所以光纤保护没有导引线保护的那些问题，光纤的价格不高，是目前主要的纵联保护通道。另外，在架空输电线的接地线中铺设光纤的方法可使光纤通道的纵联保护既经济又安全。

　[输电线路纵联保护知识点回顾]（数字化教学资源）

1. 方向纵联保护的构成原理

方向纵联保护是利用通信通道将一侧保护对故障方向判别的结果传送到对侧，各侧保护根据两侧保护的动作逻辑来判断区内、区外故障，从而确定保护是否动作。传输信号分为闭锁信号、允许信号及跳闸信号，可构成闭锁式纵联保护和允许式纵联保护。

由图 5-3（a）说明允许信号的发送过程，设 BC 线路 k 点发生短路，电流由两侧电源流向短路点，保护 3 和 4 功率（电流）均为正方向。左侧保护 3 和右侧保护 4 的功率方向＋KW 均动作，两侧发信机 G 均启动发信，通道中有信号传输；两侧收信机 R 均可以收到对侧传来的允许信号；两侧的与门均满足条件，并发出跳闸命令。

允许式纵联保护以收到信号为跳闸的必要条件，线路故障可能影响高频通道的工作，但速度较快。

由图 5-3（b）说明闭锁信号的发送过程，设 BC 线路 k 点发生短路，对于 AB 线路为区外故障，远故障点侧的保护 1 为正方向，近故障点侧的保护 2 为反方向。右侧保护 2 功率方向－KW 动作，启动发信机 G 发信，通道中信号从右往左发送；左侧保护 1 功率方向＋KW 动作，启动 t_1 延时等待；同时，左侧收信机 R 收到对侧传来的闭锁信号，将左侧与门闭锁，保护不跳闸。右侧＋KW不动作且收信机R可收到闭锁信号，与门的两个条件均不满足，保护不跳闸。

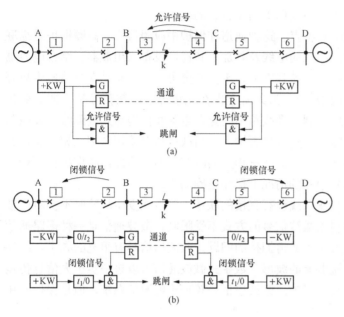

资源5-1　纵联保护允许
信号发送条件及过程

资源5-2　纵联保护闭锁
信号发送条件及过程

图5-3　纵联保护信号发送条件及过程
(a) 纵联保护允许信号；(b) 纵联保护闭锁信号

闭锁式纵联保护以未收到信号为跳闸的必要条件，线路故障不影响高频通道的工作，但速度较慢。

2. 闭锁式方向纵联保护原理框图

闭锁式方向纵联保护由两个主要元件组成：一是启动元件，用于故障时启动发信机发出闭锁信号；二是方向元件，判断故障方向，在保护的正方向故障时准备好跳闸回路。闭锁式方向纵联保护原理框图如图5-4所示。

BC线路k点发生故障时，以AB线路（区外故障）近故障点侧的保护2为例来说明工作过程。启动元件I_1动作，KT1瞬时（0s）动作，与门JZ1满足动作条件启动发信机，发出闭锁信号；同时因方向为负，方向元件S不动作，与门一个动作条件不满足输出为0，KT2输出为0，对与门JZ1不闭锁，JZ1动作条件始终存在，发信机持续发闭锁信号；两侧收信机均能收到这个闭锁信号，收信机有输出闭锁与门JZ2不动作，两侧保护均无跳闸信号。

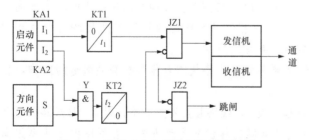

图5-4　闭锁式方向纵联保护原理框图

资源5-3　闭锁式方向纵联
保护原理

3. 闭锁式距离纵联保护原理框图

闭锁式距离保护原理框图如图 5-5 所示,它由三段式距离保护和高频闭锁两部分组成,方向判别共用距离保护第Ⅱ段的方向阻抗元件 $Z_{\text{Ⅱ}}$。

当 BC 线路 k 点发生故障时,以 BC 线路(区内故障)的保护 3 为例来说明工作过程。负序电流启动元件 KA 动作,经或门使时间元件瞬时(0s)动作,与门 JZ1 满足动作条件启动发信机发信号;同时方向为正,方向阻抗元件 $Z_{\text{Ⅱ}}$ 动作,经与门、或门使时间元件(延时 t_2 s)动作,与门 JZ1 因第二个条件不符合而被闭锁,JZ1 输出变为 0,发信机停止发闭锁信号;两侧收信机均未收到持续的闭锁信号,JZ2 无闭锁且方向均为正,两侧保护均发出跳闸信号。

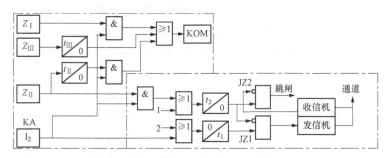

图 5-5 闭锁式距离纵联保护原理框图

4. 纵联电流差动保护原理

由图 5-6 所示,正常运行及区外故障(如 k2 点短路)时,流经线路两侧的电流大小相等方向相反,若不计电流互感器的误差,则 $\dot{I}_M = -\dot{I}_N$,保护反应的电流相量 $\dot{I}_M + \dot{I}_N$ 为零,保护不动作。

在两侧电流互感器之间的线路上发生故障(如 k1 点区内短路)时,两侧电源分别向短路点供给短路电流,两侧的电流方向相同,保护反应的电流 $\dot{I}_M + \dot{I}_N$ 为故障点电流 $\dot{I}_k$,保护能灵敏动作。

实际上电流互感器存在励磁电流,两侧电流互感器的励磁特性不完全一致且存在误差,则在正常运行或外部故障时,保护的电流不为零称为不平衡电流。

当计及输电线路对地电容影响时,正常运行时 I_M、I_N 均有电容电流 $I_c/2$,保护的不平衡电流主要是两侧对地电容电流 I_c,因此保护启动电流应躲过线路对地电容电流。

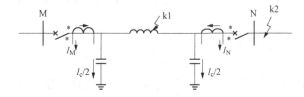

图 5-6 线路纵联电流差动保护原理

第二节　纵联保护中的方向元件原理

方向纵联保护与距离纵联保护利用通道将保护装置对故障方向判别的结果传送到对侧，每侧保护根据两侧保护装置的动作过程逻辑来判断和区分是区内还是区外故障。此类保护是间接比较线路两侧的电气量，在通道中传送的是逻辑信号。不同线路保护装置所采用的方向元件原理各不相同，如工频变化量方向元件和零序方向元件构成的方向纵联保护；以阻抗方向元件和零序方向元件构成的距离纵联保护；能量积分方向元件构成的方向纵联保护等。

在纵联保护中，方向元件或功率方向判别元件是其中的关键元件。对方向元件有下述一些要求，这些要求同样适用于闭锁式和允许式、纵联方向保护和纵联距离保护：

（1）要有明确的方向性，如果方向元件不正确，直接会导致纵联保护的误动或拒动。

（2）正方向元件要确保在本线路全长范围内发生各种故障都能可靠动作，只有这样，本线路发生故障时，纵联保护才能全线速动。

（3）反方向元件要闭锁正方向元件。一个简单原因，任何时候只要反方向元件动作，说明发生反方向故障，要立即闭锁保护，当然这样做的一个负面影响就是区外转区内故障可能要等到区外故障切除后，纵联保护才能够动作。另外双回线系统中，理论上本线路区外存在某故障点，线路两端不同原理的正方向元件可能同时动作而导致保护误动，因为此时是区外故障，某侧的反方向元件会动作，所以在线路任意一侧都要以反向元件闭锁该侧的正方向元件。

（4）要求线路本侧的反方向元件比本侧的正方向元件更灵敏、动作更快。

（5）要求线路本侧的反方向元件比对侧的正方向元件更灵敏、动作更快。主要原因是线路本侧反向发生故障，如果线路对侧的正方向元件能够动作，而本侧保护的反方向元件灵敏度较低而没有动作，可能会导致保护误动。

以下分别介绍纵联保护常用的几种方向元件，包括工频变化量方向元件、能量积分方向元件，阻抗方向元件和零序方向元件，零序方向元件为后备稳态量方向元件。

一、工频变化量方向元件

在 RCS 系列方向纵联保护中，用工频电压、电流的故障分量构成工频变化量方向元件。设有正向和反向两个元件。其原理是比较电压和电流故障分量的相位，用于判断故障的方向。

工频变化量方向元件应满足如下要求：

（1）正确反应所有类型故障时故障点的方向且无死区。

（2）不受负载的影响，在正常负载状态下不启动。

（3）不受系统振荡影响，在振荡无故障时不误动，振荡中再故障时仍能正确判定故障点的方向。

（4）在两相运行中又发生短路时仍能正确判定故障点的方向。

1. 工频变化量方向元件原理

根据第四章第三节对工频故障分量的分析，对于双端电源的输电线路，按照规定的电压、电流正方向，在保护的正方向短路时，保护安装处电压、电流关系为

$$\Delta \dot{U} = - \Delta \dot{I} Z_{\mathrm{S}} \qquad\qquad (5-1)$$

式中：$\Delta \dot{U}$、$\Delta \dot{I}$ 为保护安装处工频故障分量电压、电流；Z_{S} 为保护安装处母线上等效电源的阻抗。

在保护的反方向短路时,保护安装处电压、电流关系为

$$\Delta \dot{U} = \Delta \dot{I} Z_{s}' \tag{5-2}$$

式中:Z_{s}' 为线路阻抗和对侧母线上等效电源阻抗之和。

可见,比较故障分量的电压、电流的相位关系,可以明确地判定故障的方向。为了便于实现电压、电流相位关系的判定,实际上的方向元件是比较故障分量电压和故障分量电流在模拟阻抗 Z_r 上的电压间相位关系,设 Z_r、Z_S 及 Z_s' 的阻抗角相等,所以正方向故障时,功率方向为正,即

$$\arg \frac{\Delta \dot{U}}{Z_r \Delta \dot{I}} = \arg\left(-\frac{Z_S}{Z_r}\right) = 180° \tag{5-3}$$

考虑各种因素的影响动作区应是 $\pm 90°$ 的范围,正方向故障时,方向元件的判据为

$$270° > \arg \frac{\Delta \dot{U}}{Z_r \Delta \dot{I}} > 90° \tag{5-4}$$

反方向故障时,功率方向负,即

$$\arg \frac{\Delta \dot{U}}{Z_r \Delta \dot{I}} = \arg\left(\frac{Z_s'}{Z_r}\right) = 0° \tag{5-5}$$

考虑各种因素的影响,反方向故障时方向元件的判据为

$$90° > \arg \frac{\Delta \dot{U}}{Z_r \Delta \dot{I}} > -90° \tag{5-6}$$

对于负序、零序分量类似,正方向故障时,有

$$\left. \begin{array}{l} \dot{U}_2 = -Z_S \dot{I}_2 \\ \dot{U}_0 = -Z_{0S} \dot{I}_0 \end{array} \right\} \tag{5-7}$$

式中:Z_S、Z_{0S} 分别为线路和对侧母线上等效电源的负序、零序阻抗。

反方向故障时,有

$$\left. \begin{array}{l} \dot{U}_2 = Z_s' \dot{I}_2 \\ \dot{U}_0 = Z_{0S}' \dot{I}_0 \end{array} \right\} \tag{5-8}$$

式中:Z_s'、Z_{0S}' 分别为保护安装处母线上等效电源的负序、零序阻抗之和。

负序、零序故障分量方向元件正方向故障时的判据为

$$\left. \begin{array}{l} 270° > \arg \dfrac{\Delta \dot{U}_2}{Z_{2r} \Delta \dot{I}_2} > 90° \\[3mm] 270° > \arg \dfrac{\Delta \dot{U}_0}{Z_{0r} \Delta \dot{I}_0} > 90° \end{array} \right. \tag{5-9}$$

式中:Z_{2r}、Z_{0r} 为元件中的模拟阻抗,其相角分别与电源的负序及零序阻抗角相等。

同理,负序、零序故障分量方向元件反方向故障时的判据为

$$\left. \begin{array}{l} 90° > \arg \dfrac{\Delta \dot{U}_2}{Z_{2r} \Delta \dot{I}_2} > -90° \\[3mm] 90° > \arg \dfrac{\Delta \dot{U}_0}{Z_{0r} \Delta \dot{I}_0} > -90° \end{array} \right\} \tag{5-10}$$

2. 综合工频变化量方向元件

利用 $\Delta\dot{U}$ 和 $\Delta\dot{I}$ 构成的工频变化量方向元件通常在灵敏度不满足要求时，也可以采用综合的故障分量来提高灵敏度。即工频变化量方向元件利用故障分量 $\Delta\dot{U}_{12}$ 和 $\Delta\dot{I}_{12}$ 实现相位比较，则

$$\Delta\dot{U}_{12} = \Delta\dot{U}_1 + M\Delta\dot{U}_2 \qquad (5\text{-}11)$$

$$\Delta\dot{I}_{12} = \Delta\dot{I}_1 + M\Delta\dot{I}_2 \qquad (5\text{-}12)$$

式中：$\Delta\dot{U}_{12}$、$\Delta\dot{I}_{12}$ 为正序、负序电压和电流综合分量；M 为转换因子，可以根据不同的短路类型，选择不同的转换因子。正、反方向故障时同样有

$$\Delta\dot{U}_{12} = -Z_S\Delta\dot{I}_{12} \qquad (5\text{-}13)$$

$$\Delta\dot{U}_{12} = Z'_S\Delta\dot{I}_{12} \qquad (5\text{-}14)$$

比较 $\Delta\dot{U}_{12}$ 和 $\Delta\dot{I}_{12}$ 在模拟阻抗 Z_r 上的电压相位值，得到正、反方向动作判据分别为

正方向故障 $\qquad\qquad 270° > \arg\dfrac{\Delta\dot{U}_{12}}{Z_r\Delta\dot{I}_{12}} > 90° \qquad (5\text{-}15)$

反方向故障 $\qquad\qquad 90° > \arg\dfrac{\Delta\dot{U}_{12}}{Z_r\Delta\dot{I}_{12}} > -90° \qquad (5\text{-}16)$

为了解决大电源系统侧的灵敏度问题，通常保护可采用补偿阻抗的方法。设 Z_{com} 为补偿阻抗，并取 Z_{com} 值足够大，且阻抗角与 Z_S 的阻抗角相同，这时正、反方向故障的方向元件分别表示为

正方向元件 ΔF_+ $\qquad\qquad \varphi_+ = \arg\left(\dfrac{\Delta\dot{U}_{12} - \Delta\dot{I}_{12}Z_{com}}{\Delta\dot{I}_{12}Z_r}\right) \qquad (5\text{-}17)$

反方向元件 ΔF_- $\qquad\qquad \varphi_- = \arg\left(\dfrac{-\Delta\dot{U}_{12}}{\Delta\dot{I}_{12}Z_r}\right) \qquad (5\text{-}18)$

式中：当 $Z_S/Z_L > 0.5$ 时，补偿阻抗 Z_{com} 取 0，否则 Z_{com} 取 $Z_{set}/2$（Z_L 为被保护线路阻抗，Z_{set} 为工频变化量阻抗元件的整定阻抗）；其他参数同前述。

两种方向元件的动作条件均为 180°，正方向故障时 $\varphi_+ = 180°$，$\varphi_- = 0°$；反方向故障时 $\varphi_- = 180°$，$\varphi_+ = 0°$。

由以上分析可知，反应故障分量方向元件的测量相角不受过渡电阻的影响，固定为 180° 或 0°，在最大灵敏角下跃变，能非常明确地判断方向。具有以下几个特点：

（1）不受负载状态的影响。

（2）不受故障点过渡电阻的影响。

（3）故障分量的电压、电流间的相角由母线背后的系统阻抗决定，方向性明确。

（4）无电压死区。

（5）不受系统振荡影响。

二、零序方向元件

纵联保护中的零序方向也设有正向和反向两个元件。零序正方向元件由零序过电流元件 $2L_0$ 和零序正方向元件 F_{0+} 相与输出，而反方向元件由零序启动过电流元件 $3L_0$ 和零序反方

向元件 F_{0-} 相与输出。由接地故障分析可知，如已知零序阻抗角为 φ_0，当正方向接地故障时，$3\dot{I}_0$ 超前 $3\dot{U}_0$ 为 $180° - \varphi_0$，零序功率为负，F_{0+} 元件动作；当反方向接地故障时，$3\dot{U}_0$ 超前 $3\dot{I}_0$ 角度为 φ_0，零序功率为正，F_{0-} 元件动作。因此零序阻抗角 $\varphi_0 = 75°$ 时，最大灵敏角应为 $-105°$，正方向元件动作范围应是 $-105° \pm 90°$，因此，F_{0+} 动作方程可表示为

$$165° < \arg \frac{3\dot{U}_0}{3\dot{I}_0} < 345° \tag{5-19}$$

反方向元件 F_{0-} 动作方程为

$$-15° < \arg \frac{3\dot{U}_0}{\dot{I}_0} < 165° \tag{5-20}$$

零序方向元件的应用极其普遍。零序方向元件算法参见第二章第二节。

实际的纵联保护一般都同时采用两类故障分量方向元件，以发挥各自的优点，弥补对方的不足。由于工频变化量方向元件能反应所有类型的故障，所以它是主保护，但变化量只能短时存在，在变化量输出消失后，零序方向元件可以作为后备。

负序方向元件的原理与零序方向元件相同，由于负序分量在系统振荡情况下有不平衡输出等缺点，在纵联方向保护中应用的较少，在此不再详述。

零序方向元件和工频变化量方向元件有以下几个区别。

（1）零序方向元件只能反应接地故障，而工频变化量方向元件可以反应各种故障。

（2）只要接地故障存在，零序分量就存在，所以零序方向元件既可以实现快速的主保护，也可以实现延时的后备保护；工频变化量只能在故障后短时计算出来，只能作为瞬时动作的主保护。

（3）两相运行时也有零序分量出现，所以零序方向元件不适应系统的两相运行；工频变化量在两相运行时的稳态不会启动，在两相运行又发生故障时仍能动作。

由工频变化量方向元件及零序方向元件构成的方向纵联保护逻辑框图如图 5-7 所示。

三、能量积分方向元件

PSL 系列方向纵联保护中采用能量积分方向元件，其基本原理是叠加原理。当系统发生故障后可分解为正常系统和故障分量系统。能量积分元件通过计算故障分量能量函数来判别故障点的方向。正向故障时能量积分函数 $\bar{S}_m(t)$ 为负，而反方向故障时 $\bar{S}_m(t)$ 为正。

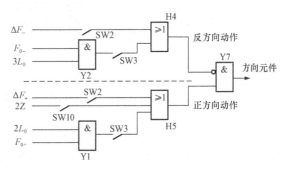

图 5-7　由工频率化量方向元件及零序方向元件构成的方向纵联保护逻辑框图

即反方向发生短路故障时，近故障点一侧（故障点在反方向上）的能量值大于线路远故障点一侧（故障点在正方向上）的能量值。

能量函数 $\bar{S}_m(t)$ 有如下性质：

（1）$\bar{S}_m(t) = 0$，无故障。

（2）$\bar{S}_m(t) < 0$，正向故障。

（3）$\bar{S}_{\mathrm{m}}(t) > 0$，反向故障。

能量方向元件根据故障附加网络的能量来判别故障方向，从理论上解决了传统的故障分量超高速保护不能长期保持正确方向的缺点，保护的动作快速性与安全性之间的矛盾得到了解决。

采用故障能量函数实现方向元件时，具有以下的优越特性。

（1）能量函数不受故障暂态过程的影响，因此不需要滤波。换句话说，故障电流、电压中的工频分量、非周期分量以及谐波分量都是能量函数在判别故障方向时有用的信息。这就为实现超高速方向保护打下了坚实的理论基础。

（2）从故障一开始，能量函数就有明确的方向性，并且在故障持续期间其方向性不会任意改变，因此具有非常高的安全性。

（3）对于一些特殊系统的故障，如串补线路故障，中性点经消弧线圈接地系统的接地故障、充电长线路发生反向出口故障或故障切除等，由于受电容的影响，基于工频量的方向元件难以判别故障方向，但能量函数的方向性不受任何影响。

另外，由于反向故障时反向侧能量大于正向侧的能量，在构成纵联方向保护时线路两侧的灵敏度自然得到配合。

能量函数在故障后一直保持明确的方向性，但其大小一般是按两倍额定频率周期性波动的。在电流过零时数值比较小，保护的灵敏度和信噪比都下降。为此，可以将能量函数进一步积分，构成能量积分函数。

能量积分函数 $SS(j)$ 具有方向性，正向故障时 $SS(j) < 0$；反向故障时 $SS(j) > 0$。并且 $SS(j)$ 还具有以下两个优越的特性：

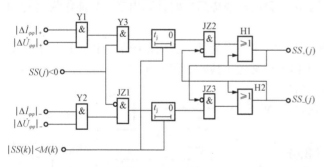

图 5 - 8　基于能量积分函数的方向元件的逻辑框图

（1）$SS(j)$ 的方向性不受故障暂态过程的影响，不需要滤波，可以实现超高速的方向元件。

（2）故障期间，$SS(j)$ 的方向性是始终正确的，并且随着积分时间 j 的增加，$SS(j)$ 的绝对值也单调地上升。因此有 $|SS(j)| > |M(j)|$。

基于能量积分函数的方向元件的逻辑框图如图 5 - 8 所示。

其中 $|\Delta\dot{U}_{\varphi\varphi}|_+$、$|\Delta\dot{I}_{\varphi\varphi}|_+$ 为相间电压突变量、相间电流突变量正向短路故障时能量积分方向元件的启动量；$|\Delta\dot{U}_{\varphi\varphi}|_-$、$|\Delta\dot{I}_{\varphi\varphi}|_-$ 为相间电压突变量、相间电流突变量反向短路故障时能量积分方向元件的启动量；$SS_+(j)$、$SS_-(j)$ 为能量积分方向元件的输出。正向故障时 $SS_+(j)$ 为 "1"；反向故障时 $SS_-(j)$ 为 "1"。

另外还包括方向元件 $SS(j) < 0$、噪声检测元件 $|SS(k)| < M(k)$、正向计时元件和反向计时元件等组成，有正、反两个方向的输出结果。

反向电流启动元件与装置的相电流差突变量启动元件相同，采用固定门槛和浮动门槛相结合。正向启动电流元件与反向类似，只是将电流固定门槛抬高 1.25 倍，使反向启动元件的灵敏度高于正向。电压启动元件同样如此。

以正方向的判别为例：当 $SS(j) < 0$ 并且正向电压、电流启动元件 Y2 动作时，通过与

门 Y3 启动正向计时，计时达到积分时间门槛后由 JZ2 输出正向故障的判定结果。正向元件动作后由 H1 将方向固定，并闭锁反向元件的输出结果 JZ3，防止两个输出结果。同样，若反向元件（经 Y2、JZ1、JZ3、H2）先动作，也将正向元件输出结果 JZ2 闭锁。正向计时元件还要受噪声检测元件 $[\,|SS(k)|<M(k)\,]$ 的控制，该元件动作时，能量积分函数的单调性被破坏，说明测量信号的噪声比较大，计时器停止计时但不返回，待单调性恢复后再继续计数，以进一步提高安全性。

积分时间决定了方向元件的动作速度。积分时间的长短不会影响方向判别的正确性，但采取一定的积分时间可以提高方向判别的冗余度。采用允许式时，积分时间取 2ms；采用专用闭锁式时，由于要有 5ms 的收信确认时间，积分时间取 5ms，在不影响保护整组动作时间的前提下尽量多地利用故障信息。

由于能量方向元件的灵敏度很高，为了减少通道干扰引起保护的误动，在方向保护经通道逻辑配合判定为区内故障时，由阻抗方向元件进行出口把关。若在阻抗元件动作范围之外，保护延时 30ms 出口，在此期间一旦检测到远方有闭锁信号（对于允许方式，则为允许信号消失），则保护返回，这样可以减小由于开关操作等因素产生通道干扰引起的误动。对于一般性的故障，阻抗出口把关不会影响保护的动作速度。

四、阻抗方向元件

阻抗方向元件按回路分为三个相间阻抗（Z_{AB}、Z_{BC}、Z_{CA}）和三个接地阻抗（Z_A、Z_B、Z_C）；而每个回路的阻抗又分为正向阻抗元件和反向阻抗元件。阻抗方向元件的具体原理描述见第四章。阻抗方向元件在各种微机继电保护也普遍应用。

由阻抗方向元件和零序方向元件构成的方向元件逻辑框图如图 5-9 所示。

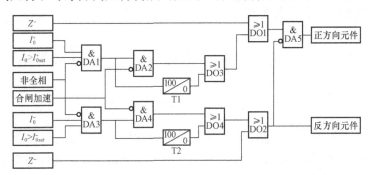

图 5-9　由阻抗方向元件和零序方向元件构成的方向元件逻辑框图

正方向由阻抗 Z^+ 和零序方向元件（I_0^+ 与 $I_0>I_{0.\,set}^+$）组成，反方向由阻抗 Z^- 和零序方向元件（I_0^- 与 $I_0>I_{0.\,set}^-$）组成。阻抗和零序方向以反方向元件动作优先。反方向经与门 DA3、DA4、或门 DO4、DO2 闭锁正方向 DA5 输出，正方向经与门 DA1、DA2、或门 DO3、DO1 及 DA5 输出。非全相闭锁零序方向元件；后加速零序方向元件延时 100ms。

第三节　闭锁式纵联保护

闭锁式纵联保护包括闭锁式方向纵联保护和闭锁式距离纵联保护，它们的基本原理、绝大多数逻辑都是相同的，只是方向元件有所不同。方向纵联保护同样分为闭锁式和允许式两种，本节主要以闭锁式方向纵联保护为例介绍。

方向纵联保护是由线路两侧的方向元件分别对故障的方向作出判断，然后通过对两侧的故障方向进行比较以决定是否跳闸，一般规定从母线指向线路的方向为正方向，从线路指向母线的方向为反方向。

传送闭锁信号的通道大多数是专用载波通道即专用收发信机，闭锁信号也可以使用光纤通道来传送。目前在电力系统中广泛使用由电力线载波通道实现的闭锁式方向纵联保护，采用正常无高频电流，而在区外故障时发闭锁信号的方式构成。

一、闭锁式纵联保护的工作原理

闭锁式纵联保护的基本工作原理是利用闭锁信号来比较线路两侧正方向测量元件的动作情况，以综合判断故障是发生在被保护线路内部还是外部。当装置收到闭锁信号时，就判断为被保护线路外部故障，保护不跳闸；当收不到闭锁信号，且本侧正方向测量元件又动作时，就判断为线路区内故障，允许发出跳闸出口命令。

此闭锁信号由功率方向为负的一侧发出，被两端的收信机接收，闭锁两端的保护，故称为闭锁式方向纵联保护。

在如图 5 - 10 所示的双电源网络中，设在 BC 线上发生短路，各保护安装处所流过的电流如图 5 - 10 所示，其中保护 1、3、4、6 处电流由母线流向线路，保护 2、5 处电流由线路流向母线。假设上述网络中的各线路均安装有闭锁式纵联保护。当 k 点发生故障时，对 AB 线而言，B 侧功率方向为负，其保护发闭锁信号，故 A 侧收到 B 侧的闭锁信号，所以线路 AB 两侧的纵联保护 1、2 都不会动作；对 BC 线而言，两侧功率方向均为正，两侧都不发送闭锁信号，两侧方向元件均动作，BC 线两侧保护 3、4 均瞬时动作于跳闸；对 CD 线而言，与 AB 线相同，两侧纵联保护均不动作。

图 5 - 10　纵联保护动作原理示意图

闭锁信号存在发送和接收回路，在需要发信的时候即启动发信元件动作时，开始发送闭锁信号，在需要停信的时候即停信控制元件动作时，即使启动发信元件动作也会强制停信。

当发生区外故障时，如果本侧的正方向测量元件动作但收不到对侧的闭锁信号时，保护将误动作。因此保证闭锁信号的正确传输对闭锁式纵联保护是极为重要的。

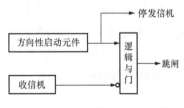

图 5 - 11　闭锁式方向纵联
保护基本逻辑图

闭锁式方向纵联保护的基本逻辑如图 5 - 11 所示。图中方向性启动元件根据故障电流的方向输出逻辑"0"或"1"，当方向元件判断为反方向故障时，输出逻辑"0"，不停止发信机，且出口逻辑与门的输出为"0"，不跳闸。当方向元件判断为正方向故障时，输出逻辑"1"，停止发信机，同时出口逻辑与门的上端输入为"1"，如果这时对端保护的方向元件判断为正方向故障，对端也停发信机，则收信机的输出为"0"，经过"非门"后，出口逻辑与门的下端输入为"1"，出口逻辑与门输出"1"，即发出跳闸命令。

故障时发信的闭锁式方向保护原则上应有两个主要元件：

（1）跳闸准备元件。它在正方向故障时动作，若无闭锁信号就作用于跳闸。

（2）启动元件。在发生任何故障时都要启动，在外部故障时近故障侧的启动元件必须启动发信机，以实现对远离故障侧保护的闭锁。

当信号工作在闭锁式时，因仅在区外故障时传送闭锁信号，而在区内短路故障时不传送信号，所以采用输电线路高频通道传送信号即使因内部短路故障通道阻塞对保护也无影响，不会造成拒动。而当通道破坏时，区外故障要造成保护误动，因此，要采用定期检查的方式对通道进行监视。

二、闭锁式方向保护应满足的基本要求

（1）在外部故障时近故障点侧的启动元件应比远离故障侧的跳闸准备元件的灵敏度高。换言之，只要后者动作准备跳闸，前者必然动作使发信机发出闭锁信号。

（2）在外部故障时近故障点侧的启动元件的动作要比远离故障侧的跳闸准备元件更快，两者的动作时间差应大于高频电流沿通道（包括收发信机内部）的传输时间。为防止区外故障时，由于对侧高频信号传输延时造成远故障点侧保护误动，采取先收信后停信的方法。需要指出，在采用电力线载波通道，且内部故障时通道可能不通，由于一般都采用单频制，收信机可以接收本侧发信机的信号，因而仍然能使跳闸准备元件投入工作。

（3）发信机的返回应带延时，以保证对侧跳闸准备元件确已返回后闭锁信号才消失。

（4）在环网中发生外部故障时，短路功率的方向可能发生转换（简称功率倒向），在倒向过程中不应失去闭锁信号。

（5）在单侧电源线路上发生内部故障时保护应能动作。

对方向纵联保护中的启动元件的要求是动作速度快、灵敏度高。方向元件的作用是判断故障的方向，所以对方向纵联保护中的方向元件的要求是能反应所有类型的故障；不受负载的影响；不受振荡的影响，即在振荡无故障时不误动，振荡中再故障时仍能动作；在两相运行时仍能起保护作用。

三、闭锁式纵联方向保护的停信逻辑

当发生区内故障时，闭锁式纵联保护首先要启动发信，发信逻辑包括保护启动发信、远方启动发信、通道检查启动发信逻辑。当判断故障为正方向再停止发信并跳闸，最重要的为停信元件逻辑。停信元件为正方向元件动作停信、其他保护动作停信、本保护动作停信、断路器位置停信逻辑和弱馈保护停信逻辑。

正方向元件动作停信逻辑框图如图 5-12 所示。满足下列条件时停信：

（1）在启动元件动作后整组复归前，与门 DA7 输出为"1"，为 DA21 动作准备了条件。

（2）当收信输入持续 5～10ms 时，时间元件 T9、或门 DO8 动作，从而 DA21 动作且自保持。

（3）在正方向元件动作、反方向元件不动作且断路器不处于三相断开状态，于是与门 DA9 动作，DA10、DO6、DO7 动作，保护停信。

（4）在反向元件动作 10ms 后，如果正向元件再动作，需要经 T7 的 40ms 延时才能停信。这是一种功率倒向时通过延时防止误动的方法。

另外，其他保护动作停信是在母差保护动作时停信，以便加速对侧的纵联保护。本保护动作停信是指后备保护（如距离保护）动作时停信。三跳位置停信的作用是在断路器断开的情况下使收发信机处于停信状态，解除远方启动发信元件的作用。三跳位置是指三相跳闸位

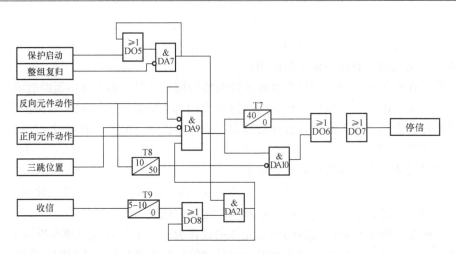

图 5-12 正方向元件动作停信逻辑框图

置继电器都动作并且三相均无电流。

对于正方向元件动作停信和弱馈保护停信，为了能可靠地与远方启动发信元件配合，以防止正向区外故障时，还没有来得及收到对侧的闭锁信号就停信而导致误动，需要在收信后再延时投入停信元件，延时的时间应大于高频信号在线路上的往返传输时间及对侧收发信机的发信动作时间之和，该延时一般在 5～10ms。

另外需要说明，不同厂家的闭锁式纵联方向保护原则上不能在线路两端相互配合。因为不同厂家的闭锁式纵联方向保护，其方向元件原理各有不同，灵敏度也不同，从理论上说是不能配合的。

四、闭锁式方向纵联保护实例

RCS900 系列闭锁式方向纵联保护启动后逻辑框图如图 5-13 所示。动作过程说明如下。

只要启动元件动作即首先进入故障程序，直接经与门 M14 启动收发信机发出闭锁信号。正方向故障 8ms 后随即停信（短时发信），反方向故障不停信（长期发信）。

（1）反方向元件由工频变化量反方向元件和零序反方向元件共同组成（M6）。当反方向元件动作时，立即通过与门 M8 闭锁正方向元件的停信回路，即方向元件中反方向元件动作优先，这样有利于防止故障功率倒方向时误动作。

（2）保护启动元件动作后，经与门 M2 当收信 8ms 后才允许方向元件投入工作（M7），并自保持（M1）直至启动信号结束。

（3）正方向元件由工频变化量正方向元件和零序正方向元件（M9）共同组成（M10）。当反方向元件不动作，正方向变化量元件或零序元件任一动作时，经 M7、M13、M14 停止发信。

（4）当其他保护（如变化量距离、零序、距离保护）动作，或外部保护（如母线差动保护）动作跳闸时，立即停止发信（M16、M13、M14），并在跳闸信号返回后，停信展宽150ms。但在展宽期间若反方向元件动作（M6），立即返回，继续发信。

（5）三跳位置（M15、M17），始终停止发信（M16、M13、M14）。

（6）区内故障时，正方向元件动作而反方向元件不动作，两侧均停信，通过 M3 延时 8ms 纵联保护出口（M5）。

（7）设置功率倒方向延时回路，该回路是为了防止区外故障后，在断合开关的过程中，

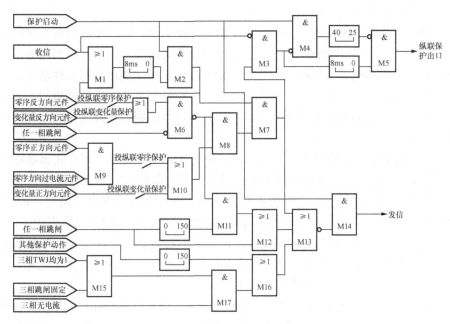

图 5-13　RCS900 系列闭锁式方向纵联保护启动后逻辑框图

故障功率方向出现倒方向，短时出现一侧正方向元件未返回，另一侧正方向元件已动作而出现瞬时误动而设置的。如图 5-14 所示，保护配置于 1、2 两端，若图示短路点故障，保护 1为正方向，保护 2 为反方向，M 侧停信，N 侧发信。当开关 4 跳开时，故障功率倒向可能使 1 为反方向，2 为正方向，如果 N 侧停信的速度快于 M 侧发信，则 N 侧可能瞬间出现正方向元件动作同时无收信信号。这种情况可以通过当连续收信 40ms 以后（M4），方向比较保护延时 20ms 动作的方式来躲过。

图 5-14　功率倒向示意图

第四节　允许式纵联保护

允许式纵联保护也包括允许式纵联距离保护和允许式纵联方向保护，两者只是方向元件不同，原理、逻辑是相同的。国内的允许式纵联保护都使用超范围允许式纵联保护。超范围允许式是指控制发信的正方向元件的动作区超过线路全长，如距离段Ⅱ。当正方向区外的一部分内发生故障时保护也发允许信号，反方向故障立即停信。事实上纵联距离保护中阻抗方向元件也是一种方向元件，故理论上讲纵联距离保护应是纵联方向保护的一种特例。方向元件的说明见本章第二节。

传送允许信号的通道大多数为复用载波通道，随着光纤通信的普及，使用光纤通道传送允许信号也较多。复用载波通道和光纤通道两者只是通道介质不同，其原理、逻辑基本是相同的。

一、允许式纵联保护的基本原理

允许式方向纵联保护利用通道传输允许信号。由线路两侧的方向元件分别对故障的方向作出判断，决定是否发出允许信号。

当任一侧判断故障在保护正方向时，向对侧发允许信号，同时接收对侧发来的允许信号（一定不能接收本侧自己发出的允许信号）。在内部故障时两侧方向元件都判断为正方向，都发送高频允许信号，两侧收信机都接收到高频允许信号。当本侧正方向元件动作，并且收到对侧发来的允许信号，于是两侧保护均作用于跳闸。在外部故障时近故障侧的方向元件判断为反方向故障，不仅本侧保护不跳闸，而且不发允许信号，则远故障侧收不到允许信号，所以两侧保护均不动作。

在图 5 - 10 所示的双电源网络中，假设网络中的各线路均安装有允许式纵联保护。设在 BC 线上发生短路，各保护安装处流过电流。当 k 点发生故障时，对 AB 线而言，A 侧功率方向为正，其保护发允许信号，B 侧功率方向为负，保护一直不发允许信号，故 A 侧收不到 B 侧的允许信号，B 侧正方向元件没有动作，所以线路 AB 两侧的纵联保护 1、2 都不会动作；对 BC 线而言，两侧功率方向均为正，两侧都向对侧发送允许信号，两侧都收到对侧的允许信号，于是两侧方向元件均动作，BC 线两侧保护 3、4 均瞬时动作于跳闸；对 CD 线而言，与 AB 线相同，两侧纵联保护均不动作。

允许式方向纵联保护基本逻辑如图 5 - 15 所示。图中方向性启动元件根据故障电流的方向

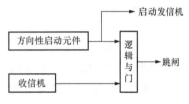

图 5 - 15　允许式方向纵联
保护基本逻辑图

输出逻辑"0"或"1"，当方向元件判断为反方向故障时，输出逻辑"0"，不发允许信号，同时出口逻辑与门的输出为"0"，不跳闸。当方向元件判断为正方向故障时，输出逻辑"1"，向对侧发出允许信号，同时出口逻辑与门的上端输入为"1"，如果这时对端保护的方向元件判断为正方向故障，对端也启动发信机，则收信机的输出为"1"，出口逻辑与门的下端输入为"1"，出口逻辑与门输出"1"，即发出跳闸命令。

允许式方向纵联保护在内部故障时要求传送高频电流信号，用于高频保护要考虑克服信号衰减的问题，还要求采用双频率制。而闭锁式方向纵联保护，在内部故障时不要求传送高频电流，在高频保护中应用较普遍。

二、允许式纵联保护发信元件逻辑

当发生区内故障时，允许式纵联保护应发信并跳闸，最重要的为发信元件逻辑。发信元件包括正方向元件动作发信、其他保护动作发信、本保护动作发信、断路器位置发信和弱馈保护发信 5 种发信元件，分别说明如下。

正方向元件动作发信逻辑框图如图 5 - 16 所示。

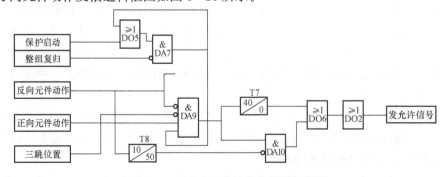

图 5 - 16　正方向元件动作发信逻辑框图

（1）启动元件动作、整组复归前，当正方向元件动作、反方向元件不动作且断路器不处于三相断开状态，或门DO5、与门DA7、DA9、DA10、或门DO6、DO2动作，保护发信。

（2）在反向元件动作10ms后，如果正向元件再动作，需要经T7的40ms延时才能发信。

另外，其他保护动作发信是在母差保护动作时发信，以便加速对侧的纵联保护。本保护动作发信是指后备保护（如距离保护）动作时发信。断路器在三跳位置同时收到对侧允许信号时发信，三跳位置是指三相跳闸位置继电器都动作并且三相均无电流。

三、允许式方向纵联保护实例

RCS900系列允许式方向纵联保护启动后逻辑框图如图5-17所示。

可以看出，图5-17中去掉M1、M2、M7、M14即可形成图5-17，动作说明如下。

（1）正方向元件（M7）动作且反方向元件（M4）不动即发允许信号（M5、M10），同时收到对侧允许信号达8ms后纵联保护动作出口（M2、M3）。

（2）如在启动40ms内不满足纵联保护动作的条件，则其后纵联保护动作需经25ms延时（M1），防止故障功率倒向时保护误动。

（3）当本装置其他保护（如工频变化量阻抗、零序延时段、距离保护）动作跳闸，或外部保护（如母线差动保护）动作跳闸时，立即发允许信号（M11、M10），并在跳闸信号返回后，发信展宽150ms，但在展宽期间若反方向元件动作，则立即返回，停止发信。

（4）三相跳闸固定回路动作或三相跳闸位置继电器均动作（M12）且无电流时（M13），始终发信（M11、M10）。

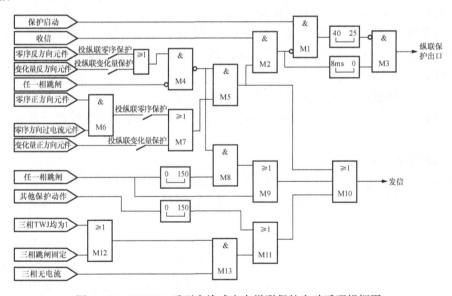

图5-17　RCS900系列允许式方向纵联保护启动后逻辑框图

第五节　纵联电流差动保护

一、纵联电流差动保护概述

电流差动保护是较为理想的一种保护原理，曾被誉为有绝对选择性的保护原理，因为其选择性不是靠延时，不是靠方向，也不是靠定值，而是靠基尔霍夫电流定律，即流向一个节点的电流之和等于零。它已被广泛地应用于发电机、变压器、母线等诸多重要电力系统的元件保护中。它具有良好的选择性，能灵敏、快速地切除保护区内的故障。可以说，凡是有条件实现的地方，均毫无例外地使用了这种原理的保护，而且都是主保护。

将电流差动保护的原理应用于输电线时需要解决将线路一侧电流的波形完整地传送到线路对侧的问题，为此必须占用两个通道。微波通信是一种多路通信系统，可以提供足够的通道，曾经是电流差动保护较理想的通道。随着光纤通信技术的飞速发展和广泛应用，光纤纵差保护得到大量应用，成为电流纵差保护的主要保护方式。光纤作为高压线路的保护通道比导引线更安全。现在保护专用光纤通道实现双向传输共两根缆芯，投资不大。只有在线路长度较短时（3km 以内），导引线保护才能得到一些应用。我国已开始大量使用光纤纵联电流差动保护。

纵联电流差动保护和纵联方向（距离）保护相比具有如下优点：

（1）原理简单，基于基尔霍夫定律。

（2）整定简单，只有分相差动电流、零序差动电流等定值。

（3）用分相电流计算差电流，具有天然的选相功能。

（4）不需要振荡闭锁，任何时候故障都能较快速地切除。

（5）不需要考虑功率倒向，其他纵联保护都要考虑功率倒向时不误动。

（6）不受 TV 断线影响，但所有的方向保护都受 TV 断线影响。

（7）耐受过渡电阻能力强，受零序电压影响小。

（8）特别适用于短线路、串补线路和 T 形接线。

（9）自带弱馈保护，自适应于系统运行方式的变化。

（10）一侧先重合于永久性故障，两侧同时跳闸，可以做到后合侧不再重合，对电网和断路器有好处。

（11）复用光纤通道，在通信回路上有后备复用通道。

（12）通道抗干扰能力强，保护时刻在收发数据、检查通道，可靠性高，远远优于载波通道。

二、纵联电流差动保护元件

线路差动保护利用通道将本侧电流的波形或代表电流相位的信号传送到对侧，每侧保护根据对两侧电流的幅值和相位比较的结果区分是区内还是区外故障。因此，保护在每侧都直接比较两侧的电气量。

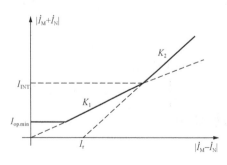

图 5-18　带比率制动的电流
差动保护动作特征

对一条线路而言，在正常运行情况下差动电流为 0。线路内部故障时，差动电流为故障点短路电流。区外短路时，TA 特性误差及饱和都将产生不平衡电流，为了防止这个不平衡电流引起差动保护误动作，线路纵差保护广泛采用带制动特性的电流差动特性。制动特性可以由若干条直线组成，如图 5-18 所示。直线的斜率反映差动电流与制动电流的比值，该特性称为比率制动的电流差动保护动作特性，简称比率差动特性。

电流差动保护的动作判据大致分为全电流差动保

护和相电流突变量差动保护。

1. 分相电流差动保护元件

分相电流差动保护的常用判据为

$$|\dot I_{\varphi M}+\dot I_{\varphi N}|>I_{\mathrm{op.min}} \tag{5-21a}$$

$$|\dot I_{\varphi M}+\dot I_{\varphi N}|>K_1|\dot I_{\varphi M}-\dot I_{\varphi N}| \tag{5-21b}$$

式（5-21）是电流差动判据，$\dot I_{\varphi M}$、$\dot I_{\varphi N}$ 为本侧（M）和对侧（N）分相（A、B、C）电流相量，电流的方向均为指向线路。$I_{\mathrm{op.min}}$ 为分相差动启动电流定值，必须躲过在正常运行时的最大的不平衡电流。式（5-21b）是主判据，也称比率差动判据，K_1 为比率制动特性斜率。两式同时满足时跳闸。

在实际应用时，可以选取三线段比率差动特性，如图5-18所示，其动作方程为

$$|\dot I_{\varphi M}+\dot I_{\varphi N}|>I_{\mathrm{op.min}} \tag{5-22a}$$

$$|\dot I_{\varphi M}+\dot I_{\varphi N}|>K_1|\dot I_{\varphi M}-\dot I_{\varphi N}| \qquad (\text{当}|\dot I_{\varphi M}+\dot I_{\varphi N}|\leqslant I_{\mathrm{INT}}) \tag{5-22b}$$

$$|\dot I_{\varphi M}+\dot I_{\varphi N}|>K_2[|\dot I_{\varphi M}-\dot I_{\varphi N}|-I_r] \qquad (\text{当}|\dot I_{\varphi M}+\dot I_{\varphi N}|>I_{\mathrm{INT}}) \tag{5-22c}$$

式中：I_{INT} 为两段比率差动特性曲线交点处的差动电流值，取为 TA 额定电流的 4 倍，即 $4I_N$；K_1、K_2 为两段比率制动率，取为 0.5、0.7。

$$I_r=I_{\mathrm{INT}}(K_2-K_1)/K_2K_1$$

I_r 为常数，即 $I_r=2.28I_N$。

由于两侧电流互感器的误差影响，考虑外部短路时两侧 TA 的相对误差为 10%；两侧装置中的互感器和数据的采集、传输也会有误差，按 15% 考虑，则外部短路时的误差为 0.25。所以比率差动特性的斜率应满足 $0.25<K<1$，由保护装置自动选取，不需整定。

2. 零序电流差动保护元件

一般情况下分相电流差动保护可以满足灵敏度的要求，为进一步提高内部单相接地时的灵敏度，可采用零序电流差动元件。

$$|\dot I_{0M}+\dot I_{0N}|>I_{0\mathrm{op.min}} \tag{5-23a}$$

$$|\dot I_{0M}+\dot I_{0N}|>K|\dot I_{0M}-\dot I_{0N}| \tag{5-23b}$$

其中，$\dot I_{0M}$、$\dot I_{0N}$ 为本侧（M）和对侧（N）零序电流相量，$I_{0\mathrm{op.min}}$ 应躲过正常运行时的最大不平衡零序电流。

3. 工频突变量电流差动保护元件

工频突变量电流也满足基尔霍夫电流定律，也可用于差动保护。

$$|\Delta\dot I_{\varphi M}+\Delta\dot I_{\varphi N}|>\Delta I_{\mathrm{op.min}} \tag{5-24a}$$

$$|\Delta\dot I_{\varphi M}+\Delta\dot I_{\varphi N}|>K|\Delta\dot I_{\varphi M}-\Delta\dot I_{\varphi N}| \tag{5-24b}$$

式中：$\Delta\dot I_{\varphi M}$、$\Delta\dot I_{\varphi N}$ 为本侧（M）和对侧（N）分相（A、B、C）工频突变量电流相量，$\Delta I_{\mathrm{op.min}}$ 为分相差动突变量电流定值。K 为比率制动系数。

工频突变量电流差动保护和零序电流差动保护均不受负载电流的影响，从而可提高保护反应过渡电阻的能力，提高保护的灵敏度。

光纤纵差保护的特点是零秒动作的保护范围为整条线路，不存在上下级线路保护的配合问题，且原理简单；保护的选择性、快速性、准确性、灵敏性和可靠性都很好。相对于距离保护而言经济性要差一些。

三、光纤纵差保护的特殊问题

1. 电流数据同步处理

纵联电流差动保护所比较的是线路两端的电流相量或采样值，两侧的采样时刻必须严格同时刻和使用两侧在同一时刻的采样点进行计算。而线路两端保护装置的电流采样是各自独立进行的。为了保证差动保护算法的正确性，保护必须比较同一时刻两端的电流值，这就要求线路两端对各电流数据进行同步化处理。然而两端相距上百千米，如何保证两个异地时钟时间的统一和采样时刻的严格同步，成为输电线路纵联电流差动保护应用必须解决的技术问题。常见的同步方法有基于数据通道的同步方法和基于全球定位系统（Global Positioning System，GPS）同步时钟的同步方法。只有达到两侧同步采样后，计算才能真正反映基尔霍夫定律。以下介绍两种方法的基本原理。

（1）基于数据通道的同步方法。基于数据通道的同步方法目前国内常用的有两种：电流相量修正法和采样时刻调整法。电流相量修正法和采样时刻调整法都是基于乒乓技术的数据同步技术。乒乓技术要求线路两端保护收发数据在通道中双向传输延时相同。

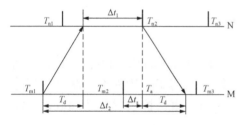

图 5 - 19　电流相量修正法的简单同步原理

电流相量修正法（也称为矢量同步法）的简单同步原理如图 5 - 19 所示，M 为本侧，N 为对侧，数据发送周期为 T，T_{m1}、T_{m2}、T_{n1}、T_{n2} 为两侧数据采样时刻，Δt_1、Δt_2 分别为两侧收到对侧数据距本侧最近一次数据发送时刻的时间差，T_d 为数据从本侧发送到对侧所需时间。对侧传来本侧上次序号 m_1 和对侧上次时间间隔 Δt_1，本侧最新一组数据的序号为 m_2，收到对侧数据时刻距本侧最近一次数据发送时刻的时间间隔 Δt_2。假定两侧发往对侧的延时相等，则可求得 $T_a = [\Delta t_2 + \Delta t_1]/2$，$T_a$ 是 N 侧 T_{n2} 数据对应 M 侧的时间，但 M 侧的数据采样时刻在 T_{m2} 时刻，两侧时差 $\Delta t_s = [T_a - (T_{m2} - T_{m1})]$，$\Delta t_s$ 所对应的角度为 $\Delta \theta$，将 N 侧的 T_{n2} 时刻的电流相量的角度减小 $\Delta \theta$，即可与 M 侧 T_{m2} 时刻的电流相量计算差流。通道延时 $T_d = [\Delta t_2 - \Delta t_1]/2$。

电流相量修正法允许各端保护装置独立采样，而且对每次采样数据都进行通道延时 T_d 的计算和同步修正，故当通信干扰或通信中断时，基本不会影响采样同步。只要通信回复正常，保护根据新接收到的电流数据，可立即进行差动保护的计算。这对于差动保护的快速动作较为有利。

采样时刻调整法保持主站采样的相对独立，其从站根据主站的采样时刻进行实时调整，能保持两侧较高精度的同步采样。但由于从站采样完全受主站的控制，当通道传输延时发生变化时，会影响同步精度，其至造成数据丢失或拒动，其可靠性受通道影响较大。

（2）基于具有统一时钟的同步方法。全球定位系统 GPS 是美国于 1993 年全面建成的新一代卫星导航和定位系统。由 24 颗卫星组成，具有全球覆盖、全天候工作、24h 连续实时地为地面上无限个用户提供高精度位置和时间信息的能力。GPS 传递的时间能在全球范围内与国际标准时钟（UTC）保持高精度同步，是迄今为止最为理想的全球共享无线电时钟信号源。

基于 GPS 时钟的输电线路纵联电流差动保护同步方法要用专用定时型 GPS 接收机。接收机在任意时刻能同时接收其视野范围内 4～8 颗卫星的信息，通过对接收到的信息进行解码、运算和处理，能从中提取并输出两种时间信号：一是秒脉冲信号 1pps（1 pulse per second），该脉冲信号上升沿与标准时钟 UTC 的同步误差不超过 $1\mu s$；二是经串行口输出与 1pps 对应的标准时间（年、月、日、时、分、秒）代码。在线路两端的保护装置中由高稳定性晶振体构成的采样时钟每过 1s 被 1pps 信号同步一次（相位锁定），能保证晶振体产生的脉冲前沿与 UTC 具有 $1\mu s$ 的同步精度，在线路两端采样时钟给出的采样脉冲之间具有不超过 $2\mu s$ 的相对误差，实现了两端采样的严格同步。接收机输出的时间码可直接送给保护装置，用来实现两端相同时标。

2. 影响差动保护的性能因素及其解决办法

影响纵联电流差动保护动作性能因素主要有以下 5 个方面。

（1）电流互感器的误差和不平衡电流。同型号的电流互感器性能也不能保证完全一致，电流互感器之间存在误差，电流互感器励磁电流的影响也会带来误差；如保护装置采样回路的误差、保护装置同步造成的误差。以上误差都会引起不平衡电流，不平衡电流增大会影响差动保护的灵敏度。

区外短路故障时，电流互感器传变的幅值误差和相位误差使其两侧的二次电流大小不相等、相位不相反（电流方向为母线指向线路），保护有可能误动作，将线路跳开。产生不平衡电流的原因之一是由于两端电流互感器的磁化特性不一致。电流互感器的误差可以通过选取同一厂家同一批次的相同型号电流互感器来尽量减小，而对于保护装置采样回路的误差、保护装置同步造成的误差都会引起的不平衡电流，则要求保护厂家采取措施尽量减小它的影响。

（2）长距离超高压输电线路的电容性电流。由于超高压线路一般均采用了分裂导线，线路的感抗减少，分布电容增大，线路较长则更使分布电容的等值容抗大大减少。对于超高压长线，由于电容电流的存在，必然会使无内部故障时有差流存在。分布电容不仅影响故障暂态过程中计算出的电流相量精度，更主要的是电容电流的存在使线路两端的测量电流不再满足基尔霍夫电流定律，从而直接影响了保护的灵敏度和可靠性。

电流差动保护原理简单可靠，是因为它认为输电线路只有两端或者三端，它应满足最基本的基尔霍夫电流定律。但是对于超高压长距离输电线路，线路分布电容将破坏这一假设，使保护性能下降。为了消除分布电容的影响，可采取电容电流处理措施。通常电容电流处理措施有三种：

1）差动电流整定值躲过电容电流的影响。

2）保护实测电容电流。电容电流是正常运行时的差流的重要组成部分。

3）采用电压测量来补偿电容电流。

（3）电流互感器饱和的影响。保护用电流互感器要求在规定的一次电流范围内，二次电流的综合误差不超出规定值。对于有铁芯的电流互感器，形成误差的最主要因素是铁芯的非线性励磁特性及饱和程度。区外故障时，电流互感器发生饱和会影响差动保护的正确动作。电流互感器的饱和可分为两类：

1）大容量短路稳态对称电流引起的饱和（称为稳态饱和）。当电流互感器通过的稳态对称短路电流产生的二次电动势超过一定值时，互感器铁芯将开始出现饱和。这种饱和特点是畸变的二次电流呈脉冲形，正负半波大体对称，畸变开始时间较短，二次电流有效值将低于未饱和情况。

2）短路电流中含有非周期分量和铁芯存在剩磁而引起的暂态饱和（称为暂态饱和）。短路电流一般含有非周期分量，这将使电流互感器的传变特性严重恶化，原因是电流互感器的励磁特性是按工频设计的，在传变非周期分量时，铁芯磁通（即励磁电流）需要大大增加。非周期分量导致互感器暂态饱和时二次电流波形是不对称的，开始饱和的时间较长。但铁芯有剩磁时，将加重饱和程度且缩短开始饱和的时间。

克服电流互感器饱和的措施有以下两方面。

1）选用合适的电流互感器。对于稳态饱和，可以通过选用合适的电流互感器来避免。而考虑到暂态饱和，则宜尽量选用有剩磁限值的互感器。除 TPY 外，P 类互感器中有剩磁限值的 PR 型也可以应用。

2）保护装置本身采取措施减缓互感器暂态饱和的影响，比如采用变制动特性比率差动原理。

（4）电流互感器二次回路断线。对于线路保护来讲，线路一侧的电流互感器二次回路发生断线虽然不会导致差动保护误动，遇区外故障时，差动保护可能会误动。可以根据实际需要采取闭锁措施，防止差动保护误动。

（5）光纤通道的可靠性。光纤差动保护对光纤通道的依赖性强，要求通信不中断，误码率要低，通道不能自环或交叉，双向传输延时要相等，复用光纤要与通信部门配合，需进一步加强配合和管理。

四、光纤电流差动保护动作逻辑

光纤分相电流差动保护每侧各装有一个保护装置，各侧的保护装置分别检测当地电流，同时将本侧的电流通过光纤传送到其他侧以便与各侧电流进行比较。

两侧保护通过对本侧电流分别进行采样处理将电流信号变换形成每相电流的正弦、余弦电流分量系数。三相电流经变换后得到 6 个系数（每相两个），通过光纤每隔 5ms 保护向对侧发送一帧信息。对侧保护在收到信息帧后，按相将所收到的电流采样值与本侧对应电流进行实时同步比较，计算出差流的幅值和相角及制动电流的大小。光纤分相电流差动保护动作逻辑框框图如图 5-20 所示。说明如下。

（1）三相断路器在跳闸位置（M1）或经保护启动控制的差动元件动作，均向对侧发差动动作允许信号（M3）（一侧断路器跳闸后，对侧跳闸前，本侧差动元件处动作状态）。

（2）A 相差动元件、B 相差动元件、C 相差动元件包括变化量差动、稳态量差动，零序差动。

（3）收到对侧发来的差动动作允许信号（即对侧差动信号）及本侧保护启动同时差动元件动作时（M19），本侧保护才动作。所以两侧保护启动、两侧差动元件同时动作，两侧保护才动作。

（4）通道异常时，两侧保护闭锁（M6）。

（5）TA 断线期间，本侧的启动元件、差动元件可能动作，但对侧启动元件不动作，不向本侧发差动保护动作信号，故差动保护不会误动作。但是当 TA 断线时再发生故障或系统扰动导致启动元件动作，就可能误动，故设 TA 断线闭锁。

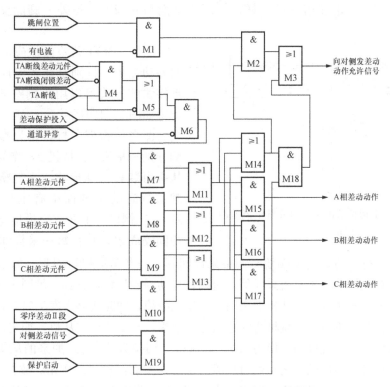

图 5-20　光纤分相电流差动保护动作逻辑框图

（6）若"TA 断线闭锁差动"置"1"投入，则在断线期间 M4 输出为"0"，或门 M5 输出为"0"，闭锁电流差动保护；若"TA 断线闭锁差动"置"0"退出，且该相差流大于"TA 断线差流定值"为"1"，在断线期间，M4 输入全"1"输出为"1"，M5 输出为"1"，仍开放电流差动保护。

（7）保护启动、收到对侧差动信号时，零序差动动作跳三相断路器（M10）。零序差动动作后带有延时。

（8）装置用于弱电源侧时，区内发生短路故障，差动元件动作，但启动元件有可能不动作。此时若收到对侧的差动保护动作允许信号（对侧启动元件动作、对侧差动保护动作），则通过判断本侧差动元件动作的相关相电压、相关相间电压，如小于 60% 额定电压，则启动元件动作，进入故障测量程序，允许对侧跳闸，本侧也能选相跳闸。

五、多端线路光纤纵差保护的应用

目前光纤纵差保护在电力系统的应用十分广泛，不但在高压、超高压线路上普遍使用，而且在 10～110kV 的线路上也有使用。电流纵差保护在电力系统保护中的重要性越来越大。但是随着电力系统的发展，电网的接线越来越复杂，要求线路电流纵差保护除了上述的对单一线路进行保护外，还要求在以下的条件下也能使用。

（1）线路中带有变压器。

（2）线路两侧 TA 的变比不相同，特性不一致，电流相位不一致。

（3）在复杂的电网中存在 T、Π 形接线以及更为复杂的一条线路有多条分支（大于三个分支）的接线。

（4）两侧 TA 的饱和情况不一样：一侧严重饱和并畸变，另外一侧能反应故障时的电流。

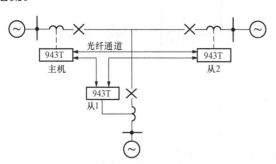

图 5-21　T 形接线网络三侧光纤电流差动
保护示意图

因此，光纤纵差保护应能实现多段线路差动保护，特别是在我国应用较多的 T 形接线的方式可以用三侧差动实现，通道配置如图 5-21 所示。

图中一侧为主机，作为参考端，另两侧分别为从机 1、从机 2，作为同步端。主从机由装置自动形成，不需整定（装置正常运行时的主画面中有主从机的状态显示）。三侧以同步方式交换信息，参考端采样间隔固定，并在每一采样间隔中固定向对侧发送一帧信息。两个同步端随时调整采样间隔，与参考端保持同步，如果满足同步条件，就向两个对侧传输三相电流采样值；否则，启动同步过程，直到满足同步条件为止。

运行过程中，若从机 1 与从机 2 之间通道发生故障，同时线路上发生故障，分相差动保护仍然能动作；若主机与任一从机之间通道发生故障，自动切换主从机，如主机与从机 1 之间的通道发生故障，主机自动切换为从机 1，从机 1 切换为从机 2，原来的从机 2 切换为主机，此时形成从机 1 与从机 2 之间通道故障的状态，差动保护仍起作用。故在"T"接线路上，任一通道故障，差动保护不会退出。当"T"接线路中有一侧停运或其他原因要转入两侧运行时，仅需改变连接片（压板）的投退状态就能适应两侧运行方式。

与差动保护相关的连接片共有两个，屏上有"投三侧差动""投两侧差动"硬压板；连接片定值中有与硬压板对应的"投三侧差动连接片""投两侧差动连接片"软压板；保护定值控制字中有"投三侧差动""投两侧差动"控制字。将"投三侧差动"硬压板、"投三侧差动连接片"软压板和"投三侧差动"控制字与起来为"投三侧差动"综合连接片；将"投两侧差动"硬压板、"投两侧差动连接片"软压板和"投两侧差动"控制字与起来为"投两侧差动"综合连接片。若"投三侧差动""投两侧差动"的软硬压板均不投入的话，综合连接片的形成由内部控制字决定。

第六节　综合自动重合闸

一、概述

三相自动重合闸指不论输电线路发生单相接地还是相间短路，继电保护动作都使断路器三相一起断开，自动重合闸再将三相断路器三相一起合闸。有关内容已在第三章做过介绍，这里只讨论单相及综合重合闸。

对于 220kV 及以上超高压输电线路，由于输送功率大，稳定问题比较突出，采用一般的三相重合闸方式可能难以满足系统稳定的要求，尤其是对于通过单回线联系两个系统的线路，当线路故障三相跳闸后，两个系统完全失去联系，原来通过线路输送的大功率被切断，必然造成两个系统功率不平衡。送电侧系统功率过剩，频率升高；受电侧系统功率不足，频率下降。对于这种线路，采用一般的"检同期"等待同期重合闸的方式很难达到同期条件。

若采用非同期重合闸方式，将引起剧烈振荡，其后果是严重的。至于采用快速三相重合闸，则必须符合一定条件。考虑到超高压输电线路相间距离大，发生相间短路的机会相对较少。实践证明，单相接地故障次数约占故障次数的 85%，而且多数是瞬时故障。于是就提出这样一个问题：单相故障时，能否只切除故障相，然后单相重合闸。在重合闸周期内，两侧系统不完全失去联系，因而大大有利于保持系统稳定运行。当线路上发生相间短路时，跳开三相断路器，而后进行三相重合闸。这就是广泛采用综合重合闸的基本出发点。

1. 综合重合闸的重合闸方式

综合重合闸应具有下列功能。

（1）单相接地故障时，只切除故障相，经一定延时后，进行单相重合；如果重合到永久性故障时，跳三相，不再进行第二次重合。

（2）如果在切除故障后的两相运行过程中，健全的两相又发生故障，这种故障发生在发出单相重合闸脉冲前，则应立即切除三相，并进行一次三相重合闸；如果故障发生在发出单相重合闸脉冲后，则切除三相后不再进行重合闸。

（3）当线路发生相间故障时，切除三相进行一次三相重合闸。

根据以上功能，综合重合闸应设置重合闸方式切换开关，以便于根据实际运行条件，分别实现下列四种重合闸方式。

（1）综合重合闸方式。单相接地故障时，实现单相重合闸；相间故障时，实现三相重合闸；当重合到永久性故障时，断开三相而不再进行重合闸。

（2）三相重合闸方式。不论任何故障类型，均实现三相重合闸方式；当重合到永久性故障时，断开三相不再进行重合闸。

（3）单相重合闸方式。单相接地故障时，实现一次单相重合闸；相间故障时，或单相重合于永久性故障时，断开三相不再进行重合闸。

（4）停用方式。任何类型的故障，各种保护均出口跳三相而不进行重合闸。

综合重合闸的工作流程如图 5-22 所示。

2. 综合重合闸的特殊问题

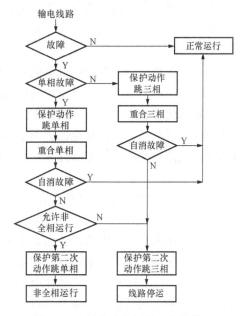

图 5-22　综合重合闸的工作流程

综合重合闸与一般的三相重合闸相比只是多了一个单相重合闸的性能。因此，综合重合闸需要考虑的特殊问题是由单相重合闸引起的，主要有四个方面的问题。

（1）需要接地故障判别元件和故障选相元件。

（2）应考虑潜供电流对综合重合闸装置的影响。

（3）应考虑非全相运行对继电保护的影响。

（4）若单相重合闸不成功，根据系统运行的需要，应考虑线路需转入长期非全相运行时的影响（一般由零序电流保护后备段动作跳开其他两相）。

现分别讨论如下。

（1）接地故障判别元件和故障选相元件。综合重合闸方式要求在单相接地故障时进行单相重合闸，相间故障时进行三相重合闸。因此，当输电线路上发生故障时，需要判断是单相接地故障还是相间故障，以确定是单相跳闸还是三相跳闸，即判断故障类型。如果确定为单相故障，还要进一步确定是哪一相故障，即选择故障相。这是综合重合闸或单相重合闸装置应有的功能。因为微机线路保护本身具有选相功能，即实现保护功能时首先就要进行故障类型判别和故障选相，即保护算法本身就包括接地故障判别和故障选相功能，能直接选相出口，重合闸不必另外的故障判别元件和故障选项元件，当然双重选相可使选相更为可靠。有关故障判别和故障选相的原理见第二章第二节之选相元件算法。

（2）潜供电流对综合重合闸的影响。当线路发生单相接地短路时，故障相自两侧断开后，由于非故障相与断开相之间存在着静电（通过相间耦合电容）和电磁（通过相间互感）的联系，这时短路电流虽然已被切除，但在故障点的弧光通道中，仍然有一定电流流过，这些电流的总和称为潜供电流。

由于潜供电流的影响，将使短路时弧光通道中的去游离受到严重阻碍，电弧不能很快熄灭，而自动重合闸只有在故障点的电弧熄灭，绝缘强度恢复以后，才有可能成功。因此，单相重合闸的时间必须考虑潜供电流的影响。

潜供电流的大小与线路的参数有关，线路电压越高、线路越长、负载电流越大，潜供电流就越大，对单相重合闸的影响也越大。通常在 220kV 及以上的线路上，单相重合闸时间要选择 0.6s 以上。

（3）非全相运行状态对继电保护的影响。采用综合重合闸后，要求在单相接地短路时只跳开故障相的断路器，这样在重合闸周期内出现了只有两相运行的非全相运行状态，使线路处于不对称运行状态，从而在线路中出现负序分量和零序分量的电流和电压，这就可能引起本线路保护以及系统中的其他保护误动作。对于可能误动的保护，应在单相重合闸动作时予以闭锁，或使保护的动作值躲开非全相运行，或使其动作时限大于单相重合闸周期。具体影响如下。

1）零序电流保护。在单相重合闸过程中，当两侧电动势摆开角度不大时，所产生的零序电流较小，一般只会引起零序过电流保护的误动作。但在非全相运行状态下系统发生振荡时，将产生很大的零序电流，会引起零序速断和零序限时速断的误动作。

对零序过电流保护，采用延长动作时限来躲过单相重合闸引起的零序电流；对零序电流速断和零序电流限时速断，当动作电流值不能躲过非全相运行时的振荡电流时，应由单相重合闸实行闭锁，使其在单相重合闸过程中退出工作，并增加零序不灵敏Ⅰ段保护。

2）距离保护。在非全相运行时，未断开两相上的阻抗元件能够正确动作，但在非全相运行又发生系统振荡时可能会误动作。

3）电流差动保护。在非全相运行时不会误动作，外部故障时也不动作。

4）反应负序功率方向和零序功率方向的纵联保护。当零序电压或负序电压取自线路侧电压互感器时，在非全相运行时不会误动作。

若单相重合闸不成功，根据系统运行的需要，线路需转入长期非全相运行时，则应考虑下列问题。

1）长期出现负序电流对发电机的影响。

2）长期出现负序和零序电流对电网继电保护的影响。

3）长期出现零序电流对通信线路的干扰。

二、自动重合闸的构成

1. 重合闸的组成元件

通常高压输电线路自动重合闸装置主要是由启动元件、延时元件、一次合闸脉冲和执行等元件组成。

（1）重合闸启动元件。当断路器由继电保护动作跳闸或其他非手动原因跳闸后，重合闸均应启动，使延时元件动作。一般使用断路器控制状态与断路器位置不对应启动方式、保护启动两种方式来启动。

（2）延时元件。启动元件发出启动指令后，等满足计时条件后，时间元件开始计时，达到预定的延时后，发出一个短暂的合闸脉冲命令。这个延时就是重合闸时间，它是可以整定的。

（3）合闸脉冲。当延时时间到后，它立即发出一次可以合闸脉冲命令，并且重新开始计时，准备重合闸的整组复归，复归时间可以根据实际运用情况来整定。在这个时间内，即使再有重合闸时间元件发出的命令，它也不再发出可以合闸的第二个命令。此元件的作用是保证在一次跳闸后有足够的时间合上（对瞬时故障）和再次跳开（对永久故障）断路器，而不会出现多次重合。

（4）执行元件。执行元件是将重合闸动作信号送至合闸回路和信号回路，使断路器重新合闸，让值班人员知道重合闸已动作。

2. 自动重合闸启动方式

自动重合闸装置有两种启动方式，即断路器控制状态与断路器位置不对应启动方式和保护启动方式。

（1）位置不对应启动方式。自动重合闸启动可由断路器控制状态与断路器位置不对应启动。在微机重合闸中是用跳闸位置继电器 KCT（习惯上仍用符号 TWJA、TWJB、TWJC）触点引入自动重合闸装置中相应开入量来判断断路器位置，如果自动重合闸装置中上述跳闸位置继电器有开入，则说明断路器处于断开状态。但此时远方控制开关在"合闸后"状态，说明原先断路器是处于合闸状态的。这两个位置不对应启动重合闸的方式称为"不对应启动方式"。

用位置不对应启动重合闸的方式，线路发生故障保护将断路器跳开后，出现控制开关与断路器位置不对应，从而启动重合闸；如果由于某种原因，例如工作人员误碰断路器操作机构、断路器操作机构失灵、断路器控制回路存在问题以及保护装置出口继电器的触点因撞击振动而闭合等，这一系列因素致使断路器发生"偷跳"（此时线路没有故障存在），则位置不对应同样能启动重合闸。可见，位置不对应启动重合闸可以纠正各种原因引起的断路器"偷跳"。断路器"偷跳"时，保护因线路没有故障处于不动作状态，保护不能启动重合闸。

为判断断路器是否处于跳闸状态，需要应用到断路器的辅助触点和跳闸位置继电器。因此，当发生断路器辅助触点接触不良、跳闸位置继电器异常以及触点粘牢等情况时，位置不对应启动重合闸失效，这显然是这一启动方式的缺点。为克服位置不对应启动重合闸这一缺点，在断路器跳闸位置继电器每相动作条件中还增加了线路对应相无电流条件的检查，进一步确认并提高了启动重合闸的可靠性。

这种位置不对应启动重合闸的方式简单可靠，在各级电网的重合闸中有着良好的运行效果，是所有自动重合闸启动的基本方式，对提高供电可靠性和系统的稳定性具有重要意义。

（2）保护启动方式。目前大多数线路自动重合闸，在保护动作发出跳闸命令后，重合闸才发合闸命令，因此自动重合闸应支持保护跳闸命令的启动方式。

1）当本保护装置发出单相跳闸命令且检查到相应相线路无电流时启动重合闸，即本保护单跳固定。

2）本保护装置发出三相跳闸命令且三相线路均无电流时启动重合闸，即本保护三跳固定。

以上两种方式都是由本保护跳闸后启动重合闸的。此外还提供保护双重化配置情况下另一套保护装置动作后启动本保护的重合闸的功能。

1）另一套保护三相跳闸动作触点引入本保护重合闸装置，作为本保护的"外部三跳启动重合闸"的开关量输入，即外部三跳固定。

2）另一套保护单相跳闸动作触点引入本保护重合闸装置，为本保护的"外部单相启动重合闸"的开关量输入，即外部单跳固定。

本保护接收到"外部三跳启动重合闸"和"外部单跳启动重合闸"的开入量后，再经本装置检查线路无电流后，启动本装置的重合闸。在已使用断路器位置不对应启动方式的情况下，也可以不使用另一套保护动作启动重合闸方式。因为断路器位置不对应启动方式的功能，可以代替另一套保护动作后启动重合闸的方式，这样可以简化两保护屏之间的配合。如果基于可靠性考虑的话，断路器位置不对应启动和外部跳令启动重合闸方式可以同时使用。

保护启动方式是用相应线路保护出口触点（A相、B相、C相、三跳）分别来启动的，这种启动方式重合闸逻辑回路中不需要对故障相实现选相固定，只需要对跳闸命令固定就可以。从而简化重合闸设置，利用保护的选相结果，同时还能有效地纠正继电保护误动作而引起的误跳闸，但是不能纠正断路器自身的误动（偷跳）。所以保护启动方式作为断路器位置不对应启动方式的补充。

保护启动重合闸中，单相故障时，单相跳闸固定命令同时应检查单相无电流，方可启动单相重合闸。多相故障时，三相跳闸固定命令同时应检查三相无电流（也可不检），方可启动重合闸。

总之，以上两种启动方式在自动重合闸装置都具备，可以同时投入使用，相互补充。但在有"三跳"（三相、二相位置不对应启动或三相、二相跳令启动，包括外部三相跳闸令启动）启动重合闸时，一定要闭锁"单跳"（单相位置不对应启动或单相跳令启动，包括外部单相跳令启动）启动重合闸。按"三跳"启动重合闸逻辑进行判别后发出合闸脉冲。

三、输电线路综合重合闸逻辑

输电线路微机继电保护中的 ARC，当断路器可以分相操作时（220kV 及以上断路器），将三相重合闸、单相重合闸、综合重合闸、重合闸停用集成在一起，通过切换开关或控制字获得不同的重合闸方式和重合闸功能。当断路器不能分相操作时（110kV 及以下断路器），只有三相重合闸、重合闸停用两种方式。可以看出，各种微机继电保护中的重合闸部分的构成原理基本相同。下面以 220kV 及以上线路的综合重合闸为例，阐明输电线路 ARC 构成的基本原理。

1. 输电线路重合闸的功能逻辑框图

220kV 及以上输电线路 ARC 中，有重合闸方式选择、重合闸启动、三相重合闸部分（包括延时）、单相重合闸部分（包括延时）、重合闸充电、重合闸闭锁、重合闸出口执行等部分组成。

如图 5-23 所示为 220kV 及以上输电线路综合重合闸的功能逻辑框图。图中由虚线框分成几大部分，每个虚线框左上角注明了 A～G 字符，各部分的逻辑功能如下。

A：重合闸方式选择部分。

B：重合闸不对应方式启动部分。

C：三相重合闸部分。

D：单相重合闸部分。

E：重合闸充电部分。

F：重合闸闭锁部分。

G：重合闸输出（合闸脉冲、加速脉冲）。

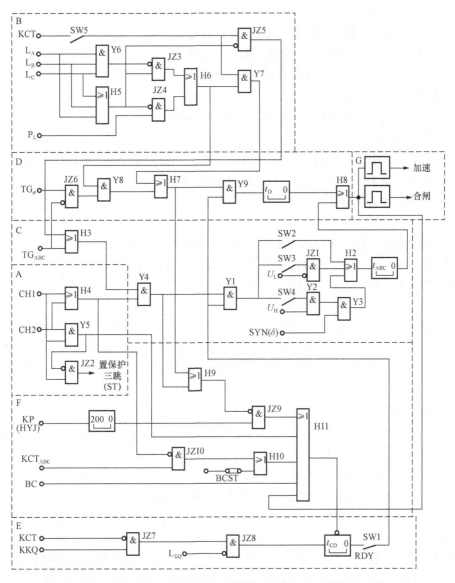

图 5-23　220kV 及以上输电线路综合重合闸的功能逻辑框图

输入重合闸的各个量说明如下。

CH1：三相重合闸（三重）方式控制（由屏上切换开关控制）。

CH2：综合重合闸（综重）方式控制（由屏上切换开关控制）。

KCT（TWJ）：跳闸位置继电器，任一相断路器的跳闸位置继电器动作时，KCT 动作。

L_A、L_B、L_C：分别为 A 相、B 相、C 相低定值（$6\% I_N$，I_N 为电流互感器二次额定电流）过电流元件。

P_L：低功率运行标志，正常运行电流小于 10% 时置标志。

TG_{ABC}：三相跳闸固定动作。

TG_φ：任意一相跳闸固定动作。

KKQ：控制开关处"合闸后"位置时动作的双位置继电器。

KP（HYJ）：合闸压力继电器。

KCT_{ABC}：A、B、C 相跳闸位置继电器同时动作。

BC：闭锁重合闸，由保护装置内部判别或外部输入。

BCST：由外部输入的闭锁重合闸的三跳压板。

$L_{\Sigma Q}$：保护装置的启动元件。

U_L、U_H：分别为线路低电压启动和高电压启动元件。

SYN（δ）：检同步元件。

SW1~SW4：ARC 功能选择开关。其中，SW1 为 ARC 投入，SW2 为 ARC 不检重合，SW3 为 ARC 检线路无压重合，SW4 为 ARC 检同期重合。

SW5：断路器和控制开关不对应启动重合闸投入。

2. 重合闸方式选择

通过方式选择端 CH1、CH2 的状态可实现重合闸方式的选择。

单相重合闸时，CH1=0、CH2=0，所以 H4=0、Y5=0。

三相重合闸时，CH1=1、CH2=0，所以 H4=1、Y5=0，H4=1 为 Y4 动作准备了条件，同时 JZ2 输出的"1"置保护为三相跳闸方式。

综合重合闸时，CH1=0、CH2=1，此时 H4=1、Y5=0（与三相重合闸时相同）。

重合闸停用时，CH1=1、CH2=1，此时 H4=1、Y5=1，通过 H11 瞬间使 t_{CD} 放电，闭锁重合闸（通过 SW1 置"0"也可停用重合闸），单相重合闸（单重）Y1、综重 Y9 不可能动作。

3. 重合闸充电

重合闸充电如图 5-23 虚线方框 E 所示。线路发生故障，ARC 动作一次，表示断路器进行了一次"跳闸→合闸"过程。为保证断路器切断能力的恢复，断路器进入第二次"跳闸→合闸"过程须有足够的时间，否则切断能力会下降。为此，ARC 动作后需经一定间隔时间（也可称 ARC 复归时间）才能投入。一般这一间隔时间取 10~15s。

另外，线路上发生永久性故障时，ARC 动作后，也应经一定时间后 ARC 才能动作，以免 ARC 的多次动作。

为满足上述两方面的要求，重合闸充电时间取 15~25s。在传统的重合闸装置中，利用电容器放电获得一次重合闸脉冲，该电容器充电到能使 ARC 动作的电压值应为 15~25s。在微机继电保护重合闸中模拟电容器充电是用一个计数器，计数器计数相当于电容器充电，计数器清零相当于电容器放电。在图 5 - 23 中 t_{CD} 延时元件具有充电慢、放电快的特点。t_{CD} 为 $15\sim25s$，即计数器计到充满电的计数值，此时 RDY 为 "1"，为 Y1、Y9 动作准备了条件。

重合闸的充电条件应为：

（1）重合闸投入运行处正常工作状态，说明保护装置未启动，当然启动元件 $L_{\Sigma Q}$ 不动作。

（2）在重合闸未启动情况下，三相断路器处于合闸状态，断路器跳闸位置继电器未动作。断路处于合闸状态说明控制开关处 "合闸后" 状态，双位置继电器 KKQ 励磁处于动作状态（因控制开关 "跳闸后" 状态断开，KKQ 返回线圈失电）；断路器跳闸位置继电器未动作，即 KCT 没有动作。

（3）在重合闸未启动情况下，断路器正常状态下的气压或油压正常。这说明断路器可以进行跳合闸，允许充电。

（4）没有闭锁重合闸的输入信号。

（5）在重合闸未启动情况下，没有 TV 断线失电压信号。当 TV 断线失电压时，保护装置工作不正常，重合闸装置对无电压、同步的检定也会发生错误。在这种情况下，装置内部输出闭锁重合闸的信号，实现闭锁，不允许充电。

在满足充电条件下，图 5 - 23 中 KKQ 的动作信号经 JZ7、JZ8 对 t_{CD} 充电，经 $15\sim25s$ 后，t_{CD} 充满电，RDY 为 "1"，此时为重合闸动作准备了条件。

4. 重合闸启动方式

（1）位置不对应启动。位置不对应启动方式中，设 TWJA、TWJB、TWJC 分别是分相跳闸位置继电器；KKQ1 为控制开关处于合闸后位置时双位置继电器 KKQ 动作接通的动合触点（称合后通触点）；KKQ2 为 KKQ 的动断触点（控制开关处于跳闸后位置时闭合）。

考虑到单相断路器的重合闸模块一般均放置在保护装置内，三个分相跳闸继电器的触点不仅继电保护模块要使用，重合闸模块也要使用。常用的方法如下。

1）当 TWJA、TWJB、TWJC 任一相动合触点闭合且合后通触点 KKQ1 闭合时启动重合闸。并且还要求检查断路器在跳闸前是否在正常合闸工作状态。

2）当 TWJA、TWJB、TWJC 任一相动合触点闭合且 KKQ 的动断触点 KKQ2 断开时启动重合闸。并且还要求检查重合闸装置是否已充满电。

位置不对应启动重合闸过程如下。

1）单相故障启动。单相故障时，假设单相跳闸，图 5 - 23 中的 L_A、L_B、L_C 有一个元件不动作（表示已跳闸），所以 Y6＝0，H5＝1，因此 H6＝1 表示单相已经跳闸成功。当 SW5＝1（位置不对应启动重合闸投入），KCT 动作信号经 Y7、H7 可使 Y9 动作（KKQ 的动作信号已使重合闸充满电，RDY＝1）启动单相重合闸的时间元件 t_D，实现单相重合闸。可见，跳开相无电流是位置不对应启动重合闸的必要条件。

当线路负载电流很小时，单相故障跳闸后，另两相的低定值过电流元件可能不动作。此时 H5＝0，低功率标志 P_L 为 "1"（P_L 整定 $10\%I_N$），所以 JZ4＝1，H6＝1，同样能使位置不对应启动重合闸实现启动。

2）多相故障启动。多相故障时，线路三相跳闸（或单相故障实行三相跳闸），图 5 - 23 中的 L_A、L_B、L_C 均返回（表示三相已跳闸），所以 Y6＝0，H5＝0。KCT 动作信号经

SW5、JZ5、H3、Y4（三相重合闸或综合重合闸方式时，H4＝1）可使Y1动作，实现三相重合闸。同样，位置不对应启动重合闸是经三相无电流确认后才启动重合闸的。

（2）保护启动重合闸。保护启动重合闸的过程如下。

单相故障断路器单相跳闸后，一相无电流时，图 5 - 23 中 H6＝1；单相跳闸固定信号 TG_φ（此时无三跳固定信号）经 JZ6、Y8、H7 可使 Y9 动作，实现单相重合闸。

多相故障断路器三相跳闸后，三相跳闸固定信号 TG_{ABC} 经 H3、Y4（置三相重合或综合重合方式时）可使 Y1 动作，实现三相重合闸。这种实现没有经三相无流确认。

5. 重合闸计时

在图 5 - 23 中，单相故障单相跳闸时，重合闸以单相重合方式计时，重合闸动作时间为 t_D 即重合闸启动后经 t_D 后发出重合脉冲。

多相故障三相跳闸时，重合闸以三相重合方式计时，重合闸动作时间为 t_{ARC}，即重合闸启动后经 t_{ARC} 后发出重合脉冲。

在装设综合重合闸的线路上，假定线路第一次发生的是单相故障，故障相跳闸后线路转入非全相运行，经单相重合闸动作时间 t_D 给断路器发出重合脉冲。若在发出重合脉冲前健全相又发生故障，继电保护动作实行三相跳闸，则有可能出现第二次发生故障的相断路器刚一跳闸，没有适当间隔时间就收到单相重合闸发出的重合脉冲立即合闸。这样除了使重合闸不成功外，严重的会导致高压断路器出现"跳→经 0s 合→跳"的特殊动作循环，甚至断路器在接到跳闸命令的同时又接到合闸命令。这一过程会给断路器带来严重的危害。对于空气断路器，将导致排气过程中又收到合闸命令出现合不上又跳不开的现象。对高压少油断路器，在消弧室不能充分去游离的情况下立即合闸，主触头将提前击穿，继而立即跳闸。由于消弧室内压力大增，对断路器机械强度发生严重冲击；且去游离不充分，断流容量大为降低。其他形式断路器也有同样情况。

为保证断路器的安全，在装设综合重合闸的线路上，重合闸的计时必须保证是由最后一次故障跳闸算起，即非全相运行期间健全相发生故障而跳闸，重合闸必须重新计时。

在图 5 - 23 中，线路单相故障跳闸后，在非全相运行过程中健全相发生故障时，继电保护动作实行三相跳闸，于是 H5 的输出由"1"变为"0"，H6 的输出由"1"变"0"、Y7 的输出由"1"变"0"，因此 t_D 时间元件瞬时返回，停止单相重合闸的计时。与此同时，位置不对应和三相跳闸固定同时启动三相重合闸，以第二次故障保护动作重新开始计时，以三相重合闸动作时间 t_{ARC} 进行三相重合。

6. 自动重合闸的闭锁

重合闸闭锁就是将重合闸充电计数器瞬间清零，在图 5 - 23 中就是将 t_{CD} 瞬间放电。

（1）由保护定值控制字设定闭锁重合闸的故障出现时，如相间距离Ⅱ段、Ⅲ段，接地距离Ⅱ段、Ⅲ段，零序电流保护Ⅱ段、Ⅲ段，选相无效、非全相运行期间健全相发生故障引起的三相跳闸等。如控制字选择闭锁重合闸时，则这些故障出现时实行三相跳闸不重合。

（2）不经保护定值控制字控制闭锁重合闸的故障发生时，如手动合闸于故障线或自动重合于故障线，此时的故障可认为是永久性故障。线路保护动作，单相跳闸或三相跳闸失败转为不启动重合闸的三相跳闸，因为此时可能断路器本身发生了故障。

（3）手动跳闸或通过遥控装置将断路器跳闸时，闭锁重合闸；断路器失灵保护动作跳闸，闭锁重合闸；母线保护动作跳闸不使用母线重合闸时，闭锁重合闸。

（4）断路器操作气（液）压下降到允许重合闸值以下时，闭锁重合闸，由图 5 - 23 中的 H9、JZ9、H11 实现。对于气（液）压瞬时性降低，因引入了 200ms 延时，所以不闭锁重合闸；考虑到断路器在跳闸过程中会造成气（液）压的降低，为保证重合闸顺利进行，只要重合闸启动，就解除低气（液）压的闭锁。在图 5 - 23 中，只要 H9 一动作，JZ9 输出为"0"，就解除了低气（液）压闭锁。

（5）使用单相重合闸方式，而保护动作三相跳闸。此时，图 5 - 23 中的 H4＝"0"，三相跳闸位置继电器 KCT_{ABC} 的动作信号经 JZ10、H10、H11 闭锁重合闸。

（6）重合闸停用断路器跳闸。此时，图 5 - 23 中 Y5＝"1"，通过 H11 闭锁重合闸。

（7）重合闸发出重合脉冲的同时，闭锁重合闸。此时，图 5 - 23 中 H8 输出的"1"信号经 H11 闭锁重合闸。

（8）当线路配置双重化保护时，若两套保护的重合闸同时投入运行，则重合闸也实现了双重化。为避免两套装置的重合闸出现不允许的两次重合情况，每套装置的重合闸检测到另一套重合闸已将断路器合上后，应立即闭锁本装置的重合闸。如果不采取这一闭锁措施，则不允许两套装置中的重合闸同时投入运行，只能一套投入运行。

（9）检测到 TV 二次回路断线失电压，因检无电压、检同期失去了正确性，在这种情况下应闭锁重合闸。

对于 110kV 及以下电压等级的输电线路，断路器不能分相操作，所以只能实行三相重合闸。此时重合闸功能的逻辑框图只有图 5 - 23 中重合闸充电部分、三相重合闸部分和重合闸闭锁部分，其功能逻辑框图如图 5 - 24 所示。图中输入量文字符号的意义与图 5 - 23 中相同，其中发出闭锁重合闸的信号 BC 有以下功能。

（1）手动跳闸或通过遥控装置跳闸。

（2）按频率自动减负载动作跳闸、低电压保护动作跳闸、过负载保护动作跳闸、母线保护动作跳闸。

（3）当选择检无电压或检同期工作时，检测到母线 TV、线路侧 TV 二次回路断线失电压。

（4）检线路无电压或检同期不成功时。

（5）弹簧未储能。

（6）断路器控制回路发生断线。

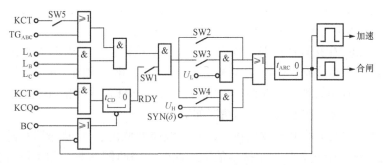

图 5 - 24　110kV 及以下输电线路重合闸的功能逻辑框图

四、线路发生故障时 ARC 的动作分析

以图 5 - 23 为例，说明在综合重合闸方式下线路发生故障时 ARC 的动作行为。

1. 单相（A 相）接地故障

当线路上 A 相发生瞬时性单相接地时，线路两侧选为 A 相接地，继电保护动作后两侧 A 相断路器跳闸；两侧 A 相断路器跳闸后，保护启动、位置不对应均启动重合闸；两侧分别以单相重合闸时限实行单相重合闸，因重合时故障点电弧已熄灭，两侧重合成功，恢复正常运行。

当线路上 A 相发生瞬时性故障一侧选相元件拒动时，非拒动侧 A 相跳闸，跳闸后由保护启动、位置不对应启动单相重合闸；拒动侧因选相元件拒动实行三相跳闸，三相跳闸后由保护启动、位置不对应启动三相重合闸。

拒动侧三相跳闸后，非拒动侧三相无电流，H5＝"0"，当正常运行时线路电流大于 $10\%I_N$ 时，有 H6＝"0"、Y7＝"0"，关闭单相重合闸回路，单相重合闸停止计时（清零）；与此同时，通过位置不对应启动重合闸回路，即 JZ5 输出的"1"启动三相重合闸。于是拒动侧检同期重合，重合成功后非拒动侧也以检同期重合，将跳开相断路器合上。当正常运行时线路电流小于 $10\%I_N$ 时，虽然非拒动侧由于三相跳闸三相无电流，但低功率运行标志 P_L 为"1"，本侧的单相重合闸仍可启动，同时三相重合闸也启动。这样，拒动侧检同期三相重合，非拒动侧以单相重合闸或检同期三相重合将故障相断路器合上。

当线路上 A 相发生永久性故障时，两侧 A 相断路器跳闸后，两侧启动单相重合闸。但由于重合于永久性故障上，保护加速立即三相跳闸并将重合闸闭锁。如果正常运行时线路电流大于 $10\%I_N$，则后重合侧关闭单相重合闸，启动三相重合闸，当该侧检线路无电压投入时，该侧重合后再三相跳闸并将重合闸闭锁；当该侧为检同期侧时，则该侧重合闸不动作（因线路侧无电压）。如果正常运行时线路电流小于 $10\%I_N$，则后重合侧单相重合于永久性故障上，保护加速立即三相跳闸并将重合闸闭锁（该侧为检线路无电压侧时，三相重合闸动作并立即三相跳闸；当为检同期侧时，该侧三相重合闸不动作）。

2. 多相故障

多相故障是指两相故障、两相接地故障、三相故障。发生多相故障时，继电保护动作后进行三相跳闸。

两侧三相跳闸后，两侧启动三相重合闸。如果发生的是瞬时性故障，则检线路无电压侧先重合，重合成功后，后重合侧检同期重合，恢复正常运行；如果发生的是永久性故障，则检线路无压侧先重合于永久性故障上，保护加速立即三相跳闸，后重合侧因线路侧无压，同期条件无法满足，重合闸不动作。

3. 两相（AB 相）相继接地故障

如果线路 A 相发生接地故障时，B 相也相继发生接地故障，当 B 相故障发生在保护返回之前，则判断为多相故障，表现为 A 相先跳闸，B、C 相后跳闸，重合闸的动作情况与多相故障时相同。当 B 相故障发生在保护返回之后，即非全相运行期间 B 相发生故障，根据 B 相故障发生在重合闸脉冲前或后，动作情况如下。

（1）重合闸脉冲发出前 B 相发生接地故障。线路两侧的 A 相断路器跳闸后，单相重合闸启动在 t_D 充电过程中 B 相发生了接地故障，此时线路两侧的非全相运行过程中健全相发生故障的保护动作，跳开两侧两健全相断路器，停止单相重合闸计时，两侧转为三相重合闸。此后的动作情况与多相故障时相同。可以看出，重合闸计时是从 B 相故障跳闸开始的。

（2）重合闸脉冲发出后 B 相发生接地故障。这种情况相当于先重合侧单相重合于故障线路，先重合侧保护加速立即三相跳闸并将重合闸闭锁，重合闸不成功。B 相接地故障如在后重合侧重合闸脉冲发出后发生，则后重合侧保护同样加速立即三相跳闸；B 相接地故障如在后重合侧重合闸脉冲发出前而在先重合侧重合闸脉冲发出后发生，则后重合侧非全相运行保护动作将 B、C 相断路器跳闸，单相重合闸停止计时，转为三相重合闸。当后重合侧为检线路侧无电压时，则要重合一次；当后重合侧为检同期时，则重合闸不动作。

4. 一相断路器正常状态下自动跳闸

当一相断路器自动跳闸时，线路转入非全相运行，继电保护自动将非全相运行过程中会误动作保护退出运行。此时，位置不对应启动重合闸。当负载电流大于 $10\%I_N$，启动单相重合闸；当负载电流小于 $10\%I_N$ 时启动三相重合闸（单相重合闸也启动），将断路器合上，恢复正常运行。

5. 断路器拒绝跳闸

线路发生故障，继电保护动作，发出跳闸脉冲。若断路器拒绝跳闸，则保护不返回，经适当时间启动断路器失灵保护；失灵保护动作后，跳开与拒绝跳闸断路器连接在同一母线上的所有断路器，同时闭锁重合闸。

6. 断路器拒绝合闸

设线路发生了瞬时性单相接地故障，故障相断路器跳闸启动重合闸，发出重合脉冲后断路器拒绝合闸，则线路转入非全相运行。当不允许长期非全相运行时，由零序电流保护后备段动作跳开其他两相断路器。

输电线路传统的重合闸（包括综合重合闸）构成较复杂，特别是综合重合闸考虑的问题也较多。随着继电保护技术的发展，输电线路的微机式重合闸构成要简单得多，同时综合重合闸中不少需考虑的问题在继电保护中也获得了较好的解决。因此，没有单独的输电线路微机式重合闸装置，而总是与继电保护一起组成成套的线路保护装置。

五、重合闸在 3/2 接线中的运行

如图 5 - 25 所示为 3/2 接线方式的线路重合闸示意图。QF1、QF2、QF3 构成一串断路器，QF4、QF5、QF6 构成另一串断路器，其中 QF2 与 QF5 为中间断路器，QF1、QF3 与 QF4、QF6 分别为两个边断路器。线路保护（或变压器保护）动作后发出跳闸命令要断开两个断路器。如 L1 线的保护发出跳闸命令，要断开 QF1、QF2 两个断路器。同时重合闸发出指令要重合 QF1 和 QF2 这两个断路器，并且对这两个断路器的重合有顺序要求。然而，重合闸是按断路器配置的，即 QF1 和 QF2 各配置一套 ARC，与断路器失灵保护、三相不一致保护等各组成一套断路器保护。

（一）边断路器重合优先

1. 断路器失灵保护动作情况

L1 线路上 k1 点故障时，线路保护动作，N 变电站断开 QF1、QF2 断路器，M 变电站断开 QF7、QF8 断路器。讨论 M 变电站断路器失灵保护动作情况。

当 QF7 失灵时，QF7 的失灵保护应将 M 变电站Ⅰ母线上所有断路器跳开，同时通过远跳装置向 N 变电站的 QF1、QF2 发出跳闸命令；M 变电站Ⅰ母线发生故障时，母线保护动作后将该母线上所有断路器跳开，若此时 QF7 失灵，则 QF7 的失灵保护将 QF8 跳开，同时通过远跳装置向 N 变电站的 QF1、QF2 发跳闸命令。可见，边断路器的失灵保护动作后，应跳开边断路器所在母线上的所有断路器和本串中断路器，同时远跳该失灵断路器连接线路

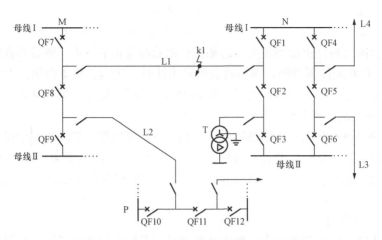

图 5-25 3/2 接线方式的线路重合闸示意图

对侧的两个断路器。

L1 线路上 k1 点故障，当 QF8 失灵时，QF8 的失灵保护应将 QF7、QF9 跳开，同时通过远跳装置向 N 变电站的 QF1、QF2 发跳闸命令、向 P 变电站的 QF10、QF11 发跳闸命令。可见，中间断路器失灵保护动作后，应跳开本串两边断路器，同时远跳该失灵断路器连接线路对侧的断路器（QF8 失灵时，远跳 QF1、QF2 与 QF10、QF11）。

2. 重合闸动作顺序

以图 5-25 为例讨论 M 变电站内重合闸动作顺序。

L1 线路上 k1 点故障，两侧断路器 QF1、QF2 与 QF7、QF8 跳开后，同时，重合闸发出命令，要求重合断路器。对 M 变电站来说，QF7 和 QF8 的重合有顺序要求。当边断路器 QF7 先重合时，若重合于永久性故障，则保护加速动作使 QF7 快速跳闸；即使此时 QF7 失灵，QF7 失灵保护动作后将 M 变电站 I 母线上所有断路器跳开，但 L2 线及其他各连接元件的运行都不受影响，即供电都不受影响。当中断路器 QF8 先重合时，若重合于永久性故障，则保护加速动作，使 QF8 快速跳闸；倘若此时 QF8 失灵，QF8 失灵保护动作后跳开两边断路器，同时远跳 QF10、QF11，影响了 L2 线的运行。

由上分析可见，当线路保护动作跳开两个断路器后，应先重合边断路器，即边断路器重合优先；等边断路器重合成功后，中断路器重合闸开始计时；再重合中断路器（中断路器重合肯定成功）。如果边断路器重合不成功，重合于故障线路，则保护再次快速跳开边断路器，中断路器不再重合。

（二）重合闸与保护间的配合

在我国，500kV 系统大多采用 3/2 接线方式，线路重合闸采用单相重合闸方式。

1. 单条线路故障时 ARC 与保护间的配合

设图 5-25 中 L1 线 k1 点 A 相故障，保护将 QF1、QF2 与 QF7、QF8 的 A 相跳开，并分别启动重合闸。讨论 M 变电站的情况。

（1）QF7 的 A 相断路器先重合，如果是瞬时性故障，则 QF7 的 A 相重合成功，QF8 的 ARC 开始计时，ARC 动作将 QF8 的 A 相重合；如果是永久性故障，则 QF7 的 A 相重合时保护加速动作，将 QF7、QF8 三相跳闸，QF7、QF8 不再进行重合。

（2）若在向 QF7 发出重合闸脉冲前，k1 点发展为多相故障（AB 相相间、AB 相接地等），则 QF7、QF8 三相跳开并不进行重合（采用单相重合方式）。

（3）若在向 QF7 发出重合闸脉冲后，重合闸复归前 k1 点发展为多相故障，则保护判为重合于永久性故障，QF7、QF8 三相跳开，不再重合。

2. L1 线、L2 线发生故障时 ARC 与保护间的配合

这种情况出现在 L1 线、L2 线是同杆并架的双回线路上，可能 L1 线、L2 线的同名相发生接地，也可能 L1 线、L2 线的异名相发生接地。

（1）L1 线、L2 线同名相（A 相）接地时，有以下情况。

1）如果 L1 线、L2 线同时发生 A 相接地，则对 M 变电站来说，QF7、QF8、QF9 均 A 相跳闸；当故障为瞬时性时，QF7、QF9 的 A 相重合成功后，QF8 再重合 A 相；若 L2 线的故障为永久性，则 QF7、QF8、QF9 的 A 相跳闸后，QF7 的 A 相重合成功，而 QF9 的 A 相重合于故障，L2 线保护将 QF8、QF9 立即三相跳闸，并闭锁重合闸。

2）如果 L1 线、L2 线相继发生 A 相接地（L1 线先、L2 线后），则对 M 变电站来说，QF7、QF8 的 A 相先跳开；紧接着因 L2 线 A 相接地，所以 QF9（QF8 的 A 相已跳开）的 A 相跳开。不管 QF8 的重合闸是否已开始计时，只要 QF9 有跳闸信号，QF8 的重合闸应闭锁。只有 QF9 的 A 相重合后，QF8 的重合闸才开始对 A 相重合。这样，保证了 QF8 的重合闸计时从最后一次故障跳闸算起，从而保证了 QF8 的安全。如果 L2 线的 A 相接地在 QF8 的重合闸复归后发生，则 L2 线的故障相当于新发生的一次故障，与第一次 L1 线的故障无关。

（2）L1 线（A 相）、L2 线（B 相）异名相接地时，有以下情况。

1）当故障同时发生时，与 L1 线、L2 线同名相同时，发生一相接地相比，除中间断路器 QF8 三相跳闸外（不允许长期非全相运行），其他动作情况完全相同。

2）当故障相继发生时，与 L1 线、L2 线同名相相继接地时相比，只是中间断路器 QF8 三相跳闸（不允许长期非全相运行），其他动作情况完全相同。

3. 异常情况下 ARC 与保护间的配合

在正常情况下，中间断路器只有在两边断路器重合后才能进行重合。图 5-25 中 L1 线、L2 线假设为同杆并架双回线，两线可能为同名相或异名相且同时或相继发生接地故障，在单相重合闸方式下，应该两边断路器单相重合后，中间断路器才重合。如果 M 变电站 QF7 的重合闸停用或因气压低等原因不能重合时，则当 L1 线发生单相瞬时性接地时，QF7 进行三相跳闸，QF8 实行单相跳闸，此时 QF8 不必等 QF7 重合成功后再重合，而直接按单相重合方式重合。当然，重合脉冲发出前，L2 线发生接地故障，则停止重合，等 QF9 重合成功后再重合。

（三）对重合闸的运行要求

对 ARC 的运行要求按单相重合方式来说明。

（1）边断路器重合到永久性故障上应闭锁中间断路器重合闸。如在图 5-25 的 M 变电站中，QF7 重合于永久性故障上，则 QF8 无须再重合。此时采用 L1 线路保护加速动作的输出触点闭锁 QF8 的重合闸。

（2）重合闸停用或气压低等原因不能重合的断路器实行三相跳闸。这种情况可由重合闸输出的三跳触点（GTST）来沟通三跳回路，实现断路器的三相跳闸。当重合闸未充满电时、重合闸为三重方式时、重合闸停用时、重合闸装置故障或直流电源消失时，满足以上任

一条件，GTST 动断触点就闭合，就可进行断路器的三相跳闸。

GTST 动断触点闭合后，实行断路器的三相跳闸，可由线路保护动作触点与本断路器重合闸装置输出的 GTST 串接后再三相跳闸；也可将本断路器重合闸输出的 GTST 分别与线路保护分相跳闸触点并接进行三相跳闸。为简化重合闸与保护间的连线，也可将本断路器重合闸输出的 GTST 并接在该断路器失灵保护重跳的三个分相出口中进行三相跳闸。当线路任一相有电流、收到一个或两个单相跳闸信号等使 GTST 闭合（重合闸装置故障或直流电源消失情况除外），重合闸可发三跳令进行三相跳闸。

（3）边断路器重合成功后才允许中断路器重合。这可用边断路器重合闸脉冲发出后中间断路器重合闸才开始计时来实现。或者边断路器重合闸启动时，向中间断路器的重合闸发"重合闸等待"信号，接到此信号后等待边断路器重合；边断路器重合后"重合闸等待"信号消失，中间断路器重合闸开始计时，再进行重合。

当边断路器处于分闸状态或重合闸停用时，中间断路器重合闸直接计时或收不到边断路器重合闸的"重合闸等待"信号，中间断路器可直接重合。

（4）同杆并架双回线上存在跨线故障，如图 5 - 25 中 L1 线 A 相与 L2 线 B 相发生跨线故障，在单相重合方式下，M 变电站的 QF7 跳开 A 相并启动重合闸，QF9 跳开 B 相并启动重合闸，QF8 跳开 A 相和 B 相并闭锁重合闸。此时 QF8 处非全相状态，要求立即跳开三相。

因为 QF8 的重合闸并不满足沟通三相跳闸条件，所以重合闸中应设有异线异名相单相跳闸时立即进行三相跳闸的回路；或者利用断路器保护中"两个单相跳闸命令重跳三相"功能将断路器三相跳开。对于 L1 线、L2 线异名相相继发生故障的情况，当第二次故障在中间断路器重合闸脉冲发出前时，只要将跳闸命令固定，就是异线异名相单相跳闸命令同时出现，就可立即三相跳闸。

六、分相跳闸逻辑

微机继电保护中线路保护与重合闸组成一套保护装置，并且微机继电保护功能完善灵活，使得保护与重合闸间的配合与原有情况相比较要简单得多。

在装设单相重合闸或综合重合闸的线路上，单相接地时经选相元件控制实行单相跳闸（多相故障时实行三相跳闸），这由分相跳闸回路实现。如图 5 - 26 所示为某保护（如方向纵联保护）的分相跳闸功能逻辑框图（其他保护的分相跳闸功能逻辑框图与此很相似），对图 5 - 26 说明如下。

S_A、S_B、S_C：分别为该保护的 A、B、C 相选相元件。

S_{ABC}：该保护中多相故障选相元件。

L_A、L_B、L_C：分别为 A、B、C 相低定值（$6\%I_N$）过电流元件。

T_A、T_B、T_C：该保护跳 A、B、C 相。

保护 I：一般为快速保护，如方向纵联保护、快速距离 I 段保护，有时也可接入零序方向过电流 II 段保护。

A：两个选相元件动作的故障发生时 A 值为"1"（A 的功能逻辑框图图中未画）。

SW1：保护三相跳闸功能选择的控制字，置"1"时为三相跳闸方式。

保护 II：不经选相元件控制要求三相跳闸的保护，如零序电流 III 段保护等。

由图 5 - 26 可见，发生单相故障时，保护动作信号（保护 I）经选相元件控制，再由低定值过电流元件 $L_φ$ 按相保持，发出分相跳闸脉冲。故障相一跳开，该相的低定值过电流元件返回，按相保持解除，收回跳闸脉冲。

如果发生的是多相故障，保护Ⅰ动作信号经 S$_{ABC}$ 控制经 H4、Y8、H6、H8、H9、H10、H11 进行三相跳闸。保护Ⅱ动作信号或 A 的动作信号均实行三相跳闸。

SW1 置"1"时，不论故障形式，实行三相跳闸。

若单相故障时选相元件拒动，则 Y5、Y6、Y7 无输出，H7 无输出，保护Ⅰ动作信号经 JZ1、选相拒动延时 t_φ，通过 H8、H9、H10、H11 进行三相跳闸。t_φ 是选相元件拒动后备三跳的延时时间。t_φ 的考虑原则如下：

（1）单相故障时应跳故障相不应误跳三相，所以 t_φ 应大于选相元件动作时间、低定值电流元件动作时间之和。

（2）选相元件拒动时不应引起上一级保护误动，所以 t_φ 应与上一级Ⅱ段保护动作时间配合。因此，可取 $t_\varphi = 200$ms（在模拟式综合重合闸中，取 250ms）。

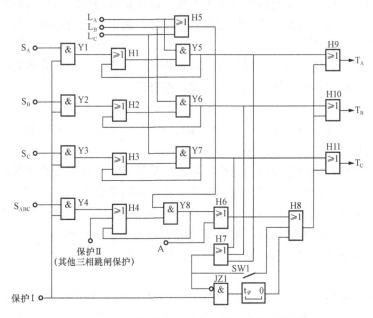

图 5-26　方向纵联保护的分相跳闸功能逻辑框图

从图 5-26 可以看出，选相元件只用于选相，不起判断故障点是否在保护区内的作用，所以对选相元件应满足如下要求。

（1）保护区内发生任何形式的短路故障时，能判别出故障相别，或判别出是单相故障还是多相故障。

（2）单相接地故障时，非故障相选相元件应可靠不动作。

（3）正常运行情况下，选相元件处于可靠不动作状态。

（4）动作速度快，不影响继电保护快速切除故障。

第七节　超高压电网的特点及对继电保护的影响

根据前述各节的分析，本节对超高压电网的特点及对继电保护的影响作一概括。

一、超高压电网的特点及对继电保护的影响

1. 分布电容大

超高压输电线路一般采用分裂导线，其分布电容大，500kV 线路正序分布电容为 $0.013\mu F/km$，可见较大的分布电容将给继电保护和综合自动重合闸带来十分不利的影响。

（1）正常运行时，安装于线路两侧的继电保护其测量电流等于负载电流与电容电流之向量和，故不可避免地会产生相位差，致使比较两侧电流相位保护的正确工作受到影响。

（2）线路外部故障时，电容电流不仅使两侧故障分量的相位改变，而且幅值也发生变化，有可能使方向保护和相位比较式保护不正确动作。

（3）线路空载或轻载运行时，电容电流会引起线路末端过电压。通常要采用并联电抗器补偿，也要配置相应的继电保护。

（4）线路发生故障时，分布电容储存的电能沿线路放电，产生高次谐波。因为分布电容的容抗大于线路的感抗，故其谐振频率高于工频。高次谐波的幅值与短路瞬间有关，当故障发生在电容储能最高时，高次谐波的幅值最高；反之，高次谐波的幅值最低。理论上讲，频率越高，幅值越小，衰减也越快。高次谐波的存在，影响了快速保护的工作。

（5）分布电容大会使单相故障切除后，非全相运行过程中潜供电流增大，从而影响故障点的灭弧时间，导致单相重合闸时间加长，成功率降低。

2. L/R 比值大

超高压输电线路导线截面加大，电阻下降，L/R 的比值比一般线路大。L/R 比值大，使得暂态过程延长，可能影响某些保护的正确工作。

因为线路故障时，故障电流除包括稳态基波分量外，还含有衰减的非周期分量。非周期分量的大小与故障瞬间的初相角有关。非周期分量按时间常数为 $\tau_1 = L/R$ 的指数规律衰减，τ_1 值越大，衰减越慢。500kV 线路的 τ_1 值大约为 $0.05\sim0.045s$。τ_1 值的大小还与故障点的位置有关，若靠近电源侧的线路出口故障，等效的 L 值增大，τ_1 可能达到 $0.08s$。暂态过程拉长，使得故障电流偏移到时间轴一则，会影响保护的正确工作。

3. 正常负载大

超高压远距离输电线路，一般都传送重负载，正常时就工作在稳定极限附近，一遇扰动，容易发生系统振荡。保证线路输送大功率，又不至于在外部故障时引起系统振荡的主要手段是快速切除故障。因此，必须使用快速断路器和快速继电保护装置。

4. 串联补偿电容

超高压线路串联补偿电容是提高系统稳定和输送容量的有效措施，但也给继电保护带来了一系列问题。举例如下。

（1）串补电容改变了线路阻抗随长度增减的比例关系，致使本线路或相邻线路的阻抗元件、方向元件正确工作受到影响。系统发生振荡时，串补电容可能不对称击穿，相当于纵向不对称故障，故在振荡电流中附加了各序故障分量，也可能使一些保护的正确工作受影响。

（2）在串补电容线路中，其等效电路由 R、L、C 组成。因此，当线路故障时，故障电流中除含有稳态基波分量外，还有低频衰减分量。低频分量是由系统、线路的电抗与串补电容的容抗谐振产生的。由于线路的补偿度小于 1，谐振频率低于工频，故叫作低频分量。

低频分量的存在，一方面使串补电容的容抗增大，产生很高的过电压；另一方面可能产生次同步振荡，致使发电机受损。

5. 并联电抗器

超高压线路两端并联电抗器，目的在于补偿线路分布电容，限制过电压，减小单相重合闸过程中的潜供电流。对平衡轻负载时的线路无功功率和并列时控制两侧电压差都是有利的。并联电抗器一般要配置差动保护。

在有并联电抗器的线路上发生故障时，其暂态过程中除受基本直流分量（非周期分量）的影响外，还受电抗器产生的附加直流分量的影响。附加直流分量的大小与短路瞬间电抗器中电流的大小有关。当电压初相角为零度瞬间短路时，附加直流分量最大；电压初相角为90°时短路，附加直流分量最小，电抗器的等值阻抗时间常数很大，因此附加直流分量比基本直流分量衰减得更慢。当并联电抗器接于线路侧时，线路故障切除后，分布电容和电抗器将产生数秒钟振荡衰减放电电流，影响本线路保护和重合闸工作，并对相邻线路产生干扰。

6. 线路不换位

由于经济和技术原因，超高压线路常常不换位，致使三相参数不对称。线路正常运行时就有较大的负（零）序电流，某些保护经常处在启动和不正确的工作状态。特别是在平行线路上，若有的线路换位，有的不换位并装有串补电容时，因其抵消了线路的大部分电抗后，不对称度更加严重。因此，在有串补电容的不换位线路上，负（零）序电流更大，并在并联线路中形成环流，影响各平行线路保护的正确工作。

7. 超高压线路的电流互感器对保护的影响

超高压线路短路电流水平高，暂态电流中的直流分量和附加的直流分量衰减很慢，致使电流互感器严重饱和，传变能力变坏。二次电流的相位和幅值误差增大，使反应短路电流幅值和相位的保护都受到影响。

超高压输电系统多采用环形母线和3/2断路器接线方式，断路器和线路不再为一一对应关系。线路内部故障时，要求同时跳开两个或两个以上的相关断路器，故保护装置通常接于两组断路TA的"和电流"上。并联运行的两组TA，若饱和时间不同，外部故障时可能有差电流，影响保护的正确工作。

500kV输电线路继电保护全部"双重化"，每套保护均有独立的TA和出口，两套保护至少要占用4组TA。因此，要十分注意接于同一种保护的两组TA暂态特性的一致性，否则将影响保护的正确工作。另外还要注意，在各种不同运行方式时，线路内部和外部故障情况下，两组TA流出的"和电流"是否能使继电保护正确工作。

8. 超高压线路的电压互感器对保护的影响

在超高压线路上，一般采用电容式电压互感器。与电磁式电压互感器相比，此种互感器受暂态过程影响大，不能迅速准确地反应一次电压变化。当线路故障一次电压下降到零时，二次电压需要经过200ms左右的时间方下降到额定电压的10%。影响二次电压误差的原因，主要是电压互感器回路中的电容所致，电容量越大，电压衰减越慢，误差也越大。由此可见，此种互感器的误差是不可忽视的，而对直接反应电压量的快速保护的影响，也是显而易见的。特别是在保护区末端故障时，将导致保护范围的变化。电容式电压互感器暂态特性对继电保护的影响与保护类型、互感器的参数有关。

二、超高压线路继电保护的配置原则

超高压线路的继电保护必须具有很好的可靠性、选择性、快速性和灵敏性，而且比一般线路要求更高。因为超高压线路传输强大的功率，继电保护不正确工作，将造成巨大损失，影响范围很大，后果非常严重。所以，对继电保护要求，必须保证正常运行时不误动、线路故障时不拒绝动。

为了防止继电保护误动作，保护装置本身应选择可靠的工作原理、使用精良的工艺技术、采取有效的抗干扰措施等，还可以在保护装置内部或外部增加必要的监视和闭锁措施。

为了防止保护装置拒绝动作，应采用"双重化"配置原则。一条线路除配置两套不同原理的主要保护外，还应该配置比较完善的后备保护。当被保护线路内部任一点发生任何类型的故障时，主保护均能无延时地快速切除。通常是比较线路两侧电气量的纵联保护。

一条线路配置两套完全独立的主保护，要求从输入回路到出口跳闸回路彼此之间没有任何联系。各自都有独立的交流 TA、TV 和直流电源，独立的出口及跳闸线圈。这样两套保护并联运行，才能充分发挥"双重化"保护的作用，提高切除故障的可靠性。此种配置方式，还便于一套保护退出检修、维护，而不影响另一套保护工作。

当线路故障时，若两套主保护拒动，由反应线路单侧电气量的后备保护切除故障，通常后备保护也采用"双重化"配置。相间短路后备保护，通常采用三段式相间距离保护；接地短路后备保护，通常采用三段式接地距离保护和三段或四段零序方向电流保护。对于超高压线路后备保护，阶梯时间差 Δt 要尽可能地由 0.5s 降低到 0.2s，以提高整个电网的保护水平。对于距离保护的振荡闭锁装置，当振荡周期在 0.15～1.0s 时应能可靠工作。

对于超高压系统，要求有足够的静态稳定储备系数，并保证有一定的暂态稳定水平。快速切除故障是保证稳定的重要措施。对于超高压线路，一般要求切除故障的时间约限定在 0.04～0.06s，扣除断路器跳闸时间和灭弧时间后，继电保护整组动作时间约在 0.02s 之内。因此，两套线路主保护的固有动作时间也必须控制在该范围以内。

除了上述后备保护外，超高压系统还必须设置断路器失灵保护，以便当断路器拒动时尽量减小事故停电范围。

为了尽可能地保持系统间的联系，单回线在单相接地短路时，应实行单相切除和单相重合；在多相短路时，跳开三相后是否能三相重合，需进行具体分析。在大多数情况下，由于超高压线路输送功率大，三相跳开后两侧系统电动势间角度迅速增大，三相快速重合闸和非同期重合闸成功的可能性极小，因此，以不实行三相重合为宜，但可以实行检查无电压和检查同期的慢动作三相重合闸，以便在两侧系统趋于稳定时自动恢复正常运行。

双回线可采用单相切除单相重合，三相切除三相重合的综合重合闸方式。对同杆架设的双回线，在发生各种多重故障（如不同回线的相间短路和接地短路）时，为尽可能维持系统间联系，应将各故障相断开，并进行断开相的重合，如重合不成功则仍将故障相断开，保持非故障相继续运行；为此，要求选相元件应在任何故障组合情况下，都能准确地选出故障相。

第六章　电力变压器微机继电保护原理

电力变压器（也称主变压器，以下简称变压器）是电力系统中使用相当普遍而又十分重要的电气设备，如发生故障将给电力系统的运行带来严重的后果。为了保证变压器的安全运行和防止扩大事故，装设灵敏、快速、可靠和选择性好的微机继电保护是极为重要的。

第一节　变压器的故障、不正常运行及保护配置

一、变压器的故障类型及不正常运行

1. 变压器的故障类型

变压器可能发生的故障可分内部故障和外部故障两类。

变压器内部故障是指箱壳内部发生的故障，有绕组的相间短路故障、单相绕组部分线匝之间的匝间短路故障、单相绕组和铁芯间绝缘损坏而引起的接地短路故障。此外，还有绕组的开焊（断线）故障。

变压器外部故障是指箱壳外部绕组引出线间的各种相间短路故障和引出线因绝缘套管闪络或破碎通过箱壳发生的单相接地短路。

2. 变压器的不正常运行

变压器的不正常运行工况主要指外部短路故障（包括接地故障和相间故障）引起的过电流；由于过负载引起的对称过电流；对于大容量变压器，因铁芯额定工作磁通密度与饱和磁通密度比较接近，所以当电压过高或频率降低时，所产生的过励磁。

此外，对于中性点不直接接地运行的变压器，可能出现中性点电压过高的现象；运行中的变压器油温过高（包括有载调压部分）以及压力过高的现象。

二、变压器的保护类型

根据 GB 14285—2006《继电保护和安全自动装置技术规程》的规定，变压器一般应装设以下保护装置。

（1）变压器油箱内部各种短路故障和油面降低的气体保护。

（2）变压器绕组和引出线相间短路、大电流接地系统侧绕组和引出线的单相接地短路及绕组匝间短路的纵联差动保护。

（3）变压器外部相间短路并作为气体保护和差动保护的后备的低电压启动过电流保护或者复合电压启动过电流保护或者负序过电流保护。

（4）大电流接地系统中变压器外部接地短路的零序电流保护。

（5）变压器对称过负载的过负载保护。

（6）变压器过励磁的过励磁保护。

三、变压器保护的配置

微机继电保护的广泛应用形成了较完整的保护配置，电压等级不同变压器的保护配置也不同。就变电站而言，大致可按高压（220kV 及以上）和中压、低压（110kV 及以下）两

大类进行配置。

（一）中压、低压变电站变压器的保护配置

1. 主保护配置

（1）差动保护：包含差动速断保护、比率制动的差动保护，涌流制动一般采用二次谐波制动。

（2）本体保护：包括本体气体保护、有载调压气体保护和压力释放保护。

2. 后备保护配置

变压器后备保护一般按侧配置，各侧后备保护之间、各侧后备保护与主保护之间的硬件和软件可相互独立，也可使用相同的处理系统。

（1）变压器大电流接地侧的后备保护配置。

1）两段式或三段式复合电压闭锁过电流保护，如果变压器两侧及以上接有电源，则为两段式或三段式复合电压闭锁方向过电流保护。

2）零序电流、电压保护。

3）过负载保护。

4）冷却系统故障及变压器超温保护（跳闸或报警）。

（2）变压器小电流接地侧的后备保护配置。

1）两段式或三段式复合电压闭锁过电流保护，如果变压器两侧及以上接有电源，则为两段式或三段式复合电压闭锁方向过电流保护。

2）过负载保护。

3）冷却系统故障及变压器过温保护（跳闸或报警）。

对于单电源的双绕组变压器，后备保护一般只配置一套，装设于降压变压器的高压侧或升压变压器的低压侧，因为变压器都装有差动保护和本体保护，有一套主电源侧的后备保护足够了。对于多电源的双绕组变压器，后备保护一般配置两套，也有只在主电源侧配一套后备保护的。对于三绕组变压器，后备保护可以配置两套，也可以配置三套。

（二）高压变电站变压器的保护配置

1. 主保护配置双重化（两套）

（1）差动保护：一般都配置差动速断保护和比率制动的差动保护，零序差动保护。涌流制动一般采用不同原理的制动方法：二次谐波制动、波形间断角原理制动、对称识别制动。

（2）本体保护：一般指本体气体保护、有载调压气体保护和压力释放保护。

2. 后备保护双重化（两套）

变压器的高中压侧后备保护一般按相同原则配置，后备保护与主保护之间的硬件和软件皆相互独立，高中压侧后备保护之间的硬件和软件一般也相互独立。

（1）变压器高中侧的后备保护配置。

1）相间阻抗保护和接地阻抗保护。

2）零序方向过电流保护。

3）过负载保护。

4）过励磁保护。

（2）变压器低压侧的后备保护配置。

1）两段式或三段式复合电压闭锁过电流保护。

2）零序过电压保护。

3) 过负载保护。

220kV 微机型变压器保护配置图如图 6-1 所示。

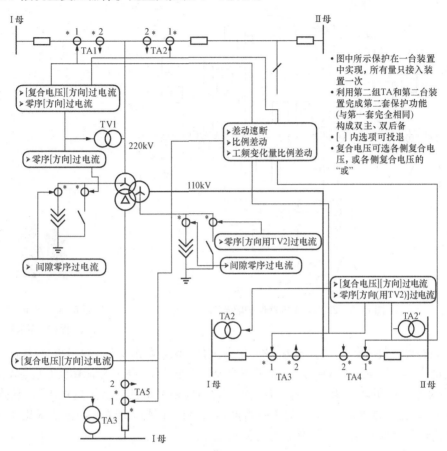

图 6-1 220kV 微机型变压器保护配置图

 [电力变压器保护知识点回顾]（数字化教学资源）

1. 变压器保护配置方案

图 6-2 所示为 220kV 变压器保护配置图。高压侧中性点装设放电间隙，中压侧中性点直接接地运行。主保护双重化差动保护 2 和 3 的电流分别取自三侧不同的电流互感器绕组；后备复压过电流保护分为高压侧保护 4、中压侧保护 5、低压侧保护 6，分别取自对应侧电流互感器 TA 和母线电压互感器 TV；高压侧接地零序电流电压保护 7、中压侧接地零序电流保护 8 电流取自中性点电流互感器 TA0；高、中、低压三侧分别配置过负荷保护 9、10、11；12 为非电量保护。

2. 变压器比率制动差动保护原理

变压器区内及区外短路故障时的电流如图 6-3（a）所示。正常运行及区外故障时，两侧电流反方向，要求保护可靠不动作；而区内故障时两侧电流均为正，要求保护灵敏动作。因此，广泛采用比率制动特性差动保护，如图 6-3（b）所示。

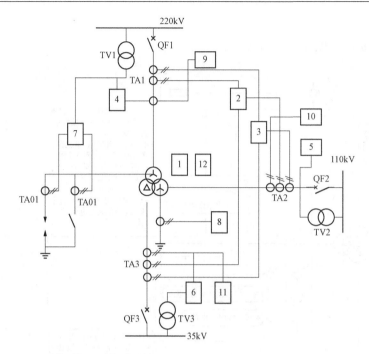

图 6-2　220kV 变压器保护配置图

资源 6-1　220kV 变压器
保护配置图

正常运行时：制动量 $I_{res}=|I_1-I_2|/2=I_L$ 为负荷电流，动作量 $I_d=|I_1+I_2|=I_{unb}$ 为负荷对应的不平衡电流，为保证保护不启动，保护启动电流（最小动作电流）应设置为 $I_{op.min} \geqslant I_{unb.L}$。

区外故障时：制动量 $I_{res}=|I_1-I_2|/2=I_{k2}$ 为区外短路电流（穿越电流），动作量 $I_d=|I_1+I_2|=I_{unb}$ 为短路电流 I_{k2} 对应的不平衡电流，为保证保护不误动，应设置比率制动特性斜率 K_r 使动作量躲过最大不平衡电流 $I_d \geqslant I_{unb.max}$。

区内故障时：动作量 $I_d=|I_1+I_2|=I_{k1}$ 为区内短路电流，制动量 $I_{res}=|I_1-I_2|/2$ 比较小，对单侧电源的变压器只有 $I_d=2I_{res}$。此时，保护应具有足够灵敏度（$K_{sen} \geqslant 2$）可靠动作，因此比率制动斜率 K_r 应小于 1，一般可取 0.5。

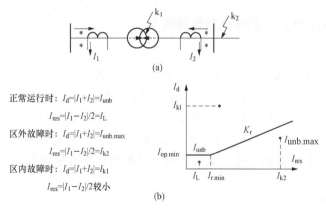

图 6-3　变压器比率制动特性差动保护原理

（a）变压器区内及区外故障电流；（b）变压器比率制动特性

资源 6-2　变压器比率制动特性
差动保护原理

第二节　变压器纵差动保护相位的校正

变压器纵差动保护用于反应变压器绕组的相间短路故障、绕组的匝间短路故障、中性点接地侧绕组的接地故障及引出线的相间短路故障、中性点接地侧引出线的接地故障。目前国内生产及应用的变压器（主变压器、厂高变压器、发变组、高压启备变压器）微机型差动保护，主要由分相差动元件和涌流判别元件两部分构成。此外，用于大型变压器的差动保护，还有 5 次谐波制动元件，以防止变压器过励磁时差动保护误动。

在变压器内部严重故障时，为防止由于电流互感器饱和、电流波形畸变而致使差动元件拒动或延缓动作，还设置有差动速断元件。

一、纵差动保护的基本原理

差动保护的基本原理源自基尔霍夫电流定律，把变压器、发电机或其他被保护电力设备看成是一个节点，如果流入节点的电流等于流出节点的电流，则节点无泄漏，这时说明被保护设备无故障或外部故障。如果流入节点的电流不等于流出节点的电流，则节点中存在其他电流通路，说明被保护设备发生了故障，用输入电流与输出电流的差作为动作量的保护就称为差动保护。

如图 6 - 4 所示为变压器纵差动保护单相原理接线，其中变压器 T 两侧电流 $\dot{I}_1$、$\dot{I}_2$ 流入变压器为其电流正方向。当变压器正常运行或外部短路故障时，必有 $\dot{I}_1 + \dot{I}_2 = 0$，若电流互感器 TA1、TA2 变比合理选择，则在理想状态下有 $I_d = |\dot{I}'_1 + \dot{I}'_2| = 0$（实际是不平衡电流），差动元件 KD 不动作，此时 $\dot{I}_1$ 与 $\dot{I}_2$ 反相。当变压器发生短路故障时，必有 $\dot{I}_1 + \dot{I}_2 = \dot{I}_k$（短路电流），于是 I_d 流过相应短路电流，KD 动作，此时 $\dot{I}_1$ 与 $\dot{I}_2$ 同相位（假设变压器两侧均有电源），将变压器从电网中切除。

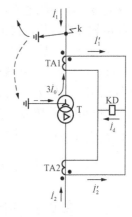

图 6 - 4　变压器纵差动保护
单相原理接线图

可以看出，纵差动保护的保护区是 TA1、TA2 之间的电气部分。为使纵差动保护发挥应有性能，在接线上应注意如下几点。

（1）由于变压器 Y_N，d 接线的关系，变压器两侧电流间存在相位移动，为保证正常运行或外部短路故障时 $\dot{I}_1$ 与 $\dot{I}_2$ 有反相关系，所以必须进行相位校正。

（2）即使满足了外部短路故障时 $\dot{I}_1$、$\dot{I}_2$ 的反相关系，注意到变压器两侧 TA 变比的不同，为保证外部短路故障时差动元件电流尽量小，$|\dot{I}'_1|$ 应与 $|\dot{I}'_2|$ 相等，为此应进行幅值校正。

（3）Y_N 侧保护区外接地故障时，如图 6 - 4 中 k 点接地，零序电流 $3\dot{I}_0$ 仅在变压器一侧流通，流过电流互感器 TA1，为保证纵差动保护不动作，$\dot{I}'_1$ 电流中应扣除相应的零序电流分量。

因此从理论上说，正常运行时流入变压器的电流等于流出变压器的电流，但是变压器各侧的额定电压不同，接线方式不同，各侧电流互感器变比不同，各侧电流互感器的特性不同产生的误差，以及有载调压产生的变比变化等使变压器差动考虑的因素较多。例如：实际中微机差动保护装置无法对变压器铁芯饱和等进行识别和自动补偿。变压器的各侧绕组有一个公共铁芯，这样被保护对象包含 n 条电路和一条公共磁路，公共磁路需要励磁电流，励磁电流是无法接入微机差动保护装置的，它成为变压器差动保护的不平衡电流，是无法进行识别和自动补偿的。

微机差动保护装置在软件设计上充分考虑了上述因素，几乎所有微机差动保护装置的 TA 接线都基本相同，各侧 TA 都按星形接法接入到微机差动保护装置，TA 的匹配和变压器接线方式引起的各侧电流之间的相位关系全部由微机差动保护装置自动进行处理。

二、纵差动保护相位的校正

如果双绕组变压器常采用 Y，d11 接线方式，因此，变压器两侧电流的相位差为 30°。为保证在正常运行或外部短路故障时动作电流计算式中的高压侧电流 $\dot{i}'_1$ 与低压侧电流 $\dot{i}'_2$ 有反相关系，必须进行相位校正。对于 Y，y，d11 及 Y，d11，d11 接线式的三绕组变压器，也应通过相位校正的方法保证星形侧与三角形侧电流有反相关系。对于微机型纵差动保护，一种方法是按常规纵差动保护接线，通过电流互感器二次接线进行相位校正，称为"外转角"方式；另一种方法是变压器各侧电流互感器二次接线同为星形接法，利用微机继电保护软件计算的灵活性，直接由软件进行相位校正，称为"内转角"方式。内转角的计算方法又可分为星形侧向三角形侧（称 Y→△）校正的算法及三角形侧向星形侧（称△→Y）校正的算法两种。

1. 电流互感器二次接线进行相位校正（外转角）

相位校正的具体方法是变压器星形侧的电流互感器二次绕组首尾相接成三角形，将变压器三角形侧的电流互感器二次绕组接成星形，如图 6-5 所示。

采用相位补偿后，变压器星形侧电流互感器二次回路差动臂中的电流 $\dot{i}_{A2}$、$\dot{i}_{B2}$、$\dot{i}_{C2}$，刚好与三角形侧的电流互感器二次回路中的电流 $\dot{i}_{a2}$、$\dot{i}_{b2}$、$\dot{i}_{c2}$ 同相位，如图 6-6 所示。

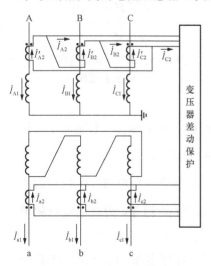

图 6-5　Y，d11 接线变压器外转角
相位校正接线图

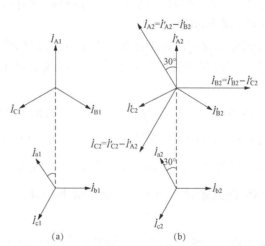

图 6-6　Y，d11 接线变压器外转角相位
校正相量图

（a）一次相量图；（b）相位补偿后相量图

资源 6-3　变压器差动保护相位"外校正"接线及相量图

2. 用保护内部算法进行相位校正（内转角）

当变压器各侧电流互感器二次均采用星形接线时，可简化 TA 二次接线，增加了电流回路的可靠性，互感器二次接线如图 6 - 7 所示。当变压器为 Y，d11 连接时，如图 6 - 8（a）所示为 TA 一次侧的电流相量图，为消除各侧 TA 二次电流之间的 30°角度差，必须由保护软件通过算法进行调整。

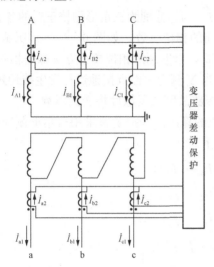

图 6 - 7　Y，d11 接线变压器内转角相位校正接线图

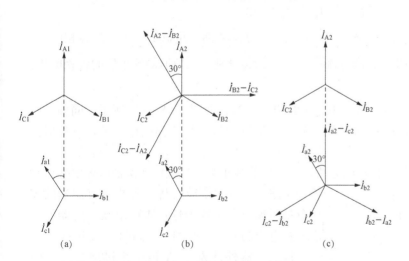

图 6 - 8　Y，d11 接线变压器内转角相位校正相量图

（a）TA 一次侧电流相量；（b）量形侧向三角形侧调整；（c）三角形侧向量形侧调整

（1）星形侧向三角形侧（称 Y→△）校正的算法。大部分保护装置采用星形侧向三角形侧（称 Y→△变化）校正相位的方法，其校正方法如下。

$$\left.\begin{array}{l} \dot{I}'_{A2} = (\dot{I}_{A2} - \dot{I}_{B2})/\sqrt{3} \\[2mm] \dot{I}'_{B2} = (\dot{I}_{B2} - \dot{I}_{C2})/\sqrt{3} \\[2mm] \dot{I}'_{C2} = (\dot{I}_{C2} - \dot{I}_{A2})/\sqrt{3} \end{array}\right\} \qquad (6-1)$$

星形侧

$$\left.\begin{array}{l} \dot{I}'_{a2} = \dot{I}_{a2} \\ \dot{I}'_{b2} = \dot{I}_{b2} \\ \dot{I}'_{c2} = \dot{I}_{c2} \end{array}\right\}$$

三角形侧　　　　　　　　　　　　　　　　　　　　　　　　　　　　　　　（6 - 2）

式中：$\dot{I}_{A2}$、$\dot{I}_{B2}$、$\dot{I}_{C2}$ 为星形侧 TA 二次电流；$\dot{I}'_{A2}$、$\dot{I}'_{B2}$、$\dot{I}'_{C2}$ 分别为星形侧校正后的各相电流；$\dot{I}_{a2}$、$\dot{I}_{b2}$、$\dot{I}_{c2}$ 为三角形侧 TA 二次电流；$\dot{I}'_{a2}$、$\dot{I}'_{b2}$、$\dot{I}'_{c2}$ 分别为三角形侧校正后的各相电流。

经过软件校正后，差动回路两侧电流之间的相位一致，如图 6 - 8（b）所示。同理，对于三绕组变压器，若采用 Y，y，d11 接线方式，星形侧的相位校正方法都是相同的。

另外，采用 Y 侧进行相位校正的方法，当 Y 侧为中性点接地运行发生接地短路故障时，差动回路不反应零序分量电流，保护对接地短路故障的灵敏度将受到影响。

（2）三角形侧向星形侧（称△→Y）校正的算法。保护装置采用三角形侧向星形侧变化（称△→Y）调整差流平衡时，其校正方法如下。

$$\left.\begin{array}{l} \dot{I}'_{A2} = (\dot{I}_{A2} - \dot{I}_0) \\ \dot{I}'_{B2} = (\dot{I}_{B2} - \dot{I}_0) \\ \dot{I}'_{C2} = (\dot{I}_{C2} - \dot{I}_0) \end{array}\right\}$$

星形侧　　　　　　　　　　　　　　　　　　　　　　　　　　　　　　　（6 - 3）

$$\left.\begin{array}{l} \dot{I}'_{a2} = (\dot{I}_{a2} - \dot{I}_{c2})/\sqrt{3} \\ \dot{I}'_{b2} = (\dot{I}_{b2} - \dot{I}_{a2})/\sqrt{3} \\ \dot{I}'_{c2} = (\dot{I}_{c2} - \dot{I}_{b2})/\sqrt{3} \end{array}\right\}$$

三角形侧　　　　　　　　　　　　　　　　　　　　　　　　　　　　　　（6 - 4）

式中：$\dot{I}_{A2}$、$\dot{I}_{B2}$、$\dot{I}_{C2}$ 为星形侧 TA 二次电流；$\dot{I}'_{A2}$、$\dot{I}'_{B2}$、$\dot{I}'_{C2}$ 分别为星形侧校正后的各相电流；$\dot{I}_{a2}$、$\dot{I}_{b2}$、$\dot{I}_{c2}$ 分别为三角形侧 TA 二次电流；$\dot{I}'_{a2}$、$\dot{I}'_{b2}$、$\dot{I}'_{c2}$ 分别为三角形侧校正后的各相电流；$\dot{I}_0$ 为星形侧零序二次电流。

经过软件校正后，差动回路两侧电流之间的相位一致，如图 6 - 8（c）所示。同理，对于三绕组变压器，若采用 Y，y，d11 接线方式，星形侧的软件算法都是相同的，三角形侧同样进行相位校正。

需要说明，在△侧进行相位校正的方法，当变压器高压侧保护区内和保护区外发生单相接地短路时，流过差动回路 Y 侧电流互感器的零序分量电流与变压器中性点零序电流互感器的零序分量电流的方向正好相反，如图 6 - 9 所示。

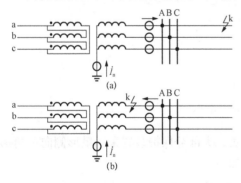

图 6 - 9　单相接地短路时零序分量电流的分布
（a）区外单相接地时零序电流分布；
（b）区内单相接地时零序电流分布

设变压器外部发生 A 相单相接地短路故障时，流过变压器高压侧 A 相的短路电流 $\dot{I}_{Ak} = \dot{I}_{Ak1} + \dot{I}_{Ak2} + \dot{I}_{Ak0}$，变压器中性点的电流 $\dot{I}_0$ 与 A 相零序电流 $\dot{I}_{Ak0}$ 相同，如图 6 - 9（a）所示。两者相互抵消，使加入 A 相差动元件的电流为 $\dot{I}_{Ak} = \dot{I}_{Ak1} + \dot{I}_{Ak2}$。由于变压器的△侧不存在零序电流分量，故在外部发生单相接地短路时不会产生不平衡电流。

若在变压器的内部发生单相接地短路，此时变压器 Y 侧 A 相零序电流 $\dot{I}_{Ak0}$ 改变方向，与变压器中性点的电流 $\dot{I}_0$ 方向相反，如图 6-9（b）所示。加入 A 相差动元件的电流为 $\dot{I}_{Ak0}$ 和 $\dot{I}_0$ 两者的叠加。也就是说，在变压器内部发生单相接地短路时，加入差动元件的短路电流能反映内部接地短路故障时的零序电流分量。

可见，采用不同方式的相位补偿，将影响在变压器 Y 侧发生单相接地短路时差动保护的灵敏度，引入变压器中性点零序电流分量后，在变压器外部发生单相接地短路故障时不会由于零序分量的存在而产生不平衡电流，而在变压器内部发生单相接地短路时又可以反映零序分量电流，从而提高了差动保护对单相接地短路的灵敏度。

三、纵差动保护幅值的校正

通过相位校正，满足了正常运行和外部短路时电流的反相关系。但由于变压器各侧的额定电压、接线方式及差动 TA 变比都不相同，因此在正常运行时，流入差动保护的各侧电流也不相同。为保证外部故障时差动保护不误动，微机继电保护应在相位校正的基础上进行幅值校正（幅值校正通常称为电流平衡调整），将各侧大小不同的电流折算成大小相等、方向相反的等值电流，使得在正常运行时或外部故障时，差动电流（称为不平衡电流）尽可能小。

将各侧不同的电流值折算成作用相同的电流，相当于将某一侧或某两侧的电流乘以修正系数。该系数称为平衡系数。

设有三绕组变压器，其接线为 Y，y，d11，变压器各侧 TA 均为星形接线。则各侧流入差动保护某相的一次额定电流计算公式为

$$I_{1N} = \frac{S_N}{\sqrt{3}U_{N.\varphi\varphi}} \tag{6-5}$$

式中：S_N 为变压器额定容量；I_{1N} 为变压器计算侧一次额定计算电流；$U_{N.\varphi\varphi}$ 为变压器计算侧的额定线电压。

变压器各侧电流互感器二次额定计算电流为

$$I_{2N} = \frac{I_{1N}}{n_{TA}} = \frac{S_N}{\sqrt{3}U_{N.\varphi\varphi}n_{TA}} \tag{6-6}$$

式中：I_{2N} 为变压器计算侧二次额定计算电流；n_{TA} 为变压器计算侧电流互感器变比。

注意，当式（6-1）和式（6-4）计及 $\sqrt{3}$ 系数后，此处不再计及。否则在计算电流 I_{2N} 时要乘以系数 $\sqrt{3}$。

设变压器各侧的额定电压、额定二次计算电流及差动 TA 的变比分别为 $U_{N.h}$、$I_{2N.h}$、n_h、$U_{N.m}$、$I_{2N.m}$、n_m、$U_{N.1}$、$I_{2N.1}$、n_l，一般以高压侧（电源侧）$I_{2N.h}$ 电流为基准，将其他两侧的电流 I_m 和 I_1 折算到高压侧的平衡系数分别为 $K_{b.m}$ 及 $K_{b.1}$，则

$$K_{b\cdot m} = \frac{I_{2N.h}}{I_{2N.m}} = \frac{U_{N.m}n_m}{U_{N.h}n_h} \tag{6-7}$$

$$K_{b\cdot 1} = \frac{I_{2N.h}}{I_{2N.1}} = \frac{U_{N.1}n_1}{U_{N.h}n_h} \tag{6-8}$$

注意，当式（6-1）没有计及 $\sqrt{3}$ 系数时，和外部 TA 三角形接线类似，使星形侧差动电流增大了 $\sqrt{3}$ 倍，则变压器三角形侧 $K_{b.1}$ 计算式中要乘以系数 $\sqrt{3}$。

变压器纵差动保护各侧电流平衡系数 $K_{b \cdot m}$ 及 $K_{b \cdot 1}$ 求出后，电流平衡调整自然实现了，即只需将各侧相电流与其对应的平衡系数相乘即可。应当指出，由于微机继电保护电流平衡系数取值是二进制方式，不是连续的，因此不可能使纵差动保护达到完全平衡，但引起的不平衡电流极小，完全可以不计。引入平衡系数之后差动电流的计算方法为

$$I_d = | \dot{I}_h + K_{b \cdot m} \dot{I}_m + K_{b \cdot 1} \dot{I}_1 | \qquad\qquad (6-9)$$

应当指出，变压器微机继电保护各侧电流互感器采用星形接线，不仅可明确区分励磁涌流和短路故障，有利于加快保护的动作速度；而且有利于电流互感器二次回路断线的判别。但是，对于中性点直接接地的自耦变压器，变压器外部接地时，高压侧和中压侧的零序电流可以相互流通，为防止纵差动保护误动作，两侧的电流互感器必须接成三角形。

由于变压器绕组开焊或断路器一相偷跳，形成的正序、负序电流对变压器而言是穿越性的，相当于保护区外短路故障，因此纵差动保护不反应。

第三节　变压器差动保护比率制动特性

一、比率制动差动元件基本原理

经过相位校正和幅值校正处理后差动保护的动作原理可以按相比较，可以用无转角、变比等于 1 的变压器来理解。以图 6-10 说明比率制动的微机差动保护的原理。

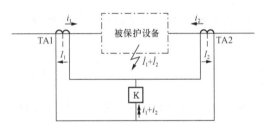

图 6-10　比率制动的微机差动保护的原理

比率制动的差动保护是分相设置的，所以以双绕组变压器可取单相来说明其原理。如果以流入变压器的电流方向为正方向，则差动电流为 $I_d = | \dot{I}_1 + \dot{I}_2 |$。

为了使区外故障时制动作用最大，区内故障时制动作用最小或能等于零，用最简单的方法构成制动电流，就可采用 $I_{res} = | \dot{I}_1 - \dot{I}_2 | /2$。

假设 $\dot{I}_1$、$\dot{I}_2$ 已经过软件的相位变换和电流补偿，则区外故障时 $\dot{I}_2 = -\dot{I}_1$，这时，I_{res} 达到最大，I_d 为最小。

但是，由于电流互感器特性不同（或电流互感器饱和）及有载调压使变压器的变比发生变化等会产生不平衡电流 I_{unb}，另外内部的电流算法补偿也存在一定误差，在正常运行时仍然有小量的不平衡电流。所以正常运行时 I_d 的值等于这两者之和。区内故障时，I_d 达到最大，I_{res} 为最小，I_{res} 一般不为零，也就是说区内故障时仍然带有制动量，即使这样，保护的灵敏度仍然很高。不过实际的微机差动保护装置制动量的选取有不同的做法，关键是应在灵敏度和可靠性之间做一个最合适的选择。

以 I_d 为纵轴，I_{res} 为横轴，比率制动的差动保护的特性曲线如图 6-11 所示，图中的纵轴表示差动电流，横轴表示制动电流，a、b 线段表示差动保护的动作整定值，这就是说 a、b 线段的上方为动作区，a、b 线段的下方为非动作区。另外 a、b

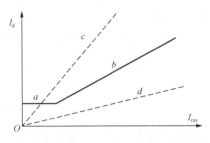

图 6-11　比率制动的差动保护的特性曲线

线段的交点通常称为拐点。c 线段表示区内短路时的差动电流 I_d。d 线段表示区外短路时的差动电流 I_d。比率制动的微机差动保护的动作原理为：由于正常运行时 I_d 仍然有小量的不平衡电流 $I_{unb.n}$，所以差动保护的动作电流必须大于这个不平衡电流。

$$I_{op.min} > I_{unb.n} \qquad (6-10)$$

这个值用特性曲线的 a 段表示；当外部发生短路故障时，I_d 和 I_{res} 随着短路电流的增大而增大，如特性曲线的 d 线段所示，为了防止差动保护误动作，差动保护的动作电流 I_{op} 必须随着短路电流的增大而增大，并且必须大于外部短路时的 I_d，特性曲线的斜线 b 线段表示的就是这个作用的动作电流变化值。当内部发生短路故障时，差动电流 I_d 的变化如 c 线段所示。一般来说，微机差动保护的比率制动特性曲线都是可整定的，$I_{op.min}$ 按正常运行时的最大不平衡电流确定，b 线段的斜率和与横轴的交点根据所需的灵敏度进行设定。

二、两折线比率制动特性

1. 差动元件的动作方程

微机型变压器差动保护中，差动元件的动作特性最基本的是采用具有两段折线形的动作特性曲线，如图 6-12 所示。

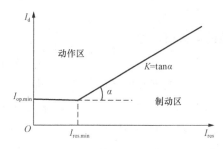

图 6-12　两折线比率制动差动保护
特性曲线

在图 6-12 中，$I_{op.min}$ 为差动元件起始动作电流幅值，也称为最小动作电流；$I_{res.min}$ 为最小制动电流，又称为拐点电流（一般取 $0.5 \sim 1.0 I_{2N}$，I_{2N} 为变压器计算侧电流互感器二次额定计算电流）；$K=\tan\alpha$ 为制动段的斜率。微机型变压器差动保护的差动元件采用分相差动，其比率制动特性可表示为

$$I_d \geqslant I_{op.min} \qquad (I_{res} \leqslant I_{res.min}) \qquad (6-11)$$
$$I_d \geqslant I_{op.min} + K(I_{res} - I_{res.min})(I_{res} > I_{res.min}) \qquad (6-12)$$

式中：I_d 为差动电流的幅值；I_{res} 为制动电流幅值。

也可用制动系数 K_{res} 来表示制动特性。令 $K_{res} = I_d / I_{res}$，则可得到 K_{res} 与斜率 K 的关系式为

$$K_{res} = \frac{I_{op.min}}{I_{res}} + K\left(1 - \frac{I_{res.min}}{I_{res}}\right) \qquad (6-13)$$

可以看出，K_{res} 随 I_{res} 的大小不同有所变化，而斜率 K 是不变的。通常用最大制动电流 $I_{res.max}$ 对应的最大制动系数 $K_{res.max}$。

2. 差动电流的取得

变压器差动保护的差动电流，取各侧差动电流互感器（TA）二次电流相量和的绝对值。对于双绕组变压器有

$$I_d = |\dot{I}_h + \dot{I}_l| \qquad (6-14)$$

对于三绕组变压器或引入三侧电流的变压器有

$$I_d = |\dot{I}_h + \dot{I}_m + \dot{I}_l| \qquad (6-15)$$

式中：$\dot{I}_h$、$\dot{I}_m$、$\dot{I}_l$ 分别为变压器高、中、低压侧 TA 的二次电流。

3. 制动电流的取得

在微机继电保护中，变压器制动电流的取得方法比较灵活。对于双绕组变压器，国内微

机继电保护有以下几种取得方式。

（1）制动电流为高、低压侧 TA 二次电流相量差的 1/2，即

$$I_{res} = |\dot{I}_h - \dot{I}_1|/2 \qquad (6-16)$$

（2）制动电流为高、低压侧 TA 二次电流幅值和的 1/2，即

$$I_{res} = (|\dot{I}_h| + |\dot{I}_1|)/2 \qquad (6-17)$$

（3）制动电流为高、低压侧 TA 二次电流幅值的最大值，即

$$I_{res} = \max\{|\dot{I}_h|, |\dot{I}_1|\} \qquad (6-18)$$

（4）制动电流为动作电流幅值与高、低压侧 TA 二次电流幅值之差的 1/2，即

$$I_{res} = (|\dot{I}_d| - |\dot{I}_h| - |\dot{I}_1|)/2 \qquad (6-19)$$

（5）制动电流为低压侧 TA 二次电流的幅值，即

$$I_{res} = |\dot{I}_1| \qquad (6-20)$$

对于三绕组变压器，国内微机继电保护有以下取得方式。

（1）制动电流为高、中、低压侧 TA 二次电流幅值和的 1/2，即

$$I_{res} = (|\dot{I}_h| + |\dot{I}_m| + |\dot{I}_1|)/2 \qquad (6-21)$$

（2）制动电流为高、中、低压侧 TA 二次电流幅值的最大值，即

$$I_{res} = \max\{|\dot{I}_h|, |\dot{I}_m|, |\dot{I}_1|\} \qquad (6-22)$$

（3）制动电流为动作电流幅值与高、中、低压侧 TA 二次电流幅值之差的 1/2，即

$$I_{res} = (|\dot{I}_{op}| - |\dot{I}_h| - |\dot{I}_m| - |\dot{I}_1|)/2 \qquad (6-23)$$

（4）制动电流为中、低压侧 TA 二次电流的幅值的最大值，即

$$I_{res} = \max\{|\dot{I}_m|, |\dot{I}_1|\} \qquad (6-24)$$

注意，无论是双绕组变压器还是三绕组变压器，电流都要折算到同一侧进行计算和比较。

三、三折线比率制动特性

如图 6-13 所示为三折线比率制动差动保护特性曲线，有两个拐点电流 I_{res1} 和 I_{res2}，通常 I_{res1} 固定为 $0.5I_{2N}$。比率制动特性为三个直线段组成，制动特性可表示为

$$I_d > I_{op.min} \qquad (I_{res} \leqslant I_{res1}) \qquad (6-25a)$$

$$I_d > I_{op.mn} + K_1(I_{res} - I_{res1}) \qquad (I_{res1} < I_{res} \leqslant I_{res2}) \qquad (6-25b)$$

$$I_d > I_{op.min} + K_1(I_{res2} - I_{res1}) + K_2(I_{res} - I_{res2}) \qquad (I_{res} > I_{res2}) \qquad (6-25c)$$

式中：K_1、K_2 分别是两个制动段的斜率。

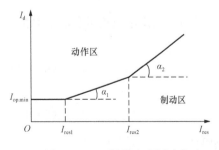

图 6-13 三折线比率制动差动
保护特性曲线

此种制动特性通常应用于降压变压器纵差动保护中，此时 I_{res1} 固定为 $0.5I_{2N}$ 或 $(0.3\sim0.75)I_{2N}$ 可调，I_{res2} 固定为 $3I_{2N}$ 或 $(0.5\sim3)I_{2N}$ 可调，K_2 固定为 1。这种比率制动特性容易满足灵敏度的要求，也适用于升压变压器纵差动保护中。

四、工频变化量比率制动特性

由于负载电流总是穿越性质的，因此变压器内部短路故障时负载电流总起制动作用。为提高灵敏度，特别是匝间短路故障时的灵敏度，应将负载电流扣除，从而

纵差动保护可采用故障分量比率制动特性，即工频变化量比率制动特性，如图 6-14 所示为相应的动作特性曲线。其中 $\Delta I_{\text{op.min}}$ 固定为 $0.2I_{2N}$，特性段斜率 K_1 固定为 0.6，特性斜率 K_2 固定为 0.75，于是制动特性可表示为

$$\Delta I_d > 1.25\Delta I_{\text{d.T}} + 0.2I_n \qquad\qquad (6-26a)$$

$$\Delta I_d > 0.6\Delta I_{\text{res}} \qquad\qquad (\Delta I_{\text{res}} \leqslant 2I_n) \qquad (6-26b)$$

$$\Delta I_d > -0.3I_n + 0.75\Delta I_{\text{res}} \qquad (\Delta I_{\text{res}} > 2I_n) \qquad (6-26c)$$

其中

$$\Delta I_d = |\dot{I}_1 + \dot{I}_2 + \dot{I}_3 + \dot{I}_4| \qquad\qquad (6-26d)$$

$$\Delta I_{\text{res}} = \max\{|\dot{I}_{\varphi1}| + |\dot{I}_{\varphi2}| + |\dot{I}_{\varphi3}| + |\dot{I}_{\varphi4}|\} \qquad (6-26e)$$

式中：$\Delta\dot{I}_1$、$\Delta\dot{I}_2$、$\Delta\dot{I}_3$、$\Delta\dot{I}_4$ 为变压器各侧流入的故障分量电流；$\Delta\dot{I}_{\varphi1}$、$\Delta\dot{I}_{\varphi2}$、$\Delta\dot{I}_{\varphi3}$、$\Delta\dot{I}_{\varphi4}$ 为相电流。

式（6-26e）中的 max 只是取三相（φ）中电流最大值，故障分量电流（突变量电流）的计算见第二章第二节；$\Delta I_{\text{d.T}}$ 是差动电流的浮动门槛。由于引入了浮动门槛，系统振荡和频率偏差情况下，保护不会发生误动作。

工频变化量比率差动保护按相判别，实行最大相的 ΔI_{res} 制动，动作后需经励磁涌流判据闭锁和 5 次谐波过励磁判据闭锁才能出口。

两折线、三折线比率制动特性的斜率一经设定就不

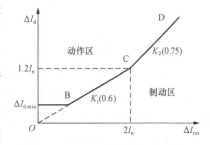

图 6-14　工频变化量比率制动
特性曲线

再发生变化。因此，有些变压器比率制动特性采用变斜率制动特性。变斜率制动特性的斜率是不固定的，随 I_{res} 发生变化。由于变斜率制动特性能较好地与不平衡电流特性配合，因此躲外部故障的不平衡电流能力较强，同时使内部短路故障时有高的灵敏度。变斜率制动特性可应用在发电机、发电机变压器组、变压器的纵差动保护中，可参见相关文献。

五、差动速断保护

一般情况下，比率制动的微机差动保护作为变压器的主保护已足够了，但是在严重内部短路故障时，短路电流很大的情况下，电流互感器将会严重饱和而使交流暂态传变严重恶化，电流互感器的二次侧在电流互感器严重饱和时基波为零，高次谐波分量增大，比率制动的微机差动保护将无法反映区内短路故障，从而影响了比率制动的微机差动保护正确动作。

因此，微机差动保护都配有差动速断保护。差动速断保护是差动电流过电流瞬时速断保护。也就是说，差动速断保护没有制动量，它的动作一般在半个周期内实现，而决定动作的测量过程在 1/4 周期内完成，这时电流互感器还未严重饱和，能实现快速正确地切除故障。差动速断的整定值以躲过最大不平衡电流和励磁涌流来整定，这样在正常操作和稳态运行时差动速断保护可靠不动作。根据有关文献的计算和工程经验，差动速断的整定值一般不小于变压器额定电流的 6 倍，如果灵敏度够的话，整定值取不小于变压器额定电流的 7~9 倍较好。

另外需要说明，目前，微机型变压器差动保护装置常常还设启动元件。保护启动方式主要有以下三种：

（1）不采用专用启动元件。

（2）采用相电流突变量启动。

（3）采用差流越限或零序电流越限。

六、变压器比率制动差动保护的整定计算

1. 区外短路故障时差动回路中的最大不平衡电流

区外短路故障时差动回路中的不平衡电流与通过变压器的故障电流有关，由三部分组成。

虽然纵差动保护中采用了电流平衡调整措施，但因数字运算调整不是连续的，故存在不平衡电流。当然这部分不平衡电流是很小的，通常仍可取 $\Delta m = 5\%$。

调压变压器调压抽头改变时，也会引起不平衡电流。不平衡电流等于偏离额定电压最大调压百分数，如调压抽头为 $\pm 8 \times 1.25\%$ 时，则 $\Delta U = 10\%$。

电流互感器的相角误差和变比误差，同样会形成不平衡电流。电流互感器的综合（或复合）误差用 K_{er} 表示。区外短路故障时差动回路中的最大不平衡电流 $I_{unb.\,max}$ 可表示为

$$I_{unb.\,max} = (K_{cc}K_{ap}K_{er} + \Delta U + \Delta m) \frac{I_{K.\,max}}{n_{TA}} \qquad (6\text{-}27)$$

式中：Δm 为由于微机继电保护电流平衡调整不连续引起的不平衡电流系数，实际 Δm 很小，可忽略不计，为保证可靠性，仍沿用常规取值 $\Delta m = 0.05$；ΔU 为偏离额定电压最大的调压百分值；K_{ap} 为非周期分量系数，可取 $1.5 \sim 2.0$；K_{cc} 为电流互感器的同型系数，型号相同时取 0.5，不同时取 1；K_{er} 为电流互感器综合误差，取 10%。

2. 两折线比率制动特性参数整定

设比率制动特性如图 6-12 中的折线所示，需确定的参数是 $I_{op.\,min}$、$I_{res.\,min}$、K，但通常整定的参数是 $I_{op.\,min}$、K_{res}，注意 K_{res} 随 I_{res} 变化而变化。对于 $I_{res.\,min}$ 值，大多装置内部固定，但可以进行调整。

（1）确定最小动作电流。$I_{op.\,min}$ 应躲过外部短路故障切除时差动回路的不平衡电流，即

$$I_{op.\,min} = K_{rel}I_{unb.\,loa} \qquad (6\text{-}28)$$

式中：K_{rel} 为可靠系数，取 $1.2 \sim 1.5$，对双绕组变压器取 $1.2 \sim 1.3$，对三绕组变压器取 $1.4 \sim 1.5$，对谐波较为严重的场合还应适当增大。

（2）确定拐点电流。可取 $I_{res.\,min} = 0.8I_n$。

（3）确定比率制动斜率 K。按躲过区外短路故障时差动回路最大不平衡电流整定，得到

$$K = \frac{K_{rel}I_{unb.\,max} - I_{op.\,min}}{I_{res.\,max} - I_{res.\,min}} \qquad (6\text{-}29)$$

式中：K_{rel} 为可靠系数，取 $1.3 \sim 1.5$；$I_{unb.\,max}$ 为最大不平衡电流；$I_{res.\,max}$ 为最大制动电流；其他参数同前。

也可以用最大制动系数 $K_{res.\,max}$ 表示制动特性，则

$$K_{res.\,max} = K_{rel}(K_{cc}K_{ap}K_{er} + \Delta U + \Delta m) \qquad (6\text{-}30)$$

注意，$K_{res.\,max}$ 通常不等于斜率 K，从而可确定 $I_{op.\,max} = K_{res.\,max} \frac{I_{K.\,max}}{n_{TA}}$。

3. 内部故障灵敏度校验

在最小运行方式下计算保护区内（指变压器引出线上）两相金属性短路故障时折算到基本侧的最小短路电流 $I_{K.\,min}$（等于 $I_1 + I_2$）和相对应的制动电流 I_{res}，一般 I_{res} 等于 $(I_1 - I_2)/2$。根据制动电流的大小在相应制动特性曲线上求得相应的动作电流 I_{op}。于是灵敏系数 K_{sen} 为

$$K_{sen} = \frac{I_{K.min}}{I_{op}} \qquad (6-31)$$

要求 $K_{sen} \geqslant 2.0$。

应当指出，对于单侧电源变压器，内部短路故障时式（6-18）的制动电流是式（6-17）制动电流的两倍，因此在这种情况下式（6-18）制动电流方式有较高的灵敏度。

4. 谐波制动比整定

差动回路中二次谐波电流与基波电流的比值一般整定为 15%～20%，见第四节。

5. 差动电流速断保护定值

差动电流速断保护定值应躲过变压器初始励磁涌流和外部短路故障时的最大不平衡电流，表示式为

$$I_{op} > K_\mu I_n \qquad (6-32a)$$

$$I_{op} > K_{rel} I_{unb.max} \qquad (6-32b)$$

式中：K_{rel} 为可靠系数，取 1.3～1.5；K_μ 为励磁涌流的整定倍数，视变压器容量和系统电抗大小而定，一般变压器容量在 6.3MVA 及以下，$K_\mu = 7~12$；6.3～31.5MVA，$K_\mu = 4.5~7$；40～120MVA，$K_\mu = 3~6$；120MVA 及以上，$K_\mu = 2~5$。当变压器容量越大、系统电抗越大时，K_μ 值应取低值。动作电流取两式中大者。

对于差动电流速断保护，正常运行方式下变压器区内两相短路故障时，要求 $K_{sen} \geqslant 1.2$。

第四节　变压器纵差动保护的励磁涌流

一、微机型变压器纵差动保护遇到的问题

微机实现变压器纵差动保护，除应满足继电保护的要求外，应解决好如下几个问题。

（1）正确识别励磁涌流和内部短路故障时的短路电流。变压器空载合闸或外部短路故障切除电压突然恢复时，变压器有很大的励磁电流即励磁涌流通过，因该励磁涌流仅在变压器的一侧流通，故流入差动回路。变压器内部短路故障时，差动回路通过的是很大的短路电流。显然，作为纵差动保护，励磁涌流作用下保护不应动作，短路电流作用下保护应可靠动作。为此，应正确识别励磁涌流和短路电流。

（2）应解决好区外短路故障时差动回路中的不平衡电流和保护灵敏度间的矛盾。区外短路故障时，由于纵差动保护各侧电流互感器变比不匹配、有载调压变压器分接头的改变、电流互感器误差特别是暂态误差的影响，差动回路中流过数值不小的不平衡电流，为保证纵差动保护不误动作，动作电流应高于区外短路故障时的最大不平衡电流，这势必要影响内部短路故障时保护的灵敏度。作为纵差动保护，既要保证区外短路故障差动回路流过最大不平衡电流时不发生误动作，又要在内部短路故障时保证一定的灵敏度。

（3）外部短路故障切除电压突然恢复的暂态过程中，应保证纵差动保护不发生误动作。应当注意，在这个暂态过程中，一方面变压器存在励磁涌流，励磁涌流的非周期分量将使一侧电流互感器（励磁涌流仅在变压器一侧流通）的误差特别是角误差增大；另一方面变压器负载电流的存在。这两方面的因素导致差动回路不平衡电流的增大，微机型变压器纵差动保护在这种情况下不应误动作。

（4）电流互感器饱和不应影响纵差动保护的正确动作。特别是在保护区外短路故障时，

一侧电流互感器的饱和导致差动回路电流增大，同时使继电器制动电流减小。若不采取措施，很容易使纵差动保护发生误动作。

此外，还应注意变压器内部短路故障时一侧电流流出以及内部短路故障时二次谐波含量较高等对纵差动保护带来的影响。

二、变压器励磁涌流的特点

正常运行时变压器的励磁电流很小，通常只有变压器额定电流的 3％～6％或更小，所以差动保护回路的不平衡电流也很小。外部短路时，由于系统电压下降，变压器的励磁电流也不大，故差动回路的不平衡电流也较小。所以在稳态运行情况下，变压器的励磁电流对差动保护的影响可略去不计。但是，在电压突然增加的特殊情况下，例如在空载投入变压器或外部故障切除后恢复供电等情况下，就可能产生很大的变压器励磁电流。这种暂态过程中变压器励磁电流通常称为励磁涌流。由于励磁涌流的存在，将使差动保护误动作，所以微机差动保护装置必须采取相应对策防止差动保护误动作。

三相变压器的励磁涌流与合闸时电源电压初相角、铁芯剩磁、饱和磁通密度、系统阻抗等有关，而且直接受三相绕组的接线方式和铁芯结构形式的影响。此外，励磁涌流还受电流互感器接线方式及其特性的影响。分析和实践均表明：在 Y，d11 或 Y_N，d11 接线的变压器励磁涌流中，差动回路中有一相电流呈对称性涌流，另两相呈非对称性涌流，其中一相为正极性，另一相为负极性。同时，在励磁涌流中，除基波和非周期电流外，含有明显的二次谐波和偶次谐波，以二次谐波为最大，这个二次谐波电流是变压器励磁涌流的最明显特征，因为在其他工况下很少有偶次谐波发生。二次谐波的含量在一般情况下不会低于基波分量的 15％，而短路电流中几乎不含有二次谐波分量。励磁涌流有如下两大特点。

（1）励磁涌流幅值大且衰减，含有非周期分量电流。对中小型变压器励磁涌流可达额定电流的 10 倍以上，且衰减较快；对大型变压器，一般不超过额定电流的 4.5 倍，衰减慢，有时可达 1min。当合闸初相角改变时，对各相励磁涌流的影响不同。

（2）波形呈间断特性。如图 6-15 所示为短路电流与励磁涌流波形，由图可见，短路电流波形连续，正半周、负半周的波宽 $\theta_w = 180°$，波形间断角 θ_j 几乎为 0°，如图 6-15（a）所示波形。励磁涌流波形如图 6-15（b）、（c）所示，其中图 6-15（b）为对称性涌流，波形不连续出现间断，在最严重情况下有

$$\theta_{w.max} = 120°, \theta_{j.min} = 50.8° \tag{6-33}$$

如图 6-15（c）所示为非对称性涌流，波形偏于时间轴一侧，波形同样不连续出现间断，最严重情况下有

$$\theta_{w.max} = 155.4°, \theta_{j.min} = 80° \tag{6-34}$$

显然，检测差动回路电流波形的 θ_w、θ_j 可判别出是短路电流还是励磁涌流。通常取 $\theta_{w.set} = 140°$、$\theta_{j.set} = 65°$，即 $\theta_j > 65°$ 判为励磁涌流；$\theta_j \leqslant 65°$ 同时 $\theta_w \geqslant 140°$，判为内部故障时的短路电流。

三、变压器励磁涌流的识别方法

1. 二次谐波电流制动

测量纵差动保护中三相差动电流中的二次谐波含量识别励磁涌流。判别式为

$$I_{d2\varphi} > K_{2\varphi} I_{d\varphi} \tag{6-35}$$

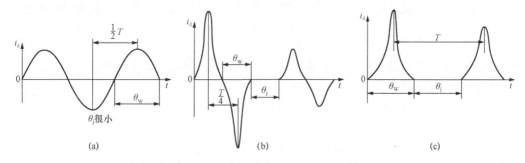

图 6 - 15　短路电流与励磁涌流波形
(a) 短路电流波形；(b) 对称性涌流波形；(c) 非对称性涌流波形

式中：$I_{d2\varphi}$ 为差动电流中的二次谐波电流；$K_{2\varphi}$ 为二次谐波制动系数；$I_{d\varphi}$ 为差动电流，$I_{d\varphi} = \frac{1}{N}\sum_{n=1}^{N}|i_{d\varphi}(n)|$，其中 $i_{d\varphi}$ 为差动电流采样值；N 为每周采样点数。

当式（6 - 35）满足时，判为励磁涌流，闭锁纵差动保护；当式（6 - 35）不满足时，开放纵差动保护。为加快保护动作时间，二次谐波电流和差动电流的计算窗口可取 10ms。

式（6 - 31）中的 $I_{d\varphi}$ 也可用差动电流中的基波分量 $I_{d\varphi 1}$ 代替，同样可识别励磁涌流和故障电流。

二次谐波电流制动原理因判据简单，在电力系统的变压器纵差动保护中获得了普遍应用。但随着电力系统容量增大、电压等级提高、变压器容量增大，应注意如下问题。

（1）当系统带有长线路或用电缆线连接变压器时，变压器内部短路故障差动电流中的二次谐波含量可能较高，将引起二次谐波制动的纵差动保护拒动或延时动作。

采用差动电流速断保护可部分解决这一问题；或者当电压低于 70% 额定电压时解除二次谐波的制动，也可使这一问题得到改善；采用制动电流 I_{res}、差动电流 I_d 间比值小于某一值时解除二次谐波制动的措施，同样可改善这一问题。解除二次谐波制动的动作式为

$$I_{res} < K I_d \tag{6 - 36}$$

式中：I_{res} 为制动电流，见式（6 - 16）；I_d 为差动电流，见式（6 - 14）；K 为系数，K 可取 30%。

当变压器低压侧存在并联补偿电容时，内部短路故障在某些情况下也会产生二次谐波电流，同样对二次谐波制动的纵差动保护发生影响。

内部短路故障电流互感器饱和时，二次电流中的二次谐波同样要起到制动作用。

（2）对某些大型变压器，变压器的工作磁通 φ_m（幅值）与铁芯饱和磁通 φ_{sat} 之比有时取得较低，这导致励磁涌流中的二次谐波含量降低，影响对励磁涌流的识别，保护可能发生误动。

关于二次谐波制动的方式通常有以下几种。

1）谐波比最大相制动方式。谐波比最大相制动方式判别式为

$$\max\left\{\frac{I_{da2}}{I_{da1}}, \frac{I_{db2}}{I_{db1}}, \frac{I_{dc2}}{I_{dc1}}\right\} > K_2 \tag{6 - 37}$$

其中，I_{da2}、I_{db2}、I_{dc2} 和 I_{da1}、I_{db1}、I_{dc1} 分别是三相差动电流中的二次谐波和基波。可以看出，此种制动方式是取出满足差动动作条件的 $\frac{I_{d\varphi 2}}{I_{d\varphi 1}}$ 最大值（并非任意时刻取最大），对三

相差动实现制动。虽然这种制动方式不能克服二次谐波制动原理上的缺陷，但对励磁涌流的识别较可靠，因为在三相的励磁涌流中总有一相的 $\dfrac{I_{d\varphi2}}{I_{d\varphi1}} > K_2$ 满足；不足之处是带有故障的变压器合闸时，非故障相的二次谐波对故障相也实现制动，导致纵差动保护延迟动作，大型变压器因励磁涌流衰减慢，此缺陷尤为突出。

2）按相制动方式。按相制动方式判别式为

$$\frac{I_{d2}}{\max\{I_{da1}, I_{db1}, I_{dc1}\}} > K_2 \qquad (6-38)$$

即利用差动电流最大相（基波）中的二次谐波与基波比值构成制动。

由于考虑了三相差动电流基波大小对谐波比的影响，在很大程度上改善了最大相制动在带有故障的变压器合闸时保护动作延迟的不足；但是，在变压器三相励磁涌流中，可能出现两相励磁涌流中的二次谐波含量较低，并且基波电流最大相并不能完全表示该相的 $\dfrac{I_{d\varphi2}}{I_{d\varphi1}}$ 最大，因此有时不能正确识别励磁涌流。这种制动方式，制动比 K_2 的设定不宜偏大。注意，这里按相制动不是分相制动。

3）综合相制动方式。综合相制动是采用三相差动电流中二次谐波的最大值与基波最大值之比构成制动，表示式为

$$\frac{\max\{I_{da2}, I_{db2}, I_{dc2}\}}{\max\{I_{da1}, I_{db1}, I_{dc1}\}} > K_2 \qquad (6-39)$$

其中参数同式（6-37）。可以看出，识别励磁涌流时，不仅考虑了差动电流中基波大小对谐波比选取的影响，而且考虑了三相谐波比的大小。因此，可较好地识别励磁涌流。在此前提下提高了保护的速动性，当带有故障的变压器合闸时，迅速使谐波比减小，开放保护，故障迅速可切除。

综合相制动方式较好地结合了最大相制动和按相制动的优点，同时又弥补了两者的缺陷。很自然，最大相制动方式的 K_2 定值与传统的二次谐波制动定值没有什么两样，一般选取 15%～20%；综合相制动方式的 K_2 定值要小于此值，一般可取 15%～17%。

4）分相制动方式。分相制动方式表示式为（φ=a，b，c）

$$\frac{\max\{I_{da2}, I_{db2}, I_{dc2}\}}{I_{d\varphi1}} > K_2 \qquad (6-40)$$

即本相涌流判据只对本相保护实现制动，取三相差动电流中二次谐波的最大值与该相基波之比构成制动。

由于取出了三相差动电流中二次谐波的最大值，所以识别励磁涌流性能较好，当带有故障的变压器合闸时，故障相的 $I_{d\varphi1}$ 增大，开放本相的保护将故障切除。但是应当看到，当故障并不十分严重，非故障相差动电流中二次谐波含量较大时，故障相保护仍然不能开放。

另外需要说明，虽然涌流的三次谐波成分仅次于二次谐波成分，但是因为在其他工况下三次谐波经常出现，特别是内部短路电流很大时将有很显著的三次谐波成分，因此三次谐波不能作为涌流的特征量来组成差动保护的制动或闭锁部分。

同时，励磁涌流中经常也含有很大的直流分量，但是直流分量并非励磁涌流独有，在内部短路的暂态过程中也有，若以直流分量作为差动保护的制动量，则内部短路时势必延缓动作速度，何况三相涌流中往往有一相为周期性电流，即它不含直流分量，这时还必须增大差

动保护的动作电流来躲过这种周期性电流，使保护的灵敏度降低。因此直流分量不宜作为差动保护的制动量。

2. 偶次谐波电流制动

偶次谐波电流制动与二次谐波电流制动的工作原理相似，但偶次谐波制动对励磁涌流的识别有较高的灵敏度。目前，偶次谐波电流制动也有较多的应用。

设滤除非周期分量后差动电流可表示为 $i_d(t) = I_{mk}\sin(k\omega_1 t + \alpha)$，其中 $k = 1$、2、3、$\cdots$ 为各次谐波系数，$\omega_1 = 2\pi f_1$，则有

$$i_d(t) + i_d\left(t - \frac{T}{2}\right) = I_{mk}\sin(k\omega_1 t + \alpha) + \left[k\left(\omega_1 t - \frac{\omega_1 t}{2}\right) + \alpha\right]$$
$$= \begin{cases} I_{mk}\sin(k\omega_1 t + \alpha) & (k \text{ 为偶数}, k = 2, 4, 6, \cdots) \\ 0 & (k \text{ 为奇数}, k = 1, 3, 5, \cdots) \end{cases} \quad (6\text{-}41)$$

即取得了差动电流中的全部偶次谐波。令

$$S_k = \int_0^{\frac{T}{2}} \left| i_d(t) + i_d\left(t - \frac{T}{2}\right) \right| dt \approx T_S \sum_{n=1}^{\frac{N}{2}} \left| i_d(n) + i_d\left(n - \frac{N}{2}\right) \right| \quad (6\text{-}42)$$

$$S = \int_0^T | i_d(t) | dt \approx T_S \sum_{n=1}^{N} | i_d(n) | \quad (6\text{-}43)$$

励磁涌流的判别式为

$$S_k > K_k S \quad (6\text{-}44a)$$
$$S > S_T \quad (6\text{-}44b)$$

式中：K_k 为偶次谐波制动系数；S_T 为门槛定值，$S_T = \alpha T_S \sum_{n=1}^{N} | i_d(n) | + 0.1 I_{2N}$，$\alpha$ 为某一比例常数，I_{2N} 为额定二次电流；S 为 $i_d(n)$ 的全周积分值，即差动电流的幅值，$i_d(n)$ 为差动电流的瞬时值；S_k 为 $i_d(n) + i_d\left(n - \frac{N}{2}\right)$ 的半周积分值，即偶次谐波的幅值，$i_d\left(n - \frac{N}{2}\right)$ 为差动电流半周前的瞬时值，N 为每周期采样点数。

当式（6-44a）满足时，判为励磁涌流，闭锁纵差动保护；当式（6-44a）不满足时，判为故障电流，开放纵差动保护。式（6-44b）是防止 S 和 S_k 都很小时式（6-44a）误判。由于识别励磁涌流的灵敏度得到提高，故偶次谐波可采用分相制动方式。

3. 判别电流间断角识别励磁涌流

判别电流间断角识别励磁涌流的判据为

$$\theta_j > 65°, \theta_w < 140° \quad (6\text{-}45)$$

只要 $\theta_j > 65°$ 就判为励磁涌流，闭锁纵差动保护；而当 $\theta_j \leqslant 65°$ 且 $\theta_w \geqslant 140°$ 时，则判为故障电流，开放纵差动保护。可见，对于非对称性励磁涌流，能够可靠闭锁纵差动保护；对于对称性励磁涌流，虽 $\theta_{j.min} = 50.8° < 65°$，但 $\theta_{w.max} = 120° \leqslant 140°$，同样也能可靠闭锁纵差动保护。

励磁涌流的一次波形具有明显的间断角特性，但进入差动元件的励磁涌流的二次波形在很多情况下丧失了这种特性。差动保护可利用间断角特性作为涌流制动量，但是差动保护要利用间断角特性作为涌流制动量，在处理上要求较高且较为复杂。

虽然上述判据直接、简单，但这是建立在精确测量 θ_j、θ_w 基础上的。考虑到电流互感器

在饱和状态下会使传变后的二次电流间断角发生变化甚至可能消失（需采取措施恢复），测量 θ_j 和 θ_w 要求的采样频率高（大于 $3600\,\mathrm{Hz}$），导致对硬件要求高，同时精确测量的 θ_j 和 θ_w 要求有合理的门槛（实际是浮动门槛）。在实际使用中并不多。

除以上介绍的几种识别涌流的基本方法外，目前还有一些新技术。如检测波形对称识别励磁涌流、用模糊神经网络原理识别励磁涌流、用小波算法识别励磁涌流等。这些新方法一定会对微机差动保护的涌流制动性能的提高有促进作用，但是目前还没有实现上述新方法的微机差动保护装置可供实际工程中广泛使用。

四、变压器纵差动保护的逻辑

1. 励磁涌流制动的纵差动保护动作逻辑

考虑到现代大型变压器多采用冷轧硅钢片，饱和磁通密度与额定磁通密度之比较小，而剩磁可能较大，使进入差动元件的某一相涌流的二次谐波成分非常小，但是另外的两相或一相将超过 20%，因此目前主要采用三相"或"方式的二次谐波制动方案，二次谐波制动比以 $15\%\sim20\%$ 为宜，如图 6-16 所示。特别应该指出的是：三相独立的二次谐波制动方式，即使将二次谐波制动比降低到 7.5% 也不能认为是可靠的。

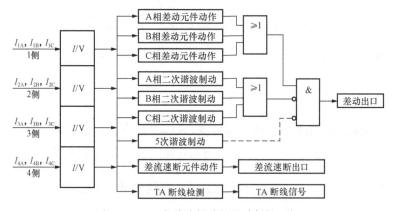

图 6-16　二次谐波制动的差动保护逻辑

2. 间断角制动的纵差动保护动作逻辑

采用间断角特性作为涌流判据的波形比较制动差动保护逻辑如图 6-17 所示。波形比较一般采用按相制动方式。

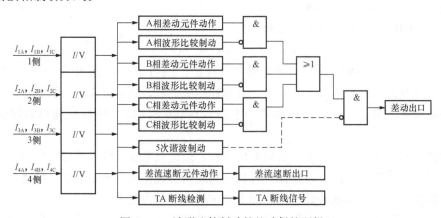

图 6-17　波形比较制动的差动保护逻辑

第五节　变压器相间短路故障的后备保护

为反应变压器外部相间短路故障引起的过电流以及作为纵差动保护和气体保护的后备，变压器应装设反应相间短路故障的后备保护。根据变压器容量和保护灵敏度要求，后备保护的方式主要有复合电压启动的（方向）过电流保护、负序电流和单相低电压启动的过电流保护、阻抗保护等。而复合电压启动（方向）过电流保护应用最广。为防止变压器长期过负载运行带来的绝缘加速老化，还应装设过负载保护。

对于单侧电源的变压器，后备保护装设在电源侧，作纵差动保护、气体保护的后备或相邻元件的后备。对于多侧电源的变压器，后备保护装设于变压器各侧。当作为纵差动保护和气体保护的后备时，动作后跳开各侧断路器（主电源侧保护段），此时装设在主电源侧的保护段对变压器各电压侧的故障应均能满足灵敏度的要求。变压器各侧装设的后备保护，主要作为各侧母线和线路的后备保护，动作后跳开本侧断路器。此外，当变压器断路器和电流互感器间发生故障时（称死区范围），后备保护同样可反应，起到后备作用。

一、复合电压启动的（方向）过电流保护

复合电压启动的过电流保护的复合电压启动部分由负序过电压元件与低电压元件组成。在微机继电保护中，接入微机继电保护装置的电压为三个相电压或三个线电压，负序过电压与低电压功能由算法实现。过电流元件的实现通过接入三相电流和保护算法实现，两者相与构成复合电压启动的过电流保护。

各种不对称短路时存在较大的负序电压，负序过电压元件将动作，一方面开放过电流保护，过电流保护动作后经过设定的延时动作于跳闸；另一方面使低电压保护的数据窗的数据清零，低电压保护动作。对称性三相短路时，由于短路初瞬间也会出现短时的负序电压，负序过电压元件将动作，低电压保护的数据窗的数据被清零，低电压保护也动作。当负序电压消失后，低电压保护可程序设定为电压较高时才返回，三相短路后，电压一般都会降低，若它低于低电压元件的返回电压，则低电压元件仍处于动作状态不返回。在特殊的对称性三相短路情况下，短路初瞬间不会出现短时的负序电压，这时只要电压降低到低电压元件的动作值，复合电压启动元件也将动作。

1. 动作逻辑

如图 6-18 所示为复合电压启动（方向）过电流保护逻辑框图（只画出Ⅰ段，其他段类似，但最末一段不设方向元件控制），图中或门 H1 的输出"1"表示复合电压已动作，U_2 为保护安装侧母线上负序电压，U_{2set} 为负序整定电压，$U_{\varphi\varphi.min}$ 为母线上最低相间电压；KW1、KW2、KW3 为保护安装侧 A 相、B 相、C 相的功率方向元件，I_A、I_B、I_C 为保护安装侧变压器三相电流，I_{1set} 为Ⅰ段电流定值。KG 为控制字，KG1 为"1"时，方向元件投入，KG1 为"0"时，方向元件退出，可以看出，各相的电流元件和该相方向元件构成"与"关系，符合按相启动原则；KG2 为其他侧复合电压的控制字，KG2 为"1"时，其他侧复合电压起到该侧方向电流保护的闭锁作用，KG2 为"0"时，其他侧复合电压不引入，引入其他侧复合电压可提高复合电压元件的灵敏度；KG3 为复合电压的控制字，KG3 为"1"时，复合电压起闭锁作用，KG3 为"0"时，复合电压不起闭锁作用；KG4 为保护段

投、退控制字，KG4 为"1"时，该段投入，KG4 为"0"时，该段保护退出。XB1 为保护投、退硬压板。显然，KG1＝1、KG3＝1 时为复合电压闭锁的方向过电流保护；KG1＝1、KG3＝0 时为方向过电流保护；KG1＝0、KG3＝0 时为过电流保护；KG1＝0、KG3＝1 时为复合电压闭锁的过电流保护。

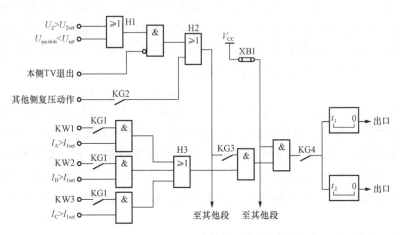

图 6-18　复合电压启动（方向）过电流保护逻辑框图（Ⅰ段）

对多侧电源的三绕组变压器，一般情况下三侧均装设反映相间短路故障的后备保护，每侧设两段。其中高压侧的第Ⅰ段为复合电压闭锁的方向过电流保护，设有两个时限，短延时跳本侧母联断路器，长延时跳本侧或三侧断路器；第Ⅱ段为复合电压闭锁的过电流保护，设一个时限，可跳本侧断路器和三侧断路器。中压侧和低压侧的第Ⅰ段、第Ⅱ段均为复合电压闭锁的方向过电流保护，同样其中的第Ⅰ段设两个时限，短延时跳本侧母联断路器，长延时跳本侧、三侧断路器；第Ⅱ段也设两个时限，可跳本侧母联断路器和本侧或三侧断路器。根据具体情况由控制字确定需跳闸的断路器。

需要指出，电压互感器二次回路断线失电压时，复合电压和方向元件要发生误动作，为此应设 TV 断线闭锁（图中未画出）。判出 TV 断线后，根据整定的控制字可退出经方向或复合电压闭锁的各段过电流保护，也可取消方向或复合电压的闭锁。当然，各段过电流保护都不经方向元件控制和复合电压闭锁时，无需判 TV 断线。

2. 方向判别元件

方向元件的动作方向由控制字设定。和输电线路方向元件使用不同，动作方向可设定为变压器指向母线为正方向，此时后备保护起到变压器外部本侧相邻元件（母线及出线）短路故障的后备作用；也可以设定为母线指向变压器为正方向，此时，后备保护起到变压器内部短路故障及其他侧相邻元件短路故障的后备作用。因此，方向元件正方向动作、反方向不动作。有关方向元件的介绍见第三章第一节。

二、过负载保护（信号）

变压器的过负载电流在大多数情况下是三相对称的，过负载保护作用于信号，同时闭锁有载调压。

过负载保护安装地点，要能反映变压器所有绕组的过负载情况。因此，双绕组升压变压器，过负载保护应装设在低压侧（主电源侧）。双绕组降压变压器应装设在高压侧。一侧无电源的三绕组升压变压器，应装设在发电机电压侧和无电源一侧。三侧均有电源的三绕组升压变压器，各侧均应装设过负荷保护。单侧电源的三绕组降压变压器，当三侧绕组容量相同时，过负载保护仅装设在电源侧；当三侧容量不同时，则在电源侧和容量较小的绕组侧装设过负载保护。两侧电源的三绕组降压变压器或联络变压器，各侧均装设过负载保护。

自耦变压器过负载保护与自耦变压器各侧的容量比值以及负载的分布有关，而负载分布又与运行方式等有关，故自耦变压器的过负载保护装设地点视具体情况而定。对于仅有高压侧电源的降压自耦变压器，过负载保护一般装设在高压侧和低压侧。对于高压侧、中压侧均有电源的降压自耦变压器，当高压侧向中压侧及低压侧送电时，高压侧及低压侧可能过负载；中压侧向高压侧及低压侧送电时，公共绕组先过负载，而高压侧和低压侧尚未过负载，因此这种变压器一般在高压侧、低压侧、公共绕组上装设过负载保护。对于升压自耦变压器，当低压侧和中压侧向高压侧送电时，低压侧和高压侧过负载，公共绕组可能不过负载；当低压侧和高压侧向中压侧送电时，公共绕组先过负载，而高压侧和低压侧尚未过负载，因此这种变压器一般也在高压侧、低压侧、公共绕组上装设过负载保护。对于大容量升压自耦变压器，低压绕组处在高压绕组及公共绕组之间，且当低压侧断开时，可能产生很大的附加损耗而产生过热现象，因此应限制各侧输送容量不超过70%的通过容量（即额定容量），为了在这种情况下能发出过负载信号，应增设低压绕组无电流投入特殊的过负载保护，其整定值按允许的通过容量选择。

此外，有些过负载保护采用反时限特性以及测量过负载倍数有效值来构成。需要指出，变压器过负载表现为绕组的温升发热，它与环境温度、过负载前所带负载、冷却介质温度、变压器负载曲线以及变压器设备状况等因素有关，因此定时限过负载保护或反时限过负载保护不能与变压器的实际过负载能力有较好的配合。显而易见，前述的过负载保护不能充分发挥变压器的过负载能力；当过负载电流在整定值上、下波动时，保护可能不反应；过负载状态变化时不能反映变化前的温升情况。较好的变压器过负载保护应是直接测量计算出绕组上升的温度，与最高温度比较，从而可确定出变压器的真实过负载情况。

第六节　变压器的零序（接地）保护

在电力系统中，接地故障是主要的故障形式，所以对于中性点直接接地电网中的变压器，都要求装设接地保护（零序保护）作为变压器主保护的后备保护和相邻元件接地短路的后备保护。

电力系统接地短路时，零序电流的大小和分布，与系统中变压器中性点接地的数目和位置有很大关系。通常，对只有一台变压器的升压变电站，变压器都采用中性点直接接地的运行方式。对有若干台变压器并联运行的变电站，则采用一部分变压器中性点接地运行的方式。因此，对只有一台变压器的升压变电站，通常在变压器上装设普通的零序过电流保护，保护接于中性点引出线的电流互感器上。

变压器接地保护方式及其整定值的计算与变压器的形式、中性点接地方式及所连接系统的中性点接地方式密切相关。变压器接地保护要在时间上和灵敏度上与线路的接地保护相配合。

一、变压器接地保护的零序方向元件

普通三绕组变压器高压侧、中压侧中性点同时接地运行时，任一侧发生接地短路故障

时，在高压侧和中压侧都会有零序电流流通，需要两侧变压器的零序电流保护相互配合，有时需要零序方向元件。对于三绕组自耦变压器，高压侧和中压侧除电的直接联系外，两侧共用一个中性点并接地，自然任一侧发生接地故障时，零序电流可在高压侧和中压侧间流通，同样需要零序电流方向元件以使两侧的零序电流保护配合（指变压器的零序电流保护）。

但是，对于普通三绕组变压器来说，低压绕组一般总是接成三角形接线，在零序等值电路中，变压器的三角形绕组是短路运行的。倘若三绕组变压器低压绕组的等值电抗等于零，则高压侧（中压侧）发生接地短路故障时，中压侧（高压侧）就没有零序电流流通，两侧变压器的零序电流保护不存在配合问题，无需设零序方向元件；自然，当三绕组变压器低压绕组的等值电抗不等于零时，就需要零序方向元件。

因此，在变压器的零序电流保护中，只有在低压绕组等值电抗不等于零且高压侧和中压侧中性点均接地的三绕组变压器以及自耦变压器上，才需零序方向元件。当然，双绕组变压器的零序电流保护，不需零序方向元件。

二、变压器零序（接地）保护的配置

1. 中性点必须经常接地运行变压器的零序保护

当双绕组变压器中性点接地开关合上时，变压器直接接地运行，零序电流取自中性点回路的零序电流。零序电流保护原理如图 6-19 所示。通常接于中性点回路的电流互感器 TA 一次侧的额定电流选为高压侧额定电流的 1/4～1/3。

零序保护由两段零序电流构成。Ⅰ段整定电流（即动作电流，下同）与相邻线路零序过电流保护Ⅰ段（或Ⅱ段）或快速主保护配合。Ⅰ段保护设两个时限 t_1 和 t_2，t_1 时限与邻线路零序过电流Ⅰ（或Ⅱ段）配合，取 $t_1=0.5\sim1\text{s}$，动作于母线解列或跳分段断路器，以缩小停电范围；$t_2=t_1+\Delta t$，断开变压器高压侧断路器。第Ⅱ段与相邻元件零序电流保护后备段配合；Ⅱ段保护也设两个时限 t_4 和 t_5，时限 t_4 比相邻元件零序电流保护后备段最长动作时限大一个级差，动作于母线解列或跳分段断路器；$t_5=t_4+\Delta t$，断开变压器高压侧断路器，如逻辑框图 6-20 所示。

为防止变压器接入电网前高压侧接地时误跳母联断路器，在母联解列回路中串进高压侧断路器 QF1 的动合辅助触点。

三绕组升压变压器高中压侧中性点不同时接地或同时接地，但低压侧等值电抗等于零时，装设在中性点接地侧的零序保护与双绕组升压变压器的零序保护基本相同。

2. 中性点为分级绝缘变压器的零序保护

变压器中性点为分级绝缘，中性点一般装设放电间隙。中性点有放电间隙的分级绝缘变压器的零序保护原理图如图 6-19 所示。当变压器中性点接地（QS 隔离开关接通）运行时，投入中性点接地的零序电流保护；当变压器中性点不接地（QS 隔离开关断开）运行时，投入间隙零序电流保护和零序电压保护，作为变压器中性点不接地运行时的零序保护。

电网内发生一点接地短路故障，若变压器零序后备保护动作，则首先切除其他中性点直接接地运行的变压器。倘若故障点仍然存在，变压器中性点电位升高，放电间隙击穿，间隙零序电流保护动作，经短延时 t_8（取 $t_8=0\sim0.1\text{s}$），先跳开母联或分段断路器，经较稍长延时 t_9（取 $t_9=0.3\sim0.5\text{s}$），切除不接地运行的变压器；若放电间隙未被击穿，零序电压保护动作，经短延时 t_6（取 $t_6=0.3\text{s}$，可躲过暂态过程影响）将母联解列，经稍长延时 t_7（取 $t_7=0.6\sim0.7\text{s}$），切除不接地运行的变压器，如逻辑框图 6-20 所示。不过，对于 220kV 及以上的变压器，间隙零序电流保护和零序电压保护动作后，经短延时后（0.3～0.5s）也可直接跳开变压器断路器。

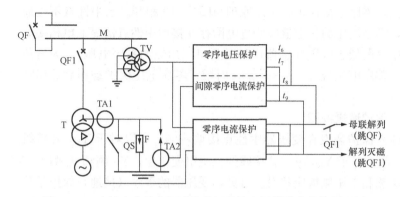

图 6-19　中性点有效由间隙的分级绝缘变压器零序保护原理图

资源 6-5　变压器接地
保护配置及动作逻辑

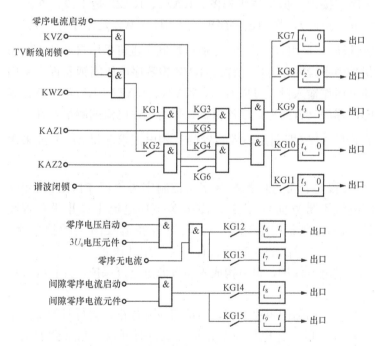

图 6-20　变压器的零序（接地）保护逻辑框图

　　间隙零序电流保护一次动作电流值通常取 100A；作为开放间隙零序电流保护的启动元件，动作值比测量元件要高 3～4 倍灵敏度，如动作值取 25～35A。

　　对于分级绝缘的双绕组降压变压器，零序保护动作后先跳开高压分段断路器或桥断路器；若接地故障在中性点接地运行的一台变压器，则零序保护可使该变压器高压侧断路器跳闸；若接地故障在中性点不接地运行的一台变压器侧，则需靠线路对侧的接地保护切除故障。此时，变压器的零序保护应与线路接地保护在时限上配合。

　　3. 全绝缘变压器的零序保护

　　全绝缘变压器中性点绝缘水平较高（220kV 变压器可达 110kV），按规定装设零序电流保护外，还应装设零序电压保护。当发生接地故障时，若接地故障在中性点接地运行的一台变压器侧，则零序保护可使该变压器高压侧断路器跳闸；若接地故障在中性点不接地运行的一台变压器侧，再由零序电压保护切除中性点不接地运行的变压器。

当中性点接地运行时，投入零序电流保护，工作原理与图 6-19 相同。当中性点不接地运行时，投入零序电压保护，零序电压的整定值应躲过电网存在接地中性点情况下单相接地时开口三角侧的最大零序电压（要低于电压互感器饱和时开口三角侧的零序电压）。为避免单相接地时暂态过程的影响，零序电压带 $t_6 = 0.3 \sim 0.5 \mathrm{s}$ 时限。零序电压保护动作后，切除变压器。

三、变压器零序（接地）保护逻辑框图

由于变压器的零序（接地）保护装设在变压器中性点接地一侧，所以对于 Y_N，d 接线的双绕组变压器，装设在 Y_N 侧；对于 Y_N，y_n，d 接线的三绕组变压器，Y_N 侧和 y_n 侧均应装设；对于自耦变压器，高压侧和中压侧均应装设。可见，变压器的零序（接地）保护是分侧装设的。

如图 6-20 所示为变压器零序（接地）保护逻辑框图，KAZ1、KAZ2 是Ⅰ段、Ⅱ段零序电流元件（有的保护中有Ⅰ、Ⅱ、Ⅲ段），作测量零序电流之用；KWZ 是零序方向元件，为避免 $3\dot{U}_0$、$3\dot{I}_0$ 引入时引起极性错误，采用自产的 $3\dot{U}_0$、通过控制字也可采用自产的 $3\dot{I}_0$ 作零序方向元件的输入量（有的保护中不设零序方向元件）；KVZ 为零序电压闭锁元件，采用电压互感器开口三角形侧的零序电压作输入量。可以看出，KAZ1、KAZ2、KWZ、KVZ 等构成了变压器中性点接地运行时的零序（方向）过电流保护。作为零序电流的测量元件，输入零序电流可通过控制字采用自产的 $3\dot{I}_0$（即利用输入装置的三相电流求和得 $3\dot{I}_0$）或采用外接的 $3\dot{I}_0$。

KG1、KG2 为零序电流Ⅰ、Ⅱ段是否带方向的控制字（控制字为"1"时，方向元件投入；控制字为"0"时，零序电流不带方向）；KG3、KG4 为零序电流Ⅰ、Ⅱ段是否经零序电压闭锁的控制字；KG5、KG6 为零序电流Ⅰ、Ⅱ段是否经谐波闭锁的控制字；KG7～KG11 是零序电流Ⅰ、Ⅱ段带动作时限的控制字（有些保护中Ⅱ段带三个时限）。可以看出，通过控制字，可构成零序过电流保护，也可构成零序方向过电流保护，并且各段可以获得不同的动作时限。

零序电流启动可采用变压器中性点回路的零序电流，启动值应躲过正常运行时的最大不平衡电流；零序电压闭锁元件（KVZ）的动作电压应躲过正常运行时开口三角形侧的最大不平衡电压，一般取 $3 \sim 5 \mathrm{V}$。为防止变压器励磁涌流对零序过电流保护的影响，采用了谐波闭锁措施，当然利用励磁涌流中的二次及其偶次谐波来进行制动闭锁（有些保护中没有）。

当变压器中性点不接地运行时，采用零序过电压元件（$3U_0$ 电压元件）和间隙零序电流元件来构成变压器的零序保护。图 6-20 中的 KG12～KG15 是零序过电压、间隙零序电流带动作时限的控制字。考虑到接于变压器中性点的保护间隙击穿过程中，可能会出现间隙零序电流和零序过电压交替出现，带时间 t 延时返回就可保证间隙零序电流和零序过电压保护的可靠动作。

四、自耦变压器零序（接地）保护特点

自耦变压器高压、中压侧间有电的联系，有共同的接地中性点且要求直接接地。当系统在高压或中压电网发生接地故障时，零序电流可在高压、中压电网间流动，而流经接地中性

点的零序电流数值及相位，随系统的运行方式不同会有较大变化。因此，自耦变压器高压侧和中压侧零序电流保护不能取用接地中性点回路电流，而应分别在高压及中压侧配置，并接在由本侧三相套管电流互感器组成的零序电流滤过器上。自耦变压器中性点回路装设的一段式零序过电流保护，只在高压或中压侧断开，内部发生单相接地故障，未断开侧零序过电流保护的灵敏度不够时才用。高压和中压侧的零序过电流保护应装设方向元件，动作方向由变压器指向该侧母线，即指向本侧系统。

考虑到自耦变压器的阻抗比较小，当变压器某侧（如中压侧）母线接地、而另一侧（如高压侧）相邻线路对端的零序电流保护第Ⅱ段整定值躲不过而可能动作时，此种情况可在故障母线侧（中压侧）装设两段式零序电流保护来保证选择性。其中的第Ⅰ段与该侧（中压侧）线路零序电流保护第Ⅰ段配合，动作时限为 0.5s；第Ⅱ段与其后备段配合。若另一侧相邻线路对端的零序电流保护第Ⅱ段的整定值能躲过该侧母线接地时的故障电流而不动作，则可不设零序电流保护的第Ⅱ段（可设两个第Ⅰ段）。

第七节　电力变压器本体保护及过励磁保护

一、变压器本体保护

变压器差动保护是电气保护，任何情况下都不能代替反应变压器油箱内部故障的温度、油位、油流、气流等非电气量的本体保护。

变压器本体保护通常也称为非电量保护，一般是指本体气体保护、有载调压气体保护和压力释放保护。本体重气体、有载调压重气体和压力释放保护有两种方法动作于跳闸：一种是按开关量光隔输入的方法接入到微机继电保护的输入端，然后通过微机控制出口继电器来实现保护的出口重动；另一种是把本体重气体、有载调压重气体和压力释放的信号逐一用重动继电器实现保护的出口重动。按照有关规范，后一种方法更好些，因为将重气体和压力释放的动作信号逐一重动更加可靠，而且不易受干扰误动作，这时非电量保护装置的微机只起采集信号和与外部系统通信的作用。非电量保护装置也可采集轻气体信号。但在大多数的情况下，轻气体报警直接接入到监控系统或 RTU 中去，不接入微机本体保护装置。

二、变压器过励磁保护

当电力系统发生过电压时，变压器的励磁电流将急剧增大。例如当过电压 20%～30% 时，励磁电流可达额定励磁电流的 10～100 倍；当过电压更大时，励磁电流甚至可达变压器的额定电流的水平，这样大的励磁电流会使变压器在数秒钟内烧坏，为防止过电压对变压器的破坏应装设过励磁保护。

由变压器的工作磁通密度可知，当变压器的电压升高或系统频率下降时，会出现过励磁现象。此时，铁芯损耗增大，而造成发热。现代大型变压器应用冷轧晶粒定向硅钢片，正常额定工作磁通密度 B_n 为 1.7～1.8T，而饱和磁通密度 B_b 则在 1.9～2.0T，即 B_b/B_n 约为 1.10，因此，过励磁很容易使铁芯饱和。铁芯饱和时，漏磁场增大，使附近金属构件及油箱产生涡流损失，绕组导线也会产生涡流损失。这些损失造成发热，使绝缘受损及金属构件机械变形。此外，铁芯饱和时，励磁电流急剧增大，且含有大量谐波分量。对大型变压器的典型分析可知，当磁通密度为 125%、133%、143% 额定值时，励磁电流均方根值分别达到 10%、50% 及 100% 额定电流值。这样大的含有谐波分量的励磁电流，会进一步使导线发热。

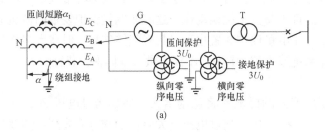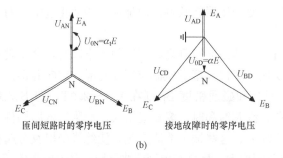

如过励磁倍数较大，且持续运行时间过长，将使变压器绝缘老化、缩短变压器的寿命，甚至遭到损坏。因此，对于造价高、检修困难、停电损失较大的大型变压器，应考虑装设专用的过励磁保护。对于电力系统中的联络变压器，过励磁倍数虽然不大，但其运行持续时间往往很长，所以也要考虑是否需要装设过励磁保护。

变压器过电压时，励磁电流中的三次谐波和五次谐波成分十分显著。同理，在其他工况下三次谐波经常出现，特别是内部短路电流很大时将有很显著的三次谐波成分，因此三次谐波也不能作为过励磁的特征量来组成差动保护的制动或闭锁部分。以五次谐波作为差动保护过励磁制动是恰当的。差动保护一般选择五次谐波与基波的比不小于 35% 作为差动保护过励磁闭锁的判据。

[发电机保护知识点回顾]（数字化教学资源）

1. 发电机纵向零序电压匝间保护原理

当发电机定子绕组发生匝间短路故障或开焊时，机端三相电动势出现相对于中性点的纵向不对称，从而产生所谓的纵向零序电压。该零序电压由专用电压互感器（互感器一次中性点与发电机中性点直接相连接，并与地绝缘）的开口三角形绕组两端取得，如图 6-21（a）所示。匝间短路故障纵向零序电压相量图如图 6-21（b）所示，α_t 为匝间短路绕组的百分数，当纵向零序电压超过定值时保护动作实现匝间短路保护。

而当发电机定子绕组单相接地时，发电机定子三相绕组对地出现对地（横向）的零序电压，相量图如图 6-21（b）所示，α 为接地点至中性点的百分数。由于发电机中性点不直接接地，定子三相对中性点 N 仍保持对称，专用互感器开口三角绕组无纵向零序电压输出，保护不会动作。

图 6-21 发电机纵向零序电压匝间保护原理
（a）发电机纵向零序电压匝间保护接线图；（b）发电机纵/横向零序电压相量图

资源 6-6 发电机纵向零序电压匝间保护原理

2. 发电机100％定子接地保护原理

设A相绕组离中性点 α 处发生金属性接地故障，如图6-22（a）所示，零序电压将随着故障点位置 α 的不同而变化，如图6-22（b）所示。故障点越靠近机端，零序电压就越高，当 $\alpha=1$ 时，即机端接地时，零序电压 $U_{0,\alpha}$ 等于额定相电压。可以利用基波零序电压构成定子绕组单相接地保护，图中 $3U_{0,\text{set}}$ 为接地保护的动作电压，可见，在靠近中性点处接地时保护有死区。

中性点侧三次谐波电压 U_{N3} 和机端三次谐波电压 U_{S3} 随故障点 α 的变化如图6-22（b）所示。可利用机端的 U_{S3} 作为动作量，中性点的 U_{N3} 作为制动量来构成接地保护，且当 $U_{S3} \geqslant U_{N3}$ 时作为保护的动作条件。正常运行时保护不可能动作，而当中性点附近发生接地时，具有很高的灵敏性。以此三次谐波电压比值原理构成的接地保护，能反应靠中性点约50％范围内的接地故障。

目前广泛采用上述三次谐波电压比值与基波零序电压共同构成100％定子绕组单相接地保护。

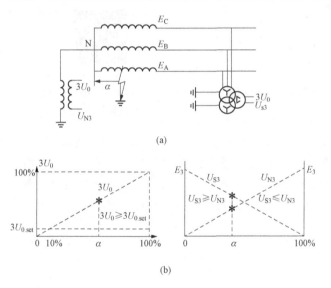

(a)

(b)

图6-22　发电机100％定子接地保护原理

（a）发电机100％定子接地保护构成；（b）发电机100％定子接地保护判据

资源6-7　发电机100％定子接地保护原理

3. 发电机失磁后测量阻抗的变化

发电机从失磁开始到进入稳态异步运行，一般可分为三个阶段，如图6-23所示。

（1）失磁后到失步前（等有功圆）。由于转子电流逐渐减小，而原动机所供给的机械功率还来不及减小，功角 δ 随之增大，$E_d \sin\delta$ 基本不变，保持了电磁功率 P 不变。而无功功率 Q 将迅速减小，并由正变为负，即发电机变为吸收感性的无功功率。因此测量阻抗也沿着圆周随之由第一象限过渡到第四象限。

（2）临界失步点（静稳阻抗边界圆）。当 $\delta=90°$ 时，发电机处于静态稳定的边界，故称为临界失步点，这时阻抗圆称为静稳阻抗圆或等无功圆。其圆周为发电机以不同的有功功率 P 而临界失稳时，机端测量阻抗的轨迹，圆内为静稳破坏区。

（3）异步运行阶段（异步阻抗圆）。异步边界阻抗特性圆是以 $-jX'_d/2$ 和 $-jX_d$ 两点为直径的圆，异步边界阻抗圆小于静稳极限阻抗圆，完全落在第三、四象限。进入圆内表明发电机已进入异步运行，在同一工况的系统中运行，若失磁保护采用静稳极限阻抗判据会比采用异步边界阻抗判据更早动作。

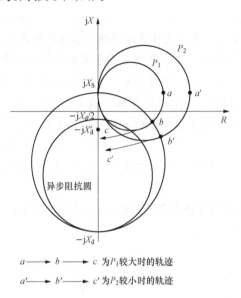

图 6-23　发电机失磁后的测量阻抗的变化

资源 6-8　发电机失磁后
测量阻抗的变化

　　综上，发电机失磁前其机端测量阻抗位于第一象限（图 6-23 中的 a 或 a' 点）。失磁以后，测量阻抗沿等有功圆向第四象限移动，当与静稳阻抗圆相交时（图 6-23 中的 b 或 b' 点），表示机组运行处于静稳定的极限。越过 b（或 b'）点以后，转入异步运行，最后稳定运行于 c（或 c'）点，此时平均异步功率与调节后的原动机输入功率相平衡。

第七章　微机母线及电容器保护原理

第一节　微 机 母 线 保 护

发电厂和变电站的母线是电力系统中的一个重要组成元件,当母线上发生故障时,将使连接在故障母线上的所有元件在修复故障母线期间,或在转换到另一组无故障的母线上运行以前被迫停电。此外,在电力系统的枢纽变电站的母线上故障时,还可能引起系统稳定的破坏,造成严重的后果。

在母线保护中,最主要的是母差保护。就其作用原理而言,所有母线差动保护均是反映母线上各连接单元 TA 二次电流的向量和的。当母线上发生故障时,一般情况下,各连接单元的电流均流向母线;而在母线之外(线路上或变压器内部)发生故障时,各连接单元的电流有流向母线的,有流出母线的。母线上故障母差保护应动作,而母线外故障母差保护应可靠不动作。目前,微机型母差保护在国内各电力系统中已得到了广泛应用。

一、母线差动保护基本原理

比率制动原理的母线差动保护,采用一次的穿越电流作为制动电流,以克服区外故障时由于电流互感器(TA)误差而产生的差动不平衡电流,在高压电网中得到了较为广泛的应用。

1. 动作电流与制动电流的取得方式

目前,国内微机型母线差动保护一般采用完全电流差动保护原理。完全电流差动是指将母线上的全部连接元件的电流按相均接入差动回路。决定母线差动保护是否动作的电流量是动作电流和制动电流。制动电流是指母线上所有连接元件电流的绝对值之和。动作电流是指母线上所有连接元件电流相量和的绝对值,即

$$I_d = \left| \sum_{j=1}^{n} \dot{I}_j \right| \tag{7-1}$$

$$I_{res} = \sum_{j=1}^{n} |\dot{I}_j| \tag{7-2}$$

式中:$\dot{I}_j$ 为各元件电流二次值(相量);I_d 为动作电流幅值;n 为出线条数;I_{res} 为制动电流幅值。

对于单母线接线,3/2 断路器接线的母线差动保护动作电流的取得方式很简单,考虑范围是连接于母线上的所有元件电流。双母线接线方式却比较复杂,以下重点讨论双母线接线差动保护的电流量取得方式。

对于双母线接线的母线差动保护,采用总差动作为差动保护总的启动元件,反应流入Ⅰ、Ⅱ母线所有连接元件电流之和,能够区分母线故障和外部短路故障。在此基础上,采用Ⅰ母分差动和Ⅱ母分差动作为故障母线的选择元件。分别反应各连接元件流入Ⅰ母线(简称Ⅰ母)、Ⅱ母线(简称Ⅱ母)电流之和,从而区分出Ⅰ母线故障还是Ⅱ母线故障。因总差动的保护范围涵盖了各段母线,因此总差动也常被称为"总差"或"大差";分差动因其差动

保护范围只是相应的一段母线，常被称为"分差"或"小差"。下面以动作电流为例说明总差动（大差）与分差动（小差）的电流取得方法。

（1）双母线接线。如图 7 - 1 所示，以 $\dot{I}_1$、$\dot{I}_2$、$\cdots$、$\dot{I}_n$ 代表连接于母线的各出线二次电流，以 $\dot{I}_C$ 代表流过母联断路器二次电流（设极性朝向 II 母）；以 S_{11}、S_{12}、$\cdots$、S_{1n} 表示各出线与 I 母所连隔离开关位置，以 S_{21}、S_{22}、$\cdots$、S_{2n} 表示各出线与 II 母所连隔离开关位置，以 S_C 代表母联断路器两侧隔离开关位置，"0" 代表分，"1" 代表合；则差动电流可表示为

总差动
$$I_d = \dot{I}_1 + \dot{I}_2 + \cdots + \dot{I}_n \tag{7-3}$$

I 母分差动
$$I_{d.I} = \dot{I}_1 S_{11} + \dot{I}_2 S_{12} + \cdots + \dot{I}_n S_{1n} - \dot{I}_C S_C \tag{7-4}$$

II 母分差动
$$I_{d.II} = \dot{I}_1 S_{21} + \dot{I}_2 S_{22} + \cdots + \dot{I}_n S_{2n} + \dot{I}_C S_C \tag{7-5}$$

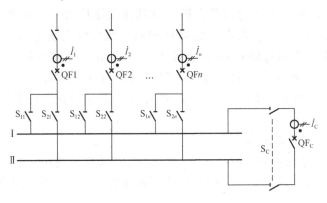

图 7 - 1　双母线接线

（2）母联兼旁路形式的双母线接线。如图 7 - 2 所示，与图 7 - 1 所不同的是 S_4 闭合，S_3 打开时，母联由双母线形式中母线联络作用改作旁路断路器。以 II 母带旁路运行为例，假设 S_{1C} 打开，S_{2C} 闭合，则差动电流可表示为

总差动
$$I_d = \dot{I}_1 + \dot{I}_2 + \cdots + \dot{I}_n + \dot{I}_C \tag{7-6}$$

I 母分差动
$$I_{d.I} = \dot{I}_1 S_{11} + \dot{I}_2 S_{12} + \cdots + \dot{I}_n S_{1n} \tag{7-7}$$

II 母分差动
$$I_{d.II} = \dot{I}_1 S_{21} + \dot{I}_2 S_{22} + \cdots + \dot{I}_n S_{2n} + \dot{I}_C \tag{7-8}$$

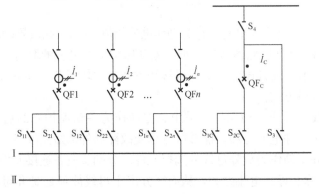

图 7 - 2　母联兼旁路接线

当 S_4 打开，S_{2C}、S_3 闭合时，又变成双母线接线，差动电流如式（7-3）~式（7-5）所示，式中 $S_C=1$。

（3）旁路兼母联形式的双母线接线。如图 7-3 所示，跨条接于 I 母，当 S_4、S_3、S_{2C} 闭合时，QF_C 作为母联断路器，其差动电流如式（7-3）~式（7-5）所示，式中 $S_C=1$；如跨条接于 II 母（图中虚线）当 S_4、S_3、S_{1C} 闭合时，由于母联电流互感器的极性朝向 I 母，差电流可表示为

总差动
$$I_d = \dot{I}_1 + \dot{I}_2 + \cdots + \dot{I}_n \tag{7-9}$$

I 母分差动
$$I_{d.I} = \dot{I}_1 S_{11} + \dot{I}_2 S_{12} + \cdots + \dot{I}_n S_{1n} + \dot{I}_C \tag{7-10}$$

II 母分差动
$$I_{d.II} = \dot{I}_1 S_{21} + \dot{I}_2 S_{22} + \cdots + \dot{I}_n S_{2n} - \dot{I}_C \tag{7-11}$$

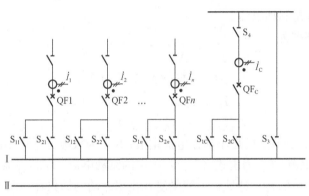

图 7-3　旁路兼母联接线

2. 复式比率差动母线保护的动作判据

在复式比率制动的差动保护中，差动电流的表达式仍为式（7-1）。而制动电流采用复合制动电流

$$|I_{res} - I_d| = \left| \sum_{j=1}^{n} |\dot{I}_j| - \left| \sum_{j=1}^{n} \dot{I}_j \right| \right| \tag{7-12}$$

由于在复式制动电流中引入了差动电流，使得该元件在发生区内故障时因 $I_d \approx I_{res}$，复合制动电流 $|I_{res} - I_d| \approx 0$，保护系统无制动量；在发生区外故障时 $I_{res} \gg I_d$，保护系统有极强的制动特性。所以，复式比率制动系数 K_{res} 变化范围理论上为 $0 \sim \infty$，因而能十分明确地区分内部和外部故障。复式比率差动母线保护差动元件由分相复式比率差动判据和分相突变量复式比率差动判据构成。

（1）分相复式比率差动判据。复式比率差动动作特性如图 7-4 所示，动作表达式为

$$\left. \begin{array}{l} I_d > I_{d.set} \\ I_d > K_{res}(I_{res} - I_d) \end{array} \right\} \tag{7-13}$$

式中：$I_{d.set}$ 为差动电流门槛定值；K_{res} 为复式比率制动系数。

可见，在拐点之前，动作电流大于整定的最小动作电流时，差动即动作，而在拐点之后，差动元件的实际动作电流是按 $(I_{res} - I_d)$ 成比例增加的。

（2）分相突变量复式比率差动判据。根据叠加原

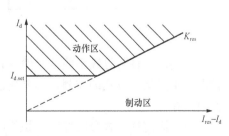

图 7-4　复式比率差动动作特性

理，将母线短路电流分解为故障分量及负载电流分量，其中故障分量电流有以下特点：①母线内部故障时，母线各支路同名相故障分量电流在相位上接近相等（即使故障前系统电源功角摆开）；②理论上，只要故障点过渡电阻不是无穷大，母线内部故障时故障分量电流的相位关系不会改变。利用这两个特点构成的母线差动保护原理能迅速对母线内部故障做出正确反应。相应动作电流及制动电流为

$$\Delta I_{\mathrm{d}} = \Big| \sum_{j=1}^{n} \Delta \dot{I}_{j} \Big| \tag{7-14}$$

式中：ΔI_{d} 为故障分量动作电流；$\Delta \dot{I}_{j}$ 为各元件故障分量电流相量；n 为出线条数。

$$\Delta I_{\mathrm{res}} = \sum_{j=1}^{n} | \Delta \dot{I}_{j} | \tag{7-15}$$

式中：ΔI_{res} 为故障分量制动电流。

差动保护动作判据为

$$\left. \begin{array}{l} \Delta I_{\mathrm{d}} > \Delta I_{\mathrm{d.\,set}} \\ \Delta I_{\mathrm{d}} > K_{\mathrm{res}}(\Delta I_{\mathrm{res}} - \Delta I_{\mathrm{d}}) \\ I_{\mathrm{d}} > I_{\mathrm{d.\,set}} \\ I_{\mathrm{d}} > 0.5(I_{\mathrm{res}} - I_{\mathrm{d}}) \end{array} \right\} \tag{7-16}$$

式中：$\Delta I_{\mathrm{d.\,set}}$ 为故障分量差动的最小动作电流定值；K_{res} 为故障分量比率制动系数；I_{d} 为由式（7-1）决定的差动电流；I_{res} 为由式（7-2）决定的制动电流；$I_{\mathrm{d.\,set}}$ 为最小动作电流定值。

由于电流故障分量的暂态特性，突变量复式比率差动判据只在差动保护启动后的第一个周期内投入。并使用比率制动系数为 0.5 的比率制动判据加以闭锁。

3. 母线差动保护的动作逻辑

母线差动保护的动作逻辑框图关系如图 7-5 所示。

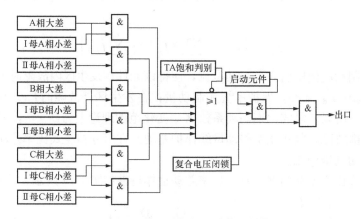

图 7-5　母线差动保护的动作逻辑框图

大差动元件与母线小差动元件各有特点。大差的差动保护范围涵盖了各段母线，大多数情况下不受运行方式的控制；小差受运行方式控制，其差动保护范围只是相应的一段母线，具有选择性。

对于固定连接式分段母线，如单母分段、3/2 断路器等主接线，由于各个元件固定连接在一段母线上，不在母线段之间切换，因此大差电流只作为启动条件之一，各段母线的小差

既是区内故障判别元件，也是故障母线选择元件。

对于双母线、双母线分段等主接线，差动保护使用大差作为区内故障判别元件；使用小差作为故障母线选择元件。即由大差比率元件是否动作来区分区内还是区外故障；当大差比率元件动作时，由小差比率元件是否动作决定故障发生在哪一段母线上。这样可以最大限度地减少由于隔离开关辅助触点位置不对应造成的母差保护误动作。

考虑到分段母线的联络开关断开的情况下发生区内故障，非故障母线段电流流出母线，影响大差比率元件的灵敏度，因此，大差比率差动元件的比率制动系数可以自动调整。

母联开关处于合位时（母线并列运行），大差比率制动系数与小差比率制动系数相同（可整定）；当联络开关处于分位时（母线分列运行），大差比率差动元件自动转用比率制动系数低值（也可整定）。

二、断路器失灵保护

电力系统中，有时会出现系统故障、继电保护动作而断路器拒绝动作的情况。这种情况可导致设备烧毁，扩大事故范围，甚至使系统的稳定运行遭到破坏。因此，对于较为重要的高压电力系统，应装设断路器失灵保护。

运行实践表明，发生断路器失灵故障的原因很多，主要有断路器跳闸线圈断线、断路器操作机构出现故障、空气断路器的气压降低或液压式断路器的液压降低、直流电源消失及操作回路故障等。其中发生最多的是气压或液压降低、直流电源消失及操作回路出现问题。

断路器失灵保护又称后备接线。它是防止因断路器拒动而扩大事故的一项重要措施。例如在图 7-6（a）所示的网络中，线路 L1 上发生短路，断路器 QF1 拒动，此时断路器失灵保护动作，以较短的时限跳开 QF2、QF5 和 QF3，将故障切除。虽然，也可由 L2 和 L3 的远后备保护来动作跳开 QF6、QF7，将故障切除，但延长了故障切除时间，扩大了停电范围甚至有可能破坏系统的稳定，这对于重要的高压电网是不允许的。

规程对于 220～500kV 电网和 110kV 电网中的个别重要部分装设断路器失灵保护都做了规定。

（1）线路保护采用近后备方式时，对 220～500kV 分相操作的断路器，可只考虑断路器单相拒动的情况。

（2）线路保护采用远后备方式时，由其他线路或变压器的后备保护切除故障将扩大停电范围，并引起严重后果时。

（3）如断路器与电流互感器之间发生故障，不能由该回路主保护切除，而由其他断路器和变压器后备保护切除，又将扩大停电范围并引起严重后果。

断路器失灵保护的工作原理是当线路、变压器或母线发生短路并伴随断路器失灵时，相应的继电保护动作，出口中间继电器发出断路器跳闸脉冲。由于短路故障未被切除，故障元件的继电保护仍处于动作状态。此时利用装设在故障元件上的故障判别元件判别断路器仍处于合闸位置的状态。如故障元件出口中间继电器触点和故障判别元件的触点同时闭合时，失灵保护被启动。在经过一个时限后失灵保护出口继电器动作，跳开与失灵的断路器相连的母线上的各个断路器，将故障切除。断路器失灵保护原理框图如图 7-6（b）所示。

保护由启动元件、时间元件、闭锁元件和出口回路组成。为了提高保护动作的可靠性，启动元件必须同时具备下列两个条件才能启动。

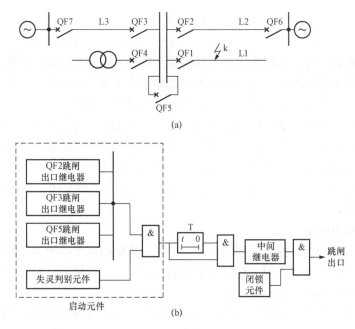

图 7-6　断路器失灵保护说明图

(a) 失灵事故说明；(b) 失灵保护原理框图

（1）故障元件的保护出口继电器动作后不返回。

（2）在故障保护元件的保护范围内短路依然存在即失灵判别元件启动。

当母线上连接元件较多时，失灵判别元件可采用检查母线电压的低电压元件，动作电压按最大运行方式下线路末端短路时保护应有足够的灵敏度整定；当母线上连接元件较少时，可采用检查故障电流的电流元件，动作电流在满足灵敏性的情况下，应尽可能大于负载电流。

由于断路器失灵保护的时间元件在保护动作之后才开始计时，所以延时 t 只要按躲开断路器的跳闸时间与保护的返回时间之和整定，通常取 0.3～0.5s。

为防止失灵保护误动作，在失灵保护接线中加设了闭锁元件。常用的闭锁元件由负序电压、零序电压和低压元件组成。通过与门构成断路器失灵保护的跳闸出口回路。

三、典型微机母线保护

目前电力系统母线主保护一般采用比率制动式差动保护，它的优点是可有效防止外部故障时保护误动。在区内故障时，若有电流流出母线，保护的灵敏度会下降。

微机母线保护在硬件方面采用多 CPU 技术，使保护各主要功能分别由单个 CPU 独立完成，软件方面通过各软件功能相互闭锁制约，提高保护的可靠性。此外，微机母线保护通过对复杂庞大的母线系统各种信号（输入各路电流、电压模拟量，开关量及差电流和负序、零序量）的监测和显示，不仅提高了装置的可靠性，也提高了保护可信度并改善了保护人机对话的工作环境，减少了装置的调试和维护工作量。而软件算法的深入开发则使母线保护的灵敏度和选择性得到不断的提高。如母线差动保护采用复合比率式的差动保护及采用同步识别法克服 TA 饱和对差动不平衡电流的影响。

以下通过对 BP-2A 型微机母线保护装置的分析，来了解掌握微机母线保护的配置、原理、性能等基本知识。

1. 微机母线保护配置

（1）主保护配置。母线主保护为复式比率差动保护，采用复合电压及 TA 断线两种闭锁方式闭锁差动保护。大差动瞬时动作于母联断路器，小差动选择元件动作跳被选择母线的各支路断路器。这里母线大差动是指除母联断路器和分段断路器以外，各母线上所有支路电流所构成的差动回路；某一段母线的小差动是指与该母线相连接的各支路电流构成的差动回路，其中包括了与该母线相关联的母联断路器或分段断路器。

（2）其他保护配置。断路器失灵保护，由连接在母线上各支路断路器的失灵启动触点来启动失灵保护，最终连接该母线的所有支路断路器。此外，还设有母联单元故障保护和母线充电保护。

（3）保护启动元件配置。母线保护启动元件有三种：母线电压突变量元件，母线各支路的相电流突变量元件，双母线的大差动过电流元件。只要有一个启动元件动作，母线差动保护即启动工作。

2. 微机母线差动保护的 TA 变比设置

常规的母线差动保护为了减少不平衡差流，要求连接在母线上的各个支路 TA 变比必须完全一致，否则应安装中间变流器，这就造成体积很大而不方便。微机母线保护的 TA 变比可由菜单输入到微机保护装置，由软件进行不平衡补偿，从而允许母线各支路差动 TA 不一致，也不需要装设中间变流器。

运行前，将母线上连接的各支路变比键入 CPU 插件后，保护软件以其中最大变比为基准，进行电流折算，使得保护在计算差流时各 TA 变比均变为一致，并在母线保护计算判据及显示差电流时也以最大变比为基准。

四、典型微机母线保护程序逻辑

1. 启动元件程序逻辑

启动元件由大差动电流越限 Y1 启动（大差动受复合电压 H1 闭锁）、母线电压突变启动、各支路电流突变启动三个部分组成，它们组成或门逻辑 H2。母线差动保护启动元件程序逻辑框图如图 7-7 所示。

启动元件动作后，程序才进入复式比率差动保护的算法判据，可见启动元件必须赶在差动保护计算判据之前正确启动，所以应当采用反应故障分量的突变量启动方式。启动元件的一个启动方式是母线电压突变启动，母线电压突变是相电压在故障前瞬时采样值 $u(t)$ 和前一周期的采样值 $u(t-N)$ 的差值。$u(t-N)$ 是对每周 N 个采样点而言，所以 $\Delta U_T = |u(t) - u(t-N)|$，当 $\Delta U_T > \Delta U_{set}$（定值）时，母线电压突变启动。由于 ΔU_T 是反映故障分量的，所以其灵敏度较高。各支路电流突变量类似于母线电压突变启动。$\Delta I_{T.n} = |i(t) - i(t-N)| > \Delta I_{set}$ 时启动保护，$\Delta I_{T.n}$ 是指第 n 支路的相电流突变量。

为了防止有时电压和电流突变不能使启动元件动作，所以将大差动电流越限作为另一个启动元件动作的后备条件，其判

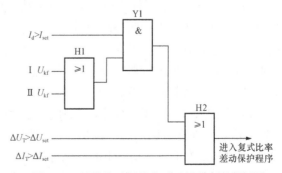

图 7-7　母线差动保护启动元件程序逻辑框图

据为 $I_d > I_{d.set}$，及Ⅰ段的复合电压ⅠU_{kf}和Ⅱ段的复合电压ⅡU_{kf}动作，它们组成与门再与母线电压、电流突变量启动构成或门的逻辑关系，去启动保护系统。

2. 母线复式比率差动保护程序逻辑

（1）大、小差动元件逻辑关系。大、小差动元件都是以复式比率差动保护的两个判据为核心，所不同的是它们的保护范围和 I_d、I_{res} 取值不同。因为一个母线段的小差动保护范围在大差动保护范围之内，小差动元件动作时，大差动元件必然动作，因此为提高保护可靠性，采用大差动与两个小差动元件分别构成与门 Y1 和 Y2，如图 7-8 所示。

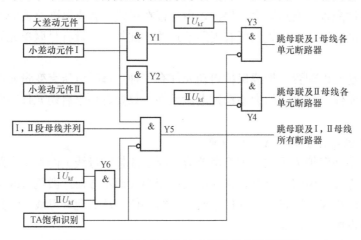

图 7-8　母线复式比率差动保护程序逻辑框图

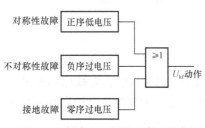

图 7-9　复合电压闭锁元件逻辑框图

（2）复合序电压元件作用及其逻辑关系。图 7-9 中表示的复合电压元件，在逻辑上起到闭锁作用，防止了 TV 二次回路断线引起的误动，它是由正序低电压、零序和负序过电压组成的"或"元件。每一段母线都设有一个复合电压闭锁元件：ⅠU_{kf} 或 ⅡU_{kf}，只有当差动保护判出某段母线故障，同时该段母线的复合电压动作，Y3 或 Y4 才允许去跳该母线上各支路断路器。

（3）母线并列运行及在倒闸操作过程中，某支路的两副隔离开关同时合位，不需要选择元件判断故障母线时，在大差动元件动作的同时复合序电压元件也动作，三个条件构成的 Y5 动作才允许跳Ⅰ、Ⅱ母线上所有连接支路的断路器。

（4）TA 饱和识别元件原理以及逻辑关系。母线出线故障时，TA 可能饱和。虽然母线复式比率差动保护在发生区外故障时，允许 TA 有较大的误差，但是当 TA 饱和严重超过允许误差时，差动保护还是可能误动的。某一出线元件 TA 的饱和，其二次电流大大减少（严重饱和时 TA 二次电流近似等于零）。为防止区外故障时由于 TA 饱和母差保护误动，在保护中设置 TA 饱和识别元件。

母差保护通过同步识别程序，识别 TA 饱和时，先闭锁保护一周，随后再开放保护，如图 7-8 所示。在饱和识别元件输出"1"时，与门 3、4、5 被闭锁。理论分析及录波表明 TA 饱和时其二次电流及其内阻的变化有如下几个特点。

1）在故障发生瞬间，由于铁芯中的磁通不能跃变，TA 不能立即进入饱和区，而是存在一个时域为 3~5ms（在 110kV 及以下系统中，TA 变比较小时，TA 饱和的时间可能更短）的线性传递区。在线性传递区内，TA 二次电流与一次电流成正比。

2）TA 饱和之后，在每个周期内一次电流过零点附近存在不饱和时段，在此时段内，TA 二次电流又与一次电流成正比。

3）TA 饱和后其励磁阻抗大大减小，使其内阻大大降低。

4）TA 饱和后，二次电流中含有很大的二次和三次谐波电流分量。

目前，在国内广泛应用的母差保护装置中，TA 饱和识别元件均根据饱和后 TA 二次电流的特点及其内阻变化的规律原理构成。在微机母差保护装置中，TA 饱和识别元件的识别方法主要是同步识别法及差流波形存在线性转变区的特点；也可利用谐波制动原理防止 TA 饱和差动元件误动。

3. 母联失灵或母差保护死区故障的保护

在已被采用的各种类型的母差保护中，存在着一个共同的问题，就是死区问题。对于双母线或单母线分段的母差保护，当故障发生在母联断路器或分段断路器与母联 TA 或分段 TA 之间时，非故障母线的差动元件要误动，而故障母线的差动元件要拒动，如图 7-10 所示，即存在死区。

在母线保护装置中，为切除母联断路器与母联 TA 之间的故障，通常设置母联断路器失灵保护。因为上述故障发生后，虽然母联断路器已被跳开，但母联 TA 二次仍有电流，与母联断路器失灵现象一致。

在微机母线保护装置中设置有专用的死区保护，用于切除母联断路器与母联 TA 之间的故障。即在上述情况下，需要进一步切除母线上其余单元。因此在保护动作，发出跳开母联断路器的命令后，经延时后判别母联电流是否越限，如经延时后母联电流满足越限条件，且母线复合电压动作，则跳开母线上所有断路器。母联失灵保护逻辑框图如图 7-11所示。

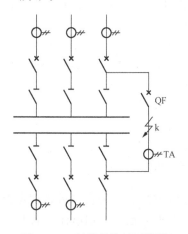

图 7-10　母线保护死区说明

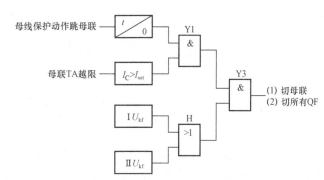

图 7-11　母联失灵保护逻辑框图

4. 母线充电保护逻辑

母线充电保护是临时性保护。在变电站母线安装后投运之前或母线检修后再投入之前，利用母联断路器对母线充电时投入充电保护。

当一段母线经母联断路器对另一段母线充电时，若被充电母线存在故障，当母联电流的

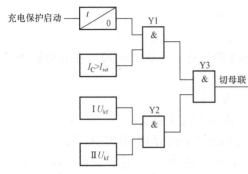

图 7 - 12 母线充电保护逻辑框图

任一相大于充电保护的动作电流整定值时，充电保护动作将母联断路器跳开。母线充电保护逻辑框图如图 7 - 12 所示。

为了防止由于母联 TA 极性错误造成的母差保护误动，在接到充电保护投入信号后先将差动保护闭锁。此时若母联电流越限且母线复合序电压动作，经延时将母联断路器跳开，当母线充电保护投入的触点延时返回时，将母差保护正常投入。

5. TA 和 TV 断线闭锁与报警

TV 断线将引起复合序电压保护误动，从而误开放保护。TV 断线可以通过复合序电压来判断，当 Ⅰ 母 U_{kf} 或 Ⅱ 母 U_{kf} 动作后经延时，如差动保护并未动作，说明 TV 断线，发出断线信号，如图 7 - 13 （a） 所示。

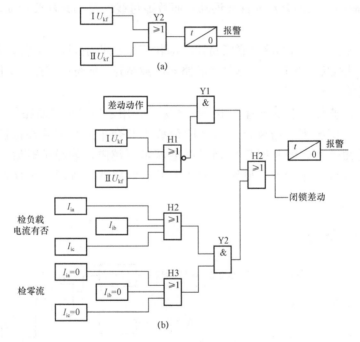

图 7 - 13 TV、TA 断线判断逻辑框图
（a）TV 断线判断逻辑框图；（b）TA 断线判断逻辑框图

TA 断线将引起复式比率差动保护误动，判断 TA 断线的方法有两种：一种是根据差电流越限而母线电压正常（H1 输出"1"）；另一种是依次检测各单元的三相电流，若某一相或两相电流为零（H3 输出"1"），而另两相或一相有负载电流（H2 输出"1"），则认为是TA 断线。其判断逻辑图如图 7 - 13 （b） 所示。

五、典型母线差动保护动作程序流程

母线差动保护的程序部分由两方面组成：一个是在线保护程序部分，由其实现保护的功能；另一个是为方便运行调试和维护而设置的离线辅助功能程序部分。辅助功能包括定值整定、装置自检、各交流量和开关量信号的巡视检测、故障录波及信息打印、时钟校对、内存清理、串行通信和数据传输、与监控系统互联等功能模块。这些功能模块属于正常运行程序，它与在线保护程序及主程序之间的关系如图 7-14 所示。

主程序在开中断后，定时进入采样中断服务程序。在采样中断服务程序中完成模拟量及开关量的采样和计算，根据计算结果判断是否启动，若启动标志为 1，即转入差动保护程序。母线差动保护程序流程图如图 7-15 所示。

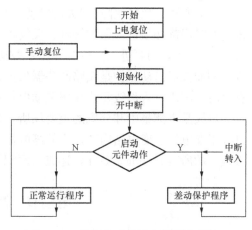

图 7-14 母线差动保护主程序流程图

进入母线差动保护程序，"采样计算"首先对采样中断送来的数据及各开关量进行处理，随后对采样结果进行分类检查，根据母联断路器失灵保护逻辑判断是否为死区故障。若为死区故障，即切除所有支路；若不是死区故障，再检查是否线路断路失灵启动。检查失灵保护开关量，如有开关量输入，经延时失灵保护出口跳开故障支路所在母线所有支路；若不是线路断路器失灵，检查母线充电投入开关量是否有输入，若有开关量输入，随即转入母线充电保护逻辑。如果 TA 断线标志位为 1，则不能进入母线复式比率差动程序，随即转入 TA 断线处理程序。

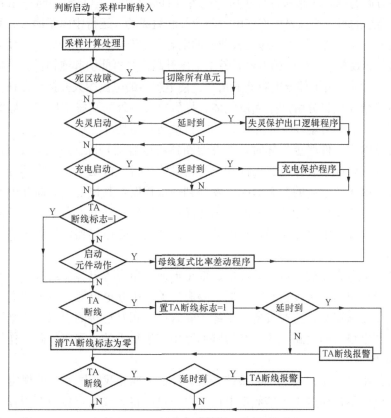

图 7-15 母线差动保护程序流程图

以上所述"死区故障""失灵启动""充电启动"等程序逻辑中有延时部分，在延时时间未到的时候都必须进入保护循环，反复检查判断及采样数据更新，凡是保护启动元件标志位已为"1"者，均要进入母线复式比率差动程序逻辑，反复判断是否已有故障或故障有发展等，例如失灵启动保护是线路断路器失灵，在启动后延时时间内有否发展为母线故障，必须在延时时间内进入母线复式比率差动保护程序检查。

母线是电能集中和分配的重要场所，是电力系统中重要的元件之一。虽然母线结构简单且处于发电厂、变电站内，发生故障的概率相对其他电气设备小。但母线发生故障时，接于母线上的所有元件都要断开，造成大面积停电。因此，应该引起高度重视。

第二节　微机电容器保护

电力系统中广泛应用并联电容器实现对系统无功功率的补偿，用以提高功率因数和进行电压调节。与同步调相机相比，并联电容器投资省、安装快、运行费用低。随着高压大容量晶体管技术的发展和微机电容器自动投切装置的应用，并联电容器的调节特性大大改善，电容器在电力系统得到更加广泛的应用。电容器的安全运行对保证电力系统的安全、经济运行有重要的作用。

一、电容器的故障及其危害

1. 内部故障

由于制造方面的原因，通常将许多单个电容元件先并联后串联装于同一箱壳中组成电容器。电力电容器组的每一相又是由许多电容器串并联组成的。运行中由于涌流、系统电压升高或操作过电压等原因，电容器中绝缘比较薄弱的电容元件有可能首先击穿，并使与之并联的电容元件被短路，导致与它们串联的电容元件上电压升高，并可能引起连锁反应造成更多电容元件的相继击穿。同时，由于部分电容器的击穿，使电容器的电流增大并持续存在，电容器内部温度将增高，绝缘介质将分解产生大量气体，导致电容器外壳膨胀变形甚至爆炸。有的电容器内部在电容元件上串有熔断器，元件损坏时将被熔断器切除。在电容器的外部一般也装有熔断器，电容器内部元件严重损坏时，外部熔断器将电容器切除。不论内部或外部熔断器，它切除故障部分，保证无故障电容元件和电容器继续运行。但是当其切除部分电容时，必将造成其他电容上电压和电流的重新分配，发展到一定程度，其他电压过高和电流过大的电容也将损坏，由此可能发展成为严重故障，因此除熔断器保护外电容器组必须装设内部故障保护。电容器内部故障是电容器组最常见的故障，因此，它是电容器保护的主要目标。

2. 端部故障

在变电站中，电容器被连接成单星形、双星形或三角形等电容器组接入一次系统。在电容器组的回路中相应的一次设备有断路器、隔离开关、串联电抗器、放电线圈、避雷器、电流互感器和电压互感器等，这些设备的绝缘子套管以及相互连接的引线由于绝缘的损坏将造成相间短路，产生很大的短路电流，在短路回路中产生很大的力和热的破坏作用。

3. 系统异常

系统异常是指过电压、失电压和系统谐波。IEC标准和我国国家标准规定，电容器长期运行的工频过电压不得超过1.1倍额定电压。电压过高将导致电容器内部损耗增大（电容器的损耗与电压平方成正比）并发热损坏。严重过电压还将导致电容器的击穿。系统失电压本身不会损坏电容器，但是在系统电压短暂消失或供电短时中断时，可能发生下列现象使电容器发生过电压和过电流而损坏。

（1）电容器组失电压后放电未完毕又随即恢复电压（如有源线路的自动重合闸或备用电源自动投入）使电容器组带剩余电荷合闸，产生很大的冲击电流和瞬时过电压，使电容器损坏。

（2）变电站失电压后恢复送电时若空载变压器和电容器同时投入，LC 电路空载投入的合闸涌流将使电容器受到损害。

（3）变电站失电压后恢复送电时可能因母线上无负载而使母线电压过高造成电容器过电压。

在电力系统中，电容器组还常常受到谐波的影响。由于容抗与频率成反比，对谐波电压而言电容器的容抗较小，较小的谐波电压可产生较大的谐波电流，它与基波电流一起形成电容器的过负载，长期的作用可能使电容器温升过高、漏油甚至变形。为了减小电容器组合闸时的涌流，通常在电容器组的一次回路中接入一个串联电抗器，在工频下其感抗比电容的容抗小得多，特殊情况下某次谐波有可能在电容器组和串联电抗器回路中产生谐振现象，产生很大的谐振电流，它使电容器过负载、振动和发出异声，使串联电抗器过热，产生异音，甚至烧损。

二、电容器的保护配置

规程要求并联补偿电容器组应装设下列保护：

（1）对电容器组和断路器之间连接线的短路，可装设带有短时限的电流速断和过电流保护，动作于跳闸。

（2）对电容器内部故障及其引出线短路，宜对每台电容器分别装设专用的熔断器。

（3）当电容器组中故障电容器切除到一定数量，引起电容器端电压超过 110％额定电压，保护应将断路器断开，对不同接线的电容器组，可采用不同的保护方式。

（4）电容器组的单相接地保护。

（5）对电容器组的过电压应装设过电压保护，带时限动作于信号或跳闸。

（6）对母线失电压应装设低电压保护，带时限动作于信号或跳闸。

（7）对于电网中出现的高次谐波有可能导致电容器过负载时，电容器组宜装设过负载保护，带时限动作于信号或跳闸。

采用微机电容器保护，其保护的配置和参数的设定都可在装置上方便地设置。保护功能分为外部和内部两种。

三、电容器外部故障的保护

1. 电流速断保护

反应电容器组引接母线、电流互感器、放电线圈电压互感器、串联电抗器等回路发生相间短路，或者电容器本身内部元件全部击穿形成相间短路。电流速断保护应保证在电容器端部发生相间短路时可靠动作，同时应避免电容器投入瞬间的涌流造成误动。规程规定，速断保护的动作电流应按最小运行方式下电容器端子上发生两相短路时有足够的灵敏系数来整定，灵敏系数大于等于 2.0。为了可靠地避免合闸涌流产生误动，电流速断保护应增设约 0.2s 的延时。

2. 过电流保护

过电流保护是电流速断保护的后备保护。它应按躲过电容器组长期容许的最大工作电流整定。电容器组容许在 1.3 倍额定电流下长期工作，并考虑电容器组的电容量可容许＋10％的偏差。

过电流保护可以采用定时限或反时限，当采用定时限时，为了可靠躲过涌流，过电流保护的动作时间应比速断保护更长。当采用反时限时可参照所用电容器组的过电流损坏特性与所选微机继电保护装置的反时限特性确定。

　　实际应用中，保护装置的过电流保护一般是两段式或三段式。当为两段式时，第Ⅱ段兼作过负载保护用，通常为定时限特性。当为三段式时，第Ⅲ段为定时限特性，第Ⅲ段可设为定时限特性，也可设为反时限特性，其中第Ⅱ、Ⅲ段兼作过负载保护用。当然，三段式更容易满足灵敏度要求，特别是为适应调压要求电容器组容量变化较大的场合。

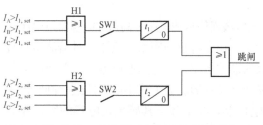

图 7-16　电容器过电流保护逻辑框图

　　电容器组的过电流保护用于保护电容器组内部短路及电容器组与断路器之间引起的相间短路。采用两段式，每段一个时限的保护方式。电容器过电流保护逻辑框图如图 7-16 所示。其中 H1 和 t_1 构成Ⅰ段，H2 和 t_2 构成Ⅱ段，分别反应 A、B、C 三相电流。

3. 电容器的过电压、失电压保护

　　电容器有较大的承受过电压的能力。我国标准规定电容器容许在 1.1 倍额定电压下长期运行，在 1.15 倍额定电压下运行 30min，在 1.2 倍额定电压下运行 5min，在 1.3 倍额定电压下运行 1min。过电压保护原则上可以按此标准规定进行整定，但为了可靠起见，可以选择在 1.1 倍额定电压时动作于信号，1.2 倍额定电压经 5～10s 动作跳闸。此时限是为了防止因电压波动而引起误动。过电压保护的电压元件可以取放电电压互感器的二次侧电压（这样可以直接反应电容器承受的电压），也可取母线电压互感器二次侧电压（当三相电容不平衡时，它不能确切反应各相电容器的电压）。在微机继电保护中一般用后者，因为这样可以同时满足过电压、失电压保护和测量所需的电压采样。但采用此接法时应注意需由电容器组的断路器或隔离开关的辅助触点闭锁电压保护，使断路器断开时保护能自动返回。当有串联电抗器时，电抗器会使电容器上电压升高。电容器电压保护主要用于防止系统稳态过电压和欠电压。过电压和欠电压保护均通过延时来鉴别稳态过电压和欠电压。

　　过电压保护采用母线的线电压，取母线电压是为了防止母线电压过高时损坏电容器，且切除电容器可降低母线电压。为防止电容器未投时误发信号或保护动作后装置不复归，过电压保护中加有断路器位置判据。另外，当变电站有电压无功自动调整装置投入运行时，电容器的过电压保护可以退出运行。电容器过电压保护的逻辑框图如图 7-17 所示，过电压保护动作带时限发信号或跳闸。断路器在跳位时要闭锁过电压保护的 Y2 和 Y3，使电容器保护自动退出运行。

　　当供电电压消失时，电容器组失去电源，开始放电，其上电压逐渐降低。若残余电压未放电到 0.1 倍额定电压就恢复供电，则电容器组上将承受高于 1.1 倍额定电压的合闸过电压，导致电容器组的损坏，因而需装设低电压保护。可取三相线电压失压的与逻辑或三相电压的正序电压失压作为失电压判据。在母线电压低于定值后带时延切除电容器组，待电荷放完后才能再投入。如图 7-18 所示为电容器低电压保护的逻辑框图。由图可见，只有当三相电压同时降低到低电压动作值时，保护才可动作；考虑到供电电压消失时电容器组无电流，低电压保护经过电流闭锁（Y2），以防止 TV 断线造成低电压保护误动。在系统故障或低压电容器保护动作跳闸后，为了使保护能立即复位，要求保护在跳闸位置时能自动退出运行，

用断路器跳闸位置闭锁低压保护（Y5），待母线电压恢复正常后断路器可重新投入运行。低电压保护的动作时间应小于供电电源重合闸的最短时间。

在微机继电保护中，电容器的失电压保护可以和过电压保护用同一个电压元件。其整定值既要保证在失电后电容器尚有残压时能可靠动作，又要防止系统电压瞬间下降时误动作。动作电压可整定为 30%～60% 电网额定电压。动作时间既不可太短，也不可太长，应满足下列要求：

（1）大于同级母线上其他出线故障时的保护切除时间。

（2）当电源线失电后重合时，在重合前失电压保护应先将电容器回路切除。

（3）当备用电源自投装置投入备用电源前，失电压保护应先将电容器回路切除。在微机继电保护中，电源线失电后重合及备用电源自投装置投入备用电源也可以由重合闸装置和备用自投装置在合闸前先发出联跳电容器的命令来实现。

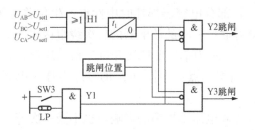 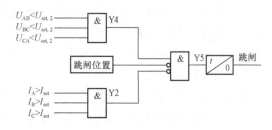

图 7-17　电容器过电压保护的逻辑框图　　　图 7-18　电容器低电压保护的逻辑框图

4. 单相接地保护

电容器组应装设单相接地保护，至于是装设接地电流保护，或是方向接地保护，或是绝缘监察装置等，这要根据变电站中性点接地方式，出线回路的多少，接地电容电流的大小等条件来决定。可配置两段式零序过电流保护，用于单相接地保护。

5. 串联电抗器的保护

为了限制电容器接通电源时的涌流以及抑制高次谐波对电容器的影响，通常在电容器回路中接入一个串联电抗器，上述过电流保护和速断保护的保护范围均已包括串联电抗器，不需另设保护。但按照运行情况油浸式铁芯串联电抗器类似于油浸变压器，有关标准建议 0.18MVA 及以上的油浸铁芯串联电抗器应设置气体保护，以保护其内部故障。对于微机继电保护装置，只需将气体继电器触点接入保护装置的一个信号输入口，再由保护装置出口跳闸。

6. 过负载保护

电容器组过负载是由系统过电压及高次谐波所引起。按规定电容器应能在 1.3 倍额定电流下长期运行，对于电容量具有最大正偏差（10%）的电容器，过电流允许达到 1.43 倍额定电流。

注意到电容器组必装设反应稳态电压升高的过电压保护，而且大容量电容器组一般装设抑制高次谐波的串联电抗器，在这种情况下可不装设过负载保护。仅当系统高次谐波含量较高或实测电容器回路电流超过允许值时，才装设过负载保护。保护延时动作于信号。为与电容器过载特性相配合，宜采用反时限特性过负载保护。一般情况下，过负载保护与过电流保护结合在一起。

7. TV 断线报警

（1）三相线电压均小于 16V，某相电流大于 0.2A，判为三相断线。

（2）三相电压和大于 8V，最大线电压小于 16V，判为两相 TV 断线。

（3）三相电压和大于 8V，最大线电压与最小线电压差大于 16V，判为单相 TV 断线。

待电压恢复正常，异常报警自动复归。

四、电容器组内部故障保护

大容量的电容器组是由许多单台电容器串并联组成的。单台电容器故障时由其专用的熔断器切除。一般情况下切除个别电容器时，电容器组的外部电流变化不是很大，在故障未发展到很严重时过电流和速断保护很难反应，由于电容器有一定的过载和过电压能力，此时电容器组仍可继续运行。当被切除的电容器达到一定数量时就可能发生连锁反应导致更多电容器的损坏，所以必须设置专门的保护，当部分电容器被切除后引起其他电容器端电压超过 110％ 额定电压时保护应带延时断开电容器组。根据电容器组接线的不同可采用以下保护。

1. 零序电压保护

单星形接线的电容器组的中性点是不接地的，部分电容器损坏时中性点产生位移电压。将放电器的一次绕组和单星形接线的每相电容器并联，三相的放电器的二次绕组接成开口三角形，保护装置检测开口三角的电压。如图 7-19 所示为单星形接线开口三角电压保护，电压互感器 TV 开口三角形上的电压反应的是电容器组端点对中性点 N 的零序电压。电压互感器 TV 的一次绕组兼作电容器组的放电线圈。

这种保护方式的好处是不受系统单相接地故障和电压不平衡的影响，也不受三次谐波的影响，灵敏度高，安装简单，是国内中小容量电容器组常用的一种保护方式。也可以利用接于电容器中性点与地之间的电压互感器来检测位移电压，如图 7-20 所示。

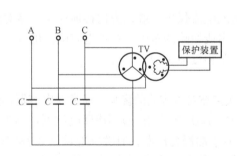

图 7-19　单星形接线开口三角电压保护

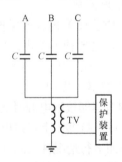

图 7-20　单星形接线零序电压保护

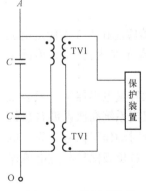

图 7-21　单星形接线
电压差动保护

2. 电压差动保护

当单星形接线电容器组每相由两个电压相等的串联段组成时（特殊情况两个串联段的电压可以不相等），将放电器的两个一次绕组与两段电容器分别并联，放电器的两个二次绕组按差电压接线接至保护装置即构成电压差动保护。如图 7-21 所示为单星形接线电压差动保护。正常运行时，电容器组两串联段上电压相等，可认为差电压为零（实际存在很小的不平衡电压），保护不动作；当某相多台电容器切除后（每台电容器具有专用熔断器），两串联段上电压不相等，该相出现差电压，保护动作。这种保护方式不受系统单相接地故障和电压不平衡的影响，动作也较灵敏，并可判断出故障相别，缺点是使用设备较复杂，当两个串联段中有程度相同的故障时保护拒动。

3. 不平衡电流保护

对于双星形接线的电容器组可以通过小变比的电流互感器和保护装置检测两个星形的中性点间由位移电压产生的不平衡电流来反应电容器的内部故障。如图 7 - 22 所示为双星形接线中性线不平衡电流保护。当多台电容器被切除后，中性线中有电流，保护即可动作。当电容器组出现部分元件击穿但尚未引起全部击穿短路时，将其从系统断开。

4. 不平衡电压保护

上述不平衡电流保护也可以改为在两个星形的中性点之间接电压互感器，其二次侧接至保护装置。如图 7 - 23 所示为双星形接线中性点不平衡电压保护，当多台电容器被切除后，两组电容器的中性点 O、O′ 电压不再相等，出现差电压 U_0 保护动作。可配置二段不平衡电压保护。

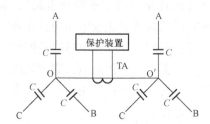

图 7 - 22　双星形接线中性点不平衡电流保护

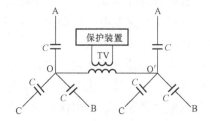

图 7 - 23　双星形接线中性点不平衡电压保护

5. 桥差电流保护

三相桥差电流保护为反应桥式接线电容器组中电容器内部短路而设置，也称电流平衡保护。当电容器组为双星形接线且星形的每一边是由若干段（偶数）串联而成的，则可以在每相的中部接入电流互感器构成桥形接线。如图 7 - 24 所示为单星形接线电桥原理电流平衡保护。正常运行时，桥式差电流几乎为零（实际是不平衡电流），保护不动作；当某相多台电容器切除后（每台电容器具有专用熔断器），电桥平衡被破坏，桥差电流增大，保护装置动作。也可以检测桥路的不平衡电压组成电桥原理电压平衡保护，称桥差电压保护。这种保护可直接判定是哪一相电容损坏，但需用的保护元件较多，工程中较少应用。

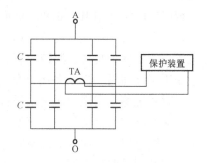

图 7 - 24　单星形接线电桥原理电流平衡保护

以上几种方式在电力系统微机继电保护的实际应用中，大量应用的是单星形接线开口三角电压保护（见图 7 - 19）和双星形接线中性点不平衡电流保护（见图 7 - 22）。

第八章 智能变电站保护控制

第一节 智能变电站概述

一、智能变电站的概念

随着变电站自动化技术的发展，"数字化变电站"的概念于 21 世纪初逐渐兴起。2007 年提出了"数字化变电站是以变电站一、二次设备为数字化对象，以高速网络通信平台为基础，通过对数字化信息进行标准化，实现信息共享和互操作，并以网络数据为基础，实现继电保护、数据管理等功能，满足安全稳定、建设经济等现代化建设要求的变电站"。业内普遍认为，数字化贯穿变电站自动化的始终，目前所研究讨论的数字化变电站应该是数字化的变电站自动化发展过程中的一个阶段。在这个阶段，符合 IEC 61850 变电站通信网络和系统标准、电子式互感器、智能化一次设备、网络化的二次设备、自动化的运行管理系统，是其最主要的技术特征。数字化变电站逐步发展起来并开始得到一定数量应用，但没过多久，智能变电站的概念迅速兴起，很快取代了数字化变电站的地位。

国家电网公司 Q/GDW 383-2009《智能变电站技术导则》提出：智能变电站是采用先进、可靠、集成、低碳、环保的智能设备，以全站信息数字化、通信平台网络化、信息共享标准化为基本要求，自动完成信息采集、测量、控制、保护、计量和监测等基本功能，并可根据需要支持电网实时自动控制、智能调节、在线分析决策、协同互动等高级功能的变电站。此处提出的智能变电站概念，本质上是对智能变电站自动化技术和系统的定义。

智能变电站采用 IEC 61850 标准，将变电站一、二次系统设备按功能分为过程层、间隔层和站控层三层。过程层设备包括一次设备及其所属的智能组件、独立智能电子装置。间隔层设备一般指保护装置、测控装置、状态监测 IED 等二次设备，实现使用一个间隔的数据并且作用于该间隔一次设备的功能。站控层设备包括监控主机、远动工作站、操作员工作站、对时系统等，实现面向全站设备的监视、控制、告警及信息交互功能。

智能变电站的自动化比传统变电站自动化的范围有进一步扩大。智能变电站自动化由监控系统、继电保护、输变电设备状态监测、辅助设备、时钟同步、计量等设备实现。智能变电站监控系统纵向贯通调度、生产管理等系统，在变电站内互联各智能电子设备（IED，Intelligent Electronic Devices）设备，是变电站自动化的核心部分。

智能变电站监控系统直接采集站内电网运行信息和测控、保护等二次设备运行状态信息，通过标准化接口与输变电设备状态监测、辅助设备、计量等装置进行信息交互，完成变电站全站数据采集和处理；实现变电站监视、控制和管理，同时为调度（调控中心）、生产管理等其他主站系统提供远程控制和浏览服务。

二、智能变电站关键技术

驱动智能变电站二次系统发展的关键技术动因主要包括 IEC 61850 标准、电子式互感器应用、一次设备智能化、网络通信技术等。

1. IEC 61850 标准

IEC 61850 实际上是一系列标准，英文全称是"Communication Networks and System in Substation"，即《变电站通信网络与系统》。由国际电工委员会（IEC）第 57 技术委员会（TC57）于 2003 年开始陆续颁布，共包含 14 个标准。该系列标准是基于通用网络通信平台的变电站自动化系统唯一的国际标准。我国于 2004～2006 年将该系列标准等同采用为电力行业标准，编号为 DL/T 860。从 2009 年开始，TC57 开始发布 IEC 61850 第二版，以下主要介绍第二版内容。

在 IEC 61850 标准出现之前，不同制造厂的智能电子设备互联时需要大量复杂的协议转换工作且花费昂贵。制定 IEC 61850 系列标准的目的是要实现不同厂商设备之间的互操作性。IEC 61850 标准给出的互操作定义为：两个或多个来自同一或不同厂家的设备能够交换信息，并利用交换的信息正确执行特定的功能。IEC 61850 标准采用自顶向下的方式对变电站自动化系统进行系统分层、功能定义和对象建模，并对一致性检测做了详细的定义。

IEC 61850 标准各部分名称和内容如下。

IEC 61850 - 1 介绍和概述：介绍 IEC 61850 的概况，定义变电站内 IED 之间的通信和相关系统要求等。

IEC 61850 - 2 术语：收集了标准中涉及的特定术语及其定义。

IEC 61850 - 3 总体要求：详细说明系统通信网络的总体要求，包括质量要求（可靠性、可维护性、系统可用性、轻便性、安全性）、环境条件、供电要求等，并根据其他标准和规范对相关的特定要求提出建议。

IEC 61850 - 4 系统和项目管理：描述了对系统和项目管理过程的要求以及对工程和试验所用的支持工具的要求。具体包括工程要求（参数分类、工程工具、文件）、系统寿命周期（产品版本、停产、停产后的支持）、质量保证（责任、测试设备、型式试验、系统测试、工厂验收、现场验收）等。

IEC 61850 - 5 功能和设备模型的通信要求：规范了自动化系统功能的通信要求和装置模型。具体包括基本要求、逻辑节点的探讨、逻辑通信链路、通信信息片的概念、逻辑节点和相关的通信信息片、性能、功能等。

IEC 61850 - 6 与变电站有关的 IED 的通信配置描述语言：包括系统工程过程概述、基于 XML 的系统和配置参数交换的文件格式的定义、二次系统构成（单线图）描述、通信连接描述、IED 能力、IED 逻辑节点对一次系统的分配等。

IEC 61850 - 7 - 1 变电站和馈线设备的基本通信结构——原理和模式。

IEC 61850 - 7 - 2 变电站和馈线设备的基本通信结构——抽象通信服务接口 ACSI（Abstract Communication Service Interface）：包括抽象通信服务接口的描述，抽象通信服务的规范，设备数据库结构的模型等。

IEC 61850 - 7 - 3 变电站和馈线设备的基本通信结构——公共数据类：包括公共数据类和相关属性。

IEC 61850 - 7 - 4 变电站和馈线设备的基本通信结构——兼容的逻辑节点类和数据类：包括逻辑节点类和数据类的定义等。

IEC 61850 - 8 - 1 特定通信服务映射 SCSM（Special Communication Service Mapping）——映射到 MMS 和 ISO/IEC 8802.3：将 ACSI 映射到 MMS 的服务和协议，主要用于间隔层到

站控层的通信。

IEC 61850 - 9 - 1 特定通信服务映射 SCSM——通过串行单方向多点共线点对点链路传输采样测量值（第二版中已被废止）。

IEC 61850 - 9 - 2 特定通信服务映射 SCSM——通过 ISO/IEC 8802.3 传输采样测量值。

IEC 61850 - 10 一致性测试：包括一致性测试规则、质量保证、测试所要求的文件、有关设备的一致性测试、测试手段、测试设备的要求和有效性的证明等。

经过扩展和修订的 IEC 61850 标准第二版，结构大致与第一版结构相同，内容上对配置语言部分、对象模型部分、通信冗余方案部分做了修改，同时该标准的应用范围也扩大到了整个电力系统。IEC 61850 标准各部分间的结构层次关系如图 8 - 1 所示。

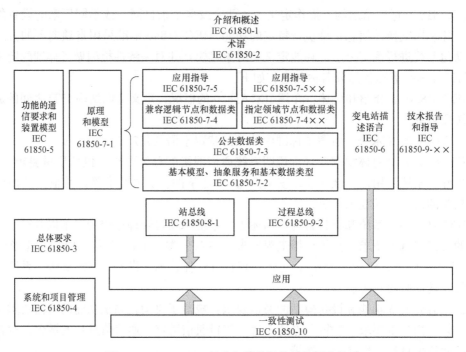

图 8 - 1　IEC 61850 标准各部分间的结构层次关系

IEC 61850 定义了层和层之间的逻辑通信接口，具体逻辑关系如图 8 - 2 所示。物理上，变电站自动化系统设备可安装在不同的功能层。其中所有接入的信息遵循 DL/T 860 标准接入智能变电站监控系统。

过程层实现所有与一次设备接口相关的功能，是一次设备的数字化接口。典型的过程层设备有过程接口装置、传感器和执行元件等，它们将交流模拟量、直流模拟量、直流状态量等就地转化为数字信号提供给上层，并接受和执行上层下发的控制命令。

间隔层主要功能是采集本间隔一次设备的信号，对一次设备进行操作控制，并将相关信息上送给站控层设备和接收站控层设备的命令。间隔层设备由每个间隔的控制、保护或监视单元组成。

站控层的功能是利用全站信息对全站一、二次设备进行监视、控制以及与远方控制中心通信。站控层设备由带数据库的计算机、操作员工作台、远方通信接口等组成。

IEC 61850 标准对变电站过程层功能的单独划分有别于传统的变电站自动化系统，这也

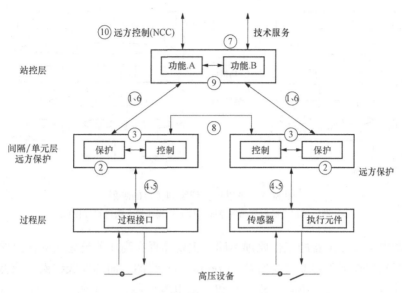

图 8-2 变电站通信体系层次

是智能变电站与传统变电站的主要区别。

图 8-2 中的数字表示了各功能之间的逻辑接口，各接口的含义如下。

接口 1：在间隔层和变电站层之间交换保护数据。

接口 2：在间隔层和远方保护之间交换保护数据（超出 IEC 61850 标准范围）。

接口 3：在间隔层内交换数据。

接口 4：在过程层和间隔层之间 TA 和 TV 瞬时数据交换（如采样值）。

接口 5：在过程层和间隔层之间交换控制数据。

接口 6：在间隔层和变电站层之间交换控制数据。

接口 7：在变电站层和远方工程师工作站之间交换数据。

接口 8：在间隔层之间直接交换数据，特别是快速功能，例如连闭锁功能。

接口 9：在变电站层之间交换数据。

接口 10：在变电站层和远方工程师工作站之间交换控制数据（超出 IEC 61850 标准范围）。

逻辑接口可以采用不同的方法映射到物理接口，一般可采用站级总线覆盖逻辑接口 1、3、6、9，采用过程总线覆盖逻辑接口 4、5。逻辑接口 8（间隔间通信）可以被映射到任何一种或者同时映射到两种总线，见图 8-3。这种映射将对所选通信系统性能有很大的影响，如果通信总线性能满足要求，将所有逻辑接口映射到一根单一通信总线是可能的。

IEC 61850 标准给变电站功能架构、通信体系和变电站自动化系统带来了巨大变化，具有非常广泛的影响力。

2. 电子式互感器

国际上将有别于传统的电磁型电压、电流互感器的新一代互感器统称为非常规互感器，通常称非常规互感器为电子式互感器。

（1）电子式互感器的分类。按变换原理不同，电子式互感器分为采用光学测量原理的电光效应互感器和采用线圈测量方式的半常规电流互感器。根据高压传感部分是否需要电源供电，电子式互感器分为无源和有源两种。

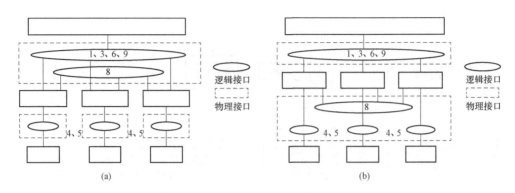

图 8-3　逻辑接口到物理接口的映射

（a）逻辑接口 8 映射到站级总线；（b）逻辑接口 8 映射到过程总线

各种有源电子式互感器的工作原理不同，主要体现在高压侧传感头的传感原理不同。

电子式互感器包括采用罗柯夫斯基（Rogowski）线圈（简称罗氏线圈）或低功率线圈检测一次电流的电子式电流互感器（ECT）和采用电容分压器、电阻/电容分压器或串联感应分压器检测一次高电压的电子式电压互感器（EVT）等，电子式互感器分类见图 8-4。

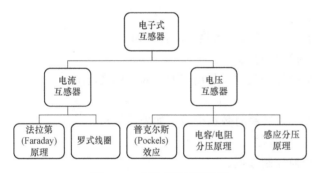

图 8-4　电子式互感器分类

罗氏线圈电流互感器的构成原理如图 8-5 所示，线圈均匀缠绕在一圆环形非磁性骨架上，是一种特殊结构的空心线圈，被测电流穿过如图 8-5（a）所示的圆环，设该圆环半径为 r，骨架截面也为圆形，且其半径为 R（$r \gg R$）。可以证明，测量线圈所交链的磁链与环形骨架内的被测电流 i_x 存在线性关系。罗氏线圈测量的原始信号感应电动势为正比于被测电流的微分信号，为获得原始信号增加了积分环节，如图 8-5（b）所示，经过积分器补偿后的输出电压则正比于被测电流。由于非磁性骨架的磁导率 μ_0 基本为一个常数，罗氏线圈基本上不存在传统电磁式互感器的（铁芯）饱和问题，但积分环节有零漂抑制问题。另外，罗氏线圈电流互感器抗电磁干扰能力不强、受环境因素影响大。

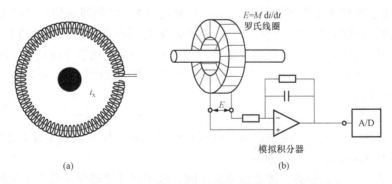

图 8-5　罗氏线圈电流互感器原理

（a）罗氏线圈结构原理；（b）罗氏线圈电流互感器构成

低功率线圈互感器（LPCT）实际上是一种具有低功率输出特性的电磁式电流互感器，在 IEC 60044‑8《电子式电流互感器》中，被列为电子式电流互感器的一种实现形式。由于 LPCT 的输出一般直接提供给电子电路，所以二次负载比较小，其铁芯一般采用微晶合金等高导磁性材料，不易饱和，在较小的铁芯截面下，就能够满足测量准确度的要求。LPCT 二次回路要并接一阻值较小的电压取样电阻 R_{sh}，该电阻是 LPCT 的一个组成部分，如图 8‑6 所示。LPCT 的负载能力较低，要求二次输入阻抗非常高，这导致输出信号抗干扰能力不强。为提高抗干扰能力，其二次输出通常采用特种屏蔽电缆连接到二次设备。

电阻/电容分压器的原理与传统电容式电压互感器（CVT）的工作原理类似，主要通过电容器的串并联组合对高压进行分压，因此也称为电容分压器。电阻/电容分压器的结构如图 8‑7 所示。电容分压器置于户外，对于传统的 CVT，较大的温度变化会直接影响电容分压器的分压比，使其不稳定，从而影响测量的准确度。

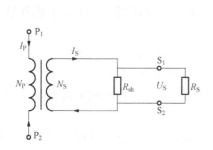

图 8‑6　低功率铁芯线圈互感器原理

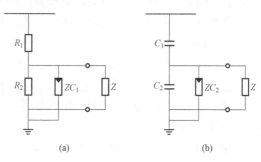

图 8‑7　电阻/电容分压器的结构

(a) 电阻型；(b) 电容型

无源电子式互感器的传感头部分采用光学传感原理，并通过光纤将信号传送到低压侧。由于传感器输出信号本身是随被测量变化的光信号，不存在设计高压侧电子电路的问题，也不存在为高压侧提供电源的问题。根据法拉第磁光效应测量电流的电子式电流互感器，基本原理参见图 8‑8。电流 I 在光传播方向上产生的磁场 B，若磁场为均匀恒定磁场，即磁场强度为定值，且介质特性均匀，则光传播的偏转角 θ 与磁场强度和光在介质中路径长度的乘积成正比。理论上只要测定出偏转角 θ 的大小，即可测得磁场强度，进而计算出产生磁场的电流值。根据普克尔斯电光效应测量电压的电子式电压互感器，基本原理参见图 8‑9。传感介质电光晶体在外加电压作用下，晶体变为各向异性的，从而导致光折射率和通过晶体的光偏振态发生变化，产生双折射，一束光变成两束线偏振光，这种效应称为普克尔斯效应。电光晶体出射的两折射光束产生了相位差，该相位差与所加电场的强度成正比，利用检偏器等光学元件将相位变化转换为光强变化，即可实现对外加电场（或电压）的测量。

无源电子式互感器的关键技术在于光学传感材料的稳定性、传感头的组装技术、微弱信号调制解调、温度对精度的影响、振动对精度的影响和长期运行的稳定性。目前，光学电压互感器在智能变电

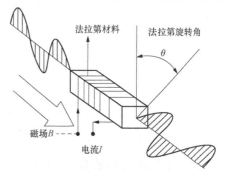

图 8‑8　法拉第磁光效应电流互感器
原理示意图

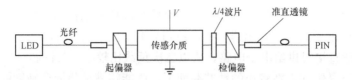

图 8-9　普克尔斯效应电压互感器工作原理

站工程中应用还很少。

与常规互感器相比，电子式互感器的优点为：

1）不含铁芯，消除了磁饱和、铁磁谐振等问题。

2）动态范围大，测量精度高，频率响应范围宽，响应速度快。

3）绝缘性能优良，绝缘结构简单，造价低。电压等级越高，造价优势越明显。

4）电子式电流互感器的高压侧与低压侧之间只存在光纤联系，抗电磁干扰性能好。

5）安全性好。采用光纤实现高电压与二次回路在电气上的隔离，电子式电流互感器不存在低压侧开路时产生高电压的危险。

6）电子式互感器输出数字接口，可以和智能电子设备直接连接，满足智能化要求。并可实现数据源的一致性，即相关的保护、测量、计量环节可以合一化处理。

7）体积小、重量轻。因无铁芯、绝缘油等，一般电子式互感器的重量远远低于电磁式互感器，便于运输和安装。

8）没有因充油而产生的易燃、易爆等危险。电子式互感器一般不采用油绝缘解决绝缘问题，避免了易燃、易爆等危险。

（2）电子式互感器标准。IEC 于 1999、2002 年分别发布了 IEC 60044-7《电子式电压互感器》和 IEC 60044-8《电子式电流互感器》技术标准。我国于 2007 年将其修改采用为国家标准，基本内容未做大的变化，编号与名称分别为 GB/T 20840.7《互感器　第 7 部分：电子式电压互感器》和 GB/T 20840.8《互感器　第 8 部分：电子式电流互感器》。

IEC 60044-8 描述了单相电子式电流互感器的通用结构，见图 8-10。图中各组件不是全部必需，可以有删减。电子式电压互感器的通用结构与图 8-10 类似。

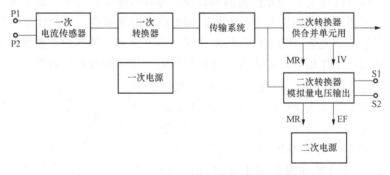

图 8-10　单相电子式电流互感器结构框图
IV—输出无效；EF—设备故障；MR—维修申请

同一电气间隔内各相 ECT、EVT 输出的电流或电压，共同接入一个称为合并单元（MU，Merging Unit）的设备，以数字量形式送给保护、测控等二次设备，数字量输出接口可以是电缆，也可以是光纤，如图 8-11 所示。部分 MU 也提供模拟输出接口，以适应现有仪器设备，但数字输出是 MU 的主要形式，也是最终形式。

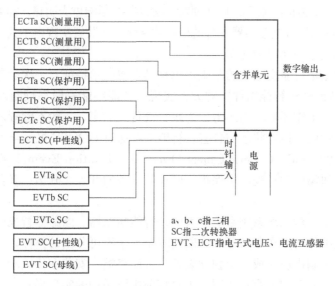

图 8-11　合并单元 MU 的数字接口框图

MU 本身属于电子式互感器的一部分或是一个附件，同时它与互感器本体又有相对独立性。另外，工程中有相当数量的常规互感器通过模拟式 MU 转换为数字量输出，在这种应用情况中，MU 是完全独立的设备。

MU 的作用除将多路电子式互感器输出的电流、电压信号并合，并输出同步采样数据外，还为互感器提供统一的标准输出接口，以使不同类型的电子式互感器与不同类型的二次设备之间能够相互通信。目前智能变电站中 MU 采用的标准输出接口协议主要有两种：一是《支持通道可配置的扩展 IEC 60044-8 协议帧格式》；二是《IEC 61850 变电站通信网络和系统第 9-2 部分：特定通信服务映射（SCSM）通过 GB/T 15629.3 的采样值》。前者可简称为扩展 IEC 60044-8 协议，是一种同步串行接口协议，由国家电网公司在 Q/GDW 441-2010《智能变电站继电保护技术规范》中作为附录发布；后者简称 IEC 61850-9-2 协议，是一个建立在以太网基础上的通信应用协议，它是 IEC 61850 标准体系的一部分。

合并单元的数字输出接口常被称为采样值 SV（Sampled Value）接口。SV 在 IEC 61850 标准中定义为"基于发布/订阅机制，交换采样数据集中的采样值的相关模型对象和服务，以及这些模型对象和服务到 ISO/IEC 8802-3 帧之间的映射"。采用 IEC 61850-9-2 协议的 SV 接口，物理上是以太网接口。多个设备的 SV 接口可以通过交换机组成一个网络，该网络专用于传送互感器的采样值，称为 SV 网。

电子式互感器对二次系统的影响主要体现在三个方面：

1）互感器的传变性能提升，主要是抗饱和能力提升，对继电保护的工作条件有较大的改善。

2）互感器输出信号的数字化，引起二次设备采样方式的变化。具体体现在：①装置电压、电流输入接口由模拟式 TA、TV 传感器转变为同步串行通信接口或以太网通信接口，通信介质多为光纤；②电子式互感器对电气量的采样与数据传送过程，带来采样数据同步问题。

3）采样环节的移出使得原来的保护测控等装置不能控制采样时刻，测量频率跟踪方法只能采用软件算法。

从智能变电站的实施情况来看，后两项对二次设备的影响更为明显。需要说明，目前从运行可靠性方面考虑，仍以常规互感器配合就地的数字化采样装置实现电子式互感器功能为主。

3. 一次设备智能化（智能终端）

一次设备智能化是智能变电站的基础，也是其重要技术特征。一次设备智能化主要通过"一次设备本体＋传感器＋智能组件"的方式实现。智能终端一般靠近断路器或变压器、电抗器本体就地安装，工作环境较为恶劣。为减少设备故障率，一般不配置液晶显示屏，但具备足够的指示灯显示设备位置状态与告警。智能终端通过 GOOSE 报文与保护装置及监控装置之间交互信息，GOOSE（Generic Object Oriented Substation Events）即面向变电站事件的通用对象是描述间隔层和过程层中保护、监控等设备的开入、开出、开关位置和连闭锁等信号的报文总称。

智能二次设备中，对二次系统影响最大的是智能断路器。断路器智能化的实现方式有两种：①直接将智能组件内嵌在断路器中，断路器是一个不可分割的整体，可直接提供网络通信能力；②将智能控制模块形成一个独立装置—智能终端，安装在传统断路器附近，实现已有断路器的智能化。后者较为容易实现，也是目前主要采用的实现形式。

断路器智能终端具备以下功能：

（1）跳合闸自保持，控制回路断线监视，跳合闸压力监视与闭锁，防跳功能（可选，技术规范要求防跳功能由断路器本体实现）。

（2）跳闸出口触点和合闸出口触点。用于 220kV 及上电压等级的智能终端至少提供两组分相跳闸触点和一组合闸触点，跳闸、合闸命令需可靠校验。

（3）接收保护装置跳合闸命令，测控装置的手合、手分断路器、隔离开关、接地开关等命令；输入断路器、隔离开关及接地开关位置、断路器本体信号（含压力低闭锁重合闸）等。

（4）具备三相跳闸硬触点输入接口，可灵活配置的与保护点对点连接的 GOOSE 接口（最大考虑 10 个）和 GOOSE 组网接口。

（5）具备跳合闸命令输出的监测功能。当智能终端接收到跳闸命令后，通过 GOOSE 网发出收到跳令的报文，供故障录波器录波使用。

（6）具备对时功能、事件报文记录功能。

（7）智能终端的告警信息可通过 GOOSE 接口上送。

断路器智能终端从收到跳合闸命令到出口继电器动作时间不大于 7ms。除断路器外，变压器、电抗器等设备也可通过配置相应智能终端并辅以其他智能电子设备实现智能化。

变压器（电抗器）本体智能终端包含完整的本体信息交互功能。采集上送信息包括分接头位置、非电量保护动作信号、告警信号等；接收与执行命令信息包括调节分接头，闭锁调压、启动风冷、启动充氮灭火等。部分本体智能终端同时具备非电量保护功能，非电量保护采用就地直接电缆跳闸，不经过任何处理器转发。

智能终端特别是断路器智能终端的出现，使变电站的工作方式发生了极大改变。首先，改变了断路器操作方式。断路器的操作箱回路、操作继电器被数字化、智能化。除输入/输出触点外，操作回路功能通过软件逻辑实现，操作回路接线大为简化。其次，改变了保护装置的跳合闸出口方式。常规保护装置采用电路板上的出口继电器经电缆直接连接到断路器操作回路实现跳合闸（见第一章第四节），数字化保护装置则通过光纤接口接入断路器智能终端实现跳合闸。保护装置之间的闭锁、启动信号也由常规的硬触点、电缆连接改变为通过光纤、以太网交换机连接。在较低电压等级的新一代智能变电站中还可采用智能终端与合并单元一体化装置。

4. 网络通信技术

网络通信技术是智能变电站自动化技术的基础，也深刻地影响了继电保护的实现方式。智能变电站大量采用以太网（Ethernet），以太网技术被广泛引入变电站自动化系统的站控层、间隔层和过程层，构建基于网络的分层式变电站自动化系统。

智能变电站网络在逻辑上由站控层网络、间隔层网络、过程层网络组成。站控层网络是间隔层设备和站控层设备之间的网络，实现站控层内部及站控层与间隔层之间的数据传输；过程层网络是间隔层设备和过程层设备之间的网络，实现间隔层设备与过程层设备之间的数据传输，如图 8-12 所示。

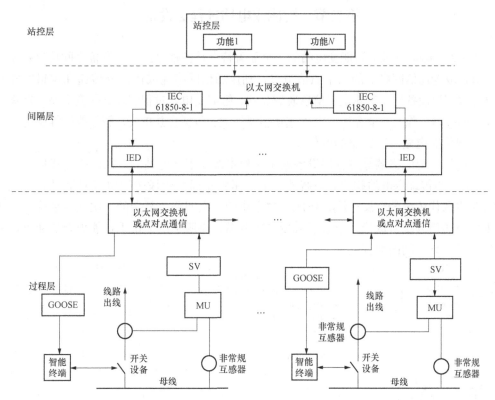

图 8-12　智能变电站二次系统结构示意图

图中间隔层的 IED 主要是保护与测控装置；过程层为合并单元 MU 和智能终端，MU用来发送符合 IEC 61850-9-2 标准的采样值报文。

从图 8-12 可以看出，与常规变电站相比较智能变电站在站内通信和每一层设备上都有很大的改变。

（1）过程层实现电气量和状态量测量数字化。利用非常规电压/电流互感器（主要是电子互感器和光电互感器）测量一次侧电气量，避免传统电磁型互感器的测量误差。过程层网

络包括 GOOSE 网和 SV 网，其传送的信息是交流采样值、状态信号和控制信息。GOOSE
网用于间隔层和过程层设备之间的状态与控制数据交换，实现过程层的开关控制。SV 网用
于间隔层和过程层设备之间的采样值传输。

（2）间隔层的变化主要集中在两个方面。一方面是通信网络的革新，即利用网络通信代
替常规的电缆传输信息；另一方面是间隔层设备的升级换代，从接口和功能上由传统的继电
保护装置和测控装置升级为智能继电保护装置和智能测控装置（统称智能电子装置 IED）。

（3）站控层的主要变化即为通信方式的变化，过程层 IED 和站控层以 MMS（制造报文
规范，MMS 标准即 ISO/IEC 9506 标准）报文格式通过以太网传输信息。其通信内容是全
站所有"四遥"数据、保护信息及其他需要监控的信息。

此外，对时系统是智能变电站自动化系统的重要组成部分，一般由主时钟、时钟扩展装
置和对时网络组成，时钟同步精度优于 $1\mu s$，守时精度优于 $1\mu s/h$（12h 以上）。

第二节　智能变电站过程层设备

基于 IEC 61850 标准的智能变电站的一个显著特点是各种保护控制设备之间均具备了数字
通信接口，成为通信网络上的一个通信节点，利用通信网络完成信息的传递和逻辑的相互配
合，这为过程层设备的产生奠定了信息通信基础。智能变电站过程层设备是变电站二次系统和
一次设备的接口，除上一节介绍的电子式互感器外主要包括合并单元、智能终端等设备。

一、智能变电站二次回路的变化

合并单元、智能终端等过程层设备的出现根本改变了变电站的二次回路接线形式。如图
8-13 所示，与传统变电站相比较，智能变电站用数字通信手段传递电气量信号，用光纤作
为传输介质取代传统的金属电缆，构成了数字化的二次回路。复杂的二次接线系统被基于光
纤以太网的通信系统所取代，节省了大量二次电缆，克服了电缆抗干扰能力差的缺点，并通
过网络实现了设备间的数据共享。

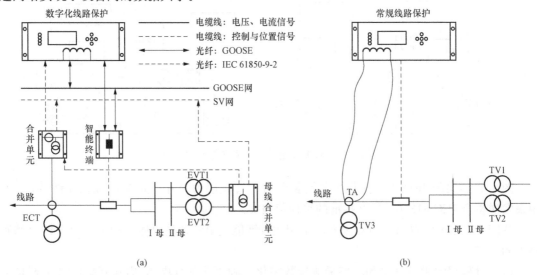

图 8-13　智能变电站与传统变电站二次回路区别示意图

(a) 智能变电站；(b) 传统变电站

1. 采样回路的变化

在常规变电站中，二次设备（保护及测控装置）通过二次电缆采集来自传统电流互感器的 5A（1A）电气量和来自传统电压互感器的 100V（57.7V）电气量，将电气量通过装置内置的转换器转换成 5V 或 10V 信号，再经模拟低通滤波回路、采样保持回路、多路转换开关回路、模拟转换回路后获得数字量，由 CPU 对数字量进行运算与处理（参见本书第一章图 1-20）。

而在智能变电站中，上述二次设备的模拟量数据采集回路都下放到过程层，由合并单元完成数据的采集。合并单元采集一次设备的电压、电流等电气量后，按照 IEC 61850-9-2 的多路广播采样值格式进行组帧，通过光纤以太网通信介质传输到间隔层二次设备，或者按照 IEC 60044-8 标准通过光或电同步串行接口以 FT3 格式发送给间隔层设备。测控装置与合并单元通过光纤接口的以太网交换机传输采样值数据（SV）。使用的采样率为每工频周期 80 点，数据传输速率通常采用 100Mbit/s。

2. 采样方式

常规保护装置采样方式是通过电缆直接接入常规互感器的二次侧电流和电压，保护装置自身完成对模拟量的采样和 A/D 转换。数字化保护装置采样方式变为经过通信接口接收互感器的合并单元送来的采样值数字量，采样和 A/D 转换过程实际上在电子式互感器的二次转换器或合并单元中完成。也就是说，保护装置的采样过程变为通信过程，重点是采样数据的同步问题。

保护装置从合并单元接收采样值数据，可以直接点对点连接，也可以经过 SV 网络交换机。如图 8-14 所示，图 8-14（a）的方式称为直接采样（简称直采），图 8-14（b）的方式称为网络采样（简称网采）。

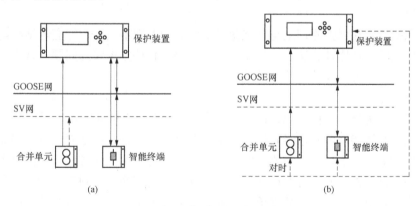

图 8-14 直采直跳与网采网跳
(a) 直采直跳；(b) 网采网跳

网络采样方式多出了对时总线，保护功能实现必须依赖于外部对时系统。目前变电站保护正常工作依赖的公共设备只有直流电源。如果保护依赖外部对时，外部对时系统的可靠性不能低于直流电源。而目前时钟设备的可靠性不可能达到直流电源的水平，即使达到了直流电源的水平，从整体上来说，保护系统的可靠性也降低了，因为它依赖的外部条件增多了。因此，从系统可靠性要求出发，保护功能实现应不依赖于外部对时系统。同时，网采方式因为交换机本身采样延时不稳定，无法测量，都要依赖外部对时系统做采样同步。

若要保护不依赖于外部对时系统，当前的办法只有直采。直采不依赖于交换机，采样值传输延时稳定，其值可以事先测好作为已知量。因此，从提高采样过程的可靠性和快速性考虑，Q/GDW 441 - 2010《智能变电站继电保护技术规范》要求，继电保护应直接采样。

3. 控制回路的变化

在常规变电站中，二次设备对一次设备的控制一般通过设备间的电缆接线组成的控制回路来实现，由装置内的 CPU 控制开关量输入电路和继电器输出电路来完成开入信号的采集和控制触点的闭合。

而在智能变电站中，上述功能下放到过程层，由智能终端完成。智能终端实现对一次设备的状态采集及控制执行等功能，它通过电缆线与一次断路器设备直接相连，通过光纤接口的以太网，采用面向通用对象的变电站事件传输机制（GOOSE）与间隔层二次设备快速可靠地交换信息。

4. 跳闸方式

断路器智能终端的出现，改变了断路器的操作方式。断路器的常规操作回路、操作继电器被数字化、智能化，除输入、输出触点外，操作回路功能全部通过软件逻辑实现，接线大为简化。常规保护装置采用电路板上的出口继电器经电缆直接连接到断路器操作回路实现跳合闸，数字化保护装置则通过光纤接口接入到断路器智能终端实现跳合闸。

保护装置向智能终端发送跳闸命令，可以经过 GOOSE 网络交换机，也可直接点对点连接，如图 8 - 14 所示。图 8 - 14（a）的方式称为直接跳闸（简称直跳），图 8 - 14（b）的方式称为网络跳闸（简称网跳）。同样考虑减少中间环节以提高跳闸过程的可靠性和快速性，根据 Q/GDW 441 - 2010 规定，继电保护设备与本间隔智能终端之间通信应采用 GOOSE 点对点通信方式，继电保护之间的连闭锁信息、失灵启动等信息宜采用 GOOSE 网络传输方式。

数字化保护装置在保护原理上与常规微机继电保护差别不大，智能变电站继电保护较少涉及保护原理问题。在原理算法上，需要注意的主要是软件频率跟踪问题。软件频率跟踪已有较成熟的算法，主要涉及数字信号处理技术。

二、合并单元

由于电子式互感器一般按照 A、B、C 相别配置，且电流和电压互感器多分开配置。随着电子式互感器在智能变电站中得到逐步使用，这就需要一种设备把同一电气间隔的多个电子互感器的保护电流、测量电流与测量电压的采样值进行合并，并按照标准协议提供数据输出，这种设备就是合并单元。合并单元能同时实现电压的切换、并列等功能。它可以是互感器的一个组成件，也可以是一个分立单元。随着智能变电站的发展，合并单元应不仅能汇集电子式电压互感器、电子式电流互感器输出的数字量信号，也可采样并汇集常规电压互感器、电流互感器输出的模拟信号或电子式互感器输出的模拟小信号。

1. 合并单元功能

合并单元是针对与数字化输出的电子式互感器连接而在 IEC 60044 - 8 中首次定义的，其主要功能是同步采集多路 ECT、EVT 输出的数字信号或常规互感器输出的模拟信号，按照标准格式发送给保护、测控设备。

传统变电站中保护、测控等装置所需的电气量都通过本身的采样模块实现，智能变电站通过合并单元集中完成传统变电站中保护、测控等装置的电气量采集，并通过标准通信接口发送给保护、测控、录波器等装置，实现数据的共享和数据来源的唯一。

合并单元按照功能一般分为间隔合并单元和母线合并单元。间隔合并单元用于线路、变压器和电容器等间隔电气量采集，发送一个间隔的电气量数据。电气量数据典型值为三相电压 U_a、U_b、U_c，三相保护用电流 I_{pa}、I_{pb}、I_{pc}，三相测量用电流 I_{ma}、I_{mb}、I_{mc}，同期电压 U_L，零序电压 U_0，零序电流 I_0。对于双母线接线的间隔，间隔合并单元根据间隔隔离开关位置自动实现电压的切换输出。

母线合并单元一般采集母线电压或同期电压。在需要电压并列时可实现各段母线电压的并列，并将处理后的数据发送至所需装置使用。

目前变电站中合并单元采样和输出频率统一为 4kHz（每工频周期 80 点采样），可满足保护、测控等装置要求，但满足不了计量系统的精度需求。计量用合并单元必须专门设计，其采样和输出频率为 12.8kHz（每工频周期 256 点采样）。

2. 合并单元电气量采集技术

合并单元电气量输入可能是模拟量，也可能是数字量。合并单元一般采用定时采集方法对外部输入信号进行采集。

（1）模拟量采集。合并单元可以通过电压变送器、电流变送器，直接对接入的传统互感器或电子式互感器的二次模拟量输出进行采集。

模拟信号输出的电子式互感器输出为小信号，以下为实际某类型电子式互感器的输出参数：

1）一次电压额定时，输出相电压有效值 3.7529V，过载倍数为 1.8844 倍。

2）一次电流额定时，输出测量电流有效值 4V，过载倍数为 1.768 倍。

3）一次电流额定时，输出保护电流有效值 225mV，过载倍数为 31.41 倍。

模拟信号经过隔离变换、低通滤波后进入 CPU 采集处理并输出至 SV 接口。

（2）数字量采集。合并单元采集电子式互感器数字输出信号有同步和异步两种方式。

1）同步方式。采用同步方式与电子式互感器通信时，合并单元向各电子式互感器发送同步脉冲信号，电子式互感器接收到同步信号后，对一次电气量开始采集、处理并发送至合并单元，如图 8-15 所示。

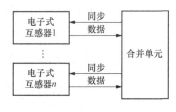
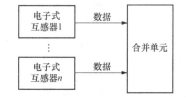

图 8-15　同步采样　　　　　　　　　　图 8-16　异步采样

2）异步方式。采用异步方式与电子式互感器通信时，电子式互感器按照自己的采样频率进行一次电气量采集、处理并发送至合并单元，如图 8-16 所示。合并单元需处理采样数据同步问题。

3. 合并单元接口与协议

合并单元输出接口协议主要有 IEC 60044-8 和 IEC 61850-9-2 通信协议，输入接口（与电子式互感器本体通信）协议一般采用自定义规约，相关标准推荐采用 IEC 60044-8。

（1）IEC 60044-8 协议。IEC 60044-8 是国际电工委员会制定的电子式电流互感器标准，规定了电子式互感器的合并单元标准输出接口，串口通信，适合于点对点直接获取采样值。点对点通信传输延时固定，可由保护装置利用插值法对数据进行同步，不依赖外部时钟。

Q/GDW 441-2010 扩展了 IEC 60044-8 协议。合并单元对二者均可兼容。

IEC 60044-8 标准中的链路层选定为 IEC 60870-5-1 的 FT3 格式。Q/GDW 441-2010 通用帧的标准传输速度为 10Mbit/s（数据时钟），采用曼彻斯特编码，首先传输 MSB（最高位）。串行通信光波长范围为 820～860nm（850nm），光缆类型为 62.5/125μm 多模光纤，光纤接口类型为 ST/ST。

额定延迟时间以微秒（μs）数给出，用于表示本帧采样数据从采样到发送时所经历的时间。采用同步脉冲进行各合并单元同步时，样本计数应随每一个同步脉冲出现时置零。在没有外部同步情况下，样本计数器根据采样率进行自行翻转（如 4000 点 1s 采样速率下，样本计数器范围为 0～3999）。

（2）IEC 61850-9-2 协议。IEC 61850-9-2 是国际电工委员会标准 IEC 61850-9-2《特定通信服务映射（SCSM）》中所定义的一种采样值传输方式，IEC 61850-9-2 接口可以采用点对点方式发送，也可以由交换式以太网组网发送。组网方式经过网络获取采样值，传输延迟不固定，必须依赖外部时钟，而且存在丢数据现象，可靠性降低。

IEC 61850-9-2 支持客户端访问采样值控制模块并向 MMS 映射。合并单元支持的模型和服务有基于 MMS 的 Client/Server 服务以及数据链路层的采样值服务，详见 IEC 61850 相关文献。

两种接口协议规范比较见表 8-1。

表 8-1 接口协议规范比较

比较类别	IEC 60044-8	IEC 61850-9-2
帧格式	IEC 60870 FT3	以太网帧
网络结构	点对点方式，串口通信	点对点方式/交换式以太网
传输速率	5Mbps 采样率<5k	100Mbps/1000Mbps 采样率=4k，12.8k
传输延迟	固定	点对点固定 交换式以太网时不固定
数据同步	不依赖外部时钟	采用交换式以太网时 依赖外部时钟
标准维护	已被取消	标准长期支持

因此，Q/GDW 441-2010 明确继电保护应采用"直接采样、直接跳闸"，其原因就是考虑点对点直接获取采样值（IEC 60044-8 或 IEC 61850-9-2），传输延时固定，可由保护装置利用插值法对数据进行同步，不依赖外部时钟。而经过网络获取采样值，传输延迟不固定，必须依赖外部时钟，可靠性降低。目前网络交换机延时无法确定，IEEE 1588 的应用尚未成熟，应是今后的发展方向。

三、采样数据同步

1. 采样同步

由于数据从互感器输出到合并单元存在延时，且不同的采样通道间隔的延时还可能不同，再考虑电磁式互感器与电子式互感器的混合接入情况，为了能够给保护等提供同步的数据输出，需要合并单元对原始获得的采样数据进行数据的二次重构，即重采样过程，以保证输出同步的数据。

需要时钟同步的设备包括各相电流、电压的同步，可以在合并单元内实现同步；各个间隔电流、电压的同步，即跨间隔保护需要同时刻采集的数据进行运算。

实现同步的方法有两种：保护装置插值同步（各间隔合并单元可以不同步），即由保护装置自己产生一个新的采样序列，实现数据同步，要求传输延迟必须固定；采用同步时钟，可保持各间隔合并单元严格同步，保证同时刻采集数据。

（1）插值再采样同步。适用于"点对点"模式外部报文输入，由于互感器本体采样模块并不与合并单元同步，一般采用插值法进行同步处理，如图 8-17 所示。合并单元利用硬件锁存外部数据到达时间，减少装置应用程序处理时间影响，将数据到达时间减去采样延时作为合并单元采样时刻。合并单元根据外部数据采样时刻和需要重采样的时刻，采用拉格朗日、牛顿插值等算法实现采样同步。

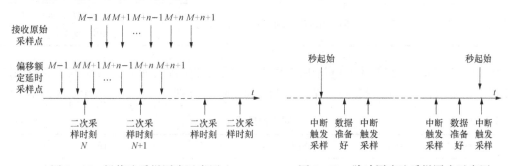

图 8-17　插值法采样同步示意图　　　　图 8-18　脉冲同步法采样同步示意图

（2）同步采样。对于同步采集方式，只要电子式互感器在合并单元发送脉冲时刻采样，就可以认为外部输入与合并单元同步。装置采样与时钟同步采用图 8-18 所示方式进行。合并单元根据输出采样率设置合并单元中断频率，在装置时钟整秒翻转时产生每秒的第一个中断，在每个中断产生同时，触发锁存采样，这样保证采集到的数据为中断时刻数据，与装置时钟始终同步。对于接收组网的外部 9-2 报文，由于全站同步，只要报文中采样计数与合并单元本身的时钟一致，可以认为外部输入与合并单元同步。

2. 外部统一时钟

变电站二次系统的正常运行离不开时间的准确计量，而且需要高精度的时间，否则就会因为时间不确定性引发许多问题。例如保护或测控装置的事件记录信息失去一定精度的时间参照将降低其有效性，相量测量装置因时间误差可能引起较大误差。在智能变电站中保护网络采样、集中式站域保护等技术的实现基础都需要同步采样数据，因为保护功能的实现依赖外部对时，对全站电子式互感器及其合并单元的采样同步提出了极高的要求。解决方案是通过全站的时间同步（对时）来实现采样同步，对时技术的可靠性、重要性直接影响保护的功能。

目前电力系统采用的基准时钟源主要有全球定位系统（GPS）发送的标准时间信号和北斗卫星定位系统的标准时间信号。变电站采用 GPS 或北斗时钟作为基准源，由站内主时钟接收装置通过天线获得 GPS 或北斗时钟，再通过主时钟向其他装置发送准确的时钟同步信号进行对时。站内主时钟由于是地面时钟系统的基准源，要求具备较高的对时及守时精度，智能变电站主时钟普遍采用高精度的原子钟守时。

变电站内的时钟同步（对时）方式主要有三种时钟同步方式：IRIG-B 即 B 码对时（$1\mu s\sim 1ms$）、NTP/SNTP（简单）网络时钟协议（$0.2\sim 10ms$）和 IEEE 1588 精确时钟协议（$<1\mu s$），不同的对时方式对应不同的同步对时精度。

三种时钟同步方式比较见表 8-2。

表 8-2　　　　　　　　　　三种时钟同步方式比较

比较类别	IRIG-B	NTP/SNTP	IEEE 1588
同步精度	$1\mu s$	1ms	$<1\mu s$
同步方式	点对点方式	点对点方式/交换式以太网	点对点方式/交换式以太网
成本	较低	低	很高
应用	已广泛采用	同步精度低，只能应用于变电站层	同步精度高，可应用于过程层

IEC 61850 标准对智能化变电站中过程层、间隔层和站控层的 IED 智能电子设备的同步精度提出了要求，将 IED 设备对时精度分为 5 个等级，分别用 T1～T5 表示，见表 8-3。

表 8-3　　　　　　　　　　同步精度要求

同步等级	精度	目的
T1	$\pm 1ms$	事件时标
T2	$\pm 0.1ms$	分布同期和数据时标
T3	$\pm 25\mu s$	—
T4	$\pm 4\mu s$	—
T5	$\pm 1\mu s$	线路行波测距、同步相量等

其中 T1 用于事件时标要求最低，T2 用于分布同期的过零和数据时标，T3 用于配电线间隔或其他要求低的间隔，T4 用于输电线间隔或用户未另外规定的地方，T5 要求最高用于对时间同步要求高的地方。实际工程中各层 IED 设备具体采用哪种对时协议，要根据 IEC 61850 标准对时间同步精度的具体要求确定。

四、智能终端

一次设备智能化是智能变电站的重要技术特征，智能一次设备一般包括设备本体、传感器或/和执行器、智能组件三大部分。在目前智能变电站建设阶段，由于技术手段的限制，对一次设备智能化的实现思路是设计出一个独立智能 I/O 单元，就地安装在断路器或变压器附近的控制柜中，实现对一次设备的状态采集（如断路器、隔离开关等位置信号，主变压器挡位，温度、湿度等），并把这些信息上传到间隔层设备，同时接收间隔层设备发出的控制命令，完成对一次设备的分合闸等操作，这种设备称为智能终端。它的出现替代了常规变电站的操作箱的使用，并通过软件逻辑完成一些硬件回路实现的控制逻辑，简化了操作回路的设计。

智能变电站中保护装置和测控装置先通过光缆连接智能终端，再由智能终端通过电缆连接一次设备，保护装置通过 GOOSE 通信向智能终端发送跳合闸命令，由智能终端对一次设备进行操作。智能终端与一次设备采用电缆连接，实现对一次设备（如断路器、隔离开关等）的测量、控制等功能。根据被控对象的不同，智能终端可以分为断路器智能终端和本体智能终端两大类。

1. 断路器智能终端功能

断路器智能终端与断路器、隔离开关及接地开关等一次开关设备就近安装，完成对一次设备（含断路器操动机构）的信息采集和分合控制等功能。其主要功能包括：

（1）采集断路器位置、隔离开关位置等一次设备的开关量信息，以 GOOSE 通信方式上送给保护、测控等二次设备。

（2）接收和处理保护、测控装置下发的 GOOSE 命令，对断路器、隔离开关和接地开关等一次开关设备进行分合操作。

（3）控制回路断线监视功能，实时监视断路器跳合闸回路的完好性。

（4）断路器跳合闸压力监视与闭锁功能。

（5）闭锁重合闸功能。根据遥跳、遥合、手跳、手合、非电量跳闸、保护永跳、装置上电、闭锁重合闸开入等信号合成闭锁重合闸信号，并通过 GOOSE 通信上送给重合闸装置。

（6）环境温度和湿度的测量功能。

断路器智能终端又可分为分相智能终端和三相智能终端。分相智能终端与采用分相操动机构的断路器配合使用，一般用于 220kV 及以上电压等级；三相智能终端与采用三相联动操动机构的断路器配合使用，一般用于 220kV 以下电压等级。

2. 本体智能终端功能

本体智能终端与主变压器、高压电抗器等一次设备就近安装，完成主变压器分接头挡位测量与调节、中性点接地开关控制、本体非电量保护等功能。其主要功能包括：

（1）采集一次设备的状态信息，包括中性点接地开关位置、主变压器分接头挡位、非电量动作信号等，通过 GOOSE 上送给保护、测控等二次设备。

（2）接收和处理保护、测控装置下发的 GOOSE 命令，完成启动风冷、接地开关分合操作、主变压器分接头调挡等功能，并提供闭锁调压、启动充氮灭火等出口触点。

（3）非电量保护功能。所有非电量保护启动信号均经大功率继电器重动，且具备抗 220V 工频交流干扰能力。

（4）环境温度、主变压器本体油面温度和绕组温度等的测量功能。

3. 技术原理

（1）开关量采集。智能终端的开关量输入采用 DC 220V/110V 强电方式，外部强电与装置内部弱电之间具有电气隔离。装置对开入信号进行硬件滤波和软件消抖处理，将软件消抖前的时标作为 GOOSE 上送的开入变位时标。

本体智能终端通常还要采集主变压器分接头挡位开入，然后按照 BCD 编码（或其他编码方式）计算后，将得到的挡位值通过 GOOSE 上送给测控装置。

（2）直流量采集。智能终端能够实时监测所处环境的温度和湿度，本体智能终端还能够实时采集变压器油面温度、绕组温度等信息。这些信号由安装于一次设备或就地智能柜中的传感元件输出，通常采用 0～5V 或 4～20mA 两种方式。

（3）一次设备控制。断路器智能终端具备断路器控制功能，包含跳合闸回路、合后监视、闭锁重合闸、操作电源监视和控制回路断线监视等功能。断路器操作回路支持其他间隔层或过程层装置通过硬触点的方式接入，进行跳合闸操作。

智能终端提供大量的开关量输出触点，用于控制隔离开关、接地开关等设备。本体智能终端还提供启动风冷、闭锁调压、调挡等输出触点。

本体智能终端集成了本体非电量保护功能，通常采用大功率重动继电器实现。非电量保护跳闸出口通过控制电缆直接接至断路器智能终端进行跳闸。

（4）GOOSE 通信。智能终端与间隔层的保护控制设备的通信功能通过 GOOSE 传输机制完成。保护和测控等间隔层设备对一次设备的控制命令通过 GOOSE 通信下发给智能终端，同时智能终端以 GOOSE 通信方式上传就地采集到的一次设备状态，以及装置自检、告警等信息。

对于智能终端，要求其从保护控制设备接收到 GOOSE 跳闸报文后，到对应的出口继电器输出整个过程时间不大于 7ms，而且从开入电路检测的输入信号发生变化后，到 GOOSE 报文输出，整个过程的时间不大于 5ms。这要求整个装置对 GOOSE 报文的处理需要较高的实时性。

GOOSE 是一种事件驱动的数据通信方式，GOOSE 报文的发送按图 8-19 所示的重发机制执行。

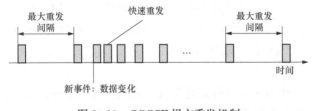

图 8-19　GOOSE 报文重发机制

智能终端在处理 GOOSE 时，应考虑网络风暴对装置正常功能的影响，在高流量冲击下，装置均不应死机或重启，不发出错误报文，响应延时不应大于 1ms。因此装置中会设置网络风暴抑制机制，剔除网络风暴报文（包括内容完全相同的 GOOSE 报文），处理正确、有效的 GOOSE 报文。

（5）事件记录。在智能变电站中，智能终端与一次设备的联系最为紧密，所有间隔层设备都要通过智能终端来对一次设备进行控制，智能终端上发生的任何事件都可能影响到设备的运行。因此智能终端本身要有强大的事件记录功能，不仅要求记录的信息要完整详细，而且要求记录的时间要准确（达到 1ms 级），以便在故障发生后进行追溯和分析。

4. 软件原理

（1）GOOSE 跳闸逻辑。智能终端能够接收保护和测控装置通过 GOOSE 报文送来的跳闸信号，同时支持手跳硬触点输入，如图 8-20 所示。另外，要用通过开入采集到的断路器操动机构的跳闸压力和操作压力不足信号闭锁。

（2）GOOSE 合闸逻辑。智能终端能够接收保护测控装置通过 GOOSE 报文送来的合闸信号，同时支持手合硬触点输入，如图 8-21 所示。

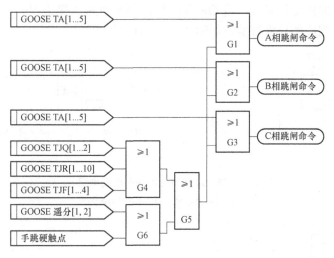

图 8 - 20　GOOSE 跳闸命令

图 8 - 21 中，"合闸压力低"是智能终端通过光耦开入采集到的断路器操动机构的合闸压力不足信号。该输入用于形成手合压力闭锁逻辑，在手合（或遥合）信号有效之前，如果合闸压力不足，"合闸压力低"状态为"1"，取反后闭锁合闸，以免损坏断路器；而如果"合闸压力低"初始状态为"0"，在手合（或遥合）信号有效之后，即使出现合闸压力降低也不会受影响，保证断路器可靠合闸。

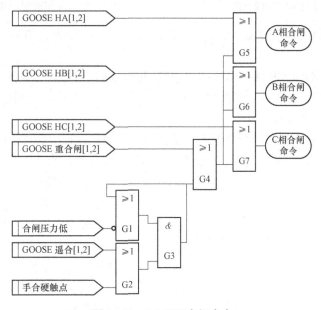

图 8 - 21　GOOSE 合闸命令

（3）控制回路监视。通过在跳合闸出口触点上并联光耦监视回路，智能终端能够监视断路器跳合闸回路的状态。图 8 - 22 所示为合闸与跳闸回路监测电路，当合闸、跳闸回路导通时，对应光耦输出为"1"。当任一相的跳闸回路和合闸回路同时为断开状态，即全为"0"时，会给出控制回路断线信号，如图 8 - 23 所示。通过合闸光耦和跳闸光耦的状态比较可以进一步判断跳合闸回路是否异常。当 QF 在跳位而合闸回路监视为"0"则给出合闸回路异常报警，同理有跳闸回路异常报警，如图 8-24 所示。

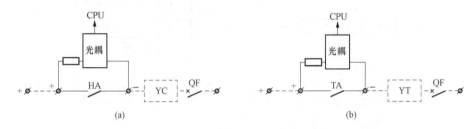

图 8-22　跳闸与合闸回路监视电路
（a）合闸回路监视；（b）跳闸回路监视

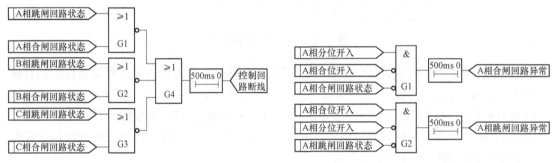

图 8-23　控制回路断线判断　　　　　图 8-24　A 相跳闸、合闸回路异常判断

（4）闭锁重合闸逻辑。智能终端在下述情况下会产生闭锁重合闸信号，可通过 GOOSE 发送给重合闸装置。

1）收到测控的 GOOSE 遥分命令或手动跳闸开入动作时会产生闭锁重合闸信号，并且该信号在 GOOSE 遥分命令或手动跳闸开入返回后仍会一直保持，直到收到 GOOSE 遥合命令或手动合闸开入动作才返回。

2）收到测控的 GOOSE 遥合命令或手动合闸开入动作过程中会产生闭锁重合闸信号。

3）收到保护的 GOOSE_TJR、GOOSE_TJF 三跳命令，或 TJF 三跳开入动作。

4）闭锁重合闸开入动作。

5）智能终端初始上电时，会发 500ms 左右的闭锁重合闸信号。

智能终端的闭锁重合闸逻辑框图如图 8-25 所示。

五、智能变电站过程层接口设备配置原则

根据智能变电站的配置要求，对于 220kV 及以上电压等级的合并单元、智能终端应双重化配置，每套合并单元、智能终端的功能应独立完备、安全可靠；对于 110kV 及以下电压等级

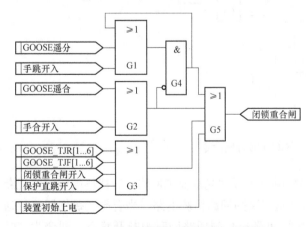

图 8-25　智能终端的闭锁重合闸逻辑框图

的合并单元、智能终端一般单套配置，宜采用合并单元智能终端集成装置；对于 35kV 及以下电压等级的各间隔保护装置按单套配置，宜使用常规互感器，电缆直接跳闸，一般不配置合并单元、智能终端，在开关柜安装时宜集成保护、测控、合并单元和智能终端功能，以下按照过程层设备的分类来说明过程层设备的配置原则。

1. 合并单元配置

对于 220kV 及以上电压等级双重化配置保护所采用的电子式电流互感器及合并单元应双重化配置，双套配置的合并单元应与电子式互感器两套独立的二次采样系统一一对应，或者接入常规电子互感器的两套独立的绕组。110kV 及以下电压等级一般单套配置合并单元，但 110kV 变压器保护宜按双套进行配置，双套配置时应采用主、后备保护一体化配置。当变压器保护采用双套配置时，各侧合并单元宜采用双套配置。

母线电压合并单元的配置原则为对于 3/2 接线方式，每段母线配置双套合并单元，母线电压由母线电压合并单元点对点通过线路电压合并单元转接；对于双母线接线方式，两段母线按双套配置两台合并单元；对于双母单分段接线方式，按双套配置两台母线电压合并单元，不考虑横向并列；对于双母双分段接线方式，按双套配置四台母线电压合并单元，不考虑横向并列；对于单母线分段接线方式，按单套配置母线合并单元。母线合并单元可接收至少 2 组电压互感器数据，可根据电压互感器隔离开关位置、母联隔离开关位置和断路器位置，按需要完成电压并列功能，并支持向间隔合并单元转发母线电压数据。

一般按间隔配置间隔合并单元，获得本间隔的电流、电压数据。各间隔合并单元所需母线电压通过母线电压合并单元转发，用于检同期的母线电压由母线合并单元点对点级联到间隔合并单元。变压器公共绕组可单独配置合并单元，中性点电流、间隙电流并入相应侧间隔合并单元，母线差动保护、变压器差动保护、高压电抗差动保护用电子式电流互感器相关特性宜相同。新一代智能变电站要求合并单元就地安装于智能组件柜或预制小室。

2. 智能终端配置

220kV 及以上电压等级智能终端按断路器双重化配置，每套智能终端包含完整的断路器信息交互功能。两套智能终端应与断路器的两个跳闸线圈分别一一对应，其合闸命令输出并接至合闸线圈。

220kV 及以上电压等级变压器各侧智能终端均按双重化配置，110kV 变压器各侧智能终端宜按双套配置。每台变压器、高压并联电抗器配置一套本体智能终端，本体智能终端包含完整的变压器、高压并联电抗器本体信息交互功能（非电量动作报文、调挡及测温等），并可提供用于调压、启动风冷、启动充氮灭火等出口触点。主变压器本体智能终端宜具备非电量保护功能。

智能终端采用就地安装方式，放置在智能控制柜中。智能终端跳合闸出口回路应设置硬压板。

另外，智能变电站故障录波的配置原则与常规站有较大差别，设备配置数量明显增加，设备功能有较大扩展，并增加了网络报文记录分析装置。故障录波装置和网络报文记录分析装置应能记录所有 MU、过程层 SV、GOOSE 网络的信息。对于 220kV 及以上电压等级变电站，一般按电压等级和网络配置故障录波装置和网络报文记录分析装置，主变压器单独配置主变压器故障录波装置。每台故障录波装置或网络报文记录分析装置不应跨接双重化的两个网络。

六、操作回路软件化

传统变电站二次保护系统设计和实施的过程是设备制造商设计和定义装置的端子，将相关的端子引到屏柜的端子排；设计院设计各个屏柜的端子排之间的二次电缆连线，并根据需要在端子排和装置之间加入连接片；施工单位根据设计院的设计图纸进行屏柜间接线；调试单位根据图纸对相关接线和应用功能进行测试和检查。经过多年传统二次设计的实践，特定功能的装置需要引出的端子和需要设置的连接片等已经逐渐确定并形成设计规范，"端子"的概念对于二次回路的设计、施工、调试意义重大。传统的端子排接线见图 8-26。

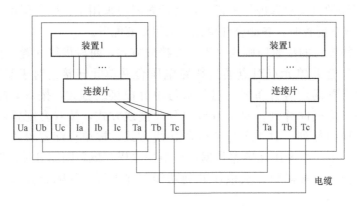

图 8-26　传统的端子排接线

智能变电站数字化保护设备通过光纤网络传送状态量输入信号和跳闸、合闸命令等信息，二次电缆的设计和连接工作变成了通信组态和配置文件下载的工作，传统二次系统的设计和实施方式发生了很大的变化。一方面传统的二次回路被光纤网络的信息流代替，状态开入、开出及出口逻辑等不像传统站那样直观，装置间的配合关系也难以表达。另一方面，由于保护原理没有因为采用网络而改变，对于每台装置而言，其 SV/GOOSE 输入/输出与传统端子排仍然存在对应关系。如 GOOSE 输出数据对应传统装置的开关量输出端子，GOOSE 输入数据对应传统装置的开关量输入端子，智能变电站中清晰明确的电缆变成看不见摸不着的通信网络，见图 8-27。

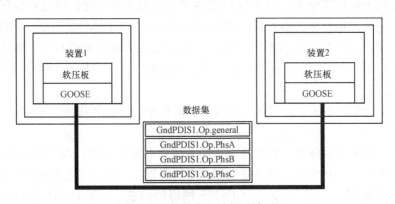

图 8-27　智能变电站的"端子"

　　为此，设计人员发明了基于智能 IED 装置 SV/GOOSE "虚端子" 的设计方法，该方法能够将基于网络传输的 SV/GOOSE 数字信号以虚端子的形式一一表达，使得设计、施工、调试以及运行维护人员能够直观地阅读智能装置的开入、开出以及出口逻辑等。在设计阶段能够成功解决保护 SV/GOOSE 配合难以表达的问题，实现按图施工，大大提高了施工、调试的效率。

　　（1）虚端子。将智能 IED 装置的逻辑输入 $1-i$ 分别定义为虚端子 IN1—INi，输出逻辑 $1-j$ 分别定义为虚端子 OUT1—OUTj。

　　虚端子除了标注该虚端子信号的中文名称外，还标注信号在智能装置中的内部数据属性。智能装置的虚端子设计需要结合变电站的主接线形式，完整体现与其他装置联系的全部信息，并留出适量的备用虚端子。

　　（2）虚端子之间的逻辑连线。以智能装置的虚端子为基础，根据继电保护原理，将各智能装置 SV/GOOSE 配置以连线的形式加以表示，虚端子逻辑连线 $1-k$ 分别定义为 LL1 - LLk。虚端子逻辑连线可以直观地反映不同智能装置之间 SV/GOOSE 联系的全貌，供保护专业人员参阅。

　　（3）SV/GOOSE 配置表。SV/GOOSE 配置表以虚端子逻辑连线为基础，根据逻辑连线，将智能装置间 SV/GOOSE 配置以列表的方式加以整理再现。

　　SV/GOOSE 配置表由虚端子逻辑连线及其对应的起点、终点组成。其中逻辑连线由逻辑连线编号 LLk 和逻辑连线名称共 2 项内容组成，逻辑连线起点包括起点的智能装置名称、虚端子 OUTj、虚端子的内部数据属性共 3 项内容，逻辑连线终点包括终点的智能装置名称、虚端子 INi、虚端子的内部属性 3 项内容。

　　SV/GOOSE 配置表对所有虚端子逻辑连线的相关信息系统化地加以整理，作为图纸依据。在具体工程设计中，首先根据智能装置的开发原理，设计智能装置的虚端子；其次结合继电保护原理，在虚端子的基础上设计完成虚端子逻辑连线；最后按照逻辑连线，设计完成 SV/GOOSE 配置表。

　　引入虚端子的概念后，二次设备厂家可以根据传统设计规范设计并提供其装置的 SV/GOOSE 输入/输出虚端子定义；设计院根据该定义设计 SV/GOOSE 连线，以表格等形式提供；工程集成商通过 SV/GOOSE 组态工具和设计院的设计文件，组态形成项目的变电站配置描述文件（SCD）；二次设备厂家使用装置配置工具和全站统一的 SCD 文件，提取 SV/GOOSE 收发的配置信息并下发到装置；调试人员进行测试。

　　作为示例，图 8 - 28 给出了一个实际 220kV 线路保护（A 套）、智能终端和相关母线保护的虚端子连接示意图。虚端子图可实现光纤链路和虚端子连接的可视化展示，变抽象的信息流为形象的虚回路，更贴近常规变电站运维模式，提高运维便利性。虚端子图还可以实现连接片的可视化展示，如检修连接片、保护功能投入连接片、SV 接收连接片等，实时查看保护状态，增强运维安全性。同时也可以用于智能变电站二次回路的状态监视。

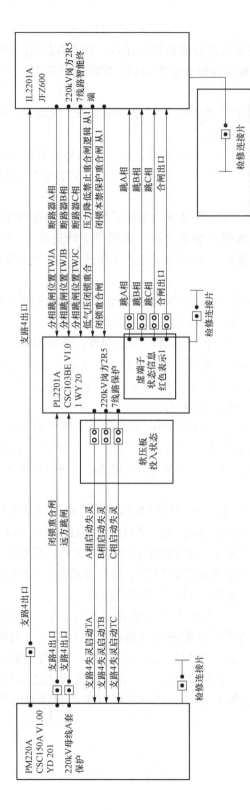

图 8 - 28　220kV 线路保护 SV 和 GOOSE 虚端子示意图

第三节 IEC 61850 标准

IEC 61850 标准通信协议体系对变电站自动化系统的网络和系统做出了全面、详细的描述和规范。IEC 61850 标准的核心内容是信息模型和通信服务，信息模型是通信交互的内容，是通信的目的；通信服务是通信的手段，决定了通信的过程和性能。

IEC 61850 标准采用面向对象的方法，将变电站功能划分成一个个逻辑节点，这些逻辑节点代表了最小的功能单元，分布于各个装置之中，实现了设备的"自我"描述。整个变电站集成时，只需将这些功能集中起来，并不需要对其进行信息建模（即数据库配置），全站信息对点的工作也可大大简化，集成效率显著提高。

几个基本术语及含义：

（1）功能（Function），是变电站自动化系统执行的任务，如继电保护、控制、监测等。一个功能由称作逻辑节点的子功能组成，它们之间相互交换数据。按照定义只有逻辑节点之间才交换数据，因此，一个功能要同其他功能交换数据必须包含至少一个逻辑节点。

（2）逻辑节点 LN（Logic Node），是 IEC 61850 中用来表示功能的最小单元。一个 LN 表示一个物理设备内的某个功能，如节点 PDIS 表示距离保护功能，节点 XCBR 表示断路器功能等。LN 执行一些特定的操作，LN 之间通过逻辑连接交换数据。一个 LN 就是一个用它的数据和方法定义的对象。与主设备相关的逻辑节点不是主设备本身，而是它的智能部分或是在二次系统中的映射，如本地或远方的 I/O、智能传感器和传动装置等。

（3）逻辑设备 LD（Logic Device），是一种虚拟设备，是为了通信目的而定义的一组逻辑节点的容器。例如，可以将一个间隔内的保护功能组织为一个 LD。LD 往往还包含经常被访问和引用的信息的列表，如数据集（Data Set）。一个实际的物理设备可以根据应用的需要映射为一个或多个 LD。但反过来，一个 LD 只能位于同一物理设备内，也即 LD 不可以跨物理设备而存在。

（4）服务器（Server），用来表示一个设备外部可见的行为，一个服务器必须提供一个或多个服务访问点（Service Access Point）。在通信网络中，一个服务器就是一个功能节点，它能够提供数据，或允许其他功能节点访问它的资源。

（5）逻辑连接（Logical Connection），逻辑节点之间的连接是逻辑节点之间进行数据交换的逻辑通道。显然，只有具有逻辑连接关系的逻辑节点之间才可以发生数据交换。

（6）物理连接（Physical Connection），物理设备之间实际存在的通信连接。

IEC 61850 标准的实现过程如下：

（1）分配、合并、定义装置的自动化功能，从逻辑节点库中提取对应的逻辑节点 LN，组建成装置对应的逻辑设备 LD，构建出信息模型的框架；用数据对象 DO（Data Object）及其数据属性 DA（Data Attribute）对模型进行填充、描述，实例化信息模型的属性。

（2）依照抽象通信服务接口 ACSI（Abstract Communication Service Interface），根据信息模型的属性构建出信息模型的服务（Services）。

（3）依照特殊通信服务映射 SCSM（Specific Communication Services Mapping）将抽象的通信服务映射到具体的通信网络及协议上，服务借助通信得以实现。

（4）依照变电站配置语言（Substation Configuration description Language，SCL）组

织并发布装置的配置文件，实现装置信息和功能服务的自我描述，服务可被识别和享用。

一、面向对象建模

1. 逻辑节点模型

IEC 61850-5 将整个变电站的功能进行分解，使其满足功能自由分布和分配的要求。变电站自动化功能被分解成一个个逻辑节点 LN，这些节点可分布在一个或多个物理装置上。通过对这些逻辑节点的组合，可生成新的逻辑设备 LD，逻辑设备可以是一个物理设备，也可以是物理设备的一部分。IEC 61850 将物理设备用逻辑设备来表示，如图 8-29 所示，图中包括 2 个变电站自动化系统功能（如距离保护功能、断路器功能等），由三套物理装置（如微机继电保护装置、断路器等）协作完成。将电量测量、相量测量、故障录波、故障测距、保护及控制等功能融合到单一设备中，构成集成式装置，这是一种物理集成。从建模角度，是将多个逻辑节点（代表功能）部署到同一物理装置中，构成逻辑设备，体现一种"功能自由分配"的应用模式。

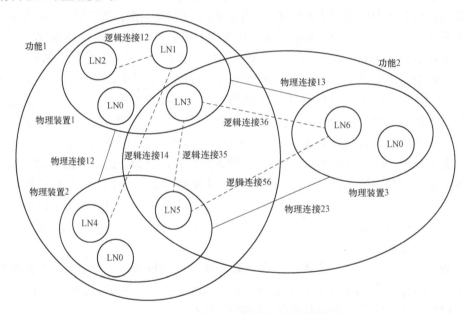

图 8-29　IEC 61850 逻辑节点和逻辑连接

逻辑节点是功能划分中的最小实体，本身具备了很好的封装。逻辑节点为基本数据模型，包含数据对象，数据对象由相应的属性构成，层次是父子一对多关系。IEC 61850-7-3、IEC 61850-7-4 定义了各种数据对象类和逻辑节点类，IEC 61850-7-2 中定义了用这些逻辑节点组成更高层次功能的方法。一个物理设备可以由多个逻辑设备构成，一个逻辑设备可以由多个逻辑节点构成。设备在建模时必须符合标准，逻辑节点和公共数据类型是可以扩充的。

由于有一些通信数据不涉及任何一个功能，仅仅与物理装置本身有关，如铭牌信息、装置自检结果等，为此需要一个特殊的逻辑节点，IEC 61850 定义了系统逻辑节点，用以表征逻辑设备本身的信息。

逻辑节点之间通过逻辑连接（Logic Connect）进行信息交换，逻辑连接是一种虚连接，主要用于交换逻辑节点间的通信信息片（PICOM）。逻辑节点分配给物理设备，逻辑连接映射到物理连接，实现了设备之间的信息交换。逻辑节点的功能任意分布特点和它们之间的抽象信息交互使得变电站自动化系统真正实现了功能的自由分布。

为了更清楚地描述逻辑设备、逻辑节点、类、数据概念图，可以将 IED 想象为一个容器，分层模型如图 8-30 所示。容器为一个物理装置，包含一个或多个逻辑设备。每个逻辑设备包含一个或多个逻辑节点，每个逻辑节点包含一组预定的数据类。每个数据类包含许多数据属性（状态值、数值等）。

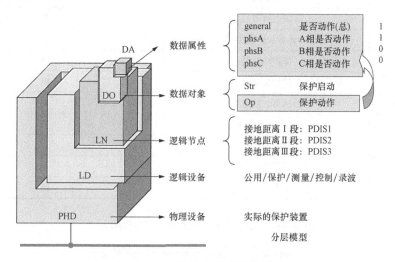

图 8-30　IED 物理设备分层模型

一个实际 IED 物理设备作为一个完整的功能实体由逻辑设备构成，逻辑设备由逻辑节点构成，逻辑节点作为最小数据通信单元，其定义是唯一的，由此实现面向对象的"自我"描述。因此，任何客户端可以通过向 IED 请求服务来获得设备的模型，或者说基于 IEC 61850 标准的信息是带有模型的。这样，就确保了信息定义的唯一性，具备了"机读"的可能，并构成了 IED 设备互操作的基础。

IEC 61850 将变电站自动化系统划分为如下六类功能：

（1）系统支持功能包括网络管理、时间同步、物理装置自检。

（2）系统配置或维护功能包括节点标识、软件管理、配置管理、逻辑节点运行模式控制、设定、测试模式、系统安全管理。

（3）运行或控制功能包括访问安全管理、控制（同期分合）、参数集切换、告警管理、事件记录、数据检索、扰动/故障记录检索。

（4）就地过程自动化功能包括保护功能（通用）、间隔连锁、测量、计量和电能质量监视。

（5）分布自动化支持功能包括全站范围连锁、分散同期检查。

（6）分布过程自动化功能包括断路器失灵、自适应保护（通用）、负荷减载、负荷恢复、电压无功控制、馈线切换和变压器转供、自动顺控。

这些功能可进一步分解为 IEC 61850-7-4 中定义的 91 个逻辑节点，分为 13 个逻辑组，如表 8-4 所示，这些逻辑节点构成了装置功能的基本要素。

表 8 - 4   IEC 61850 - 7 - 4 定义的逻辑节点

序号	逻辑组	名称	逻辑节点数量
1	A	自动控制类	4
2	C	控制逻辑类	5
3	G	通用功能引用类	3
4	I	接口和存档类	4
5	L	系统逻辑节点类	2
6	M	计量和测量类	8
7	P	保护功能类	28
8	R	保护相关功能类	10
9	S	传感器、监视类	4
10	T	仪用互感器类	2
11	X	开关设备类	2
12	Y	电力变压器和相关功能类	4
13	Z	其他（电力系统）设备类	15

IEC 61850 - 7 - 4 定义的保护功能类逻辑节点如表 8 - 5 所示。

表 8 - 5   IEC 61850 - 7 - 4 定义的保护功能表逻辑节点

序号	名称	IEEE 保护功能	保护功能
1	PDIF	87, 87N, 87T, 87M, 87G	差动保护
2	PDIR	87B	方向比较纵联
3	PDIS	21	距离保护
4	PDOP	32	过功率方向保护
5	PDUP	32, 37	低功率方向保护
6	PFRC	81	频率变化率
7	PHAR		谐波限制
8	PHIZ	64	接地故障检测
9	PIOC	50	瞬时过电流
10	PMRI	66, 48, 51LR	禁止电动机重启
11	PMSS		电动机启动监测
12	POPF	55	过功率因数
13	PPAM		相角测量
14	PSCH	21, 85	纵联保护原理
15	PSDE		灵敏接地故障方向
16	PTEF		瞬时接地故障保护
17	PTOC	51, 60, 67, 67N, 76	延时过电流保护
18	PTOF	81	过频率保护
19	PTOV	59, 59DC, 60	过电压保护

续表

序号	名称	IEEE 保护功能	保护功能
20	PTRC		保护跳闸条件
21	PTTR	49，49R，49S	热过载保护
22	PTUC	37	低电流保护
23	PTUV	27	低电压保护
24	PTUF		低频率保护
25	PUPF	55	低功率因数
26	PVOC	51V	电压控制延时过电流
27	PVPH	24	V/Hz 保护
28	PZSU	14	电机欠速保护

在对 IED 建模时，逻辑节点是一个交换数据功能的最小部分，首先要明确该 IED 具有哪些功能，进一步确定在诸多功能中哪些是需要交换数据的（即进行通信）。然后，根据 IEC 61850‑7‑4 标准，将每个需要进行数据交换的变电站自动化功能逐一分解为若干核心功能逻辑节点（指 IEC 61850‑7‑4 中非 LPHD 和 LLN0 的逻辑节点）。

逻辑设备可看作是一个包含逻辑节点对象和提供相关服务（如 GOOSE、采样值交换和定值组）的容器。一个逻辑设备至少包含 3 个逻辑节点：$1 \sim n$ 个核心功能逻辑节点、1 个 LPHD（物理设备信息）和 1 个 LLN0（逻辑节点零）。LPHD 定义了实际 IED（物理设备）的一些公用信息，如物理设备铭牌、健康状况等。为了满足规约转换器或网关等 IED 建模的需要，IEC 61850 在 LPHD 逻辑节点中提供了数据 Proxy 以表明该逻辑设备是否为其他物理设备的映像（代理）。LLN0 则为访问逻辑设备的公用信息提供了一些通信服务模型，如 GOOSE 控制块、采样值控制块和定值组控制块等。

一个 IED 逻辑设备的划分通常以核心功能逻辑节点的公共特征为基础，如可将一个保护测控一体化装置的逻辑设备划分为测量 LD、保护 LD、控制及开入 LD 和录波 LD 等。

从分层信息模型可知，一个服务器至少包含 1 个逻辑设备。除了逻辑设备，服务器还包括由通信系统提供的其他一些公共基本组成部件，如应用关联（Application Association）提供设备间建立和保持连接的机制并实现访问控制机制；时间同步（Time Synchronization）为时标（如报告和日志应用）提供毫秒级精度时间或为同步采样应用提供微秒级精度时间；文件传输（File Transfer）提供了大型数据块（文件）的交换方法。此外，服务器还具有服务访问点（Service Access Point）属性——它是地址的抽象，用于在底层的 SCSM（特点通信服务映射）标识服务器。经由通信网络对服务器的内容进行访问，IEC 61850 采用了两种通信方法：①Client‑Server（客户/服务器）模式，适用于后台监控系统或远动网关对 IED 的访问；②Peer to Peer（对等通信，发布者/订阅者）模式，可用于 IED 装置间为完成分布式功能而进行的快速和可靠的互通信——GOOSE、采样值服务、周期性传输采样值。

2. 数据模型

逻辑节点由若干个数据对象组成。数据对象是 ACSI 服务访问的基本对象，也是设备间交换信息的基本单元。IEC 61850 根据标准的命名规则，定义了 29 种公用数据类 CDC（Common Data Class），数据对象是用公用数据类定义的对象实体。

　　公用数据类是变电站应用功能相关的特定数据类型，它由数据属性（Data Attribute）构成。数据属性可以是基本数据类型，也可以是一个数据对象。变电站自动化所涵盖的基本功能包括测量、控制、遥信、保护（事件、定值）、自描述等功能数据，IEC 61850 将这些内容抽象成 7 个大类的公用数据类：

　　（1）状态信息的公用数据类包括单点、双点、整数、保护动作、保护启动、二进制计数器读数等状态类。

　　（2）测量信息的公用数据类包括测量值、复数测量值、采样值、星形和三角形的三相测量值、序分量测量、谐波测量、星形和三角形的三相谐波测量值。

　　（3）可控状态信息的公用数据类包括可控单点、可控双点、可控整数、可控二进制步位置、可控整数步位置。

　　（4）可控模拟信息的公用数据类包括可控模拟设点。

　　（5）状态定值公用数据类包括单点定值、整数状态定值。

　　（6）模拟定值公用数据类包括模拟定值、定值曲线。

　　（7）描述信息公用数据类包括设备铭牌、逻辑节点铭牌、曲线形状描述。

　　例如，距离保护逻辑节点（PDIS）数据模型见表 8 - 6。

表 8 - 6　　　　　　　　　　距离保护逻辑节点（PDIS）数据模型

序号	数据对象名	CDC 类型	说　　明
1	Str	ACD	启动
2	Op	ACT	动作
3	PoRch	ASG	阻抗圆直径
4	PhStr	ASG	相启动值
5	GndStr	ASG	接地启动值
6	DirMod	ING	方向模式
7	PctRch	ASG	范围百分值
8	Ofs	ASG	偏移值
9	PctOfs	ASG	偏移百分值
10	RlsLod	ASG	负荷区电阻
11	AngLod	ASG	负荷区角度
12	TmDIMod	SPG	动作时间延迟模式
13	OpDITmms	ING	动作时间延迟
14	PhDIMod	SPG	相间故障延迟模式
15	PhDITmms	ING	相间故障动作时间
16	GndDIMod	SPG	接地故障延迟模式
17	GndDITmms	ING	接地故障动作时间
18	X1	ASG	线路正序阻抗
19	LinAng	ASG	线路阻抗角
20	K0Fact	ASG	零序补偿系数 K_0
21	K0FactAng	ASG	零序补偿系数角
22	RsDITmms	ING	复归延时

　　注　ACD 方向保护激活，ACT 保护激活，SPG 单点状态定值，ASG 模拟定值，ING 整数状态定值。

公用数据类中，规定了属性的存在条件。通过选择属性的存在性，公用数据类可以派生出多个具体的数据类，适应不同的应用场合。

信息模型的创建过程是利用逻辑节点搭建设备模型。首先使用已经定义好的公用数据类来定义数据类，这些数据类属于专门的公用数据类，并且每个数据都继承了相应公用数据的数据属性。IEC 61850 - 7 - 4 定义了这些数据代表的含义。再将所需的数据组合在一起就构成了一个逻辑节点，相关的逻辑节点就构成了变电站自动化系统的某个特定功能。逻辑节点可以被重复用于描述不同结构和型号的同种设备所具有的公共信息。IEC 61850 标准构成的 IED 信息模型结构如图 8 - 31 所示。

在特定作用域内对象名是唯一的，将分层信息模型中的对象名串接起来所构成的整个路径名即为对象引用。图中 LOGICAL - DEVICE、LOGICAL - NODE、DATA 和 DataAttribute 均从 Name 类继承了 Object-Name（对象名）和 ObjectReference（对象引用）属性。如图 8 - 31 所示，虚线左侧的类模型 SERVER、LOGICAL - DEVICE、LOGICAL - NODE 和 DATA 均是在 IEC 61850 - 7 - 2 中定义的，其中 LOGICAL - NODE 类和 DATA 类可认为是基类。虚线右侧的兼容逻辑节点类是在 IEC 61850 - 7 - 4 中定义的，它是 LOGICAL - NODE 类的特例，继承了 LOGICAL - NODE 类的所有属性和服务，包括数据集、报告控制块和日志控制块等。因此，当某个对象为一个兼容逻辑节点时，该对象便具有 LOGICAL - NODE 类所有的属性和服务。

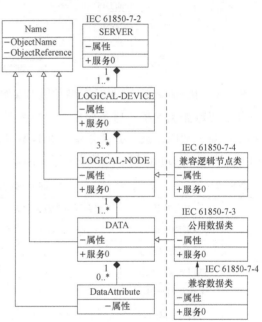

图 8 - 31　IED 信息模型

同样，IEC 61850 - 7 - 2 定义的 DATA 类也是通用的，指明了属性 Data Name 和 Data Attribute 的存在，具体的 Data Name 从 Name 类的属性 Object Name 继承。虚线右侧的公用数据类是在 IEC 61850 - 7 - 3 中定义的，它是 DATA 类的特例，继承了 DATA 类的所有属性和服务，并且规定了可适用于多种应用的公共特性和术语。IEC 61850 - 7 - 4 定义的兼容数据类是由公用数据类导出的，因此，当某个对象为一个兼容数据时，该对象便拥有了公用数据类所有的属性和服务。

在分层信息模型中，兼容逻辑节点类位于兼容数据类的上一层级，它们是整体与部分的关系，若干个兼容数据类组成兼容逻辑节点类的一部分。兼容逻辑节点类和兼容数据类共同解决了交换的变电站自动化功能的信息是什么的问题。在 IED 实际实现中，真正使用的是兼容逻辑节点类和兼容数据类。

针对特定的应用领域——变电站自动化系统，IEC 61850 - 7 - 4 将 LN Name 进行了命名，赋予其确定的变电站自动化的语义。如兼容逻辑节点类 PDIS 为 IED 的距离保护功能，逻辑节点 GndPDIS 为接地距离保护。将属性 Data Name 也进行了命名，赋予其确定的语义，同时还定义了某些 Data Attribute 的特定取值及取值所代表的语义。其中接地距离保护的数据对象保护动作（Op）包含动作状态（general）、A 相（PhsA）、B 相（PhsB）、C 相（PhsC）四个数据属性，以及数据属性的集合，如图 8 - 32 所示。

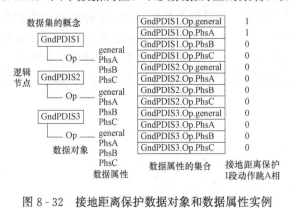

图 8 - 32　接地距离保护数据对象和数据属性实例

通过上述面向对象建模技术的运用，IEC 61850 构建起结构化的信息模型，并通过采用标准化命名的兼容逻辑节点类和兼容数据类对变电站自动化语义进行了明确约定，IEC 61850 面向对象的建模方法，特别是它所定义的抽象类——逻辑节点类和公用数据类，使其具有很好的开放性。

3. IED 建模举例

以典型高压线路保护装置为例，该装置整体建模为一个 SERVER 类的实例。主保护为纵联距离保护，后备保护为三段式距离保护、四段式零序保护及零序反时限保护、模拟量测量、故障录波、开关量输入和告警等。对上述功能进行逐一分解，根据 IEC 61850 - 7 - 4 确定的核心功能逻辑节点如表 8 - 7 所示。

表 8 - 7　　　　　　　　　　　　　　核心功能逻辑节点

序号	功能描述	兼容逻辑节点类	逻辑节点实例
1	纵联距离保护	PDIS/ PSCH	PDIS1/ PSCH1
2	三段式距离保护	PDIS	PDIS2/ PDIS3/ PDIS4
3	四段式零序保护		Zero PTOC1/Zero PTOC2/ Zero PTOC3/ Zero PTOC4
4	零序反时限保护		Zero PTOC5
5	零序不灵敏 I 段	PTOC	Zero PTOC6
6	TV 断线过电流		PTOC1
7	保护启动元件		PTOC2
8	保护跳闸条件	PTRC	PTRC1
9	模拟量测量	MMXU	MMXU1/ MMXU2/ MMXU3/ MMXU4
10	故障录波	RDRE	RDRE1
11	开关量输入	CGIO	CGIO1
12	告警		CGIO2/ CGIO3

对于所得到的每个兼容逻辑节点类的实例，确定其包含的 Data。以三段式距离保护的距离 I 段（PDIS2）逻节点为例，它除了兼容逻辑节点类 PDIS 的"必选"数据外，还根据该装置的特定功能需求，创建了两个新的 Data：相间距离 I 段电抗定值 Ph React 和接地距离 I 段电抗定值 Gnd React。

这两个 Data 分别是兼容数据类 Ph React 和 Gnd React 的实例。而这两个新的兼容数据类均继承自公用数据类 ASG（模拟定值）。对于所得到的每个 Data，确定其包含的数据属性。以上述新的数据 Ph React 为例，它除了包含公用数据类 ASG"有条件的必选"数据属性 set Mag 外，还使用了如下"可选"数据属性：minVal、max Val 和 step Size。

根据保护装置的功能划分为四个逻辑设备：保护 LD、模拟量测量 LD、故障录波 LD 和公用及开入 LD。

（1）逻辑设备 Prot 的 LLN0 包含：①与某几个具体保护功能 LN 相关的定值 Data，如相间距离电阻定值、接地距离电阻定值、零序电抗补偿系数和零序电阻补偿系数等；②保护事件数据集 Prot Event，包含各类保护的启动和动作事件信息；③报告控制块 Prot Event Rpt，引用数据集 Prot Event，实现保护事件信息的及时上送。

（2）逻辑设备 Meas 的 LLN0 包含：①模拟量测量数据集 Analog Meas，包括了多种电压、电流、有功和无功等模拟量的测量信息；②报告控制块 Analog Meas Rpt，引用数据集 AnalogMeas，实现模拟量测量信息的及时上送。

（3）逻辑设备 Flt Rcd 的 LLN0 包含：①故障录波数据集 FltRedSt，包括了录波启动、录波完成等状态信息；②报告控制块 FltRedStRpt，引用数据集 FltRedSt，实现录波状态信息的及时上送。

（4）逻辑设备 LD0 的 LLN0 包含：①保护连接片 Data，如纵联连接片、距离I段连接片、距离II、III段连接片、零序I段连接片、零序其他段连接片和零序反时限连接片等；②控制字 Data，如公用控制字、纵联控制字、距离控制字和零序控制字等；③保护告警数据集 ProtAlarm 及引用该数据集的报告控制块 ProtAlarm Rpt；④开关量输入数据集 ProtDI 及引用该数据集的报告控制块 ProtDIRpt；⑤连接片数据集 ProtEna 及引用该数据集的报告控制块 ProtEnaRpt。

二、抽象通信服务接口（ACSI）

1. ACSI 概念模式

在国际标准化组织 ISO 提出的开放系统互联参考模型（OSI/RM，Open Systems Interconnection/Reference Module）中，将网络划分为 7 层，如图 8-33 所示，位于底层的通信技术部分发展、更新速度非常快，而位于上层的应用领域一般发展和变化比较慢。IEC 61850 在应用层定义了抽象通信服务接口（ACSI，Abstract Communication Service Interface），抽象通信服务接口通过特定通信服务映射 SCSM（Specific Communication Services Mapping）将抽象服务映射到实际的通信协议栈上，这样就使 IEC 61850 独立于网络技术而存在。例如，IEC 61850 可以在光纤物理层上实现向 MMS、TCP/IP、CORE-A 等的映射，而将来随着网络技术的发展，也可以在无线网络的物理层或千兆以太网的链路层实现映射。在抽象接口之上定义的对象模型和相关服务不会因为这些底层网络技术的更新而受到影响。

IEC 61850 根据电力系统运行过程以及所必需的信息内容，归纳出电力系统所必需的通信网络服务，

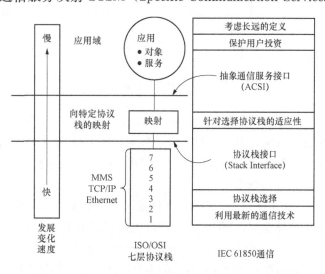

图 8-33　IEC 61850 通信建模

对这些服务和信息交换机制进行标准化，并采用抽象建模的方法，形成了一套标准的、满足互操作要求的信息交换机制，这一机制就是 ACSI。

ACSI 从通信中分离出应用过程独立于具体的通信技术，提供特殊通信服务用于变电站通信，采用虚拟的观点去描述和表示变电站内设备的全部行为，采用抽象的建模技术为变电站自动化设备定义了与实际应用的通信协议无关的公共应用服务，并提供了访问真实数据和真实设备的接口途径。

ACSI 中的抽象概念体现在以下两个方面：

（1）ACSI 仅对通信网络可见，且对可访问的实际设备（如断路器）或功能建模，抽象出各种层次结构的类模型和它们的行为。

（2）ACSI 从设备信息交换角度进行抽象，且只定义了概念上的互操作。ACSI 关心的是描述通信服务的具体原理，与采用的网络服务无关，实现了通信服务与通信网络的独立性。实现服务的具体通信报文及编码，则在特定通信服务映射 SCSM 中指定。

2. 通信方法

ACSI 中的服务具有两组基本通信模式，如图 8-34 所示。一组使用客户机/服务器（Client/Server）运行方式，主要用于目录查询、读写数据及控制等服务；另外一组使用发布者/订阅者（Publisher/Subscriber）模式，用于 GOOSE 消息发送、采样值传输等服务。

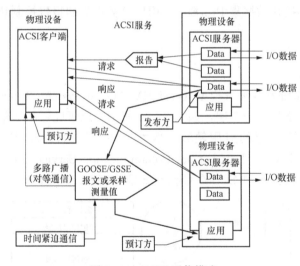

图 8-34 ACSI 通信模式

在客户机/服务器模式中，提供数据或服务的一方为服务器，接收数据或服务的一方为客户。变电站网络通信是多服务器、少客户形式。该模式采取事件驱动的方式，当定义的事件（数据值改变、数据品质变化等）触发时，服务器才通过报告服务向主站报告预先定义好要求报告的数据或数据集，并可通过日志服务向循环缓冲区中写入事件日志，以供客户随时访问，完成服务过程。其优点是服务的安全性、可靠性高，缺点是实时性不够。这种模式主要适用于对实时性要求不高的服务。

发布者/订阅者模式是一个或多个数据源（发布者）向多个接收者（订阅者）发送数据的最佳解决方案，特别适合于数据量大且实时性要求高的场合，如用于继电保护设备间快速、可靠的数据传输，以及周期采样值传输服务。

3. 服务模型

IEC 61850-7-2 部分详细定义了 ACSI 模型，包括基本信息模型和信息交换服务模型。对于每种模型，IEC 61850 均以类的形式给出，定义了属于该模型的属性和服务。每类 ACSI 模型又由若干通信控制块（Contral Block）组成。

通信控制块同样具有类的本意，即由属性和服务封装组成，其中属性代表控制块的基本信息和配置/控制参数，以数据对象及其属性的形式驻留在引用该控制块的逻辑节点中；服务则代表控制块的具体通信规则，包括通信服务对象与方式（服务的发起、响应和过程）。依照实际功能和信息模型的属性对这些通信控制块分别引用，便构成了信息模型的通信服务。

ACSI 基本信息模型包括 SERVER（服务器）、LOGICAL DEVICE（逻辑设备）、LOGICAL-NODE（逻辑节点）、DATA（数据，有多个数据属性）四个类，这些类由属性和服务组成。在实际实现中，逻辑设备、逻辑节点、数据、数据属性每一个都有自己的对象名（实例名 Name），这些名称在其所属的对象类中具有唯一性。另外，这四者之中的每一个都有路径名（Object Reference），它是每个容器中所有对象名的串联。

ACSI 信息交换服务模型主要用于对数据、数据属性、数据集进行操作。具体包括下述数据集（Data-set）、取代（Substitution）、控制（Control）、定值组控制（Setting group control）、报告控制（Report control）和日志控制（Logging control）等模型。定值组控制定义如何从一组定值切换到另一组以及如何编辑定制组。报告和日志控制描述基于客户设置的参数产生报告和日志的条件，报告由过程数据值改变（状态变位和死区）或由品质改变触发的报告，日志为以后检查查询。报告立即发送或存储，提供状态变位和事件顺序信息交换。

三、特定通信服务映射（SCSM）

ACSI 规范的信息模型的功能服务独立于具体网络，功能的最终实现还需要经过特定通信服务映射。SCSM 负责将抽象的功能服务映射到具体的通信网络及协议上，具体包括：

（1）根据功能需要和实际情况选择通信网络的类型和 OSI 模型的层协议。

（2）在应用层上（OSI 模型中的第 7 层），对功能服务进行映射，生成应用层协议数据单元（APDU，Application Protocol Data Unit），从而形成通信报文。

特定通信服务映射是为抽象通信服务接口（ACSI）服务和为对象提供实际通信栈，以实现设备互操作的具体映射的标准化过程，其本质为信息服务模型的标准化。

IEC 61850 第 8、9 部分规定了将抽象通信服务接口（ACSI）映射到具体规约实现的方法。ACSI 服务被映射到五种不同形式，即基于客户机/服务器模式的核心 ASCI 服务映射到 MMS 通信协议栈、面向通用对象的变电站事件（GOOSE）协议栈、采样值传输 SV 协议栈、时钟同步和通用变电站状态事件（GSSE，Generic Substation State Event）协议栈，其中 GSSE 协议栈实际应用较少。如图 8-35 所示，所有通信服务映射都运行在基于 ISO/IEC 8802-3 的 7 层框架中。

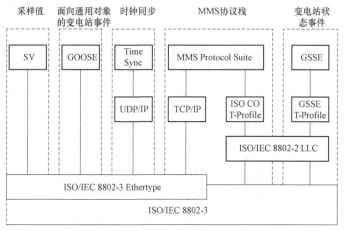

图 8-35　特定通信服务映射不同形式及其协议栈

ACSI 对信息模型的约束是强制和唯一的，而 SCSM 方法却是多样和开放的。采用不同的 SCSM 方法，可以满足不同功能服务对通信过程、通信速率以及可靠性的不同要求，解决了变电站内通信复杂多样性与标准统一之间的矛盾。适时地改变 SCSM 方法，就能够应用最新的通信网络技术，而不需要改动 ACSI 模型，从而解决了标准的稳定性与未来通信网络技术发展之间的矛盾。

1. MMS 报文映射

制造报文规范（MMS）是由国际标准化组织 ISO 工业自动化技术委员会 TC184 用于开发和维护工业自动化系统的独立国际标准报文规范。MMS 是通过对真实设备及其功能进行建模的方法，实现网络环境下计算机应用程序或智能电子设备 IED 之间数据信息的实时交换。国际标准化组织出台 MMS 是为了规范工业领域具有通信传感器、智能电子设备 IED、智能控制设备的通信行为，使出自不同厂商的设备之间具有互操作性，使系统集成变得简单、方便。现在 MMS 已经广泛用于汽车、航空、化工、工业过程控制、工业机器人等领域。

国际电工技术委员会第 57 技术委员会（IEC TC57）推出的 IEC 60870.6 TASE.2 系列标准定义了 EMS 和 SCADA 等电力控制中心之间的通信协议。该协议采用面向对象建模技术，其底层直接映射到 MMS 上。可见 MMS 在电力系统远动通信协议中的应用将越来越广泛。

MMS 将实际设备外部可视行为抽象成虚拟制造设备（VMD，Virtual Manufacturing Device）及其包含的对象子集，并通过定义与之对应的一系列操作（即 MMS 服务）实现对实际设备的控制。由于 MMS 和 IEC 61850 都采用抽象建模的方法，因此，只要将 IEC 61850 的信息模型正确地映射到 MMS 的 VMD 及其 MMS 服务，并进行必要的数据类型转换，就可以实现 ACSI 向 MMS 的映射，映射方法准确、简单。

对象和服务是 MMS 协议中两类最主要的概念。其中对象是静态的概念，以一定的数据结构关系间接体现了实际设备各个部分的状态、工况以及功能等方面的属性。属性代表了对象所对应的实际设备本身固有的某种可见或不可见的特性，它既可以是简单的数值，也可以是复杂的结构，甚至可以是其他对象。实际设备的物理参数映射到对象的相应属性上，对实际设备的监控是通过对对象属性的读取和修改来完成的。对象是实际物理实体在计算机中的抽象表示，是 MMS 中可以操作的、具有完整含义的最小单元。所有的 MMS 服务都是基于对象完成的。

2. GOOSE 通信服务映射

GOOSE 报文由于具有较高的实时性，常用于传输对时间要求高的跳闸控制及装置间的连锁等信息。GOOSE 控制块定义了五种服务：发送 GOOSE 报文（Send GOOSE Message）、读取 GOOSE 数据引用（Get Reference）、读取 GOOSE 数据序号（Get GOOSE Element Number）以及读写控制块属性值（Get Go CB Values 和 Set Go CB Values）。其中，Get Reference 和 Get GOOSE Element Number 是对 GOOSE 数据集配置信息的在线获取，可用于对配置信息的校验，它采用双边关联方式，由 GOOSE 服务的客户端向服务端发起查询，它们也被称为 GOOSE 管理服务；Get Go CB Values 和 Set Go CB Values 可以用来对控制块状态进行查询和设置，改变 GOOSE 服务的参数；Send GOOSE Message 是 GOOSE 通信的主要内容，GOOSE 数据通信基于发布订阅机制，GOOSE 服务提供者（即发布方）通过组播方式向特定订阅方发布 GOOSE 数据报文，订阅方根据预先配置的订阅参数对接收到的报文进行筛选，从合法报文中提取特定数据。

GOOSE 是一种事件驱动的数据通信方式，GOOSE 报文的发送按图 8-36 所示的机制执行。在稳定状态下，装置每隔 T_0 时间发送一次当前状态，又称心跳报文。当装置中有事件发生（如开入变位）时，报文中的数据就发生变化，装置立刻发送该报文一次（第 1 帧），然后间隔 T_1 重发两次（第 2 帧、第 3 帧），再分别间隔 T_2、T_3 各重发一次（第 4、第 5 帧）。通常，T_2 时长为 $2T_1$，T_3 时长为 $2T_2$。当重新达到稳定状态后，后续报文恢复为间隔 T_0 的心跳报文。工程中，T_1 一般设置为 1ms，T_0 一般设置为 5s。

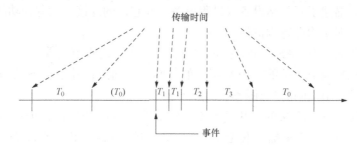

图 8-36　GOOSE 报文发送机制

T_0—稳定条件（长时间无事件）下重传；(T_0)—稳定条件下的重传可能被事件缩短；
T_1—事件发生后，最短的传输时间；T_2、T_3—直到获得稳定条件的重传时间

GOOSE 报文的传输不经网络层和传输层，而是从应用层经表示层 ASN.1 编码后，直接映射到链路层和物理层。这种映射方式避免了通信堆栈造成的传输延时，从而保证了报文传输的快速性。

GOOSE 控制块的读写服务基于 Client/Server 通信方式，其具体通信过程遵循 MMS 的读写服务规范。GOOSE 管理服务和报文发送服务考虑到通信过程的实时性要求，直接映射到基于 IEEE 802.3 的链路层规范。

3. SV 通信服务映射

在 IEC 61850-7-2 中，定义了两种采样值控制块，即 MSVCB 和 USVCB。前者用于多播方式的采样值；后者用于单播方式。目前国内应用的主要是 MSVCB。MSVCB 定义 Get MSVCB Values、Set MSVCB Values 和 Send MSV Message 三种服务。其中，Get MSVCB Values 和 Set MSVCB Values 主要用于对控制块进行查询和设置，在具体协议实现上，它映射到 MMS 的读、写服务。由于采样值需要极高的实时性，Send MSV Message 服务不使用复杂的 TCP/IP 协议簇，而直接映射到 IEC 802.3 链路层协议，物理层采用百兆的光纤以太网。

四、配置描述

1. 配置语言

IEC 61850-6 定义了变电站配置描述语言 SCL（Substation Configuration Description Language），主要基于可扩展标记语言 XML1.0。SCL 用来描述通信相关的 IED 配置和参数、通信系统配置、变电站系统结构及它们之间的关系。主要目的是在不同厂家的 IED 配置工具和系统配置工具之间提供一种可兼容的方式，实现可共同使用的通信系统配置数据的交换。SCL 模型可包含五个方面的对象：

（1）系统结构模型，变电站主设备，拓扑连接等。

（2）IED 结构模型，应用和通信信息。

（3）通信系统结构模型，设备在何接入点（Access Point）接入哪些总线（Bus）。

（4）逻辑节点类定义模型，包含数据对象 DO 和服务。

（5）逻辑节点和一次系统功能关联模型。

SCL 的 UML 对象模型如图 8-37 所示，它仅限于在 SCL 中使用的那些具体的数据对象，而且也没有包括数据对象以下的数据属性。从图中可以看出，对象模型主要包含三个基本的对象层。

（1）变电站。描述了开关站设备（过程设备）及它们的连接，设备和功能的指定，是按照 IEC 61346 的功能结构进行构造的。

（2）产品。代表所有 SAS 产品相关的对象，如 IED、逻辑节点等。

（3）通信。包括通信相关的对象类型，如子网、访问点，并描述各 IED 之间的通信连接，间接的描述逻辑节点间客户/服务器的关系。

SCL 采取 IEC 61850 定义的公共设备和设备组件对象对 IED 设备进行描述，使 IED 的配置数据中具有完备的自我描述信息。SCL 包含五个元素：Header、Substation、IED、LNode Type、Communication，其中 Header 包含 SCL 的版本号和修订号及名称影射信息，Substation 包含变电站功能结构、主元件和电气结构，IED 包含逻辑装置、逻辑节点、数据对象和通信服务能力等，LNode Type 定义了文件中出现的逻辑节点、类型、数据对象，Communication 定义了逻辑节点之间通过逻辑总线和 IED 接入点之间的联系方式。这些元素有各自的子元素和属性，最终完成兼容性模型的描述。

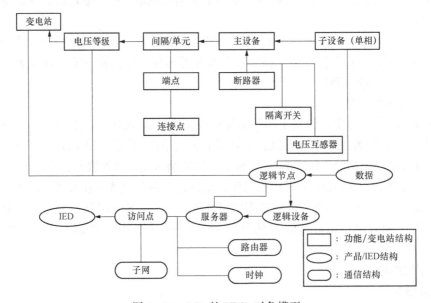

图 8-37　SCL 的 UML 对象模型

SCL 配置文件按应用目的的不同，分为如下四种文件，以文件扩展名进行区分。

（1）ICD 文件。描述 IED 提供的基本数据模型及服务，包含模型自描述信息，但不包含 IED 实例名称和通信参数。ICD 文件还应包含设备厂家名、设备类型、版本号、版本修改信息、明确描述修改时间、修改版本号等内容，同一型号 IED 具有相同的 ICD 模板文件。ICD 文件不包含 Communication 元素。

ICD 文件按照 IEC 61850 - 7 - 4 中提及的模型及 Q/GDW 396 - 2009《IEC 61850 工程继电保护应用模型》中的规定进行建模，尽量不进行扩展。不同类型保护应使用不同的 LN 模型。ICD 文件中所有的 LN 的 DO 建议都要有中文描述，重要信息的 DO 则一定要有中文描述。

（2）SSD 文件。描述变电站一次系统结构及相关联的逻辑节点，全站唯一。SSD 文件应由系统集成厂商提供，并最终包含在 SCD 文件中。

（3）SCD 文件。包含全站所有信息，描述所有 IED 的实例配置和通信参数、IED 之间的通信配置及变电站一次系统结构。SCD 文件应包含版本修改信息，明确描述修改时间、修改版本号等内容。SCD 文件建立在 ICD 和 SSD 文件的基础上。目前，一些监控系统已支持根据 SCD 文件自动映射生成数据库。

（4）CID 文件。IED 的实例配置文件，一般从 SCD 文件导出生成，禁止手动修改，以避免出错。一般全站唯一，每个装置一个，直接下载到装置中使用。IED 通信程序启动时自动解析 CID 文件映射生成的逻辑节点数据结构，实现通信与信息模型的分离，可在不修改通信程序的情况下，快速修改相关映射与配置。

2. 变电站的配置

变电站工程配置要做的工作就是将各个独立装置的分布功能通过信息交互集成为整个变电站自动化功能，IEC 61850 的模型文件既描述了装置的功能，也描述了功能参数可配置能力和装置的通信接口，因此，IEC 61850 变电站的工程实施实际上是围绕 IEC 61850 的模型文件展开的。

变电站的配置流程如下（见图 8 - 38）：

（1）变电站各设备制造商将描述 IED 功能和初始配置的 ICD 文件，提交给系统配置器（图 8 - 38 中步骤③）。

（2）将描述变电站自动化系统各设备间信息交互关系的文件和端子接线设计的 SSD 文件提交给系统配置器（图 8 - 38 中步骤④）。

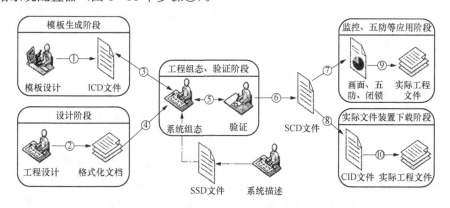

图 8 - 38　变电站的配置流程图

（3）系统配置器依据系统需求，从所有 IED 配置文件中获取初始配置信息，统一对各 IED 进行信息配置，根据系统需要调整各 IED 中的交互配置信息和系统的通信配置信息，例如调整报告控制块的客户端使能控制、增加 IED 设备建的关联信息、对 IED 中的逻辑节点的虚拟输入/输出进行配置等设备交互信息的调整，划分子网并对每个子网内各设备的网络地址进行调整，对设备中 GOOSE/SV 控制块报文发送的组播地址等通信信息进行调整，形成系统配置文件 SCD 文件，返回 IED 配置器和工程师工作站（如图 8 - 38 中步骤⑥～⑧）。

（4）IED 配置器从返回的 SCD 配置文件中得到各个 IED 的配置信息，根据装置的需求配置装置的私有信息，最终生成 CID 文件及装置私有信息文件（如图 8 - 38 中步骤⑨～⑩）。

五、测试

1. 一致性测试

一致性测试（Conformance Test）是指验证通信接口与标准要求的一致性。验证串行链路上数据流与有关标准条件的一致性，即测试 IED 是否符合特定标准，属于"证书"测试（Certification Test）。例如访问组织、帧格式、位顺序、时间同步、定时、信号形式和电平，及对错误的处理。IEC 61850 的第 10 部分详细介绍了一致性测试内容。

测试前被测方应提供被测设备的以下相关材料：

（1）PICS。规约实现一致性声明，是对 IEC 61850 标准的通信服务实现情况的说明。

（2）PIXIT。规约实现额外声明，包括系统、设备有关通信能力的特定信息。

（3）MICS。模型实现一致性声明，说明系统或设备支持的数据模型情况。

一致性测试内容主要包括静态测试和动态测试，测试过程如图 8 - 39 所示。

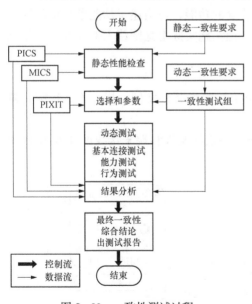

图 8 - 39　一致性测试过程

静态测试包括：①检查提交的各种文件是否齐全、设备的控制版本是否正确；②用 Schema 对被测设备配置文件（ICD）进行正确性检验；③检验被测设备的各种模型是否符合标准的规定。

动态测试包括：①采用合理数据作为肯定测试用例，采用不合理数据作为否定测试用例，对每个测试用例按 IEC 61850 - 10 的操作流程进行测试；②使用硬件信号源触发（触点、电压、电流等）进行动态测试。

2. 性能测试

性能测试（Performance Test）属于应用测试（Application Test），即将 IED 置于实际应用系统中，以测试整个应用系统是否满足运行性能要求。

例如，采用 IEC 61850 标准进行重合闸功能的测试，需要进行以下步骤：首先，将测试系统连接至网络，以确定是否有 GOOSE 信息，这可以通过 SCL 文件来实现。在获得所有相关的 GOOSE 信息后，这些信息被内部定位至测试系统的二次输入和输出，类似于常规继电保护装置测试中，通过引线将装置的二进制输入和输出连接至测试系统的二进制输入。输入测试值，继电保护装置会动作，并通过 GOOSE 将断路器开断信号传送至网络。

测试系统必须检测到信息并记录分断时间。为了模拟断路器的分断，在几个周期的延时后，测试系统将发送一个 GOOSE 信息到网络中，模拟断路器分断状态。继电保护装置接收到分断信息，启动重合闸，一旦达到重合闸时间，继电保护装置将发送另外一个 GOOSE 信息，重新合上断路器。此时，测试系统得到信息发送另外一个 GOOSE 信息模拟断路器合闸。如此循环，直到继电保护装置进行最后一次重合闸为止。这就是测试一个典型 IEC 61850 设备的过程。

如图 8-40 所示用户系统单线图，说明测试和验证一个典型 IEC 61850 设备 GOOSE 信息及执行过程。图示系统中有 4 个 IED 继电保护装置 A、B、C 和 D，由不同供应商提供。其中 B、C 和 D 是主馈线保护，A 为后备保护。断路器柜中应该包含有 IED 智能终端设备，它们从各个继电保护装置获取 GOOSE 信息，将其转换为物理输出，使断路器跳闸线圈通电。假设在出线 A 处发生故障，继电保护装置 B 的瞬时过电流单元将一个跳闸 GOOSE 信号传送至断路器 B。同时，继电保护装置 A 也接收到继电保护装置 B 跳闸 GOOSE 信号，可作为断路器失灵的起动信号，可延时 10 个周期频率周期后动作发断路器 A 的 GOOSE 跳闸信号。如果由于各种原因，断路器 B 未收到 GOOSE 跳闸信号，B 不能分断，此时继电保护装置 A 也将在过电流情况下延时 15 个周期频率周期后动作发 GOOSE 跳闸信号。

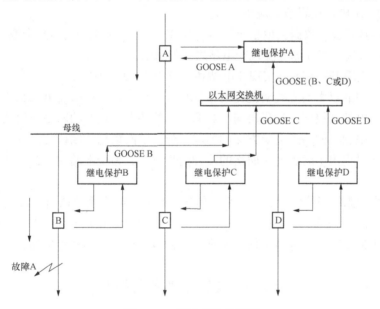

图 8-40　用户系统单线图

系统验证试验可以发现系统的配置冲突。试验所需的工具为网络分析仪（软件）和符合 IEC 61850 的测试设备。测试设备必须能够通过变电站 LAN 接收和发送 GOOSE 信息。这就要求测试系统能够访问网络，要求获得正确的 GOOSE 信息，确定不保护及断路器分断的时间。

六、IEC 61850 标准第二版概况

在 IEC 61850 标准第二版中，修订主要体现在对第一版的修改和完善、对标准的使用范围进行扩展、对变电站的以太网工程实施提出指导规范和提出电力系统通信安全解决方案四个方面。

（1）对 IEC 61850 标准第一版进行了修改和完善。IEC 61850 标准第二版总结了 IEC 61850

标准第一版的应用经验，修改了存在的错误，扩展了数据模型，完善了工程配置语言和通信一致性测试规范，拓展了 IEC 61850 标准的应用范围。IEC 61850 标准第一版原有的 14 个文件，有 12 个被 IEC 61850 标准第二版重新修订。IEC 61850 标准第二版对 IEC 61850 标准第一版已有的逻辑节点和公用数据类进行了修订，增加了一批新的逻辑节点，使逻辑节点总数达到 170 个左右。在 IEC 61850 标准第一版所定义的 4 种 SCL 模型文件的基础上，IEC 61850 标准第二版增加了 2 种新的模型文件（IID 和 SED 文件），使变电站系统集成过程得到优化。IEC 61850 标准第二版完善和优化了 IEC 61850 标准通信一致性测试流程和案例。

（2）对标准的使用范围进行了扩展。IEC 61850 标准第一版的使用范围是变电站内部的设备通信，在第二版中，IEC 61850 标准的定位是电力公共事业间的通信，包括变电站、火电、水电、风电、调度中心及它们之间的通信，为此，IEC 61850 标准第二版在对第一版修订和补充的基础上，还增加了 7 个相关的标准或技术规范。

1）7-410：水电厂监视和控制通信。

2）7-420：分布式能源的通信系统。

3）7-500：变电站自动化系统逻辑节点应用导引。

4）7-510：水电厂逻辑节点应用导引。

5）80-1：基于公共数据类模型应用 IEC 61850-5-101/104 的信息交换。

6）90-1：应用 IEC 61850 实现变电站之间的通信。

7）90-2：应用 IEC 61850 实现变电站和控制中心之间的通信。

（3）对变电站的以太网工程实施提出指导规范。IEC 61850 标准第二版中新增 90-4 技术报告，针对变电站站控层、过程层网络数据交互的特点，现有的网络通信技术，以及对通信可靠性、流量限制、网络安全等方面的要求，分析了网络拓扑结构的各种方式、流量限制的几种技术，同时提出了时钟同步网络的几种同步方式。为变电站建立合理的网络配置提供了方法和依据。

（4）提出电力系统通信安全解决方案。信息安全对于电力系统通信非常重要，IEC 62351《电力系统数据与通信安全标准》是专门针对电力系统安全通信的标准。IEC TC57 第十工作组完全采用了 IEC 62351 所规范的信息安全措施，包括认证、加密等措施。

第四节 层次化保护与控制

一、层次化保护体系结构

近年来计算机技术、网络技术和通信技术的快速更迭，新型互感器的出现和智能变电站的建设使区域电网的信息共享成为可能，为研究新的保护模式提供了物理层支撑。集成保护/集中式保护、系统保护、广域保护/区域保护、站域保护等非传统继电保护方案相继被提出，这些方案以信息共享为基础，解决了传统继电保护方案局限于孤岛信息所带来的弊端，其利用电网中的多源信息，实现了不同时间和空间作用域下的保护。不同作用域的保护功能所保护的对象有所不同，各有优点，同时也受到一定的限制。要实现对电网系统整体保护的可靠性，应当遵循层次化原则，同时配置多种保护，使不同层次和功能范围的保护各司其职，上下级之间相互协调配合。

为改善继电保护的性能，适应现代电网的发展需求，一种由就地级、站域级和广域级三层保护构建的层次化保护系统被提出。层次化保护系统面向区域电网，通过多层次保护在时间、空间和功能上的协调和统一，形成优势互补，同时兼顾局部和整体的保护性能，实现保护和控制从单点信息到多点信息的转变，从面向元件到面向系统的转变，最终实现对电网全面、灵活的保护。典型的层次化的保护结构分为就地层、站域层、广域层，如图 8 - 41 所示。

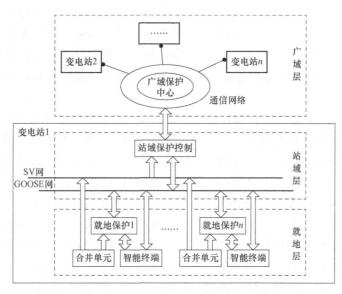

图 8 - 41 层次化保护体系结构图

就地级保护对象为单个元件，基于现有的元件保护配置，利用被保护对象自身信息独立决策，实现可靠、快速地切除故障；站域级保护对象主要为站内多个对象，布置上属于间隔层，功能上属于站控层，综合站内多个对象的电气量、开关量和就地级保护设备状态等信息，集中决策，实现保护的冗余和优化，完成并提升变电站层面的安全自动控制功能，同时可作为广域级保护控制的子站；广域级保护范围包括区域内各站，综合区域网络或更广的广域网，统一判别决策，实现相关后备保护及系统的安全稳定控制。

三个层次中的继电保护功能协调配合，提升继电保护系统总体可靠性、选择性、灵敏性和速动性。继电保护与安全稳定控制功能协调配合，加强了电网第一道防线与第二、三道防线之间的协作，有利于构建更严密的电网安全防护体系。

在动作时限上，就地保护作为主保护必须快速动作，动作时间约为几十毫秒；站域和广域保护作为就地级主保护的后备，站域保护动作时间约为几百毫秒，实现快速后备功能；广域保护在几百毫秒到 1s 之间，完成系统级后备。广域保护与站域保护通过逻辑控制策略相互配合，并利用站域保护弥补广域保护的局限性。以最小的信息代价系统性地提高智能电网安全运行的能力。

构建层次化保护体系，即在原有就地主保护的基础上新建站域层和广域层两层，层次化保护的发展历程如图 8 - 42 所示。

传统的后备保护存在固有的缺点，线路、变压器、母线各元件的后备保护已暴露出了弊端和危险性。主要表现在：①不同保护之间通过保护定值及动作延时的配合来整定，过程复杂；②电网拓扑结构日趋庞大，同一条母线连接的线路长短相差很大，使整定过程越加繁

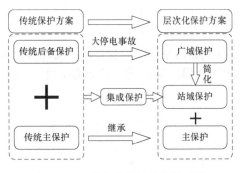

图 8-42　层次化保护的发展过程

琐，通常为保证选择性而牺牲快速性，动作时限较长；③当电网结构或运行工况发生改变时，需各级相互协调配合的装置之间也无法实时修改整定值，保护性能无法得到保证；④传统继电保护的动作仅仅基于本地局部信息，不能根据全站信息统一决策并实施故障控制策略，也未考虑故障对整个电网的影响，难以实现整个系统的安全稳定运行，问题突出的表现在过负荷情况下切除故障导致的潮流大范围转移，从而引起后备保护连锁误动跳闸，酿成事故。

为解决以上问题，提出了广域保护的方案，即通过采集变电站内的电气信息量至广域控制中心，经统一决策后对电网进行实时的保护与控制。广域保护利用多点信息，能够在全局角度把握电网的动态运行状况，可避免传统后备保护由于信息单一带来的一系列缺陷，但也存在一定的缺点，如要求信息全面而可靠，应用具有局限性。

站域保护将统一决策的范围限制在变电站内则较易实现。站域保护采集变电站内的电气量和非电量，对变电站内部及出线进行全局分析决策，从而定位并切除故障。IEC 61850 的制定使变电站内的信息能以统一的标准共享，这为变电站综合站内信息统一决策提供了基础。站域保护既可在变电站范围内统筹故障控制，又可为广域保护提供底层的支撑，利用冗余的多信息及统一逻辑的站域保护原理和算法，可提高变电站运行的可靠性及安全性。站域保护的对象主要为站内元件，信息量广域保护少而必需，保护控制策略简单灵活，理论上更易应用于工程实际中。

层次化保护体系以通信网络为平台实现区域电网间的信息共享，适用于智能变电站。就地保护和站域保护都可以直接或经过 SV 网络采集合并单元的电压电流信息，并接收或传送GOOSE 的开关信息给智能终端。站域保护与广域保护紧密关联，通过信息交互实现各层的上下级任务，站域保护装置采集过程层信息，决策后直接向过程层发送控制命令，作为广域保护层的子单元向上层传递测控信息，广域保护经站域保护控制系统向下级传递命令。就地保护相对独立，不受站域级、广域级保护的影响，就地级、站域级、广域级的保护在时间、空间、功能的范围内呈现递增的趋势，三个层次的保护相互协调配合，共同完成继电保护的任务，保证电力系统的可靠稳定运行。

层次化保护系统是对传统保护模式的革新，在改善电力系统整体保护性能方面具有良好的应用前景，目前对层次化保护的探索仍处于初级阶段。同时，电力部门以新一代智能变电站工程为依托提出了层次化保护的建设方式，在具体实践中，对分散的新一代智能站站域保护控制进行了初步的布置，而对层次化保护系统的建设并未形成完整详尽的方案，在理论和技术方面也存在许多问题亟待解决。

1. 就地级保护

保护按间隔独立分散配置，其正确性已为长期的运行实践所证实，在智能变电站建设实践中也得到广大继电保护工作者的认同。继电保护不应集中配置，保护（尤其是主保护）必须按被保护对象配置。

就地级间隔保护采用直采直跳，结合 GOOSE 网络实现连闭锁功能。保护装置直接采样，不依赖外部时钟实现其保护功能，保证了就地间隔保护的可靠性；保护装置直接跳闸，保证了保护的速动性；采用 GOOSE 网络实现连闭锁功能，充分发挥了 IEC 61850 的信息共享优势。站控层网络及区域通信系统故障，均不影响就地级间隔保护的性能。就地级保护宜靠近被保护设备安装，缩短与被保护设备的距离，实现保护装置的就地化布置。

新一代智能变电站就地级间隔保护，可适当优化集成，但不应"为了集成而集成"，不能牺牲保护的可靠性。优化集成后应提升保护装置的性能，减少占地面积，降低成本和减少运维工作量。就地级保护装置应支持二次设备状态监测和智能诊断功能。

2. 站域保护控制

站域保护控制可以获取多个间隔或全站信息，比间隔保护得到的信息更多，有可能对现有保护系统进行补充和优化。对 110kV 及以下电压等级没有配置双重化保护的系统，可做集中冗余保护，同时可实现全站备用电源自动投入、低频低压减载、断路器失灵等安全自动控制功能。

站域保护控制装置可采用网络采样、网络跳闸方式，接入变电站过程层 SV 与 GOOSE 网。站域保护控制功能可兼做广域保护子站。站域保护控制装置应支持二次设备状态监测和智能诊断功能。

3. 广域保护控制

21 世纪初，将广域信息应用到继电保护中，定位并消除故障，防止电力系统的连锁跳闸，避免电力系统大停电，可以防止发生潮流转移时，后备保护因线路过负荷发生误动，引发电网连锁跳闸事故，侧重于安稳控制功能。

随着系统发展，保护四性之间矛盾不可调和，整定困难，保护失配，传统后备保护已经无法满足电力系统的安全稳定需求，利用广域信息可以改善现有保护性能，简化后备保护的整定计算，解决保护失配等保护面临的难题。

广域保护由布置在某变电站的主机和其他多个变电站的子站经电力通信网络连接组成，通过获取故障关联信息实现广域保护功能。以变电站为基本单元构成分布式广域保护，站域主站完成站域保护功能，同时作为广域保护子站分布式实现广域保护功能，也可通过广域子站汇集区域信息实现保护关联控制功能。

4. 三个层次间的信息交换

广域级保护控制采集站域级保护控制、测量信息，并经站域保护控制系统下达指令；站域级保护控制采集就地级保护信息，不经就地级保护，直接下达控制指令。部分广域保护控制系统子站，如稳控执行站，也可能直接连接到 SV、GOOSE 网络，而不经过站域保护控制装置转接。就地级保护功能实现不依赖站域、广域保护控制系统，但会有必要的信息交换。

就地化间隔保护、站域保护和广域保护控制，三者有机结合，构成完整的层次化保护系统，既保证了间隔保护功能的独立性和可靠性，又提高了站域保护和广域保护的安全性，可改善现有继电保护性能和安全稳定控制水平，提升电网运行的安全性和可靠性。

二、就地级保护特点及发展趋势

1. 就地保护特点

就地级保护是整个层次化保护控制体系的基础，是面向单个被保护对象的保护，具有以下特点：

（1）按被保护对象独立、分散配置。装置包含完整的主后备保护功能，遵循目前已颁布的继电保护技术规程和智能变电站相关规范。就地级保护功能相对独立，不受站域保护控制、广域保护控制和影响。保护功能实现不依赖于站域层和广域层网络。

（2）就地级保护采用直接采样、直接跳闸模式，结合 GOOSE 网络实现配合功能，不依赖外部时钟实现保护功能，保证了就地间隔保护的可靠性。采用直接跳闸保证了保护的速动性；采用 GOOSE 网络实现配合功能，充分发挥了 IEC 61850 的信息共享优势。

（3）现阶段就地级保护应考虑常规互感器采样和电子式互感器采样两种实现方式。

2. 就地保护的构成与要求

就地级保护由现有线路保护及线路辅助保护、主变压器保护、母线保护、电抗器保护、电容器保护、站用变压器（接地变压器）保护等构成。

新一代智能变电站对就地级保护设备的新要求主要体现在两个方面：一是中低压间隔保护采用"六合一"装置，二是保护及相关二次设备增加状态监测与智能诊断功能。

3. 就地保护的发展趋势

就地化安装，实现主保护就地化。保护装置就地下放，从 20 世纪 90 年代中期就已经提出并开始实施。对于高压开关，最初是在一次配电装置附近建筑继电器保护小室（又称继保小室），保护装置及相关二次设备屏柜安装于小室内，这种方式应用至今。在智能变电站试点工程中也用了预制小室（集装箱、简易板房等）安装、就地柜安装等方式，就地柜方式无需建设任何建筑物，保护装置安装于智能控制柜或 GIS 汇控柜内，柜体按间隔分散布置于相应的一次设备附近。将来保护装置也可能与一次设备集成，这样保护装置与一次设备的联调可以在出厂前完成，减少现场安装调试工作量，方便现场运行维护。

功能"多合一"。对中低压开关柜间隔，保护装置直接安装在开关柜内，就地级中低压间隔保护测控功能"多合一"是另一发展趋势。智能变电站发展总体要求是采集数字化、控制网络化、设备紧凑化、功能集成化、状态可视化、检修状态化、信息互动化。为了实现上述要求并简化智能变电站架构，提高智能变电站的可维护性，有必要对一个间隔内的多个装置，如保护测控装置、合并单元、智能终端及计量单元等进行功能优化整合，研制多功能装置。新一代智能变电站在 10～35kV 中低压间隔采用了保护、测控等功能"多合一"装置。

随着计算机软硬件技术、通信技术迅速发展，新型嵌入式 CPU 性能越来越高，不仅处理速度大幅提高，同时具有丰富的 I/O 信号、SCI 接口、SPI 接口、以太网通信接口等，无须扩展外部芯片即可完成强大功能，为中低压保护测控装置功能扩展提供了良好的基础。

"多合一"装置主要应用于 110kV 以下电压等级间隔设备中，包括馈线、电容器、电抗器、分段器、站用变压器和接地变压器等设备。这类装置将原保护装置（线路保护、分段保护、备用电源自动投入、配电变压器保护、电容器保护和电抗器保护中的一种）、测控装置、操作箱、非关口计量表、合并单元和智能终端等六种功能集中优化在一个装置内实现，可替代原有的上述六种装置，提高了装置的集成度，减少了缆线，简化了变电站设备配置，降低了变电站建设成本，提高了智能变电站的可维护性。

"多合一"间隔保护按间隔单套配置。当采用开关柜方式时，保护装置安装于开关柜内，不宜使用电子式互感器，宜使用常规互感器，电缆直接跳闸，跨间隔开关量信息交换可采用过程层 GOOSE 网络传输。

4. 就地保护发展遵循的原则

《国家电网公司继电保护技术发展纲要》（简称《纲要》）于 2017 年发布，《纲要》分析了电网特性的变化对继电保护提出的新要求，指出芯片、通信等领域的技术发展为继电保护发展提供了机遇，提出了继电保护技术发展必须遵循的四个原则。

（1）坚持"可靠性、速动性、选择性、灵敏性"原则。继电保护"四性"原则是几代电力工作者根据数十年的电网运行经验总结提炼出来的，是制造、设计、建设及运行各个环节必须坚持的基本原则。"四性"之间，既相辅相成，又相互制约，应针对不同时期的电网运行要求有所侧重。当前电网交直流系统相互影响日趋显著，呈现单一故障全局化趋势，故障的快速可靠清除显得尤为重要，电网安全稳定对继电保护速动性和可靠性要求提升至前所未有的高度。

（2）坚持快速保护独立配置原则。快速保护作为电网设备的贴身保镖是保障电网安全稳定运行的第一道防线。当前交直流混联电网由于直流换相失败的存在，如电网故障不能快速切除，严重情况下会导致直流送电、受端电网稳定破坏，故障快速可靠消除意义尤其重大。集中式保护（见图 8-43）存在处理环节多、回路复杂等方面的不足，速动性无法满足当前电网稳定的要求；保护测控一体化装置（见图 8-44）存在异常后保护和远方控制功能同时失去的风险，造成一次设备长时间无保护运行。快速保护作为电网安全稳定的重要保障，必须坚持独立配置原则。

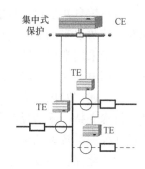

图 8-43　集中式保护示意图

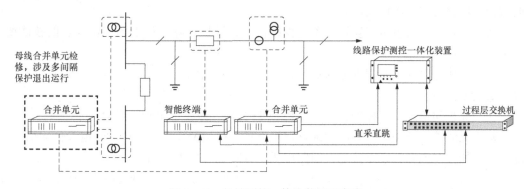

图 8-44　保护测控一体化装置示意图

（3）坚持适应电网发展原则。目前电网电力电子化、单一故障全局化、调节能力和抗干扰能力弱化特征凸显，传统交流线路重合闸方式及时间、开关拒动或 TA 死区故障切除时间，已与当前电网特征要求不匹配，无法满足电网稳定要求。继电保护要站在电网发展、电网安全的高度，主动适应电网运行特性变化，把握技术发展方向，积极解决电网和设备运行中存在的问题。

（4）坚持创新引领原则。要坚持以问题为导向，增强创新意识，实现创新驱动，服务大电网安全运行。积极开展大电网故障特征的研究，不断提升继电保护核心技术的自主创新能力，吸收芯片和通信等相关领域技术发展成果，推动继电保护技术更新换代，重点培养一批国际领先的技术成果，实现技术引领。

5. 智能变电站继电保护体系特征

《纲要》同时提出要积极开展以"采样数字化、保护就地化、元件保护专网化、信息共享化"（简称"四化"）为特征的继电保护体系研究，推动智能变电站技术进步。其特征的含义如下：

（1）采样数字化。保护装置直接接收电子式互感器输出数字信号，不依赖外部对时信号实现继电保护功能。

（2）保护就地化。保护装置采用小型化、高防护、低功耗设计，实现就地安装，缩短信号传输距离，保障主保护的独立性和速动性。

（3）元件保护专网化。元件保护分散采集各间隔数据，装置间通过光纤直连，形成高可靠无缝冗余的内部专用网络，保护功能不受变电站 SCD 文件变动影响。

（4）信息共享化。智能管理单元集中管理全站保护设备，作为保护与监控的接口，采用标准通信协议实现保护与变电站监控之间的信息共享。

对于采用常规互感器的变电站，保护装置具备模拟采样功能，电缆直接采样。其整体方案与采用电子式互感器的变电站一致。

以上述"四化"为特征的就地化保护新技术为解决目前电网的一些问题提供了有力的途径和技术支持。低功耗芯片集成技术、光纤通信技术的发展，以及装置电磁兼容、高防护、热设计等关键技术的突破，为就地化保护方案的实施提供了技术基础。

就地化保护装置外形如图 8-45 所示，有如下特点：

（1）贴近一次设备就地布置。采用电缆直接跳闸，减少电缆长度及中间环节，提升继电保护的速动性和可靠性。基于接口标准化设计，采用标准航空插头，实现保护装置的工厂化调试、模块化安装和更换式检修。

（2）配置一键式下装。实现装置的少维护、易维护，降低对现场工作人员的技能要求、减少现场工作量。

（3）一体化设计。实现继电保护装置小型化、集成化，减少设备类型及数量，降低整体设备缺陷率。

（4）保护间信息交互标准化。不依赖 SCD 文件，减少了拒动的风险。

基于无防护、开关场安装的就地化保护设备网络构架简单，能解决长电缆传输信号带来的问题：如 TA 饱和、多点接地、回路串扰、分布电容放电等问题。

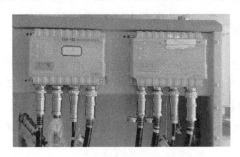

图 8-45　就地化保护装置外形图

"四化"为特征的继电保护技术优势体现在如下几个方面：

（1）提升继电保护的速动性和可靠性。取消合并单元和智能终端，直接采样、直接跳闸（见图 8-46），减少数据传输中间环节，提高了"速动性"和"可靠性"。

（2）提高现场工作安全性。采用标准连接器，利用不同色带和容错键位防误设计（见图 8-47），有效防止现场"误接线"。通过端子密封设计，杜绝现场"误碰"，大幅度提高现场工作安全性。

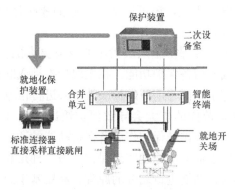

图 8-46　取消了合并单元和智能终端

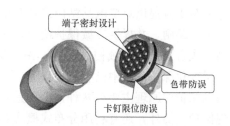

图 8-47　就地化保护装置采用标准连接器

（3）保护不受 SCD 文件变动影响。元件保护采用专网连接，信息交互标准化，不依赖 SCD 文件。通过智能管理单元完成保护专网和变电站监控之间的信息共享，实现保护系统与全站 SCD 文件解耦。

（4）提高安装检修效率。采用"工厂化调试"和"更换式检修"模式（见图 8-48）。在检修调试中心，采用一体化虚拟仿真平台模拟现场实际运行环境，实现整站二次设备联调或单装置批量高效调试。现场检修时，整机更换，现场作业安全高效，停电时间大幅缩短，检修效率显著提高。

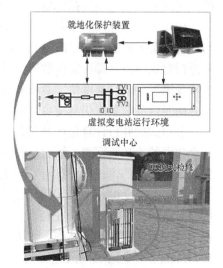

图 8-48　就地化保护装置工厂化调试

（5）实现基建工程降本增效。保护装置就地安装，取消了屏柜节约建筑面积，大幅减少光缆和电缆使用量。现场通过模块化安装有效缩短基建安装调试工期，实现基建工程的降本增效。

整个工程过程简单清晰。工厂完成二次设备的预制安装和集成调试，以整柜方式包装出厂；智能控制柜仅需通过端子排与一次设备电缆链接，与相关设备的光缆链接，完成安装；现场进行一次通流通压试验，通过管理单元自动完成带负荷试验，进行调试；单装置工厂化调试、更换式检修，维护简单。

三、站域保护与控制

站域保护与控制基于智能变电站过程层与站控层网络的数据信息共享优势，综合利用站内多间隔线路、元件的电气量、开关量信息，实现故障点的快速、准确、可靠隔离，实现站内冗余后备保护、优化后备保护及安全自动控制等功能，是站域的保护功能和安全自动装置功能的一体化。站域保护与控制通过获取多个间隔的电气量和开关量信息，进而充分利用这些信息形成面向多个间隔的保护与控制功能。由于所利用的信息更多，因此有可能构建更为智能化的保护和控制功能。

1. 站域保护的范围及原理

站域保护的保护范围和应实现的功能与层次化保护体系的划分密切相关，划分的差异主要在于是否包含变电站的出线，即站域差动保护算法的范围划分。站域差动保护范围应包括站内所有母线和变压器元件，也可以包括变电站出线，还可以集成一些如线路过负荷联切、低频/低压减载、备自投、重合闸等自动装置功能。

由于在层次化保护体系中，广域保护作为站域保护上层决策中心支持更大的保护范围，站域保护至少应提供对变电站站内设备及出线的后备保护功能，在主保护拒动或断路器失灵情况下可靠跳闸，并提供广域保护接口，作为子单元与广域保护决策中心进行信息交互，并可适当集成备自投等站域控制功能。站域保护范围的扩大会导致保护快速性及可靠性的降低，在层次化保护体系中已有就地快速主保护，故站域保护作后备保护功能的适应性较好。

站域保护的原理主要有两种：一种是利用电流差动原理实现保护；另一种是利用方向信息实现保护。另外，还有利用分布式概念对保护功能进行划分的原理、利用基于故障分量电流信息等新技术的站域保护方案。

（1）电流差动原理。电流差动保护原理以其具备天然的选相能力、完全的选择性、较快的动作速度和不受系统振荡影响等特点，主要作为主保护应用于电力系统保护中。电流差动原理需同步获取变电站内元件及出线的电流信息，同步的数据采集是制约其有实际工程应用的关键因素，并且在数据传输的过程中，交换机产生的数据延时也会影响保护的性能。

（2）方向信息。利用方向信息的站域保护原理在变电站所有线路上安装方向元件，形成与一次设备关联的方向矩阵信息，将故障状态下的方向信息矩阵与正常状态下的方向信息矩阵进行对比分析，即可定位故障元件。基于方向比较原理形成信息矩阵进行故障定位，其算法实现简单、动作速度快，具有较强的可扩展性，利用冗余信息增强了容错性能，在缺少某个方向元件的信息时仍具有良好的适应性。

分布式的并行计算是计算机科学技术快速发展的产物，分布式将一个整体的功能分割成多个独立的小功能完成，综合后得到最终结果。其他的站域保护方案多是由各元件保护机械集成，与传统的保护配置没有本质上的区别。

针对智能变电站开发实用化站域后备保护装置，使得一台后备保护装置即可实现传统的多台后备保护装置功能。在经济效益方面，若以取消传统后备保护装置为前提，站域后备保护装置配置于智能变电站中，大大减少了传统的后备保护装置数量，简化了二次设备接线方式，降低了变电站规模及施工周期，提高了效率，节约了建设成本，后期维护工作量也会减少。

2. 站域保护的作用与功能

站域保护与控制装置通过网络接收电气量采样数据（网采），发出跳合闸等控制命令（网跳）。站域保护与控制装置在智能变电站中的位置及对外信息交互如图 8-49 所示，其采集全站过程层与站控层网络的数据信息，完成就地级保护的冗余后备、优化后备及安全自动控制，同时具备独立的通信接口，支持广域通信，实现广域保护控制系统的子站功能。

站域保护与控制装置目前只用在 220kV 及以下电压等级变电站的 110kV 及以下电压等级侧。每种功能均具备软压板进行功能投退，根据运行需求进行功能选择。

（1）冗余保护功能。站内 110kV 及以下电压等级单套配置的保护功能冗余，包括线路冗余保护功能，主变压器冗余保护功能，母线冗余保护功能，分段保护功能，电容、电抗保护功能及站用变压器保护功能。

（2）优化后备保护功能。优化后备保护功能包括：①站域保护控制对站内断路器状态实时监视，判别站内接线拓扑，形成反映各元件连接关系的关联矩阵，识别拓扑结构，优化保

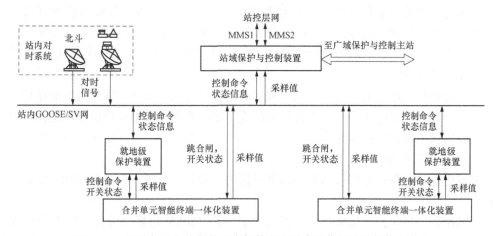

图 8-49　站域保护与控制装置在智能变电站中的位置及对外信息交互

护功能；②基于多间隔数据共享的保护功能优化；③在单间隔采样数据异常导致就地保护闭锁时，通过多间隔采样数据的共享，在站域保护控制装置中进行数据恢复，实现保护功能；④故障发生后，就地级保护在确定故障后瞬时发出切除故障的命令，站域保护在获取相应间隔的保护跳闸命令时监视断路器的状态，经一定延时确定断路器未跳开后，依据拓扑结构图跳开相邻的断路器（失灵保护）；⑤优化后备保护动作时间；⑥35kV 及 10kV 母线保护。

（3）安全自动控制功能。安全自动控制功能包括低频、低压减载，站域备用电源自动投入，主变压器过载联切，负荷均分等自动控制功能。

（4）广域保护控制的子站功能。完成广域保护控制系统的子站功能，含站域保护控制信息的采集、处理及转发功能；完成区域电网保护控制的子站功能。

需要说明，站域保护与控制装置中冗余保护功能不含线路纵联保护。原因是：①通道和对侧设备不支持，若要支持需增加大量设备和工程量；②若含线路纵联保护，站域保护会通过线路关联多个站，复杂程度大大增加，影响范围较大。

站域保护与控制装置中不需要包含 10kV 间隔保护的冗余。原因是 10kV 间隔采用传统互感器和"六合一"装置，无独立的合并单元和智能终端。若站域保护装置实现 10kV 间隔保护，其采样和出口同样要经过"多合一"装置。"多合一"装置因故退出运行时，站域保护起不到冗余作用。

站域保护与控制装置中的冗余保护只包含对单套配置保护的冗余。若主变压器保护已双重化配置，站域保护控制装置中不宜再配置冗余。若再冗余，会带来三套保护的配合问题及三套保护与备用电源自动投入等其他设备的配合问题，增加了复杂性，也无必要。

另外，原有分散配置在分段保护或桥保护中的备用电源自动投入功能保留，与站域保护和控制装置的集中备用电源自动投入互为备用，只投一套，防止站域保护检修时全站备用电源自动投入失去；原有分散配置的 10kV 出线保护中若有低频、低压、减载功能则保留，与站域保护和控制装置的低频、低压减载互为备用，可只投一套，也可同时投，以防止站域保护检修时，全站低频低压减载功能失去。

3. 110kV 线路保护与母联（分段）冗余保护介绍

110kV 线路就地级保护一般单套配置，当因故退出运行时，110kV 线路会失去保护。

基于此，站域保护控制装置中也集中配置 110kV 线路保护，作为就地级保护的冗余。但由于通信通道限制等原因，站域保护中的线路保护不考虑纵联保护。其他如距离保护、零序过电流保护、重合闸、手合后加速以及 110kV 母联（分段）过电流保护等保护功能同就地级 110kV 线路保护一致。

母联（分段）充电过电流保护包括三段相电流过电流保护与一段零序过电流保护。当最大相电流大于相电流过电流Ⅰ、Ⅱ、Ⅲ段定值或零序电流大于充电零序过电流定值，并分别经各自延时定值，保护发跳闸命令。

4. 补充或优化后备保护

补充或优化后备保护主要包括断路器失灵保护、母联（分段）失灵保护和变压器优化后备保护。

（1）断路器失灵保护。站域保护与控制装置中的 110kV 母联（分段）冗余保护除了完成母联（分段）的充电过电流保护，还完成 110kV 侧断路器的失灵保护。其保护逻辑与就地级母联（分段）保护及就地级母线保护中的断路器失灵保护逻辑一致。断路器失灵保护由各连接元件保护装置提供的保护跳闸触点启动。失灵电流判别功能由站域保护装置实现。

（2）母联（分段）失灵保护。当保护向母联（分段）断路器发出跳闸命令后，经过整定延时后，母联（分段）电流大于母联（分段）失灵电流整定值时，母联（分段）失灵保护经过差动复合电压闭锁开放后切除相关母线上的所有连接元件。

（3）变压器优化后备保护。220kV 及以上系统设计时，就地化的变压器保护均按照主后一体双重化的设计原则配置，任一套变压器保护因故退出运行，不会对变压器的运行造成影响。110kV 及以下系统，就地化的变压器保护均按照主后一体双重化配置或主后分置的保护配置，任一套保护设备退出，不会对变压器的运行造成影响。基于上述原因及站间信息共享和协同保护技术，站域保护对变压器后备保护进行了补充，通过相邻间隔保护的闭锁和加速信号来提升变压器后备保护的性能。

如图 8-50 所示，变压器低压侧（QF1、QF2）后备过电流保护动作切除故障，动作延时较长，会对一次设备造成危害。采用简易母线保护可快速切除低压侧故障，以减少变电站低压侧母线短路故障对开关柜和变压器的危害。

当变压器低压侧断路器合于故障时，变压器后备保护加速跳闸。后备保护开放条件是断路器在分位或在分位变为合位的 400ms 内。

母线区外故障时，低压侧出线等相关保护能够发出信号闭锁，简易母线保护；母线区内故障时，低压侧出线等相关保护不发出闭锁信号，简易母线保护可以快速动作切除变压器低压侧断路器。低压侧如果有小电源（L7），则母线区内故障，简易母线保护经延时先跳开低压侧小电源（QF8），再经延时跳开低压侧断路器（QF4）。

图中，当 k10 故障时，TA4 过电流超过低压分支 2（QF7）简易母线保护定值，无外部线路保护闭锁条件，简易母线保护动作跳开 QF7。当 k9 故障时，TA4 过电流超过低压 2 分支简易母线保护定值，而 TA10 外部线路保护启动，启动信号通过 GOOSE 送至站域保护，闭锁低压分支 2 简易母线保护，QF7 不会跳闸。

当 k6 故障时（有小电源支路），尽管 TA1 过电流超过定值，但 QF8 方向电流保护启动，启动信号通过 GOOSE 送至站域保护，闭锁低压分支 1 简易母线保护，QF4 不会跳闸。若 k2 故障时，QF8 反方向电流保护不启动，无闭锁信号。TA1 过电流超过定值，1 时限跳

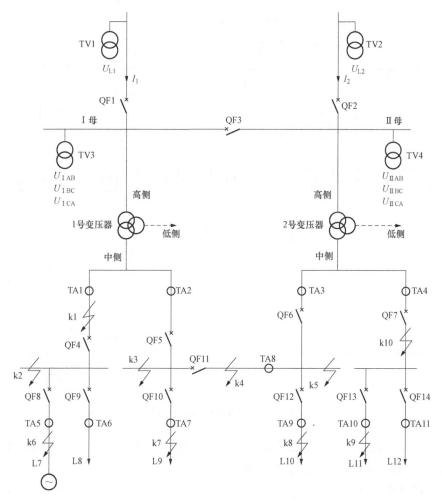

图 8-50　站域简易母线保护原理示意图

开 QF8（小电源支路），2 时限跳开主变压器支路 QF4。

当 k6 故障时，TA7 过电流动作，闭锁 QF5 低压分支简易母线保护。若 QF10 失灵，该线路过电流保护跳闸命令发出后延时（150ms）将过电流保护启动闭锁信号收回，低压分支简易母线保护仍能正确动作。

5. 备用电源自动投入功能

站域保护与控制装置中的备自投功能，不局限于实现某个电压等级的备自投，而是着眼于全站，实现多个电压等级的备自投功能。对于 110kV 变电站，甚至可实现全站备自投，包括高压侧进线备自投、桥备自投、中压及低压分段备自投。

6. 分布式母线保护技术

相比于集中式母线保护，分布式母线保护的 SV 接口和 GOOSE 接口分散在多个子单元装置中配置，主单元装置设计比较容易实现，功耗、散热等问题也比较容易解决。但也需要解决两个重点问题：一是大量数据的可靠、实时传输；二是高精度的同步采样。

分布式母线保护装置整体设计方案如图 8-51 所示。图中 BU 为从机处理单元（子单元），CU 为主机处理单元（主单元），BU 与 CU 之间通过光纤网络连接。负责电流采集的合

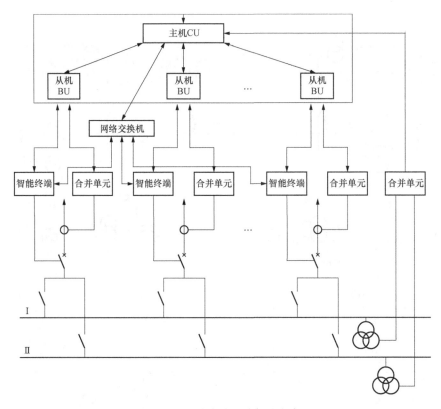

图 8-51　分布式母线保护方案

并单元及智能终端通过光纤与从机单元 BU 相连，负责电压采集的合并单元及网络传输的 GOOSE 开关量通过光纤与主机单元 CU 连接。

四、广域保护与控制

广域级保护控制面向多个变电站，利用各站的综合信息，统一判别决策，实现相关保护及安稳控制等功能。广域保护控制可针对电网运行中的以下问题：

1. 广域保护的作用

（1）安全稳定控制优化。对 220kV 及以上系统，侧重安全稳定控制功能，实现具有相关性的区域安全稳定控制系统间的协调，实现第二道防线低频减载和低压减载的区域智能分配，实现复杂联网条件下的多端面失步解列协调控制，实现交直流联网情况下的交直流协调控制，实现广域范围的变电站间备用电源自动投入。

（2）继电保护与安全稳定控制的协调。继电保护系统以切除故障元件为目标，和安全稳定控制系统之间相对独立，相互协调不足，未考虑故障切除对电网稳定运行的影响。广域保护利用网络通信和区域信息实现区域保护和安全稳定控制系统的协调配合，可避免可能引发电网稳定事故的连锁跳闸问题。

（3）现有保护系统的补充优化。对 110kV 及以下电压等级电网，侧重局部电网的继电保护功能。广域保护控制系统可构建基于广域信息的局部电网的冗余保护。对于运行方式复杂的电网，后备保护动作时间可能较长，存在灵敏性和选择性无法兼顾问题，而利用局部电网信息可简化后备保护配合，缩短后备保护的动作时间。

（4）保护定值优化。继电保护动作判据多基于本地测量数据，保护定值事先离线整定，难以适应不断变化的电网运行方式要求，对此可利用区域电网信息识别电网的拓扑结构和运行状态，优化后备保护的定值。

2. 广域保护类别

目前国内外对广域保护控制的研究可归纳为两个方面：一方面是基于广域信息的电网安全稳定控制研究，主要对电网的安全稳定运行状态进行监测、分析和评估；另一方面的研究则集中于利用广域信息改进和提高传统继电保护的性能。

（1）稳定控制领域的广域保护。广域保护的概念最早在 1997 年由瑞典学家提出，认为广域保护的主要作用是防止严重故障下的电压崩溃，通过自动控制功能来实现，当时并没有包含继电保护功能。此后广域保护系统是被定位在常规保护及数据采集和监测控制系统/能量管理系统（SCADA/EMS）之间的系统保护和控制手段。广域保护的动作时间范围一般在 0.1～100s，主要完成系统稳定控制功能。控制措施包括自动无功控制、变压器自动调压控制、切发电机、低频/低压切负荷、远程切负荷、系统解列和 FACTS 等。

随着计算机技术和通信技术的发展，借助广域测量系统（Wide Area Measurement System，WAMS）及在线动态安全分析技术，广域保护系统还能对电网的运行状态做完整的实时监测，快速的状态估计使得电压失稳及低频振荡的监视及报警、系统动态稳定极限输电功率的确定等高级分析成为可能。

这里的"广域保护"是指对系统层面的保护，而非对电气元件的继电保护，这种广域保护系统完成的是稳定控制功能，而非继电保护功能。

（2）继电保护领域的广域保护。随着系统发展，传统后备保护已经无法满足电力系统的安全稳定需求，利用广域信息改进和提升保护性能成为广域保护主要研究方向，以改善现有后备保护性能。也可以利用广域测量得到的电流相量实现基于广域电流差动原理的后备保护，克服原有的面向单一电气元件的电流差动保护无法提供快速后备保护功能的问题。较好地解决后备保护动作时间过长、故障切除范围较大等问题，并能处理诸如断路器失灵、保护拒动等问题。

国内智能变电站建设中提出的"站域保护"和"广域保护"，前者功能限于本变电站内，后者一般包括多个变电站。一些"广域保护"方案以"站域保护主机"为基础，由"站域保护主机"承担站端信息采集、预处理及命令执行的任务。

3. 基于广域信息的广域保护原理

广域保护应用主要来源于继电保护、自动装置及继电保护与安全稳定控制系统配合三方面的需求。

（1）继电保护方面。

1）线路未配置全线速动保护时，末端故障时保护会延时动作。按规程要求，220kV 及以上电压等级线路配置全线速动保护并双重化，110kV 及以下电压等级线路仅在必要时装设全线速动保护，并无双重化要求。因此 110kV 及以下电压等级未配置全线速动保护的线路，其末端故障时保护动作有延时。

2）110kV 及以下电压等级变电站直流电源、继电保护一般单套配置（主变压器保护有些为双套配置），与 220kV 及以上电压等级相比，保护配置相对薄弱。

3）后备保护整定延时一般较长，定值对特殊电网方式适应性不足，可能导致后备保护失配情况，难以同时满足选择性和灵敏度的要求。在整定计算中，后备保护时限整定遵循阶梯时限原则，为了保证选择性，后备保护时限可能高达数秒。在一些特定电网结构下，线路保护为保证灵敏度保护范围伸出主变压器中压侧时，既要避免下一电压等级系统故障时线路保护越级跳闸，又要在下一电压等级设备有故障而保护或断路器拒动时做到灵敏快速跳闸，上下级保护整定配合困难。

4）后备保护按逐级配合原则进行整定计算，工作量大。如距离保护配置三段，零序保护配置四段，过电流保护配置三段。线路和线路需要配合，线路和变压器需要配合，变压器高压侧和低压侧需要配合，后备保护和主保护之间需要配合，后备保护和相邻元件的后备保护还要配合。如此众多的保护功能、保护设备之间的配合使得整定配合的工作量变得非常大。对此可通过强化主保护简化后备保护解决，也可利用电网广域信息使保护系统更适应电网的不同运行方式，甚至做到自适应整定。

（2）自动装置方面。备用电源自动投入装置是提高供电可靠性的有效手段，它可自动检测工作电源失电并立即投入备用电源，从而迅速恢复供电。

常规备用电源自动投入装置（备自投）基于一个变电站内就地的信息，解决站内主接线中备用电源自动投入问题，无力解决远方备用电源自动投入，多站单电源串行供电、双端供电情况下恢复供电问题。

另外，由于信息的局限，就地备用电源自动投入装置控制策略无法实现与安全自动控制装置配合、不同备自投间的优化协调、备自投与保护配合、小电源对远方备自投、备用电源投入后潮流转移情况，以及备用电源过载控制等。

（3）继电保护与安全稳定控制系统配合方面。电力系统第一道防线继电保护和第二、三道防线安全稳定控制系统功能定位明确、界面清晰，但在配合方面还存在不足。

继电保护基于本地和就近信息，反应的只是一个电力元件或就近局部的运行状态，不能反应较大区域电网当前运行方式下的安全运行水平。继电保护系统以切除系统故障为目标，有时会出现保护装置正确动作切除故障，但由于潮流转移连锁切除过负荷线路而使得系统瓦解的情况。因此继电保护需要优化自身判据并和稳控配合，防止事故过负荷情况下不必要的动作。

4. 广域保护应用技术

广域保护的应用并不取代现有保护装置，而是利用多变电站的信息交互，提高常规保护的性能，动态调整现有保护的动作时间。

基于广域信息的保护控制系统既是多专业数据信息交换的载体，又是保护控制功能实现的载体。它不是要代替原有的保护控制系统，而是针对目前保护、稳控、自动装置等存在的原理、配置和配合上的问题，利用广域信息对现有的保护性能进行优化，解决继电保护在选择性和速动性上的矛盾。利用广域信息，优化备自投、切机、切负荷等策略，提高系统的安全性和稳定性。以图 8-52 为例介绍某一 110kV 及以下电压等级广域保护控制系统结构与设备配置。

（1）在保护方面，基于广域信息的继电保护不改变现有保护的配置，现有面向被保护对象的继电保护仍能独立工作，在无广域信息的情况下，性能与现有保护的性能相同。在变电站端设置站域保护控制设备，该设备在继电保护中的功能是收集本站的继电保护信息，并能检测和识别本变电站内的故障，将这些信息接入广域间隔层网络，同时从广域间隔层网络接收其他变电站的保护信息，分发给本变电站的保护装置作为优化保护功能和性能的辅助信息。为提高 110kV 单套配置保护条件下系统保护的可靠性，将 110kV 的各线路元件的后备保护集中在站域保护控制设备中，构成站域后备保护，加强近后备。主要保护功能包括：①在保证选择性的前提下优化保护动作速度；②对未配置断路器失灵保护的系统提供故障断路器拒动时的应对策略；③原有保护拒动情况下提供冗余的保护策略。

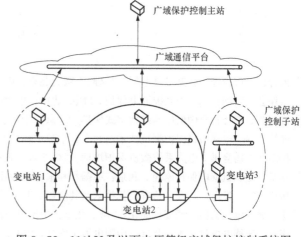

图 8-52　110kV 及以下电压等级广域保护控制系统图

（2）控制方面，采用主从方式的分布式控制结构，由控制主站、站域控制设备共同完成控制功能。控制主站区别于控制中心运行管理监视主站，站域控制设备也有别于变电站后台监控，但两者都可以通过通信数据的交互，使系统运行数据、高级应用等能够为控制提供更优化的策略创造条件。主要控制功能包括：①基于广域信息的快速供电恢复技术；②电力系统扰动或故障情况下设备过载后优化切负荷方案；③区域小电源系统的孤网控制和并网控制。

广域保护系统中的主站（主机）可设置在 220kV 及以上电压等级变电站，也可设置在 110kV 变电站。设置在 220kV 变电站的广域保护系统主机（主站）与子站，仅面向本站 110kV 及以下电压等级及站外相关电网。220kV 变电站中的 110kV 及以下电压等级局部电网保护控制主机与稳控系统主站可独立配置，条件具备时也可作为其切负荷执行站。

为了保证运行的可靠性，并考虑组态配置的灵活性，宜配置 2 套广域保护控制主机，两套主机同时运行，互为备用，当一套失效、检修或离线组态配置时，另一套仍能在线执行保护控制功能。

参 考 文 献

［1］ 杨奇逊，黄少锋 . 微型机继电保护基础 . 4 版 . 北京：中国电力出版社，2013.

［2］ 张保会，尹项根 . 电力系统继电保护 . 2 版 . 北京：中国电力出版社，2010.

［3］ 许正亚 . 变压器及中低压网络数字式保护 . 北京：中国水利水电出版社，2004.

［4］ 韩笑，等 . 电网微机保护测试技术 . 北京：中国水利水电出版社，2005.

［5］ 杨新民，杨隽琳 . 电力系统微机保护培训教材 . 2 版 . 北京：中国电力出版社，2008.

［6］ 张举 . 微型机继电保护原理 . 北京：中国水利水电出版社，2004.

［7］ 唐涛，等 . 发电厂与变电站自动化技术及其应用 . 北京：中国电力出版社，2005.

［8］ 张永健 . 电网监控与调度自动化 . 4 版 . 北京：中国电力出版社，2012.

［9］ 高翔 . 智能变电站技术 . 北京：中国电力出版社，2012.

［10］ 郑玉平 . 智能变电站二次设备与技术 . 北京：中国电力出版社，2014.

［11］ Phadke A G，Thorp J S. 电力系统微机保护 . 2 版 . 高翔，译 . 北京：中国电力出版社，2011.

［12］ Gers J M，Holmes E. 配电网保护 . 3 版 . 郭丽萍，等译 . 北京：机械工业出版社，2015.

［13］ 曹团结，黄国方 . 智能变电站继电保护技术与应用 . 北京：中国电力出版社，2013.

［14］ 彭放，高厚磊 . 层次化保护系统研究综述 . 第十五届保护和控制学术研讨会论文集，2015.